蘇式建築营造技术

雍振华 著

我国的传统建筑虽普遍采用木结构方式，但各地的结构形式、施工技术不尽相同，从而形成了各具特色的地方风格。以苏州为中心的苏式建筑因其结构紧凑、制作精巧、装饰雅致、格局适宜而为人称誉，它不同于北方传统建筑的厚重、规范，即便与相邻的徽州、扬州及浙东南地区也存有诸多差异。随着近年来苏州园林影响的广泛和深入，苏式建筑也备受关注。

中国林业出版社

年地方传统建筑研究不足之缺。

本书是以研究和介绍明、清苏式建筑木、瓦、石作技术为主要内容，并对苏式彩画予以扼要介绍。全书分九章，内容编排由浅及深，由介绍基本概念，到解决具体的施工技术问题，逐步深入。第一章介绍的是苏州地区传统建筑的基本概念及宏观尺度；第二章介绍阶台（台基与基础）的施工技术及施工程序；第三章全面介绍大木构造，其中包括牌科（斗拱）、戗角（翼角）的形式和做法，还有榫卯结构、安装次序等；第四章装折（装修）大致概括了苏式传统建筑的内、外木装修的形式和做法；第五章墙垣与屋面所涉及的是砖瓦作的构造技术；第六章介绍了苏式建筑室内外铺地形式与地面施工方法；第七章石作介绍了苏州地区用石品种、石料选择，以及加工安装方法；第八章扼要介绍了苏州彩画、雕饰的特点；第九章分别对苏地的殿庭（相当于大式建筑）、厅堂与平房、亭构、游廊等的具体构造方式予以介绍。

虽然本书是在多年来研究前人的著作、对照现存实物、借鉴与匠师交往中所获的施工实践知识的基础上形成的，但限于自己的理解，故书中肯定会有不足和缺陷存在，十分期望在刊印后能得到同行的批评、指教。

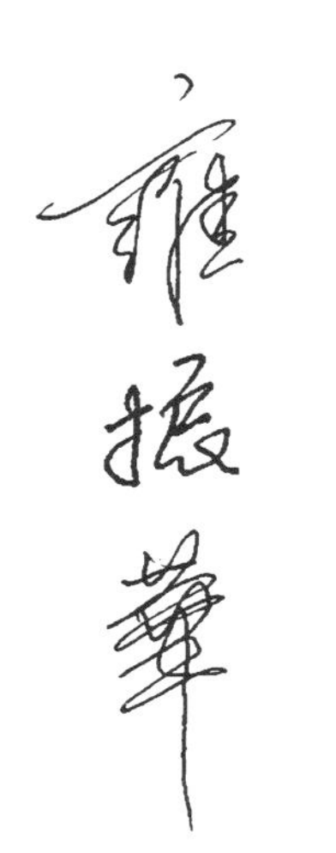

我国的传统建筑虽普遍采用木结构方式，但各地的结构形式、施工方法不尽相同，从而形成了各具特色的地方风格。以苏州为中心的苏式建筑因其结构紧凑、制作精巧、装饰雅致、格局适宜而为人称誉，它不同于北方传统建筑的厚重、规范，即便与相邻的徽州、扬州及浙东南地区也存有诸多差异。随着近年来苏州园林影响的广泛和深入，苏式建筑也备受关注。因而，总结、整理有关传统的营造技术也就变得十分必要和重要。本书就是基于上述考虑而开始纂写的。

有关江南地区的建筑论著，早在明代就曾有《鲁班营造正式》刊行流传。1937年苏州匠师姚承祖根据祖传秘籍以及他本人施工实践编成《营造法原》，作为当时苏州工专建筑科的授课教材，后经张至刚先生增编，刘敦桢先生校阅，于1956年出版，1982年再版。上世纪80年代初同济大学陈从周先生也将姚承祖的《营造法原图录》影印流传。这些著作至今虽仍被视作研究和掌握苏式建筑不可多得的宝贵史料，但一方面因年代久远，上述书籍大多数人已难于读懂，另一方面也由于种种原因，在晚近相当长的时期人们对传统建筑较为忽视，以至于张至刚先生之后少有专述江南传统建筑营造技术的论著问世。随着我国社会经济的发展，对传统文化的关注开始并日渐提高，所以研究传统建筑者也开始增多，讨论北方传统建筑营造技术的论著时有出现。考虑到苏地传统建筑的地位，且自己有多年讲授《古建构造》课程及古建筑测绘的积累，故希望纂写此书，或可以弥补近

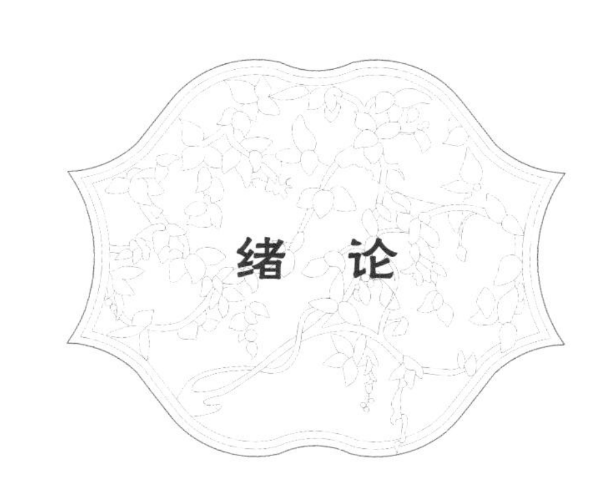

绪论

建筑原是人类为抵御自然界的各种侵害而营造的容身之所。远古时代，我们的祖先在刚刚摆脱对天然岩穴的依赖之时，他们所拥有的只是最为简陋的石制工具，他们所熟悉的只有身边竹、木、土、石等自然材料，因此他们只能按照各自的想象，采用力所能及的手段予以构筑搭建，从而产生了诸多形式各异的原始建筑。随着时间的推移，那些为实践证明结构不尽合理、功能不甚健全的形式逐渐遭到淘汰，得以保留的开始为当地居民普遍接受，于是就形成了具有强烈地域特色的主导风格。之后，人们的活动范围不断扩大，建筑的形式和结构也因彼此间日益密切的交往而相互影响，终于又使建筑超越了单纯自然条件的限制，定型为跨越地域更大、应用范围更广的民族风格和时代特征。

在我国疆域辽阔的土地上，最初的建筑形式与结构受各地自然状况和气候条件的影响而呈现出不同的特色。许多边远地区因与中原文化接触不广，不仅那里的生活习俗、生产方式一直未发生太大的改变，其建筑发展也始终保持着自己的传统。直到如今仍可以在那里见到大量完全不同于汉民族所使用的建筑形式和结构体系。其实就是在广大汉族聚居地区，早期的建筑形制也并不完全一致。古人就曾推测：上古之世人们为躲避群害，因地制宜地创造了“穴居”和“巢居”两种形式[1]。近代考古学的成果确实让我们看到，距今六七千年前的新石器时代，黄河流域的居民还在普遍使用穴居和半穴居，而长江中下游已出现了被认为是由

① 《韩非子．五蠹》:“上古之世人民少而禽兽众，人民不胜禽兽。有圣人作，构木为巢，以避群害。”又《孟子．滕文公》:“下者为巢，上者营窟。”

② 一般认为，受自然环境和气候条件的影响，黄河中下游地区的原始文明最初以穴居作为居住形式。从已经发现的距今五、六千年前的众多仰韶文化、龙山文化的遗址中可以见到不少此类实例。随着社会的发展，穴居逐步向半穴居方向演变，最后演化成为地上建筑。而在长江流域，目前已发现的最早的文化遗存，距今七千余年前的浙江余姚河姆渡原始建筑遗址中，以经出土了大量带有榫卯的建筑木构件，由此证实长江流域的地面木构建筑的起源更早于黄河中下游地区。见中国建筑史编写组编著的《中国建筑史》，1986。

巢居发展而来的干阑式建筑[②]。随着政治、经济和文化交流的日渐频繁，我国广大地区的建筑形式也在相互影响之下得到融合。尤其是逐步完善的封建礼制不仅规范了每一个人在古代社会中的特定位置、人与人之间的人伦关系，而且还将建筑的规模、装饰标准与使用者的身份、地位相联系而作出种种限定，于是汉民族的传统建筑渐渐地在形式上趋向于同一。然而最初各地因自然条件的差异造成的结构方式、做法、尺度等的不同，在古代"因袭相承，变易甚微"的匠师传承制度下并未发生根本的改变，这又使不同地区的传统建筑在构造及细部处理上形成了各自的特色。

苏式建筑主要指以苏州为中心以及受其影响的周边地区的传统建筑。早在新石器时代的中前期长江下游的太湖流域已经形成了十分发达的上古文明，从当地发现的古文化遗迹中可以看到，这里先后出现的马家浜文化、崧泽文化、良诸文化等，不仅已经具备了十分精湛的制陶工艺和制玉工艺，而且其建筑技术也已达到了相当的水平，当时的房屋建造中已大量运用木构梁柱和榫卯结构[①]。后因自然环境的变迁使江南的早期文明一度中断[②]，但随着商周之际中原文化的传入再度为这里经济、文化的重新发展提供了契机。尤其是春秋末期吴国在今天的苏州建立都城使之成了吴地政治、文化的中心，其建筑发展已开始高于周边地区。魏晋以后，南北文化的融合与交流以及江南地区的相对稳定促进了当地经济和文化水平的迅速提高，这又进一步推动了建筑的发展。如今虽然因社会的演进已难以见到更多明代以前的地面建筑，但从留存至今的传统建筑中仍可发现其结构紧凑、制作精良、色调和谐及布局机变等特点。它完全不同于北方建筑的雄壮、敦厚、浓重和规范；也有别于岭南建筑的轻盈、自在、开敞。而这，一方面是因为各地文化发展的不平衡，另一方面则源于当地长期以来形成的建筑传统。

① 早在马家浜文化时期，太湖流域的居民已经过着定居生活。当时的建筑以木构为主，大多为矩形平面，坐北朝南，也有少量圆形平面的建筑。屋顶用芦苇、竹席及草束等做成，木构件广泛运用榫卯技术，并普遍使用防潮、排水设施。见邹厚本主编的《江苏考古五十年》，2000。

② 太湖流域的良诸文化是我国最为发达的上古文明之一，但在距今四千年前后迅速消亡，其原因被认为与当时的海侵及大洪水有关。见邹厚本主编的《江苏考古五十年》，2000。

第一节　苏式建筑的类型

随着文明的发展，人们的需求会变得越来越多，也越来越细。当某一地区当人口聚居达到一定规模以后，为满足各种不同的需要人们就会营建各式各样的建筑。作为一个经济发达、人口密集的地区，苏州在明清时期也曾拥有衙署、寺观、祠祀、民居、店铺、作坊等不同类型的建筑（图绪-1），但在我国古代，建筑的用途并非一成不变，在漫长的历史的演进过程中常常发生诸如“舍宅为寺”、“占寺作宅”以及各类建筑散为民居等情况，所以在经历了长期的变化之后已很难按照建筑当初或后来的用途来探讨它们的形制了。

然而封建等级十分森严的我国古代社会，建筑同样也被刻上了等级的印记，不同的社会阶层允许营建的建筑规格各不相同，而各种等级的建筑其结构方法常有较大的差异，所以依据建筑的等级来探究苏州地区各类建筑的形式与构造仍不失为另一种分类方法。

苏式建筑中殿庭的等级最高，相当于宋《营造法式》中的“殿堂”或清代官式建筑中的“大式建筑”，其尺度较大、结构复杂、装饰华丽，通常用于衙署大型寺观以及一些纪念先贤的祠祀之中。较殿庭规模稍小、结构略微简洁，但仍有一定装饰的被称作厅堂，与宋《营造法式》中的“厅堂”相近，主要用于富裕之家，作为应酬居住之处或宗祠祭祀之所。最为普遍的大量性的建筑称平房，在苏州地区平房也可解释为单层建筑，但这里是指规模较小、结构简单、不用或极少使用装饰的建筑类型，与清代北方的“小式建筑”相类似，被大量用于普通民居和店铺作坊等建筑中（图绪-2）。

然而与我国其他地区的传统建筑一样，一方面为强调建筑组群的主次变化，突出主体建筑的地位，以体现其艺术性，另一方面考虑建筑总体的经济性，尽管在低等级的建筑组群中决不允许冒用高一等级的单体建筑，但在高等级的建筑组群中常有使用低一等级的单体建筑作为陪衬和附属建筑，因此在一些具有一定规模的建筑组群中常包含有各种不同形式的单体建筑，从而大大丰富了建筑组群的造型变化。

苏式建筑的单体形象按屋顶变化有四合舍（近似于庑殿）、歇山、硬山和悬山等形式。其中四合舍的等级最高，如今在苏州仅存一例，即府学（文庙）大成殿。歇山的规格稍次于四合舍，如今在一些大型寺观中还常可见到，如玄妙观的山门、三清殿，西园寺的天王殿、大雄宝殿等等。硬山建筑则最为普遍，由于自明代起城市的发展使用地开始紧张，为让相邻的建筑靠得更近，一般的民居也开始允许使用砖墙，于是制砖业的逐渐普及，硬山建筑被广泛用于各类建筑之中。悬山过去常被用于乡村贫民的泥墙草顶住宅中，因屋面从两侧挑出山墙，可保护泥墙免遭雨水的冲刷。但随着社会的发展，此类建筑已经逐渐消失，现在已难以再见其形貌了。此外在苏州众多的园林中还有三间两落翼（与歇山相近）以及各种攒尖屋顶。

若依据单体建筑的用途则又有殿宇、厅堂、楼阁、杂屋、塔幢以及亭、榭、斋、馆、廊、轩、舫等类型。在这些单体建筑中有的彼此间仅构造上有微小的差异。如厅与堂，苏地将梁架使用矩形断面木料的称厅，用圆形断面木料的叫作堂。又如楼与阁，在同样采用矩形平面的情况下，楼的出檐椽较长，而阁的出檐椽较短。有的则只是位置的不同。如水榭与水阁，一为贴水而建，另一为悬挑于水面。而轩与榭的区别则一在山间，另一在水际。它们的构造大致相似。至于苏州众多的亭，其名虽一，却又有着各种不同的结构与做法。

北寺塔

临河茶馆

盘门城墙与城楼

会馆戏台

临河民居

园林水榭

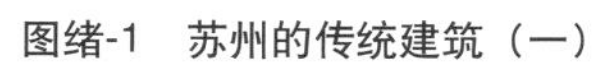

图绪-1　苏州的传统建筑（一）

重檐八角亭

木石牌楼

巷门

堂屋

堂楼

文庙大成殿

玄妙观三清殿

开元寺无梁殿

图绪-1 苏州的传统建筑（二）

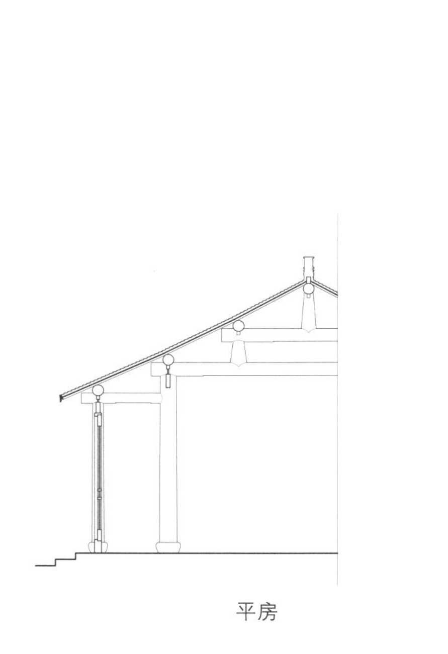
平房

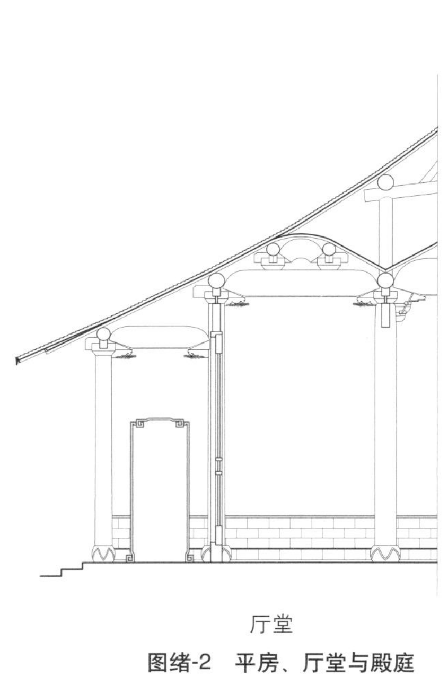
厅堂

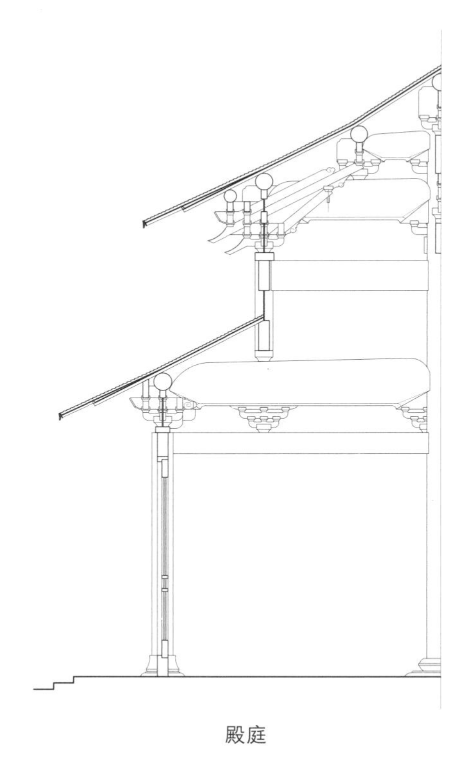
殿庭

图绪-2　平房、厅堂与殿庭

第二节　苏式建筑组群的布置

我国的传统建筑一般都由数幢、十数幢乃至数十幢大小各异、形式不同的单体建筑组合而成，苏州的各类建筑同样也可以见到多种不同的组合布置。

最为简陋的住宅只是单幢三开间的泥墙草顶建筑，正中为门间，两旁作卧室。炉灶通常被置于门间的后部。这在过去曾为广大农村地区的贫苦阶层普遍使用，因社会的发展，今天已经看不到了。经济稍微宽裕一点则改为砖墙瓦房，室内布置大致与前相近。此类建筑一般前临街路或僻有一定面积的空场，其后紧靠河道或设置菜地，如今在一些未被改造的地段还能见到它们的身影（图绪-3a）。

进一步扩大则在房前联以厢房，有仅建于一侧的单厢（图绪-3b），也有两边都设厢房的（图绪-3c），并用墙垣围成前合院。正房和厢房或为单层的平房，或为两层的楼房，后一种形式到近代就演变成了极有特色的石库门建筑。农村地区也有在正房之后连以猪圈禽舍的，也以围墙围合，使之成为后合院。

若将前合院厢房前的院墙改作门间，就成了两进四合式的院落（图绪-4a）。一些旁临南北向街巷的建筑也有布置横向三合院的形式，前后两进，一侧联以厢房，另一侧砌筑围墙并开门，使之成为全宅的出入口。城区的中心地带由于临街用地紧张，常临街直接建成二层的建筑，若基址狭窄往往仅为单栋楼房前面街道，后临河港，底层面街一侧被用作店铺或手工作坊，临河一侧则为厨厕储藏等辅助用房，楼层一般用于居住。若进深增加则可联以两、三榀屋架或布置院落。

规模稍大的住宅沿轴线布置门屋、圆堂及楼厅三进建筑。圆堂为屋主接待客人的地方，楼厅则是家眷生活起居之所。为有更多的居住面积，楼厅两侧都带有厢楼（图绪-4b）。苏州地区有些小则庵也常用这样的布置，只是门屋被改成了山门，圆堂被用作大雄宝殿，楼厅下层供奉观音，其上贮藏经书。由此可见这样的寺观与住宅在所用的单体建筑及群体布置上并无太大的区别，或许这些小庵当初就是由民居的某一主人舍宅而成。

大型邸宅沿轴线布置的屋宇更多，由前至后依次为门厅、轿厅、大厅和楼厅，前后为五进或七进。由于苏州地处水乡，道路与河港错综交织，其间的距离往往也难以进一步向纵深扩展。同时考虑到使用的便利，即使其后没有河道的阻隔，最多也至七进为止。若建筑仍不敷使用，则在主轴线的左右增添次轴线，其间布置书房、花厅、次要住房、厨厕、库房及杂屋等等。当地称主轴线为“正落”，称次轴线为“边落”。正落与边落间用夹道相联，这种上有屋顶的夹道被叫做“备弄”。此类建筑中前后进屋宇都用东西向狭长的天井分隔。大厅作为全宅的中心主要供婚丧庆典及接待宾客之用，厅后设库门界分内外，其后的楼厅都为二层，两侧设厢楼，进数视需要而定，最多不超过三进。前后楼厅常用走道兜通，被称作“走马楼”。更有如市区小新桥巷旧刘宅（耦园）那样将边落楼房一起用走道相联贯通的（图绪-5）。楼厅之后砌以界墙，设置后门。在住宅密集的地段若宅后有河道相阻，则将后门跨河设置，河上架暖桥——上面盖有屋顶的小桥。有些等级较高的邸宅还常在前门的门厅对街设置照墙。

苏州一些衙署的布置大致上与大型邸宅相近，只是前部的大堂稍有不同，大多仍沿用宋代以前的“工字殿”形制，即前后布置两进厅堂，正间用穿廊相连，形成工字形平面，如城隍庙的工字殿、太平天国忠王府的工字殿等。坐落于娄门内东北街的太平天国忠王府保存比较完整，这里原是明代的府宅及园林，清末太平天国时被改造成王府，其建筑等级得到提高。之后又先后为八旗奉直会馆、李鸿章的巡抚行辕，所以能一直保持衙署的规制。这座建筑的正落前为大门、仪门。入仪门为宽广的石版天井，两庑分列左右，尽头设三进大堂，前两进合为工字厅，其后为后堂。由于再往后是原来著名的拙政园，因此其他的附属建筑被安排于两侧的边落上（图绪-6）。

此外大型寺观和庙宇因使用的要求，其主殿之前常设置宽大的露台与庭院，两侧布置配殿或廊庑，与北方大式建筑的四合院形似，但更为灵活。如苏州府学（文庙）大成殿与戟门设为左右对称的两庑。西园寺大雄宝殿与天王殿之间东为观音殿、西为罗汉堂，左右为不对称布置。而玄妙观则在三清殿与正山门这一主轴线的两侧直接布置次轴线。沿次轴线建造的雷尊殿、斗姆阁、文昌殿、三茅殿、火神殿、三官殿、观音殿、天医药王殿等虽左右大体对称布置以烘托和突出主轴上的殿宇，但各自又自成独立的一区。

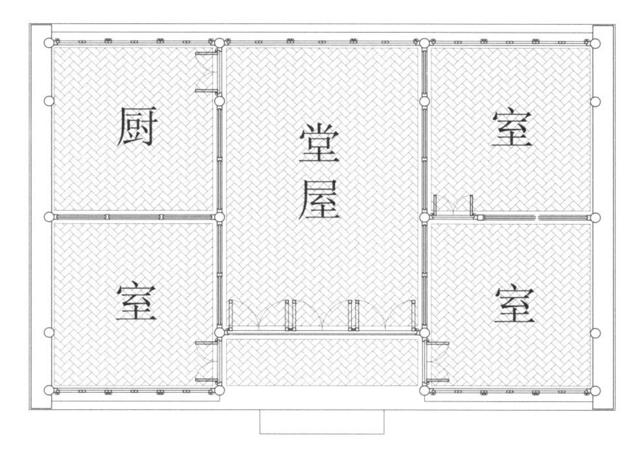

(a) 单幢三开间的平房

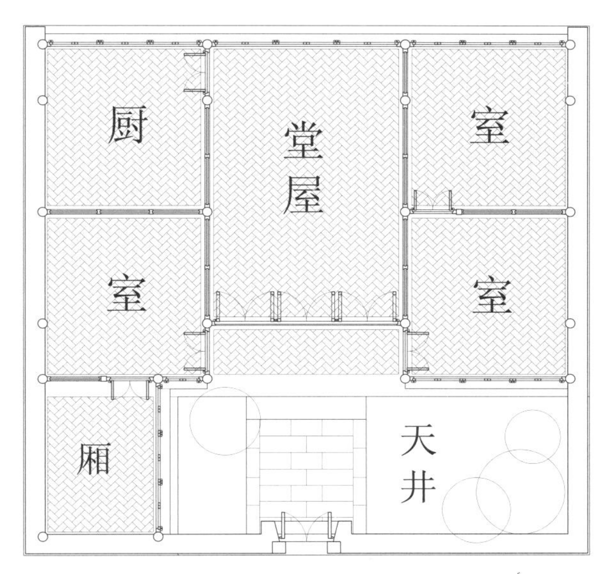

(b) 单侧联以厢房的平房

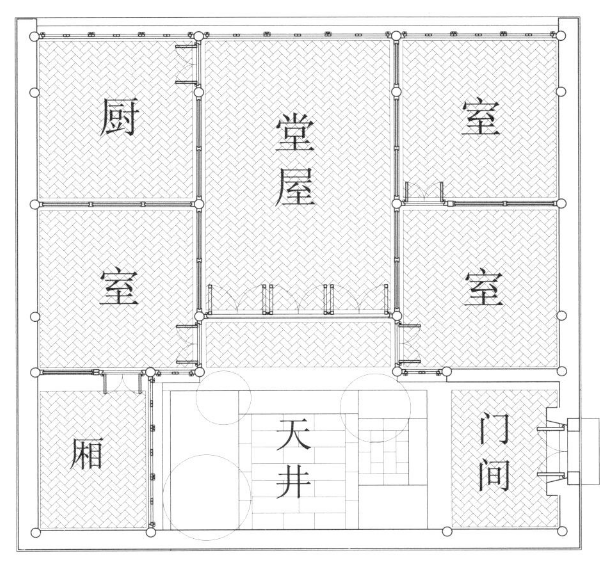

(c) 联有两厢的平房

图绪-3 小型平房的平面组合

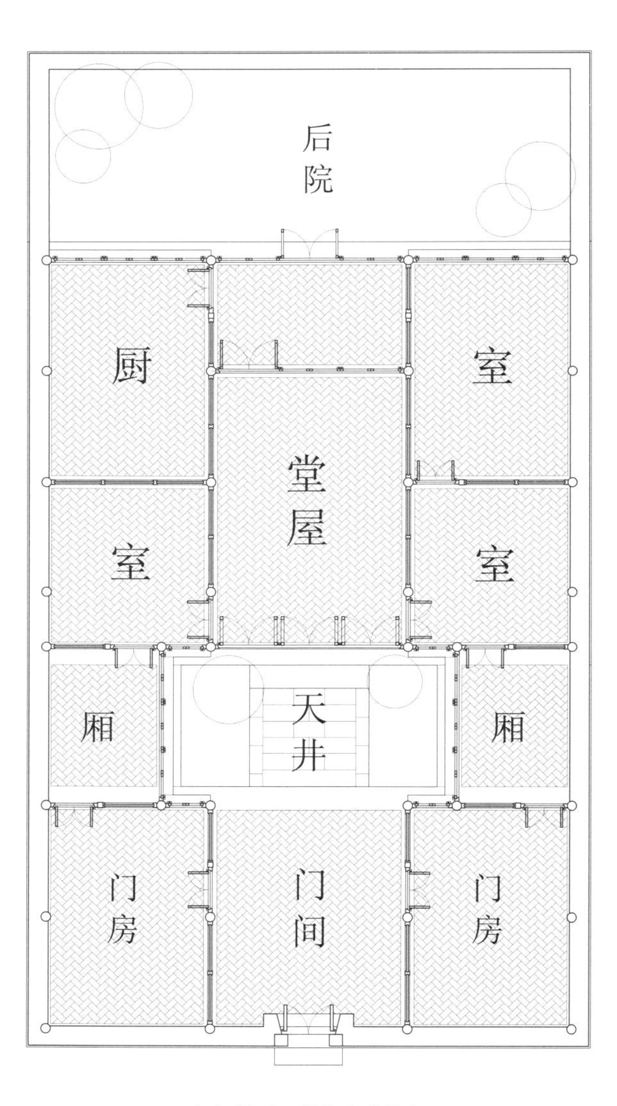

（a）前后两进的合院民宅

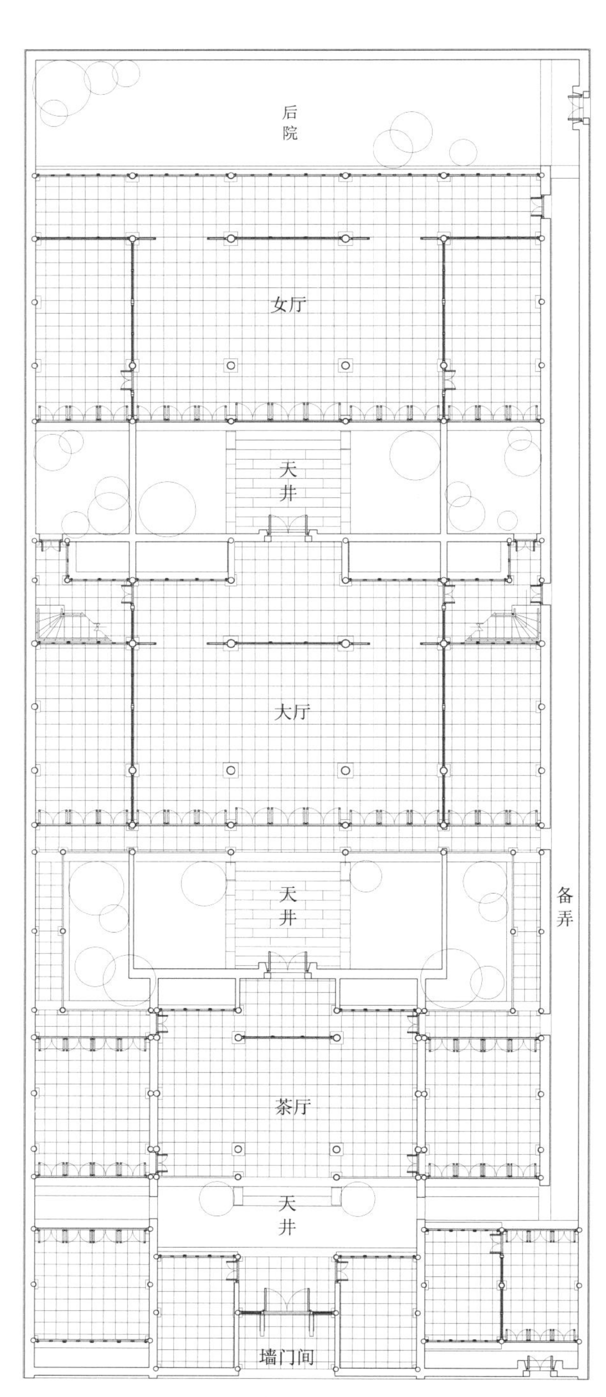

（b）带有前堂后楼的民宅

图绪-4　中型住宅平面

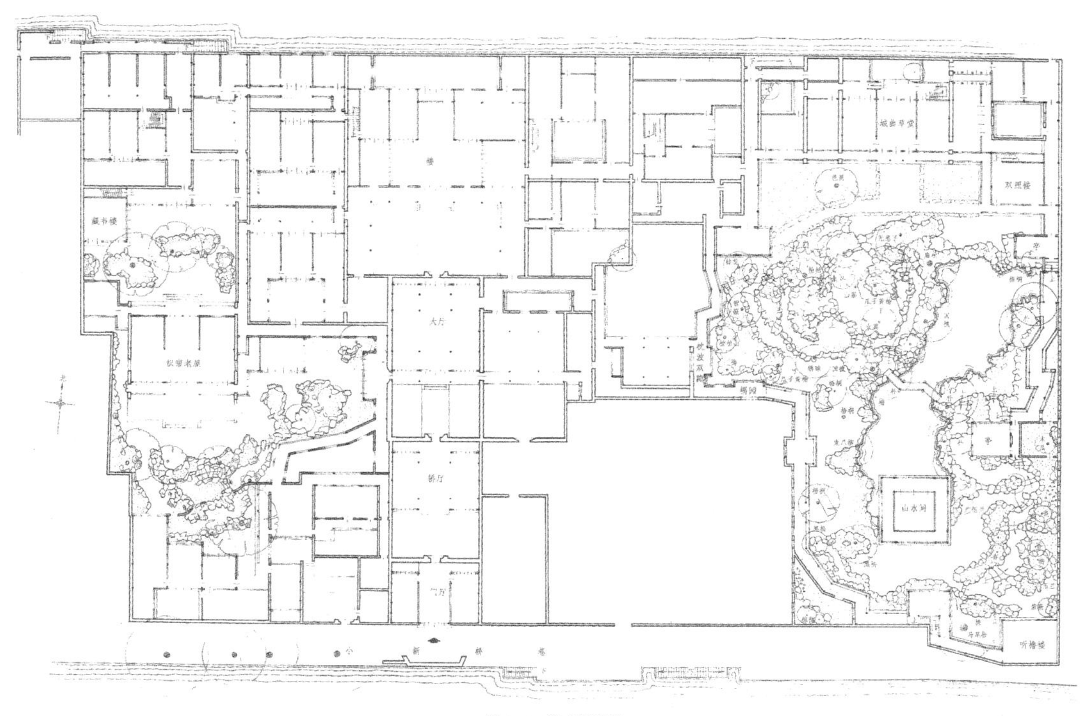

图绪-5 苏州耦园（摹自陈从周《苏州旧住宅》）

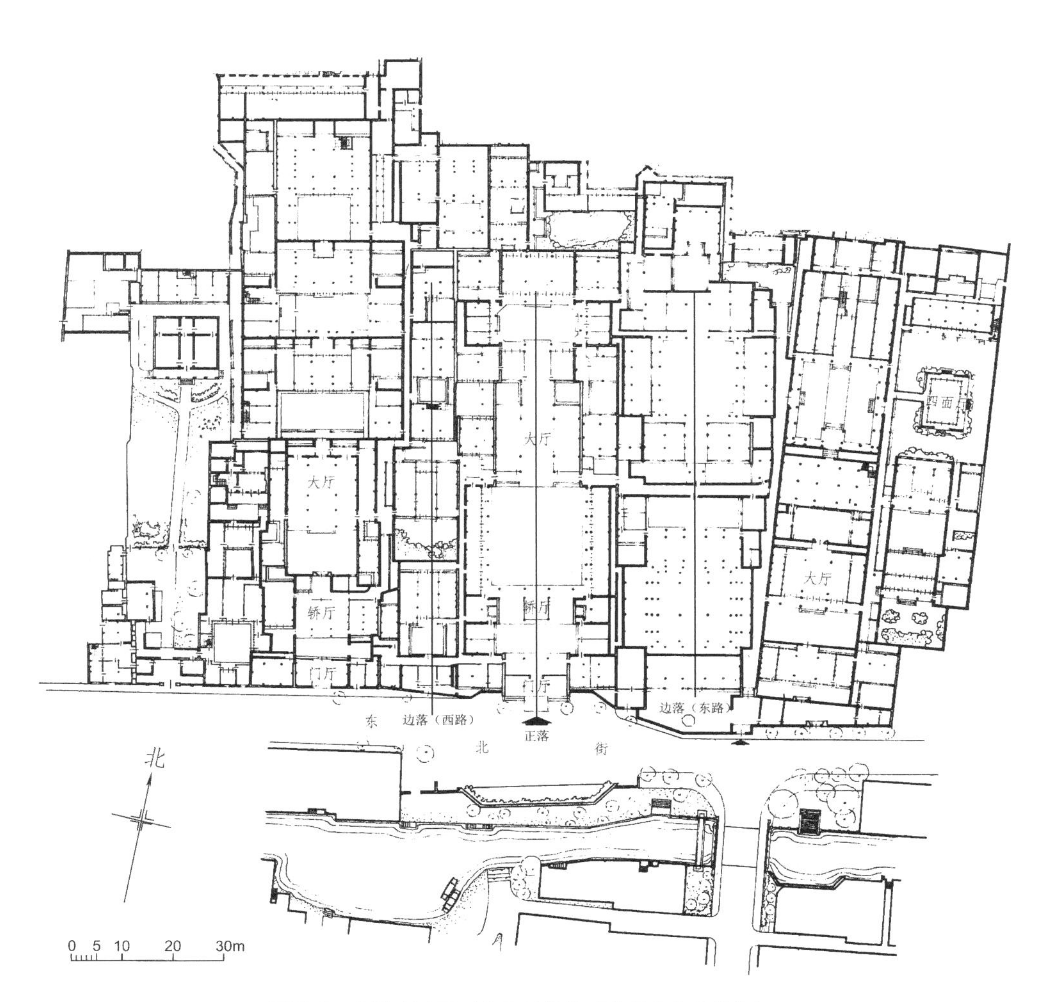

图绪-6 苏州忠王府（摹自刘敦桢《苏州古典园林》）

第一章 尺度与比例

苏州地区传统的单体建筑，除园林中的亭构采用正方、六边、八边、扇形等平面外，大部分都为矩形平面，其长度方向称“宽”，其中因梁架的分割又形成了间架，两榀屋架之间为“一间”。受封建等级制度的限制，苏地建筑一般都仅为三间或五间，称作“三开间”或“五开间”，当中一间称“正间”，两侧为“次间”，紧靠山墙一间，硬山建筑可称“边间”，而四出坡顶的建筑则可称作“落翼”（图1–1）。有时因实际需要，一些邸宅厅堂的面阔超过规定时，则须在边间前面的天井中增设两道塞口墙，其屋顶的正脊也要在边间之上断开。

垂直于开间方向为“深”或“进深”。进深以相邻的两根桁条的水平投影距离为单位，称作“界”。一般的平房进深都为六、七界，杂屋及一些园林建筑有小于七界的，而厅堂及殿庭往往大于七界。

为了争取室内有更大的无阻碍空间，正间两侧的梁架——“正贴”采用抬梁式，大梁一般长四界，其下有步柱支承，这一部位称“内四界”。其前通常再联以一至二界，因在厅堂或殿庭建筑中，内四界前常用“翻轩”，所以尽管平房前檐柱与步柱间并非翻轩，但仍用“前轩”的称呼。内四界后通常还有两界的进深，被称作“后双步”（图1–2）。

考虑到建筑的经济性，苏式建筑次间外侧及紧靠山墙的梁架——“边贴”都将脊柱落地，从而可减小梁柱等构件的断面尺寸（图1–3）。

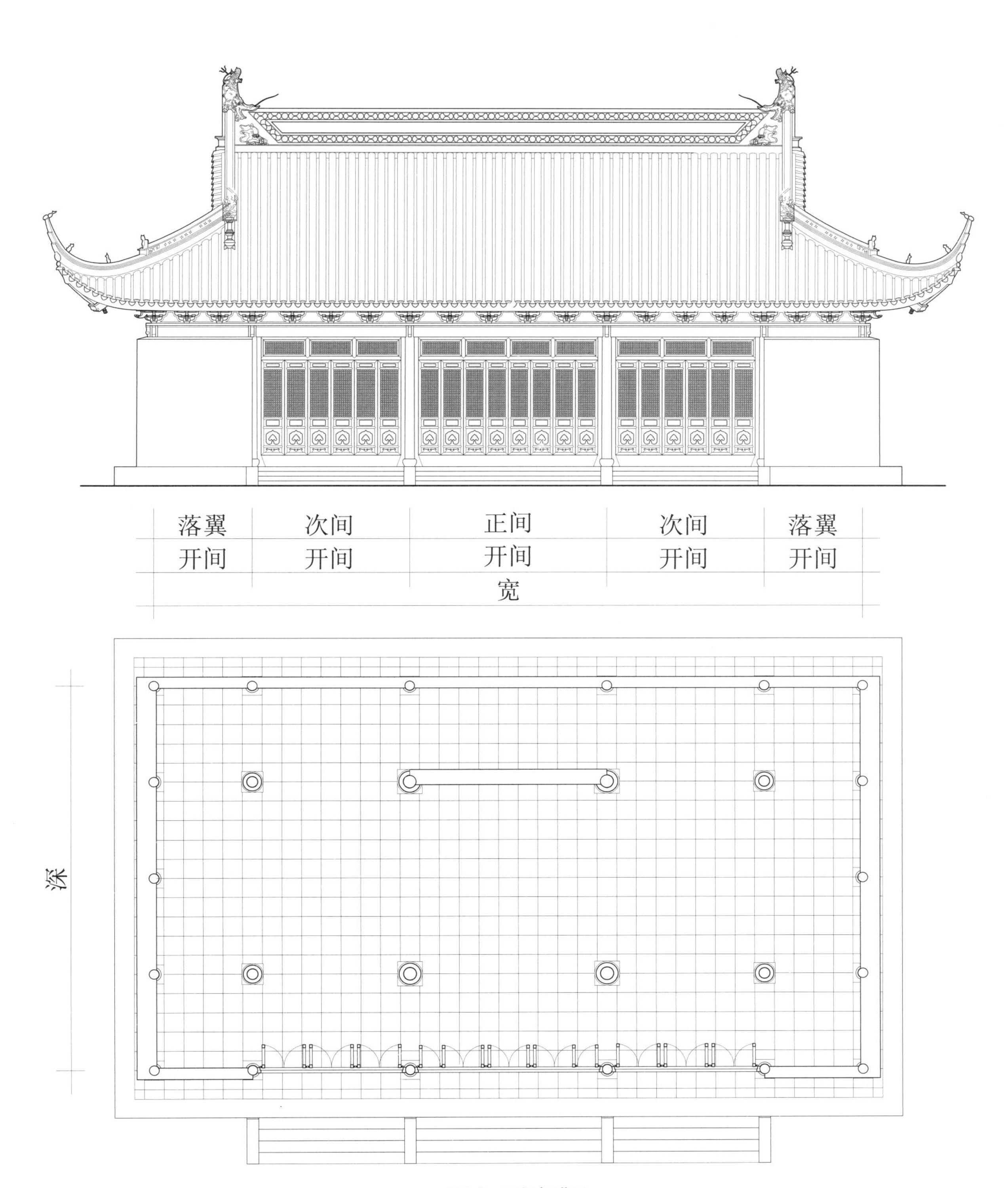

图1-1　面阔与进深

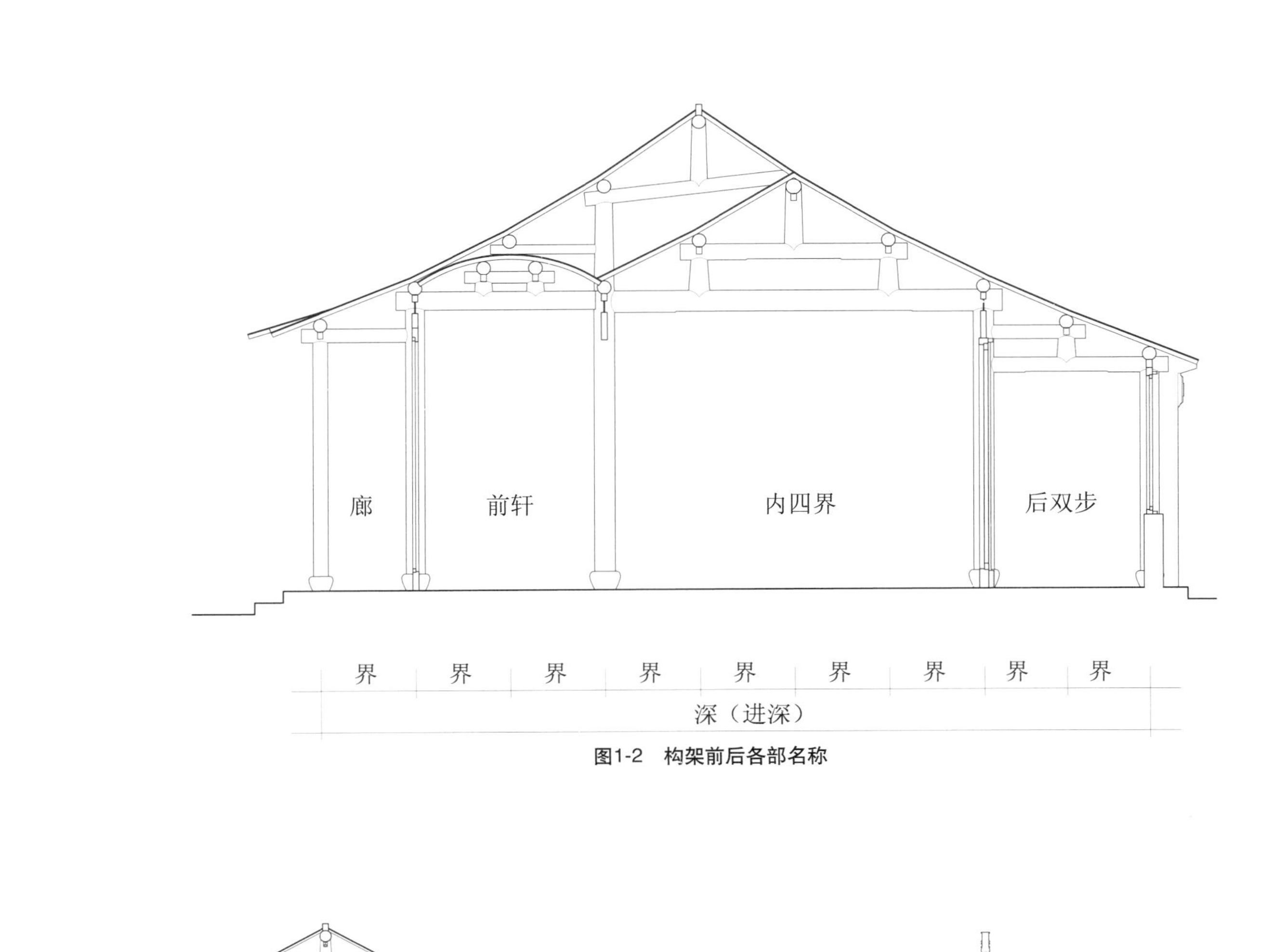

图1-2　构架前后各部名称

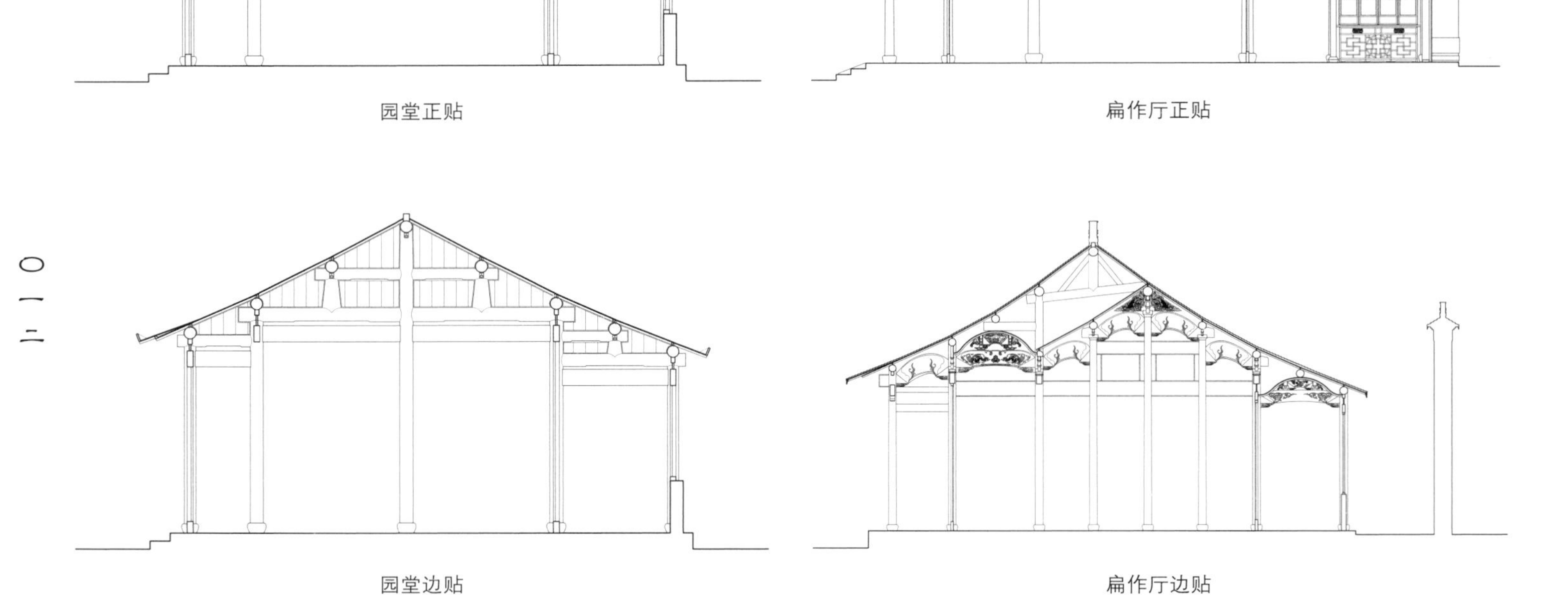

图1-3　正贴与边贴

第一节　开间和进深

苏式建筑开间和进深具体尺寸的确定，理论上说主要依据使用的要求，但实际上还受到木料长度、建筑等级制度以及门尺制度等的影响。一方面原木因本身的生长特性，不仅其长度有一定的限制，它的粗细也上下不同，考虑到承受的荷载，必须使小头截面积能满足受力的要求。而作为商品，原木在砍伐之时已被分出规格等级，所以建筑的有关尺寸只能在经济条件允许的前提下，按建筑的等级高低，并根据木料的规格进行选用。另一方面受传统迷信思想的影响，建筑开间的尺寸除了采用当地特有的“鲁班尺”—— 曲尺外，还须与“紫白尺”（鲁班真尺）配合量度①（图1-4），这又使一些相同等级的建筑由于屋主身分的不同而出现微小的尺寸差异。

在平房类建筑中，正间宽大多为一丈二或一丈四尺（约3300mm或3850mm），次间与正间相同或较正间减二尺，一般取一丈二尺(约3300mm)。其进深每界通常都是三尺半(约950mm)，故深六界的建筑共进深二丈一（约5800mm），七界深二丈四尺五（约6800mm）。

厅堂类建筑的正间宽一丈四到二丈（约3850～5500mm），以二尺为一级递进，次间较正间减二尺，边间与次间相同或再减二尺，有落翼的其落翼阔同廊轩之深。厅堂建筑因可以选用不同的廊轩草架形式，所以每界之深并不完全一致，其中前廊深三尺半至五尺（约950～1400mm），轩深六尺到一丈（约1650～2700mm，一般分作二界），内四界每界深四到五尺（约1100～1400mm），后双步每界深三尺半到四尺半（约950～1240mm）。一般界深以五寸为一级递进。

殿庭建筑规模更大，其正间宽可达二丈以上，每界深有时会超过五尺，但通常也以二尺作为开间的递进单位，以半尺作为界深的递进单位。

当然如前面所说，因存在着迷信成份，即开间尺寸要用鲁班尺与紫白尺相配合，所以旧有的建筑常常还要在上述尺寸的基础上再加一定量的所谓吉祥尺寸。鲁班尺与公尺的换算关系如表1-1。

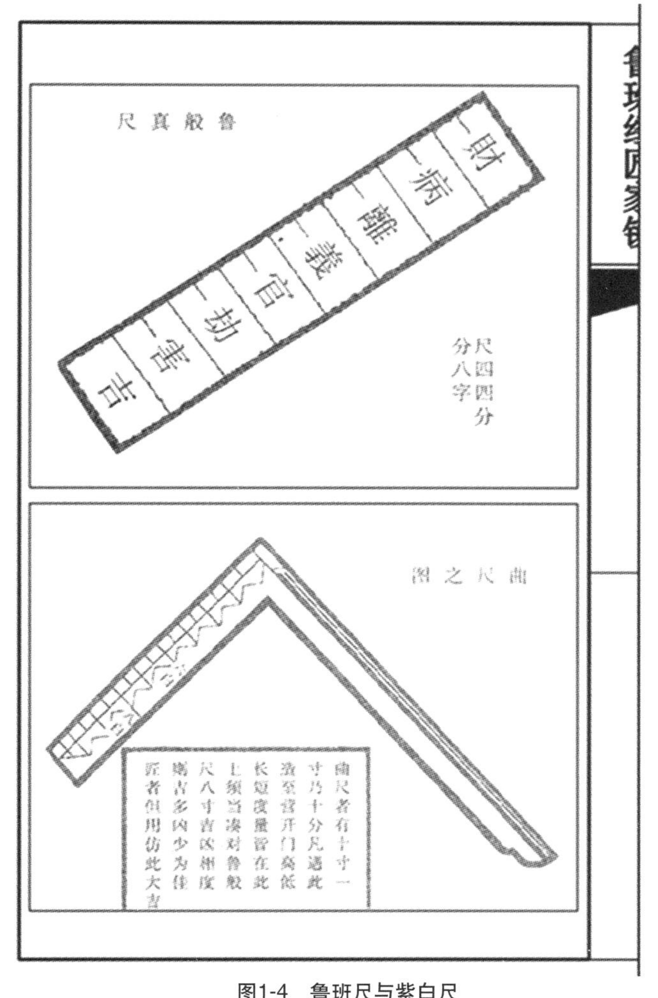

图1-4　鲁班尺与紫白尺

① 鲁班尺是苏州地区的营造用尺，它既有异于过去的官尺，也与北方的营造尺不同，其长度一尺等于二十七点五公分。紫白尺是与鲁班尺配合使用的木尺，在建筑上主要用于度量门宽，一尺等于一点四鲁班尺，等分为八份，其上标有凶吉，考虑建筑面阔时，须使门宽符合紫白尺上的“官”、“禄”、“财”、“义”等吉字尺寸。

表1-1　鲁班尺与公尺（毫米）换算表

	0	1	2	3	4	5	6	7	8	9
0		27. 5	55. 0	82. 5	110. 0	137. 5	165. 0	192. 5	220. 0	247. 5
1	275. 0	302. 5	330. 0	357. 5	385. 0	412. 5	440. 0	467. 5	495. 0	522. 5
2	550. 0	577. 5	605. 0	632. 5	660. 0	687. 5	715. 0	742. 5	770. 0	797. 5
3	825. 0	852. 5	880. 0	907. 5	935. 0	962. 5	990. 0	1017. 5	1045. 0	1072. 5
4	1100. 0	1127. 5	1165. 0	1192. 5	1210. 0	1237. 5	1265. 0	1292. 5	1320. 0	1357. 5
5	1375. 0	1402. 5	1430. 0	1457. 5	1485. 0	1512. 5	1540. 0	1567. 5	1595. 0	1622. 5
6	1650. 0	1677. 5	1705. 0	1732. 5	1760. 0	1787. 5	1815. 0	1842. 5	1870. 0	1897. 5
7	1925. 0	1952. 5	1980. 0	2007. 5	2025. 0	2062. 5	2090. 0	2117. 5	2145. 0	2172. 5
8	2200. 0	2227. 5	2255. 0	2282. 5	2310. 0	2337. 5	2365. 0	2392. 5	2420. 0	2447. 5
9	2475. 0	2492. 5	2530. 0	2557. 5	2585. 0	2612. 5	2640. 0	2667. 5	2695. 0	2722. 5
10	2750. 0	2777. 5	2805. 0	2832. 5	2860. 0	2887. 5	2915. 0	2942. 5	2970. 0	2997. 5
备注	此表由鲁班尺转化为公尺，表内数目以毫米为单位									

第二节　建筑组群的檐口高度及天井进深比例

一、檐口高度

苏式建筑一般是以正间面阔的十分之八来确定檐口高度，但在实际的操作中还要视具体情况分别对待。如一些小尺度的平房其檐口高度不能低于一丈，否则会影响使用。在厅堂中无牌科（斗栱）时，其檐高以面阔的八折为准，用牌科时则还须增加牌科的高度。而殿庭的檐高则按正间面阔一比一确定。在楼房中以单层建筑的檐高作楼面高度，上层高低以底层的七折计算。

对于大型府宅的檐口高，苏地匠人中有如下的规定：“门第茶厅檐高折（茶厅照门楼九折），正厅轩昂须加二；厅楼减一后减二，厨照门茶两相宜；边傍低一楼同减，地盘进深叠叠高；厅楼高止后平坦，如若山形再提步；切勿前高与后低，起宅兴建切须记；厅楼门第正间阔，将正八折准檐高”（图1-5）。

从上述歌诀可以看到，在一所住宅中，首先要将“地盘进深叠叠高”，也就是由前至后，将各进阶台逐渐升高，然后再以每一进正间面阔的十分之八确定该建筑的檐口高度，以做到建筑越往后越高。这在苏州地区被称为“步步高”，而实际上也有更利于后进居住部分的采光和通风（图1-6）。

二、天井进深比例

天井之深以前也遵照有关歌诀的规定，如住宅有：“天井依照屋进深，后则减半界墙止；正厅天井作一倍，正楼也要照厅用；若无墙界对照用，照得正楼屋进深；丈步照此分派算，广狭收放要用心”。殿庭则有“一倍露台三天井，亦照殿屋配进深；殿屋进深三倍用，一丈殿深作三丈”等说法。按歌诀所说，住宅中两进建筑间的天井与后进的进深相等，最后一进建筑之后的天井到界墙为房屋进深的一半，如使用对面相向的对照厅，则天井深为原先的二倍。殿庭之中正殿前如不用露台，其天井深是正殿进深的三倍；若有露台，则还要增加一份露台的进深（露台深与正殿相同）。在较早的时候，因建筑用地较为宽裕，所以每进建筑间的天井深基本能遵照上述规定，但晚近以来受用地限制，其天井的进深往往被大幅缩减，而这常影响到建筑的采光及通风。

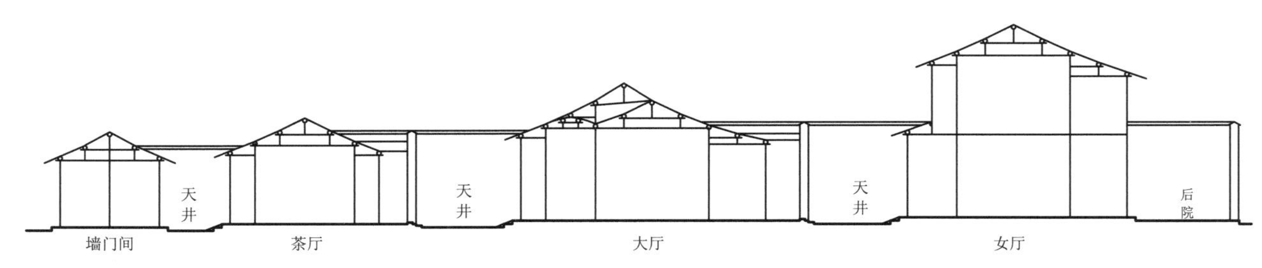

图1-5　檐口高与天井进深比例关系示意

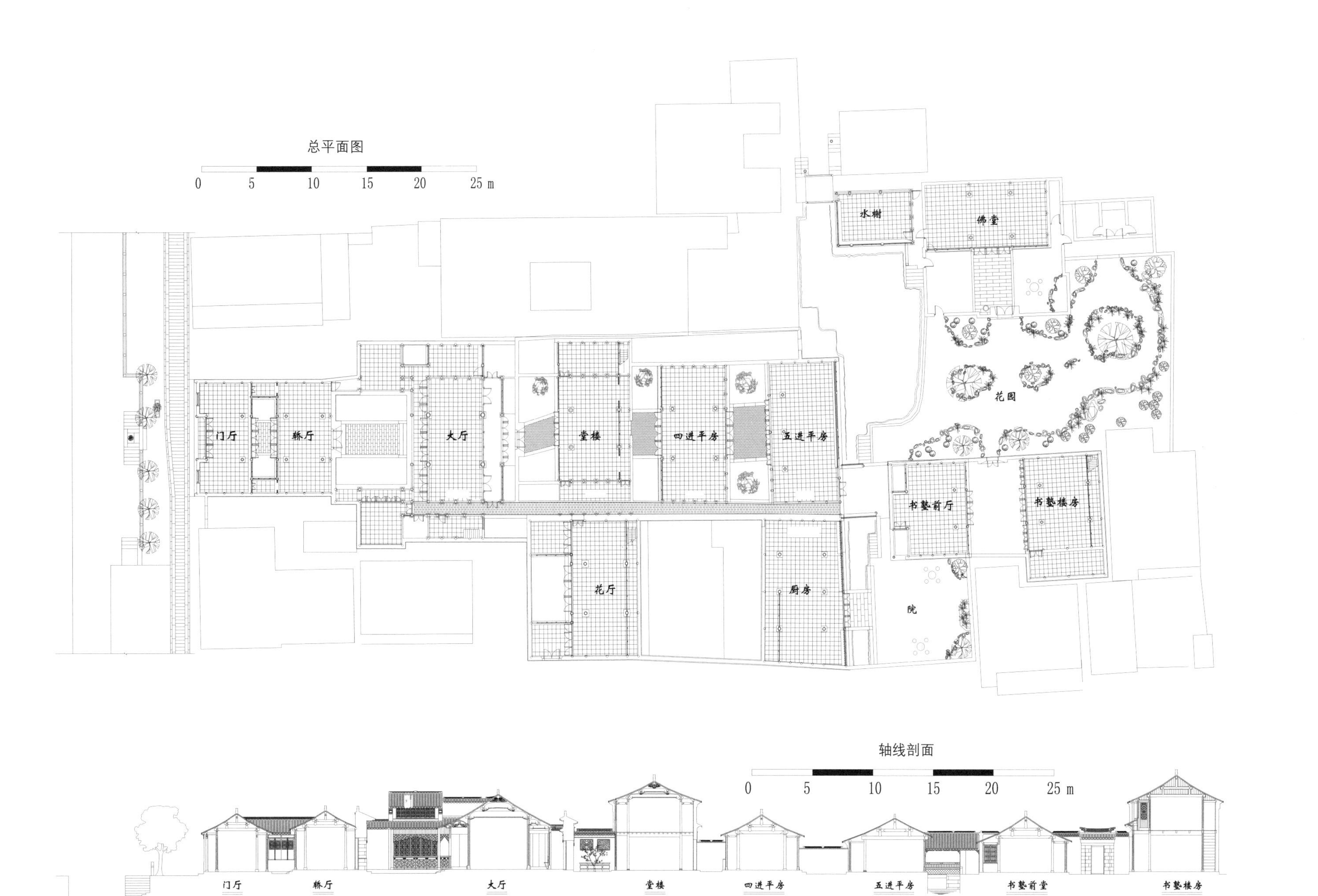

图1-6　某宅 檐口高与天井进深的关系

第三节　提　栈

我国传统建筑的坡屋面并非一个平整的斜面，而是屋脊处较陡，下到檐口处逐渐平缓的曲面。它的形成主要源于建筑木构架的特殊处理，宋代建筑采用“举折”方法（图1-7），清代官式建筑采用“举架”方法（图1-8），而苏州的传统建筑则用“提栈”。这三种方法虽然都能使屋面的各段椽子架构成不同的坡度，但在计算操作上有着较大的差异。

苏式建筑的屋面以前后桁间的高度多少称提栈若干。假如界深相等，其相邻两桁间的高度自下而上逐渐加高，屋面坡度也随之增加，提栈自三算半、四算、四算半以至九算、十算（对算）。这里所说的“三算半”、“四算”是以界深乘以十分之三点五或十分四，所得之数即为两桁的高差。在殿庭建筑中屋脊处的提栈最多可达九算，而攒尖亭葫芦顶处可用十算甚至十算以上。

提栈的计算方法从檐口开始，即先定“起算”，起算以第一界的界深为基准，若界深是三尺五则起算为三算半，若界深四尺则起算为四算。但当第一界的界深大于五尺时仍以五算为起算。然后根据建筑的界数确定顶界的提栈算数。最后将起算和顶界算数之差平分至各界，再将算数乘以界深就得到两桁间的高差尺寸（图1-9）。

在以往的建筑实践中，为便于记忆，工匠们也将有关提栈编成歌诀：“民房六界用两个，厅房圆堂用前轩；七界提栈用三个，殿宇八界用四个；依照界深即是算，厅堂殿宇递加深” 。其中“依照界深即是算”指的就是前面所说的起算以第一界的界深为基准，而“民房六界用两个”、“七界提栈用三个”及“殿宇八界用四个”几句指深六界的建筑使用二个提栈，如果起算为三算半，那么脊柱处的提栈是四算半，而金柱处的提栈为四算；如果界深为四尺，依前面所说起算是四算，其顶界提栈就是五算，金柱处的提栈为四算半。深七界的厅堂用三个提栈，是指第一界的界深若为四尺半时，其起算为四算半，屋脊处就是六算半，而金柱处的提栈为五算半；如果第一界的界深为五尺，则起算为五算，脊柱处和金柱处的提栈分别为七算，为六算。殿庭规模较大，界深往往超过五尺，其起算都为五算，在屋脊处的提栈用四个，即为八算，而当中各界则应结合界深予以均匀分配。园林亭构的提栈较陡，歇山形的方亭起算提栈可用五算，而脊桁提栈为七算；攒尖顶起算可用六算，灯芯木处可达对算甚至更陡。

从上面所述的提栈计算及运用方法中可以看到苏式建筑与我国其他地区的传统建筑一样也遵循着高等级的建筑屋面较陡峻，低等级的建筑屋面较平缓这样一个普遍法则。然而苏式建筑因厅堂、殿庭的构造富于变化，在界数较多时，还须根据“堂六厅七殿庭八”的准则，结合实际情况审度形势绘制侧样，然后确定各部分提栈的高度，以使屋面曲线更加柔和完美。

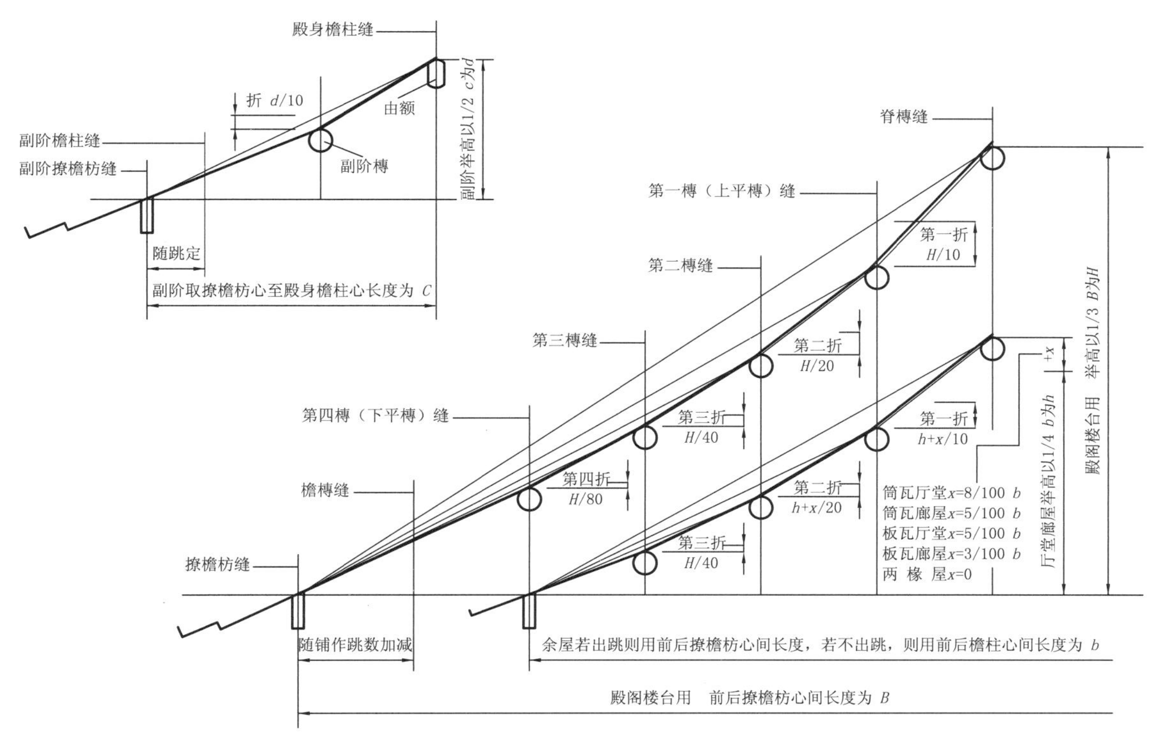

图1-7 （宋）举折之制

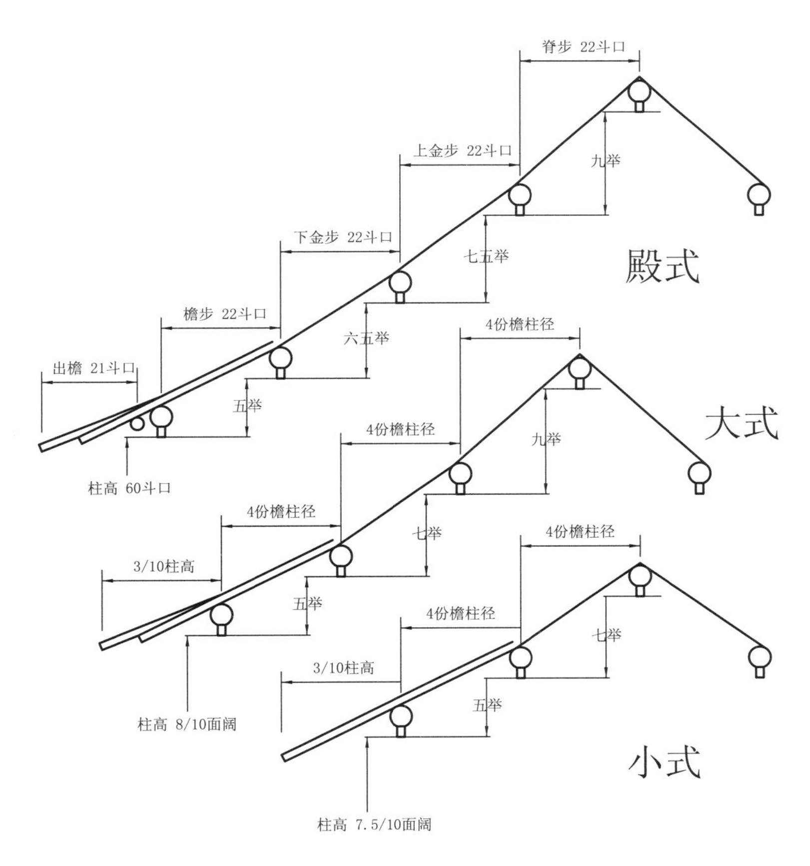

图1-8 （清）举架之制

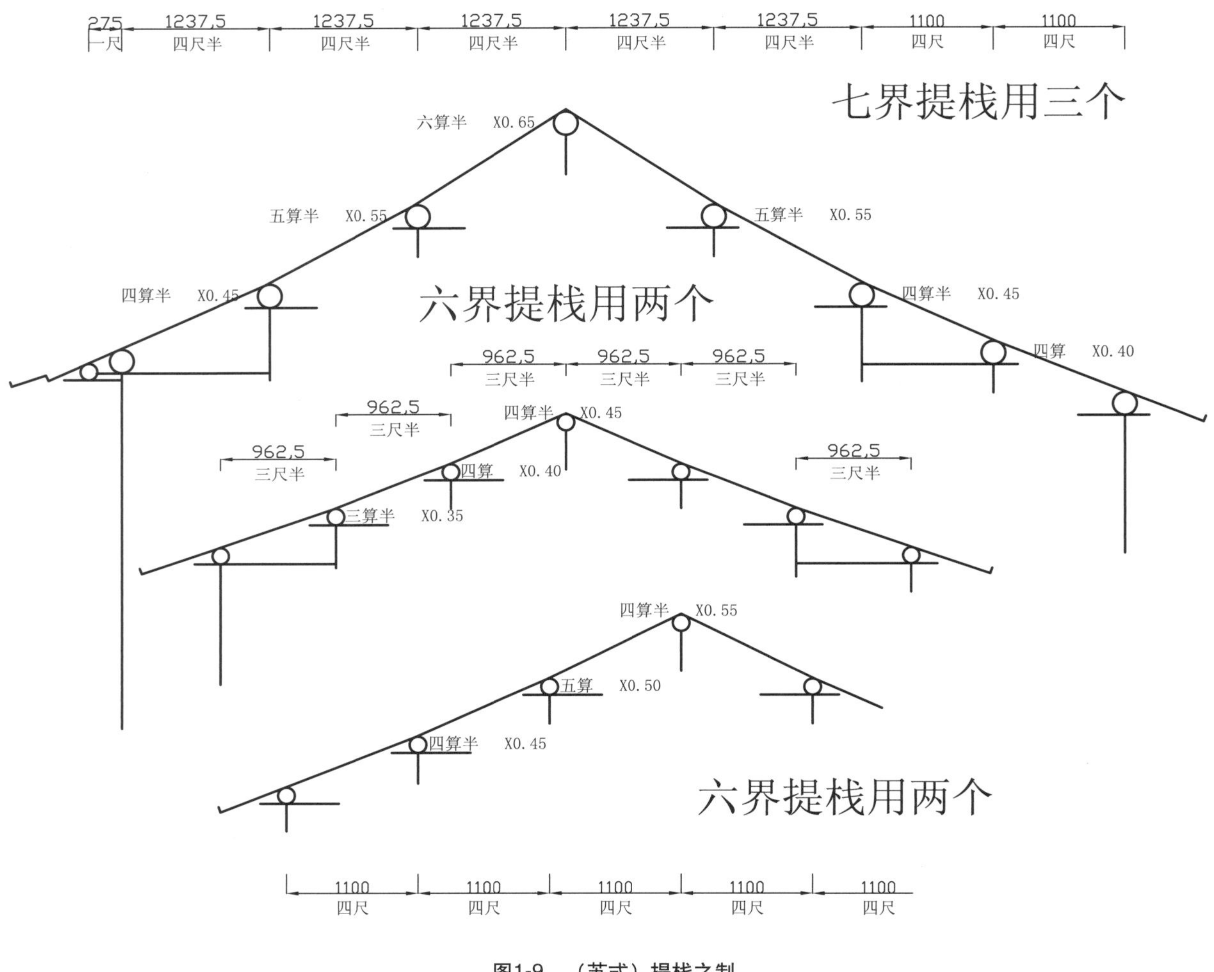
275
一尺
1237.5
四尺半
1237.5
四尺半
1237.5
四尺半
1237.5
四尺半
1237.5
四尺半
1100
四尺
1100
四尺
七界提栈用三个
六算半 X0.65
五算半 X0.55
五算半 X0.55
四算半 X0.45
四算半 X0.45
四算 X0.40
六界提栈用两个
962.5
三尺半
962.5
三尺半
962.5
三尺半
962.5
三尺半
962.5
三尺半
962.5
三尺半
四算半 X0.45
四算 X0.40
三算半 X0.35
四算半 X0.55
五算 X0.50
四算半 X0.45
六界提栈用两个
1100
四尺
1100
四尺
1100
四尺
1100
四尺
1100
四尺

图1-9 （苏式）提栈之制

第二章 阶 台

“阶台”是苏州地区对台基的俗称。

我国的传统建筑通常都有一个宽大的台基，其上承载着屋身和屋顶。从立面造型上看，由石材包砌的台基平直敦厚，安装着隔扇、栏杆和挂落的屋身空灵精巧，而屋顶则布满了大小各种曲线，于是彼此间形成了强烈的对比。简洁稳重的台基尤如一个基座，衬托着屋身的玲珑剔透以及屋顶的轻盈柔和，使每一部分的特征都得到了充分的显现。因此在我国古代人们对台基的形式与尺度比例都十分注意，高等级的建筑其台基尺度较大；低等级的建筑其台基相对较为低矮，从而使整个建筑保持一种恰当的近似于完美的比例关系（图2–1）。

当然台基还有其实际的功能，这就是作为建筑的基础。台基除地上部分外，还有一部分埋于地下，建筑上部的所有荷载通过墙、柱以及延伸到台基之中的磉石和绞脚石传至地下。而台基的内部又用碎砖石、石灰及粘土按一定的比例拌匀，逐层铺垫夯实，形成了一个整体性很强的庞大的块状基础，从而能很好地抵御不均匀沉降的发生。另外高于室外地坪的台基可以防止雨水进入室内，而层层夯实的地层又能有效地阻止地下水的上升，因而保证了室内能有一个比较干燥的环境。

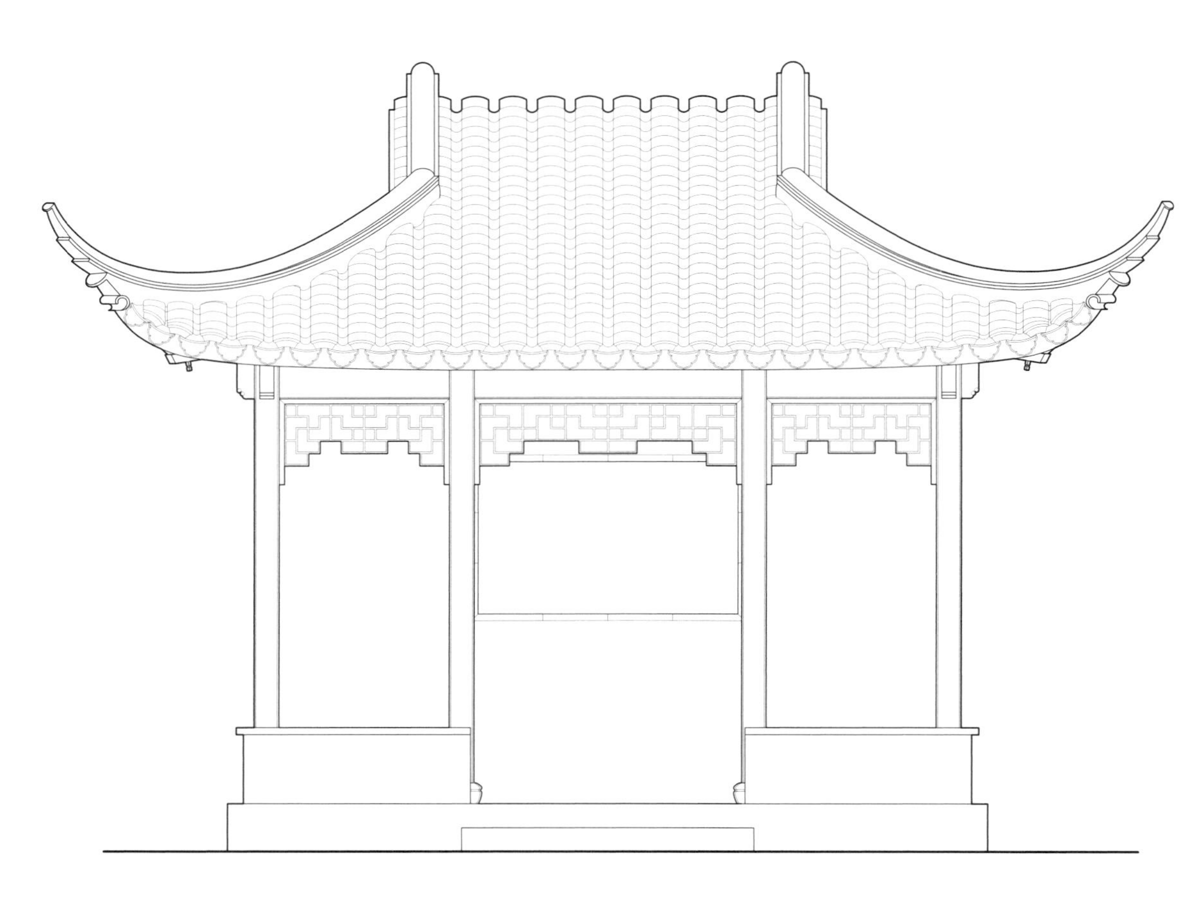

图2-1　阶台、屋身与屋顶

第一节　定位放线

阶台构筑的第一道工序是定位放线，也就是将确定的所有尺寸标注到即将施工的地面及定位桩柱上。

首先在阶台的外围对应的位置打“龙门桩”、钉“龙门板”，并使龙门板上皮与阶台面标高一致，以保证水平。然后根据建筑组群的轴线确定开间与进深以及柱中、墙中、墙体内皮和外皮、磉墩与绞脚石的外缘及阶台外缘等位置，并用墨线作出标记。最后在屋基开脚、磉墩与绞脚的驳砌、阶台包砌以及上部墙体、木构等的施工过程中，依据各标记点拉线，用白灰或墨线在地面及坑槽底面、阶台表面划出相应的定位线（图2-2）。

对于平面为多边形的阶台则先要确定阶台的中心点，再根据朝向，过中点划十字线，然后按阶台平面的不同，用对应的比例关系进行分划。如正六边形平面，则以十字线为中轴，划一个九比五的矩形，作对角线的延长线，再以开间尺寸作自中心点在各条延长线的交线，以确定柱中的位置，最后再于每边放出阶台外缘的距离（图2-3）。正八边形平面则以十字线为中轴，作两个相互垂直的矩形，其比例为五比二，同样也以矩形的对角作延长线，然后在十字线上量出开间尺寸，与十字线平行延伸，在与相邻的两条矩形对角延长线相角点即为柱中（图2-4）。若为正五边形平面则又有“九五顶五九，八、五分两边”的说法，即以十字线中的一条为轴，下边量出零点九五倍的开间尺寸作垂线为正面，其上量零点五九倍为顶点柱中，在另一条十字线上，两边各量出零点八倍的开间距离为另两柱的柱中，其下正面在中轴两边自然各为零点五倍开间（图2-5）。

圆形平面的建筑可以视檐柱的多少按多边形的方法放线，复杂平面的建筑则应化繁为简，分划出若干个简单的平面，并先对主体建筑进行放线，然后再根据附属建筑的形状、尺寸及位置划出其余的定位线。

尽管上述传统的多边形放线精确度不是太高，但简便易行，故能长期流传。当然如今也可以使用更为精确的几何作图法进行放线。

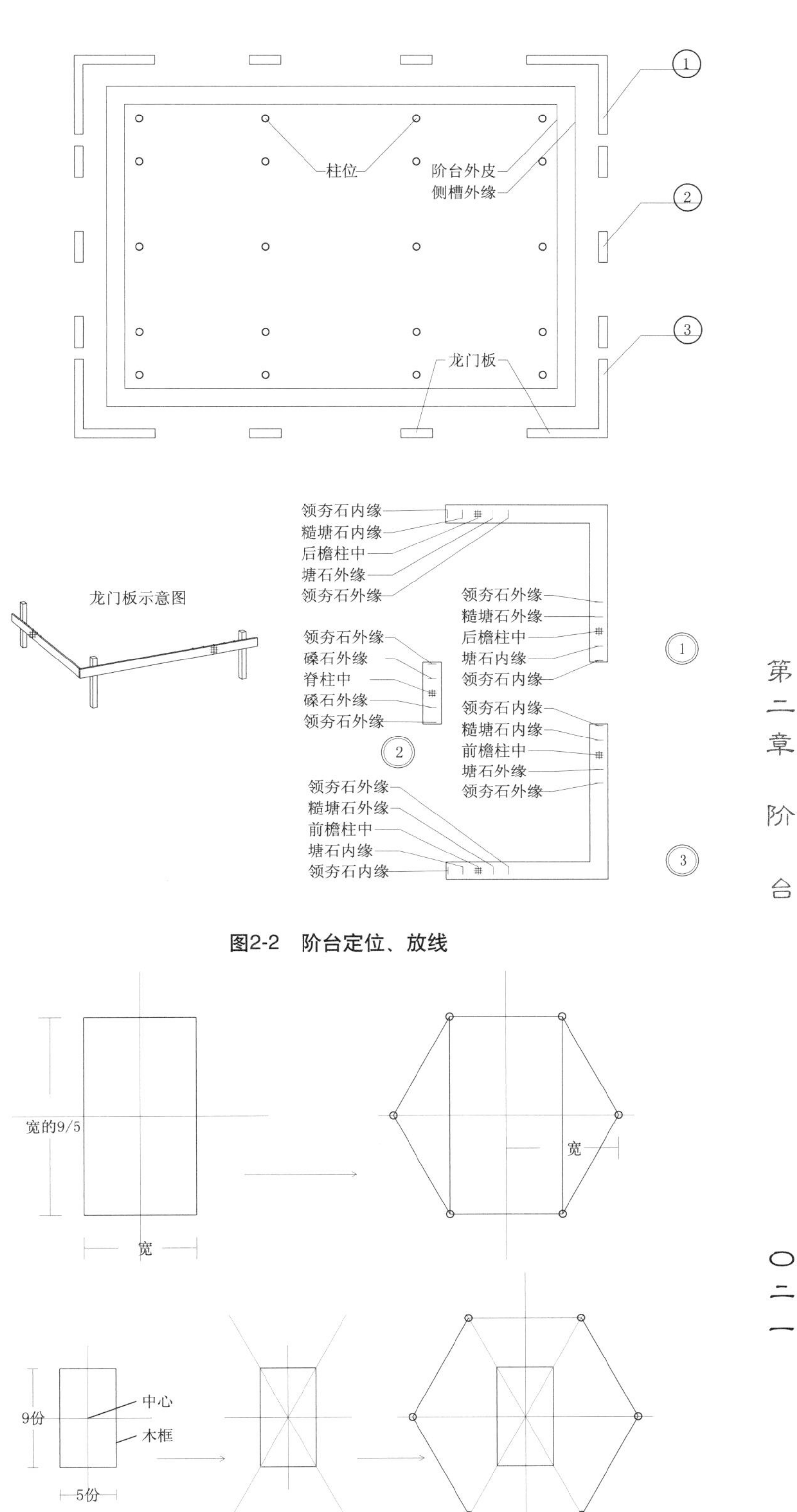

图2-2　阶台定位、放线

图2-3　六边形阶台的定位与放线

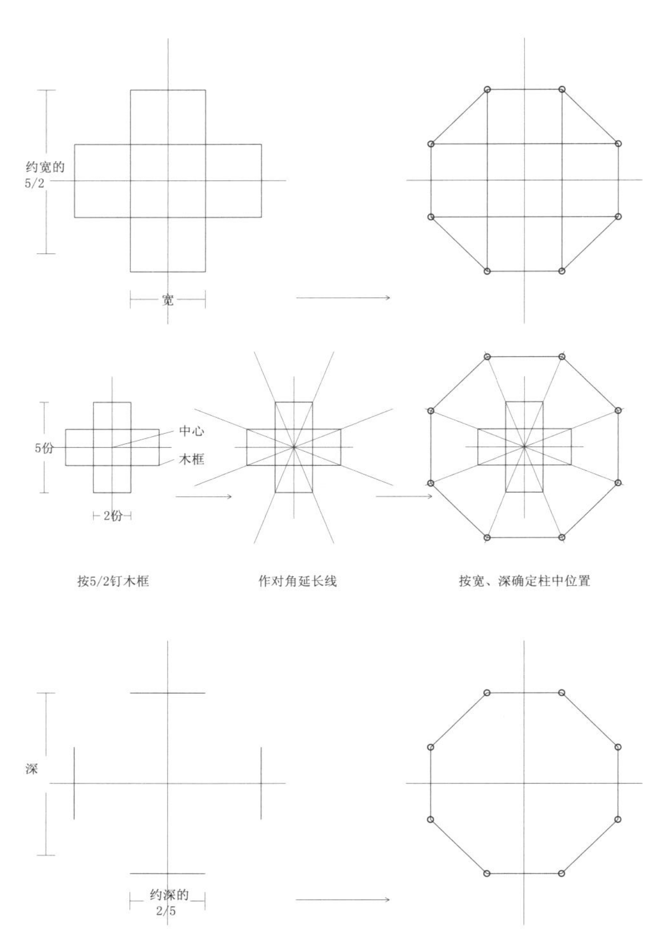

图2-4　八边形阶台的定位、放线

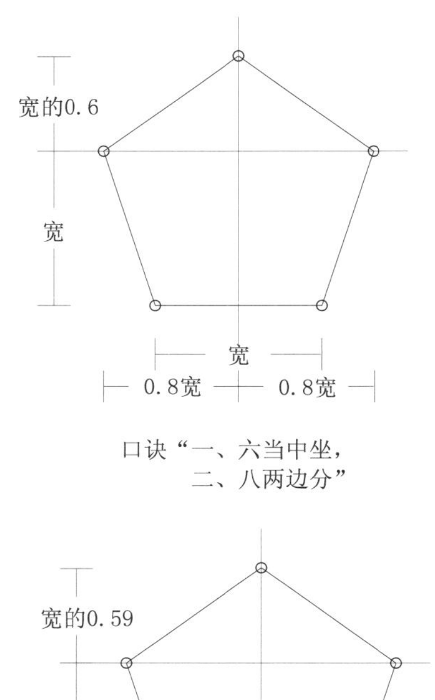

图2-5　五边形阶台的定位、放线

第二节　屋基开脚

用今天的建筑术语来说，“开脚”就是地基开挖，其深浅一方面关系到所承受的建筑荷载，另一方面还需考虑它的经济性。也就是开脚过浅可能会危及建筑的安全，过深则将增加土方的工程量，所以苏州地区屋基开脚的深度都要根据建筑及地基的土质情况来确定，而非固定的常量，或象北方建筑那样由台明高度按比例确定埋深。一般地基土质较好时，柱下开脚——“磉窠”深为三尺半（约1000㎜）左右，底宽二尺五寸（约700㎜）。四周绞脚石下刨深减半，底宽相同。若为楼房则需适当加深。如果在土质松软的地方建房则必须开挖至未经扰动的生土层。

开挖之后的基础坑槽还要进行夯打，为了提高地基的承载力，通常还需在磉窠中打入尖状的石丁——“领夯石”，并打至木夯发跳为止，其上即可以驳砌磉墩。绞脚石下因受力较小，也可以不用领夯石，仅素土夯实即可。

屋基开脚时必须注意坑槽深度的一致及底面的平整，所以须在整体开挖完成后以及夯打之后都要进行测量，以保证上部建筑不致于歪斜。

第三节　磉墩与绞脚石

磉窠中的领夯石夯实之后上用条石驳砌，谓之“驳脚”。磉墩一般二尺半见方（约700mm×700mm），视上部荷载覆条石一到三皮，称作“一领一叠石”、“一领二叠石”和“一领三绞叠石”。四周的叠石之上再用砖、石驳砌，以便在其上部再砌筑墙体。使用条石的称“糙塘绞脚”，使用乱石的称“乱纹绞脚”，使用砖砌的称“糙砖绞脚”。至室外地面，沿阶台外缘砌筑一圈条石，称“土衬石”。其上外缘砌“侧塘石”，至顶用“阶沿石”压顶。阶台中间的磉墩则视上部建筑的情况，或单独砌至阶台顶面，用方形石板“磉石”结顶，形成独立的基础；或按上部建筑内隔墙及半墙的走向，用砖石绞脚相互连成条状基础（图2-6）。

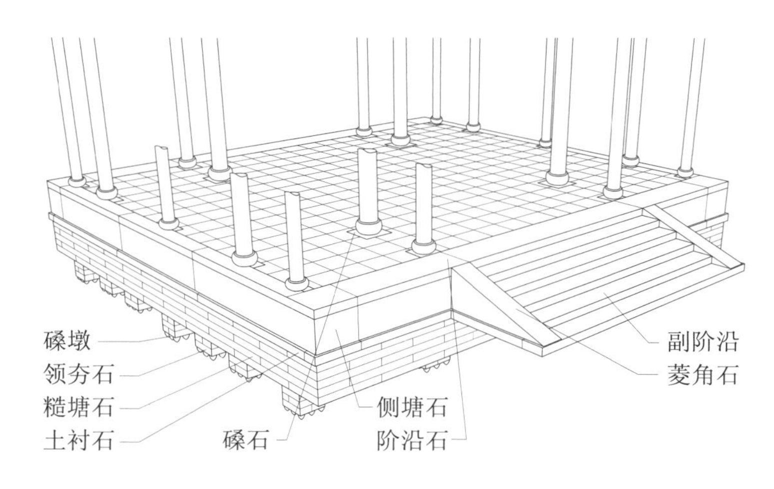

图2-6　阶台构造

磉墩和绞脚石驳砌时应注意前后搭接和上下错缝，砌筑的砂浆须饱满，砌缝要小。使用糙塘石或乱石驳砌时，不平处可用小石片予以垫实，但不能采取加宽灰缝的方法使其坐实。

对于厅堂及低于厅堂等级的建筑，由于阶台的外皮与檐柱中心距离较近，一般在土衬石以上将侧塘石和绞脚石连为一体同时砌筑，而殿堂建筑因阶台的下出较大，故应在屋基垫土完成后予以包砌，如果阶沿石上没有墙体，甚至可以延至屋顶工程竣工后再进行包砌，这样能避免上部施工弄脏或损伤阶台的表面及棱角。

第四节　屋基垫土与夯筑

完成了磉墩与绞脚石的驳砌之后，首先应回填基础坑槽，称“填拥脚土”。拥脚土通常使用开脚掘出之土，所以开脚时出土应尽量在不影响施工的前提下就近堆置，以免来回搬运。回填时须逐层铺垫，逐层夯实，大致每层铺浮土一尺（约300mm），夯实后厚三寸（约100mm）。为保证拥脚土的密实均匀，不允许一次完成夯筑或用“水夯”，即以水冲代替夯打。同时为避免夯筑时影响基础质量，还应在坑槽的四周或两侧同时进行。

拥脚土回填完毕即可进行屋基垫土，其目的是为了提高阶台的整体性及强度，使阶台表面铺设地砖后不至于因踏压而出现洼陷、翘突等问题。所以若屋基之下旧有水池、灰坑，需要先去除淤泥，垫入浮土予以夯打，使之坚实。如果屋基下土质均匀，就能直接布土夯筑。所使用的垫土有细土、灰土及三合土等几种。细土就是普通的粘土，过筛去除垃圾、杂物，夯筑时应控制含水率，太干或过潮都会影响夯打后的密实度。细土夯筑由于防潮性能较差，所以日渐减少，为灰土及三合土所替代。灰土是在细土中掺入适量的石灰，由于石灰与粘土的化学反应，能使垫土坚硬，并阻塞土层的毛细孔隙，从而大大提高了垫土的抗压强度和防潮性能。为进一步提高阶台的承载力，可以在灰土中再加入一定比例的石碴、瓦砾，就成了所谓的“三合土”。

垫土须整体匀布，然后耙平、夯实。细土或灰土每次垫铺不得厚于八寸（约200mm），夯实后厚约二寸半（约70mm）；三合土虚铺也为八寸（约200mm）左右，夯实后厚约六寸半（约170mm）。当屋基垫土高于室外地坪时，应注意夯打时不能将绞脚石挤歪，殿庭阶台较高时，还需要在绞脚石外设置必要的支撑。

第五节　阶台包砌

阶台包砌是指在阶台四周砌筑侧塘石和阶沿石、在顶面铺设地坪砖。

如前所说厅堂及厅堂以下的建筑，因为自檐柱中心到阶台外缘仅一尺至一尺六寸左右（300～450mm），所以在土衬石之上侧塘石常与绞脚石同时砌筑。但为了经济起见，绞脚有时也会选用未经细凿的石料，甚至还有使用乱石、糙砖的，所以其外仍需用表面经过细凿的条石予以侧砌，故称“侧塘石”。

厅堂以下的建筑，其阶台高通常为一尺左右，所以侧塘石仅用一皮。侧塘石除表面须加工平整外，其四边也要平整凿细，并保证相邻的两面相互垂直。为使阶台正立面的外观端庄、对称，包砌从前后立面的两端开始，最后安放正中一块，并在现场截头后嵌入。侧面的包砌也可用相同的顺序进行（图2-7）。

阶沿石的包砌方法与侧塘石相似，只是它有上表面和侧面两个面需要凿錾平整。普通硬山建筑檐面两侧的阶沿石从阶台外缘开始铺设，以保证正立面的形象完整；而像四面厅、亭榭之类具有侧面形象要求的，则要将檐面和山面两端的阶沿石截成四十五度角合角相拼，但为了防止搬运及施工过程中碰伤截角的尖端，山面两端的阶沿石应截去二寸（约55mm）尖角，而檐面两端则要留出相应的平角（图2-8）。

殿庭阶台的高度至少在三尺以上（1000mm左右），台口到廊柱中的距离接近廊深，即四尺半左右（约1200mm），所以侧塘石要用多皮，其与磉墩及绞脚石之间还要用糙砖予以砌筑填实。侧塘石的包砌方法同厅堂，唯上下皮之间应错缝驳砌。阶台顶面围砌“台口石”，即与厅堂阶台的阶沿石位置相同的条石。台口石在四角也要截成四十五度角合角相拼，与四面厅相似。

为求华丽，殿庭建筑也有将阶台做成“金刚座”——即北方所谓“须弥座”形式的，其构造自上而下分别为方形的台口石、圆弧形线脚“托浑线”，有时雕为莲瓣称“荷花瓣”，荷花瓣可以用单皮，也可用二重。中为“宿腰”，宿腰面平而内收，转角处用角柱，上常刻莲花等饰物称“荷花柱”，中部雕如意、流云等装饰纹样。宿腰下又为荷花瓣或浑线，再下是矩形断面的条石“拖泥”。拖泥之下即为土衬石（图2-9）。

阶台顶面主要是地坪砖的墁铺以及“磉石”、“鼓磴”的砌筑。为避免地坪砖在上部工程的施工中污损和碰伤，一般要在屋面施工结束后进行。考虑叙述的顺序，本文放在第六章“铺地”中进行介绍。

磉石可以在屋基垫土完成后砌筑，也可以在阶沿石包砌后进行。须注意磉石面应与阶沿石相平，其中心与柱中重合。磉石通常为方形石板，边长为三倍柱径，厚减半。早期常将磉面雕成高起如荸状，称“荸底磉石”，即北方所谓“覆盆柱础”，其表面还有雕刻莲瓣纹样的，称“莲瓣荸底磉”。所以若阶台边缘距柱中较近时，或者将阶沿石雕去一块，使磉石能合缝嵌入一部分，或者加宽阶沿石，让檐柱及边贴各柱直接落在阶沿石上。

明清以后上述形式渐少，而大量使用“石鼫”和“鼓磴”，即“鼫形柱础”和“鼓形柱础”，并且与磉石分开。因此傍阶沿的磉石有用半块的，称“半磉”。石鼫高约一点二倍柱径，顶面等于或略大于柱径，上部三分之一处为柱状，中间三分之一处起内凹的圆势向外伸展，下三分之一则以外凸的圆势内收，其外径较顶面放出四寸（约100mm）〈每边二寸〉。鼓磴高按柱径七折，顶面径或与柱径同，或周围出走势一寸（约30mm）〈较柱径加二寸〉，并起圆势外凸，中间最大外径大于柱径四寸（约100mm），即“加胖势各二寸”（图2-10）。

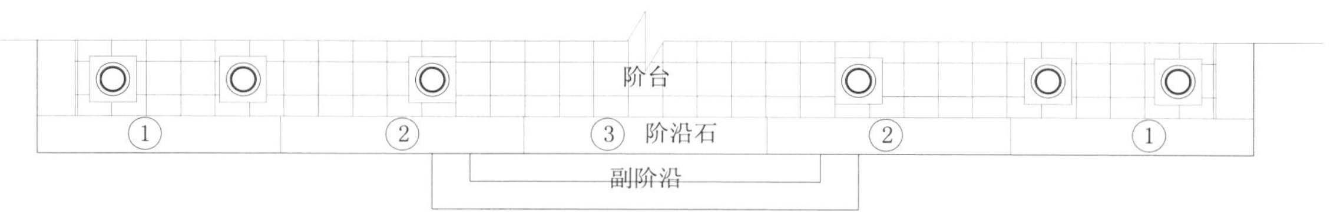

图2-7 阶沿石安放次序

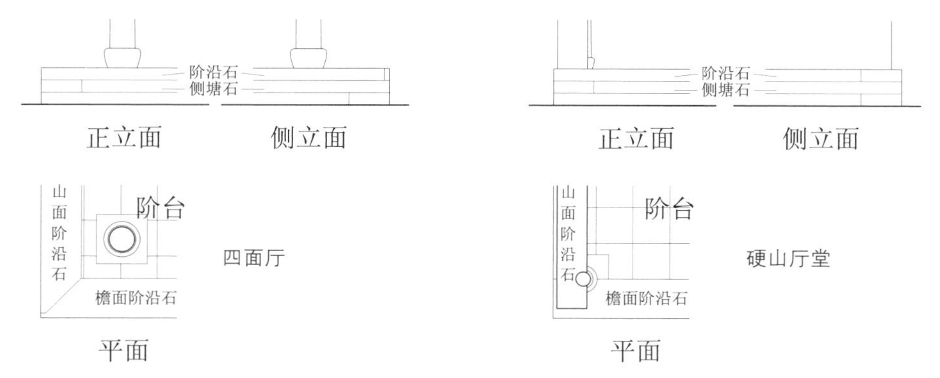

图2-8 阶沿石合角形式

图2-9 金刚座

图2-10 各式柱础

第六节　露台与副阶沿

阶台之前所僻平台称“露台”，它较阶台低四、五寸。七间两落翼殿庭前的露台宽五间，五间两落翼殿庭前，露台宽四间，三间两落翼殿庭前，露台宽三间，深与宽相同。园林中正厅前的露台，其宽和深可与建筑相同，也可视具体情况予以增减。露台的做法与阶台近似，四周开脚无需太深，只要经夯实后能埋入土衬石即可。其侧塘石及台口石的包砌与阶台一样，台面则为石板地坪，墁铺方法也将在第六章介绍。

阶台与露台有一定的高度，为方便上下，需设置台阶，苏州地区将台阶称作“副阶沿”。一般的阶台高一尺（约300mm），分踏步两级。若更高则视高度增加踏步。踏步每级高半尺或四寸五（约120～140mm），宽一尺（约300mm），其长度通常等于正间的开间。副阶沿两端用三角石块封护，称“菱角石”。菱角石宽一尺左右（约300mm），其中线与柱中重合。为便于搬运，它的两锐角常被截平，截后高与阶沿石顶面平齐，长为高的二倍。副阶沿和菱角石砌于土衬石或天井的石板铺地之上。有些建筑也有采用通长副阶沿的，这就省去了菱角石。园林建筑中还有在正间前只有副阶沿，而无菱角石的，或以假山石代替副阶沿的，是为“如意踏步”。殿庭阶台与露台的高度较大，踏步较多，其副阶沿下还需用砖石砌筑填实，菱角石下有拖泥，紧贴阶台或露台立短柱，上面斜铺垂带石。一些等级较高的殿庭还常将副阶沿正面分作三份，当中不做踏步而代以雕有龙凤的石板，或刻出锯齿状条纹的石板，则称作“御路”或“礓礤”（图2-11）。

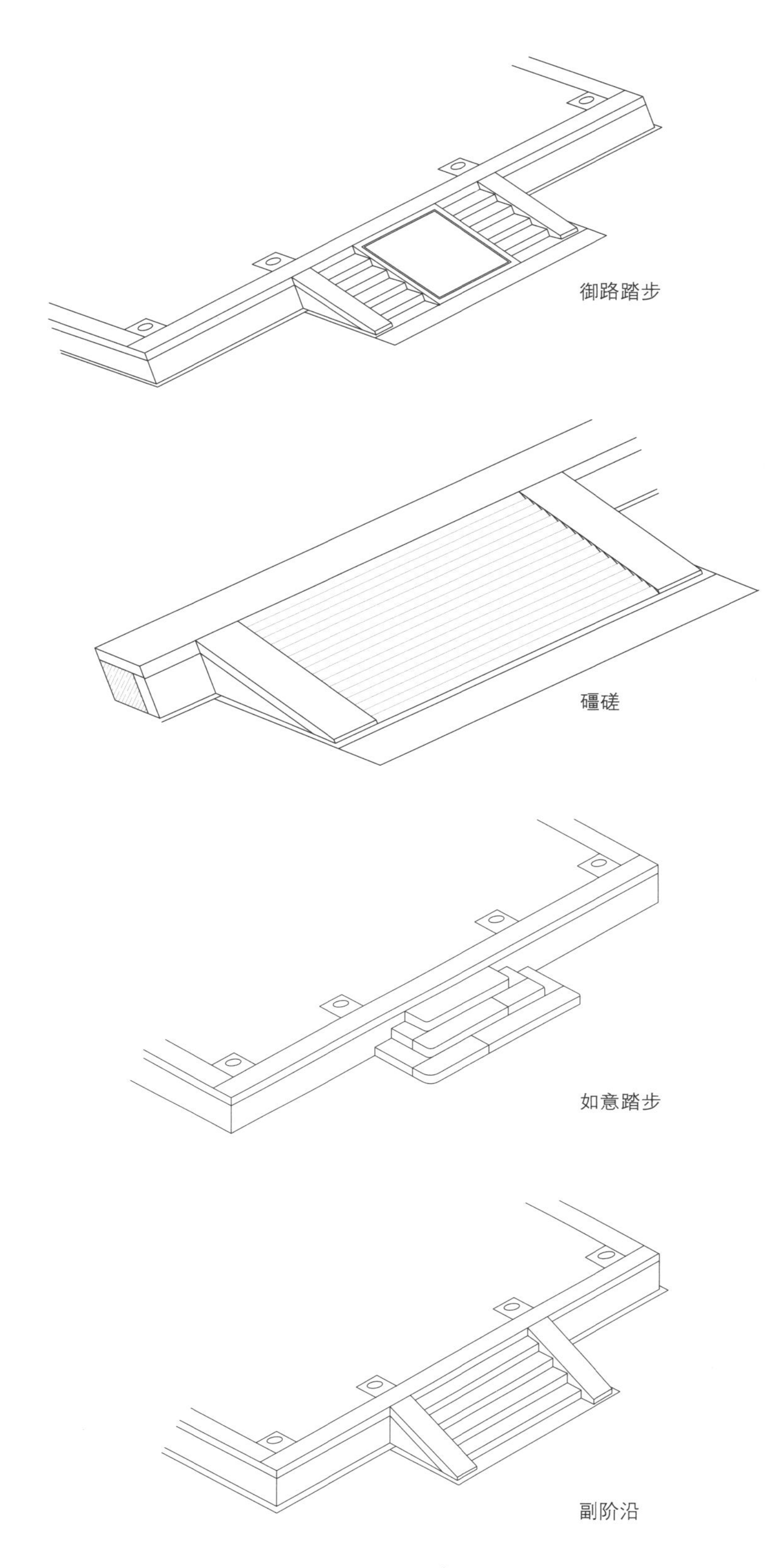

图2-11　副阶沿

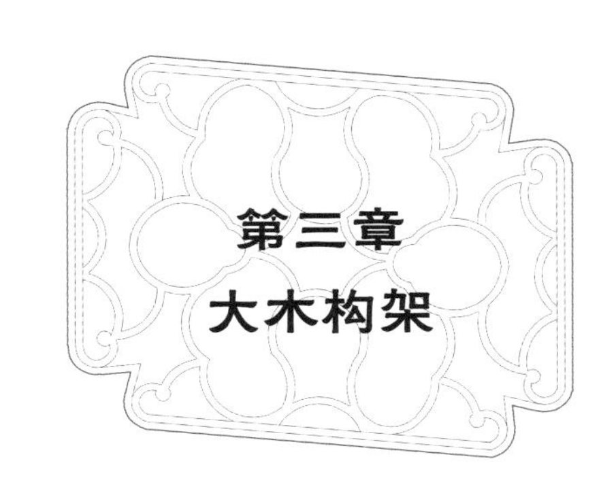

第三章 大木构架

我国的传统建筑大多以木构架为其承重体系，这不仅因为木材具有良好的力学性能，更在于木料是一种可以不断再生的材料，而且其采伐及加工相对容易。在木构建筑工程逐渐成熟，形成预制、装配工艺之后，施工也可变得十分快捷。

因在古人的心目中，建筑与车舆服饰一样，是一种生活必需的，但也是可以随时更换的东西，并不追求永存。当人们的社会地位或经济条件一旦有所提高和得到改善之时，首先想到的就是翻建或重葺自己的居宅。更有诸多改朝换代的帝王，在获取统治权以后不久，即有大兴土木，崇饰宫殿之举。而木料的取用方便、加工容易等特性正好迎合了他们希望〝立杆见影〞的心理要求。因此数千年来木料就成了我国最主要的建筑用材，而长期的发展演进又使木构建筑的型制逐渐规范，构造也日趋合理，并使框架式大木结构成为此类传统建筑的一大特点。

苏式建筑的大木构架有与其他地区相近似的宏观构造形式，但彼此的构件造型、结构方式却有较大的差异。正是这些差异的存在，使之呈现出鲜明的地域特色。其实就当地建筑而言，相似功能的建筑有时也会采用不同的结构，因此使建筑的形貌变得丰富多彩。

第一节　大木构架的基本知识

古代建筑在形制上不同于现代建筑，其所使用的材料、施工方法等也都有相当的差异。首先，作为建筑所用的木材是一种自然材料，存在着种种缺陷，因此在使用前应作认真地挑选。其次，原木成材与构件之间也有形状和尺寸上的差异，所以在构件加工前需要锯截、砍斫以去除余量。此外，古代建筑的营建通常没有图纸，构件的加工靠一种特殊的长尺——“六尺杆”（相当于北方的“杖杆”）予以统一度量、划线，从而保证加工及之后的安装不致出现偏差。再有，象各种构件之间的装配联结主要采用各种不同的榫卯等等，在此一并予以概括地介绍。

一、木料的置备与检验

1．备料

要营建一幢或一组建筑需要对所用木料的规格、数量进行统计，开列出各种构件的清单，以便置备材料。

苏式建筑虽有圆作和扁作之分，但扁作大梁也由圆料“结方”而成，即锯去圆木四面板皮而成为方形截面的材料，然后用实叠或虚拼的方法予以加高。殿庭用料较大时有些构件虽仍为圆形截面，也须用两段、三段四段乃至多段拚合而成，而这些因素一般都要予以考虑（图3-1）。

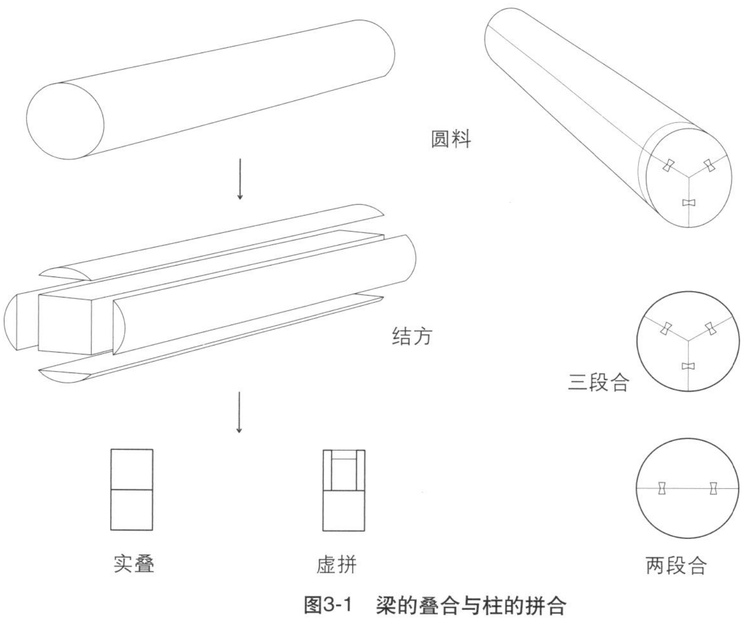

图3-1　梁的叠合与柱的拼合

传统建筑的形制基本相似，故用料的数量也大致固定，过去工匠用歌诀的形式予以传唱，其辞简意赅，便于记忆。

如单开间深六界的平房：“一间二贴二脊柱，四步四廊四矮柱；四条双步八条川，步枋二条廊用同；脊金短机六个头，七根桁条四连机；六椽一百零二根，眠檐勒望用四路”。

又如三开间深六界的平房：“三间二正二边贴，四只正步四只廊；二脊四步四边廊，二条大梁山界梁；六只矮柱四正川，四条双步八条川；边矮四只机十八，六条步枋廊枋同；边双步川加夹底，二十一桁十二连；六椽三百零六根，眠檐勒望四路总；飞椽底加里口木，花边滴水瓦口板；出檐开胫加椽稳，也有开胫用闸椽；头停后稍加按椽，提栈租四民房五；堂六厅七殿庭八，只为界深界浅算”。

再如二开间深六界的楼房：“二间三贴三脊柱，六只步柱六只廊；双步承重川各六，十根搁栅四枋子；六条双步十二川，六只矮柱十二机；窗槛跌脚�子，十四桁条八连机；六椽而百零四根，眠檐勒望四路共；连楹裙板香扒钉，三截楼板楼梯一”。

从上面的歌诀中可以看到，不仅大木构架所需的各种构件及数量都已基本罗列清楚，而且还涉及了部分的装折构件以及提栈等问题。至于厅堂、殿庭虽构造更为复杂，同样也可从类似的歌诀中得到详细的用料情况。

2．用料定例

知道了各种构件的数量后还需进一步了解各构件的具体尺寸。同样也有相关的歌诀。

“进深大梁加二算，开间桁条加一半；正间步柱准加二，边柱二梁扣八折；单川依边再加八，柱高枋子拚加一；厅该拼枋亦照例，殿阁照厅更无疑；楼屋下层承重拼，进深丈尺加二半；厚薄照界加二用，边承拼用照枋子；惟枋厚薄照斗论，通行次者下批存；椽子照界加二围，椽厚围实六折净”。

在上述歌诀中会发现苏式建筑各构件的尺寸并

不以檐口高低来折算，而是用有关的开间、进深进行换算。如歌中所谓“加二”、“加一半”，系指十分之二和十分之一点五。过去工匠用绑扎脚手架的竹蔑当做软尺，以度量构件的围径（周长），并用“围三径一”来估算用料的对径，而此出所说都为围径。如第一句是指大梁围径等于内四界进深的十分之二。以下则为桁条围径是开间的十分之一点五。正间步柱的围径为正间面阔的十分之二。边贴用料以正贴的八折确定，三界梁的围径亦为大梁的八折。再下一句“单川依边再加八”可解释为川的围径按边贴的八折之后再打八折，即正贴大梁的零点六四倍。下句枋高定为檐柱高的十分之一。若做门槛，其高度相同。至于枋和门槛的厚则要依据具体情况决定，如檐桁下用四六式斗栱，其厚为四寸（约220mm），如不用斗栱则厚三寸（约200mm）。以下两句是说无论厅堂、殿庭的用料都可以按此比例计算。如果是用小料拼合成大材，其尺寸可适当加大，以五分（约13mm）为度。“楼屋下层承重拼”及“边承拼用照枋子”诸句，是说楼房承重用料，其围径按承重进深的十分之二点五计算，高厚之比为二比一，边贴承重用料尺寸与枋子相同。最后两句所说的是椽子围径等于界深的十分之二，椽子为圆形截面，上边刨平，呈“包袱”状。刨后实际的围径是原先的六折，或经过加工的椽厚约为原对径的四分之三。

3．木料的挑选与检验

在确定了用料的数量和规格后，还需对市售的木料进行仔细的挑选和检验，过去的工匠也有相应的歌诀。

“屋料何谓真市分，围蔑真足九市称；八七用为通行造，六五价是公道论；木纳五音评造化，金水一气贯相生；楠木山桃并木荷，严柏椐木香樟栗；性硬直秀用放心，照前还可减加半；惟有杉木并松树，血柏乌绒及梓树；树性松嫩照加用，还有留心节斑痈；节烂斑雀痈入心，疤空头破糟是烂；进深开间横吃重，务将木病细交论”。

旧时度量制度较为混乱，木材市场所用的是官尺，每尺长合公制三十四公分，而营造用的是木尺，即前面所说的鲁班尺，每尺长为二十七点五公分，所以在木料的选购时还要进行换算。

由于树木作为自然材料，在其生长过程中会出现弯斜纽曲，从而影响木料的充分利用，所以在出售时需要打上一定的折扣。上面歌诀中所谓“真市”，就是指原木的实际围径和销售时计算围径之间的折扣。上等木料以九折计算，普通的或为八折或为七折，而质量较差的可以打上六折、五折。对于象楠木、山核桃、木荷、严州柏木、榉木、香樟、栗木等优质木料，因其“性硬直秀”，既便要打折，也只按歌诀中的一半打，即上等材为九五折，中等的九折左右，下等八折。松、杉、圆柏、乌柏、梓树等材质松软的木料则要增加折扣。此外还须主意木料的缺陷，工匠中流传着“八病”之说，即空、疤、破、烂、尖、短、弯、曲，凡有类此缺陷的还可以进一步打折的可能，但这样的木料一般只能锯解后用于小构件，而跨度较大、承载较重的构件绝对不能使用。

二、构件的初加工

从原木到建筑构件要经过初步加工和构件制作两步完成，初步加工主要是将表面不十分规则的原木加工成规则的枋材或圆料。

方材的加工应先将原木的一侧砍斫平整，并予刨光以作为基准面，需注意加工后的平面不能有扭曲现象。然后以此为基准用角尺在两端面上划出中线、及左右侧面线，要保证两端划线须相互平行。再按端面的划线在原木长度方向弹线，斫去加工余量，使厚、宽符合构件的尺寸要求。最后用与上述相似的方法加工顶面。加工完毕应分类堆放，必要时还要编号，以备下一步的制作。

圆料的加工是先将原木的两端截平，然后将截好的原木垫放稳固，并在端面上划出十字中心线。十字中心线的位置与原木是否直顺有关，如果原木直顺则十字线的交点应在原木端面的中心，若有弯曲则需通过调整十字线的位置来保证加工后的木料形状完整，此外还要注意两端十字线之间的相互平行。划好十字中心线后要按构件的要求，以构件端头的半径尺寸分别在原木两端面上划出上下左右的的平行线，以围成与构件对径相等的正方形，然后根据划线在原木长度方向弹线以斫去方线以外的部分。弹线时应注意必须将墨线按在直线与原木外缘

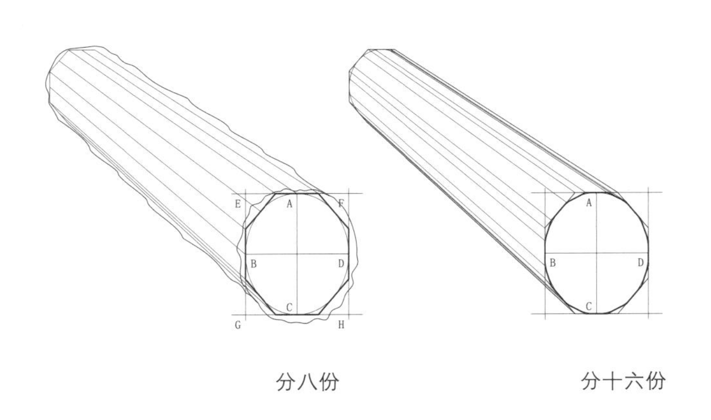

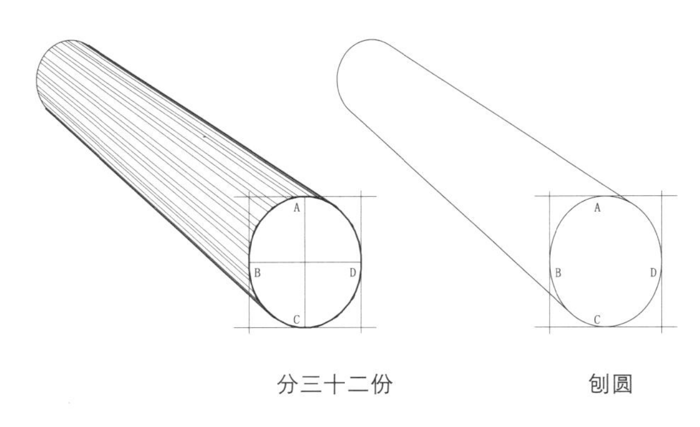

图3-2　柱、桁放线与加工示意

的交点上，并且要顺直线方向弹出，不能随意弹线，不然弹线将会不准。四个平面斫平刨光后要在端面上进一步划出八方线，并在长度方向弹线，斫刨成八棱柱状。再进一步划正十六边形、正三十二边形，并随时刨去余量直至刨圆为止（图3-2）。

其他构件的材料也须作类似的初步加工，使之达到所需的规格，以备进一步的制作。

初步加工还涉及到一个加工余量的问题。圆形构件如柱、桁、圆作梁等一般以净长（包括榫长）加五寸（约150mm），围径加百分之一的构件长度；矩形构件以宽、厚加一寸（约30mm），长度加一到二寸（约30～60mm）为度。但在具体应用时还因以原木的曲直情况而定，要在满足构件要求的前提下仅可能地主意节约木材，因材制宜，酌情处理。

三、构件划线及有关工具

在过去的建筑虽有许多不同贴式，但较今天的图纸简单得多，至于构件的制作与安装则完全不用图纸，而是用一些长短不同的木尺及模板进行度量和划线，其中最主要的是一种叫作“六尺杆”的长尺。

六尺杆为一组断面二寸见方的长尺，其四个侧面上标注出建筑面宽、进深、构件尺寸、榫卯位置与大小等，几乎包含了一幢建筑的所有尺寸，并按实际长度刻划出标记。六尺杆有总尺和分尺之分，总尺标注的是建筑的开间与进深尺寸。为便于收藏，总尺长度仅为进深的一半左右，其一端标为开间中线、脊桁中线等，另一端标柱中线、檐桁中线等。虽然建筑的规模有大小之别，所用的长尺因此也有长短之异，但在苏州地区最为普遍的民居的正间面阔大多为一丈二，长尺取其长度的一半即为六尺，所以得名“六尺杆”。分尺是在总尺的基础上分划出来的，包括构件的所有尺寸、榫卯位置和大小、构件间的相对位置等等。构件制作时即以六尺杆上的标记为依据，在已经过初步加工的木料上进行划线，从而保证了各种尺寸及相互关系的准确无误。

构件划线主要用六尺杆作为度量和定位的依据，但对有些部位的划线仅用六尺杆还嫌不够，所以又有角尺、短尺、模板等辅助工具帮助划线。如构件端面的十字中心线要用角尺帮助划出，以保证两线垂直相交。梁桁相交处在梁背“开刻”的半圆槽（北方所谓“桁惋”）需用半圆模板划出。两桁、两枋相连或柱枋交接所用的“羊胜式”榫卯也要用相应的模板，以便两构件间配合严密。至于那些不透卯眼的深度则需用小尺插入量度。

构件制作的第一步是划线，在木作加工过程中工匠根据不同的划线符号进行制作。常见的符号有：中线、升线、掸线、截线、用线和废线等，卯眼划线又有透卯和不透卯两种。

中线是构件的定位线，所有构件都要先方中线，之后以中线为中点向前后、左右、上下量出构件的长、宽、高尺寸。安装时也要以中线作为定位基准，所以若在加工过程中，中线被刨去后还要在制作完毕再根据两端面的十字中心线重新弹出各面的中线。中线符号如图3-3a、b，有些次要构件也可仅用通长的墨线。

升线就是“侧脚线”，仅檐柱使用。其上端与中线重合，下端位于中线的一侧，安装时吊垂线检验升线，使之与地坪垂直。其符号如图3-3c。

截线以外为截去部分，用符号图3-3d表示。如果线下为榫头则用断肩线表示，其符号如图3-3e。

划线有时难免画错，需要在它的旁边重新划线，为区别用线和废线，要在用线上画上×（图3-3f），废线上画上○（图3-3g），以示区别。

卯眼的标记如图3-3h～k。

四、榫卯

我国传统建筑木构件之间一般采用榫卯连接，由于构件形式、使用位置等的不同，所用的榫卯也不相同。建筑上常用的榫卯有馒头榫、管脚榫、大进小出榫、搭掌榫、搭接榫、羊胜式榫、十字搭交榫及直榫等（图3-4、5）。

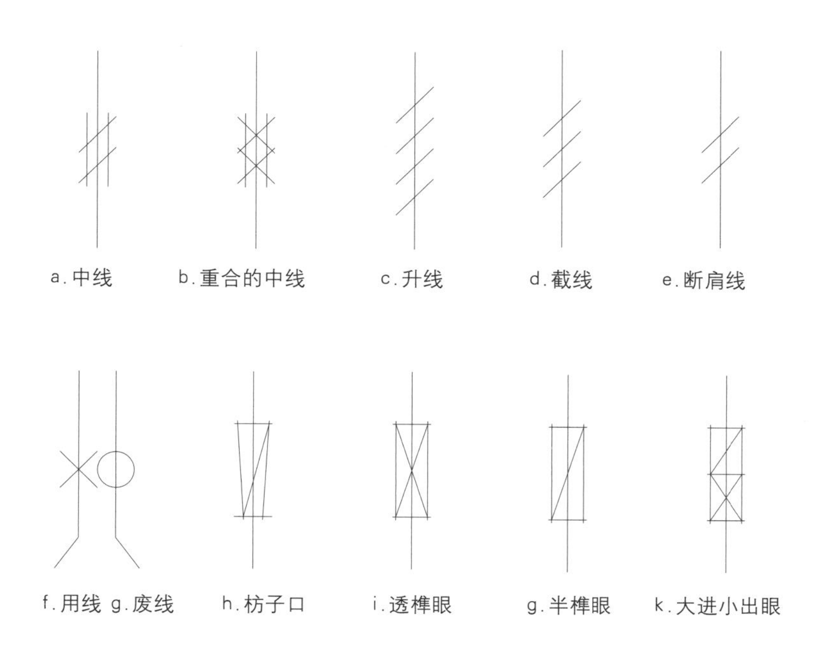

图3-3　划线符号

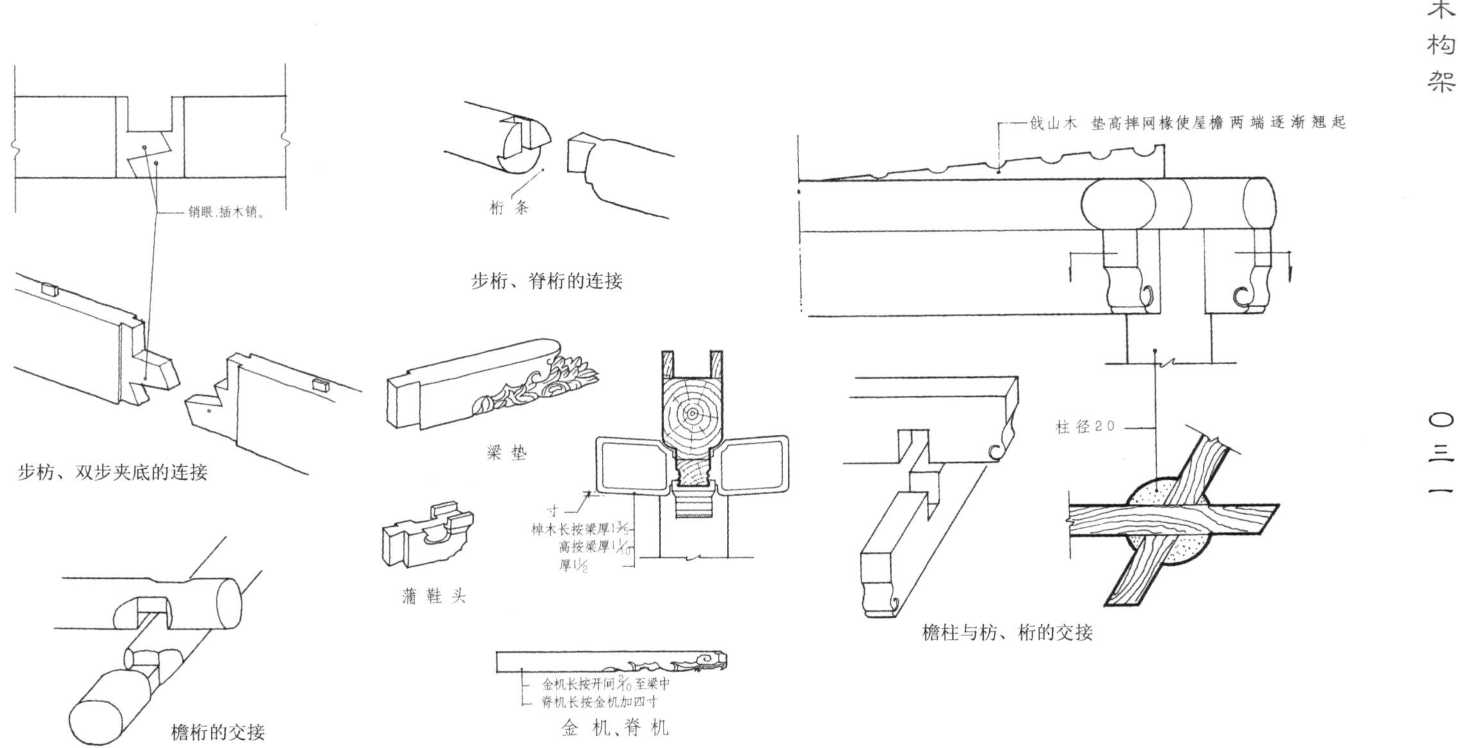

图3-4　榫卯交接

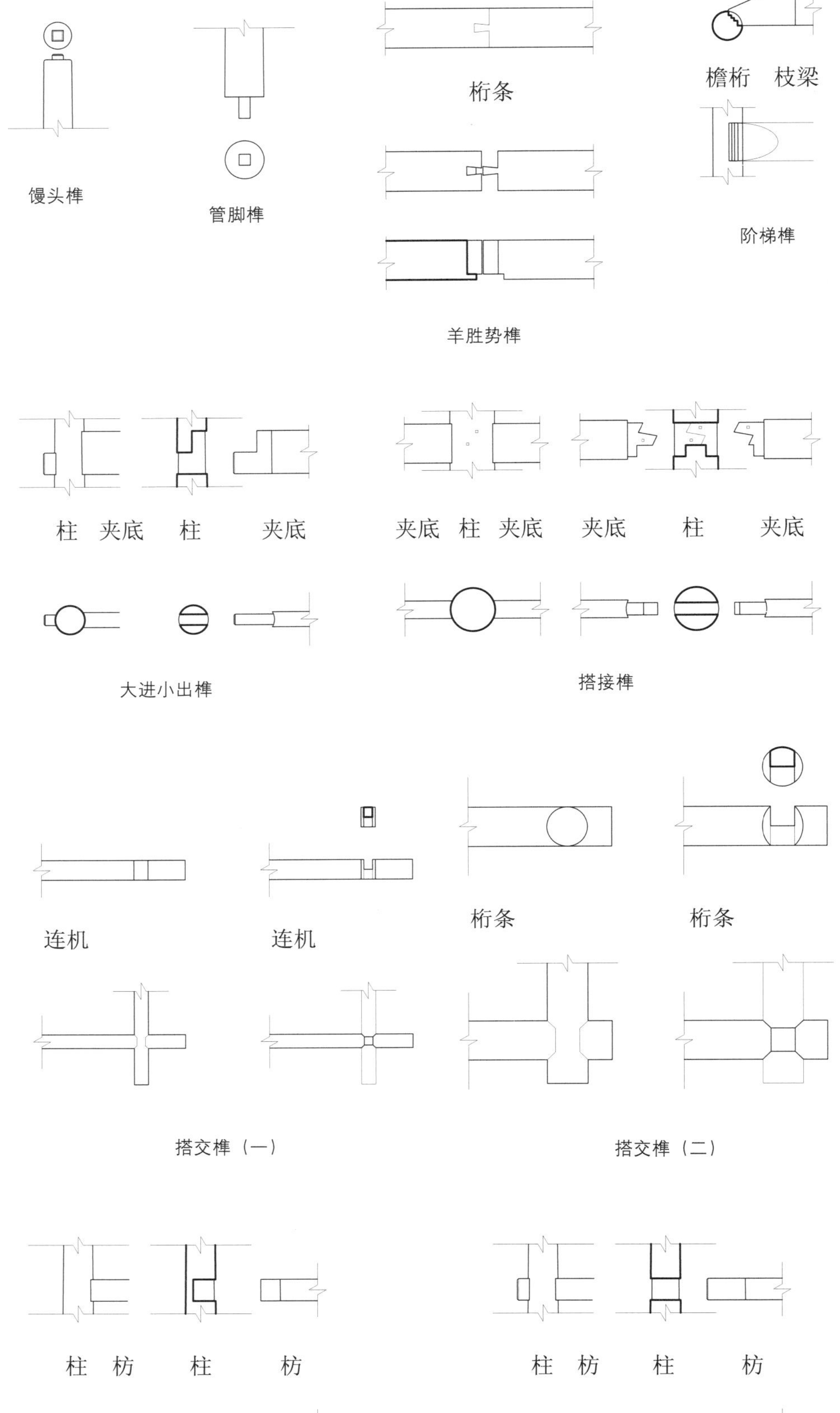
馒头榫
管脚榫
桁条
檐桁 枝梁
阶梯榫
羊胜势榫
柱 夹底 柱 夹底
夹底 柱 夹底 夹底 柱 夹底
大进小出榫
搭接榫
连机
连机
桁条
桁条
搭交榫（一）
搭交榫（二）

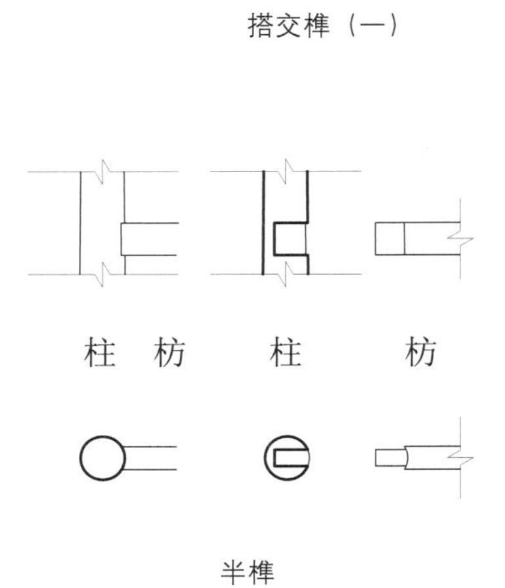
柱 枋 柱 枋
半榫

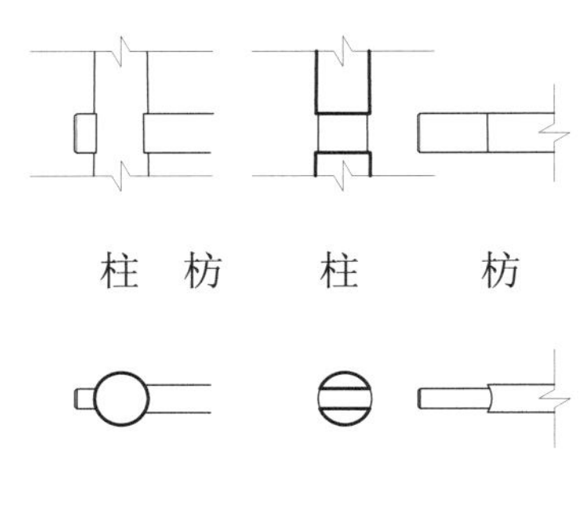
柱 枋 柱 枋
透榫

图3-5 各种榫卯

馒头榫主要用在柱头上。

管脚榫用于柱脚，但晚近以来为便于安装，常不做管脚榫，柱脚端面平，直接放置在磉石或鼓磴上。

双步、川的后尾与柱相接处以及夹底与柱连接处通常使用大进小出榫。

边贴脊柱前后的双步、金川、夹底以及檐枋、步枋与柱交接处因是三个构件交于一点所以要用聚鱼合榫（搭接榫）。

桁与桁之间或斗盘枋之间的连接要做成羊胜式榫头

十字搭交榫主要用于桁、枋等构件的转角搭接。

直榫是一种用途最广的形式，大进小出榫以及透榫、半榫、双榫等都可看作直榫的特殊形式。某些构件的榫头较长，卯眼穿透另一与之相接的构件即为透榫。若榫头较短，相对应构件的卯眼深度只及其宽厚的一半左右即为半榫。有些构件如童柱脚与梁、双步的连接为使其结合牢固常用两个榫头，这就是双榫。

此外两个构件的交叉叠合，如梁、桁相交、搭角梁与桁条的搭接等常用开刻、留胆的形式，而平行叠合如斗盘枋与檐枋之间、坐斗与斗盘枋之间、升与栱、昂之间则用竹销钉或硬木销予以固定。

五、装配

当所有构件制作完毕，并经仔细检验合格后方可进行安装。

安装的顺序一般从正间步柱开始，从里到外、由下而上逐步进行。构件制作时，每一个构件在加工完毕后都要标写上所在的位置，如“正左前廊柱”、“边右后步柱”等等，梁枋之类除了标有“正左大梁”、“次前檐枋”等文字外还要在其端部注上前后或左右，以便按标写的位置对号安装。由于构件加工，特别是榫卯制作大多是在榫头做好后再按其大小过划到对应的卯眼然后进行开凿，所以为避免出现柱脚不实、榫卯不严、尺寸不准等问题，通常不允许随意调换构件的位置。

待所有的柱子竖齐，并安装好第一层梁枋，形成一个个单层的方框后，要进行一次全面、仔细地检查、校核。其方法是用六尺杆从正间开始逐间丈量面阔和进深，用吊线检测每棵柱子的中线是否与地面垂直，检验柱子的十字中心线与磉石的中线是否重合。若有问题，及时纠正。到所有尺寸符合要求后，用楔状薄木片轻轻打入柱头的卯口侧缝，以固定结点。然后再作一次全面的检测。经检测合格，在每棵柱侧至少支两根斜撑，一根撑在开间方向，另一根撑在进深方向。斜撑的上端必须与柱子的上部绑扎牢固，下端或绑扎固定在大入地下的木桩上，或大石块压住，以保证斜撑乃至柱子不会被碰撞移动而发生歪斜。

下层框架架构完毕，经过检测、固定后即可安装上部构件，其安装顺序也须是从里到外、由下而上逐层进行。每架一层都要检测上下中线的重合、直立构件的垂直度以及构件间的相互距离，以便及时调整可能出现的歪斜错位现象，从而确保整个构架安装完毕后能横平竖直。最后也要用薄木楔打入各结点的卯眼侧缝，使榫卯固定。

待梁架全部装齐、固定，就可以进行椽子、望板、里口木、瓦口板的安装。椽子的安装应先钉建筑一面两尽端的檐椽，调整出檐距离使之符合要求。椽端钉小钉拉线，作为其间各檐椽的出檐基准，故拉线要紧，不能有下垂。如果建筑开间较多，檐口过长，可在中间适当位置再钉两三根檐椽，椽头钉钉，挂住拉线的中段。布椽从当中开始，正中为“椽豁”（即两椽间的空档），依次向两边进行，并用“闸椽”或“椽稳板”控制椽豁的距离。钉好所有的椽子后，要在上下两椽的接头处钉“勒望”。檐椽前若不再用飞椽则在其端头的上边钉“眠檐”，如果还需装飞椽则钉“里口木”，里口木之内铺望砖，铺至檐桁之内即可钉飞椽。飞椽的椽端钉眠檐、瓦口板，板的内侧用“铁搭”与飞椽拉结，以增强其整体性。至此大木安装基本完成，之后就可以全面铺覆望砖及瓦屋面了。

要注意，在大木构架安装完毕后不能立即拆除斜撑，一般要等到屋面、墙体等工程全部结束后再去除斜撑。如果个别斜撑影响后期施工则应在与相关工种间协商后撤去个别支撑或变换支撑的位置。

第二节　柱

大木构架中凡直立的构件都称为“柱”，但因所处的位置或形式的不同而各有专门的名称（图3-6）。位于屋檐之下的称“檐柱”；承托四界大梁的为“步柱”。有些建筑为增加室内无阻碍空间，步柱悬于梁枋之下，并将柱的下端雕作花篮状，则称作“荷花柱”或“花篮柱”（图3-7）；“脊柱”在屋脊之下，上承脊桁。苏式建筑仅边贴的脊柱或门第脊柱落地，而一般正贴的脊柱落于山界梁上，长度较短，所以又称“脊童柱”；脊柱与步柱之间的，为“金柱”。金柱大多为短柱，故又称“金童柱”。若因室内分隔的需要将金柱落地，则称“攒金”；在厅堂类建筑中，内四界前往往还要增设翻轩、前廊，则轩前之柱称“轩柱”，廊前之柱虽在檐下但通常不称“步柱”而称“廊柱”；当然游廊所用的柱子亦称“廊柱”；此外象攒尖亭之类的尖顶中心用一根柱状木料作为各老戗根部的支撑点，其名为“灯芯木”。

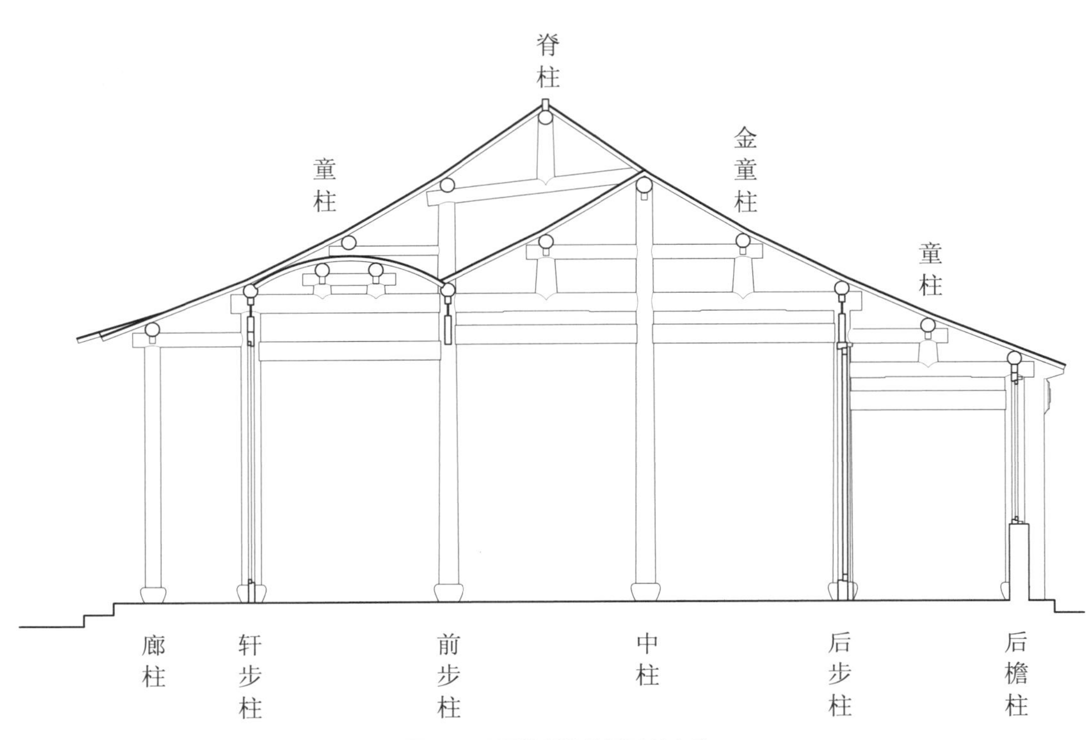

图3-6　不同位置的柱子及其名称

图3-7　花篮柱

一、檐柱（廊柱）

苏式建筑中平房和厅堂一般以正间面阔的十分之八来定檐口高度，其正帖檐柱高大体上与檐口高相仿，而殿庭正贴檐柱高则与正间面阔相等。其围径为正贴步柱的十分之八；厅堂、平房正步柱的围径是正间面阔的十分之二，殿庭为内四界深的十分之二。硬山建筑的边贴柱高与正贴同，柱径为正间的十分之八（图3-8）。

檐柱（廊柱）的制作的第一步是划线。先在两端面划出十字中心线，若初步加工时的中线仍保留着可利用原线。然后依据两端面的中心线弹出柱子长度方向的四条中线。弹线后根据木料表面情况选一最好的面朝外，质量稍差的用在室内。接着用六尺杆量出柱头、柱脚、榫头的位置线以及枋子口线。再依柱头、柱脚的位置弹出升线。升线上端与柱中线重合，下端位于柱中线的里侧，一般取收水百分之一，升线和中线上要标出相应的符号，以便区别。如果是四合舍、歇山、落翼顶，其角檐柱的四面都要弹升线。弹出升线后，以升线为准，用角尺围画柱头和柱根线，以保证安装时柱子的底面与礅石接触紧密。最后画卯眼线，因为与檐柱（廊柱）交接的枋子、川等都要与地面平行，所以枋子口也要以升线为中线（图3-9）。

划线完毕还要在柱子内侧的下端标写该构件的位置，然后即可按线进行制作。

二、轩步柱

厅堂、殿庭在内四界前一般都设有翻轩，故其步柱和檐柱（廊柱）之间要用轩步柱。轩步柱高为一份檐柱（廊柱）高加牌科高，再加提栈。其围径是步柱围径的十分之九。

轩步柱先要在端面划十字中心线及长度方向划四面中线，其方法与檐柱（廊柱）相同，但不用升线。然后用六尺杆在长度方向的中线上划出柱头、柱脚、榫头、枋子和廊川的卯眼位置。再围画柱头、柱脚的端线及截线，画出卯眼线。划线完毕再在柱的下端标写上构件所在的位置后即可交有关人员进行加工。

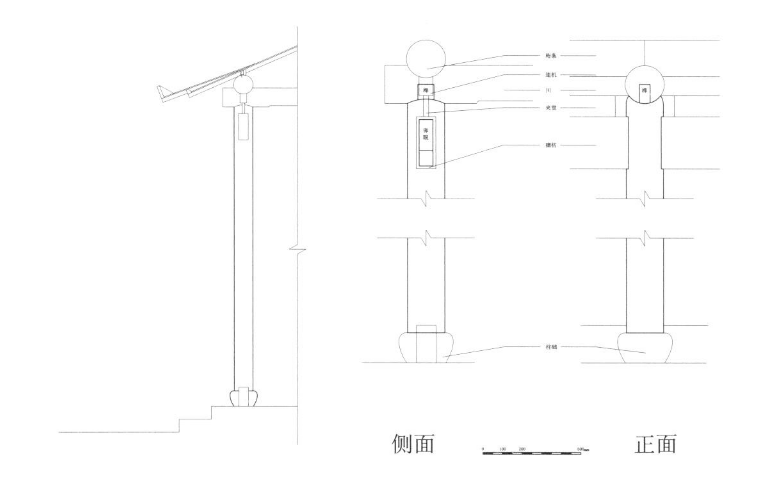

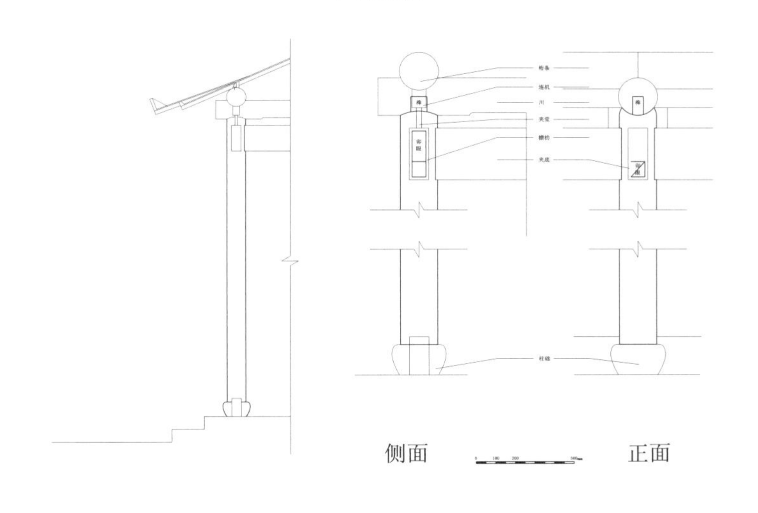

图3-8　檐柱（廊柱）

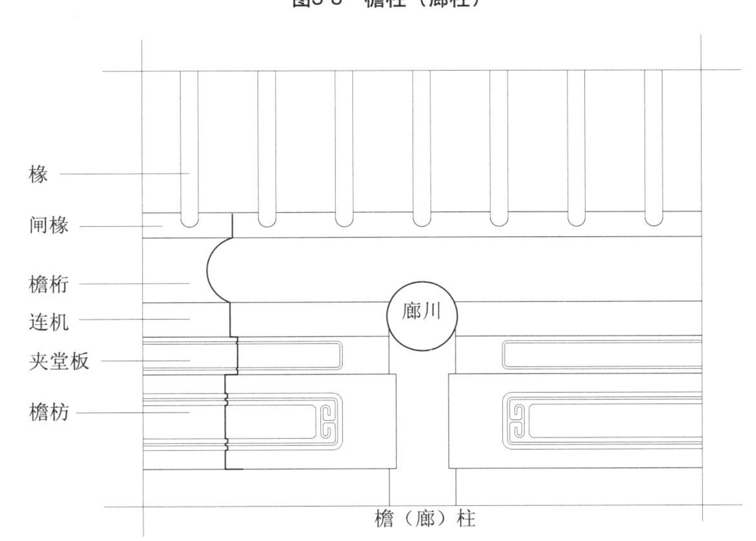

图3-9　檐（廊）柱与枋、桁、连机等的联系

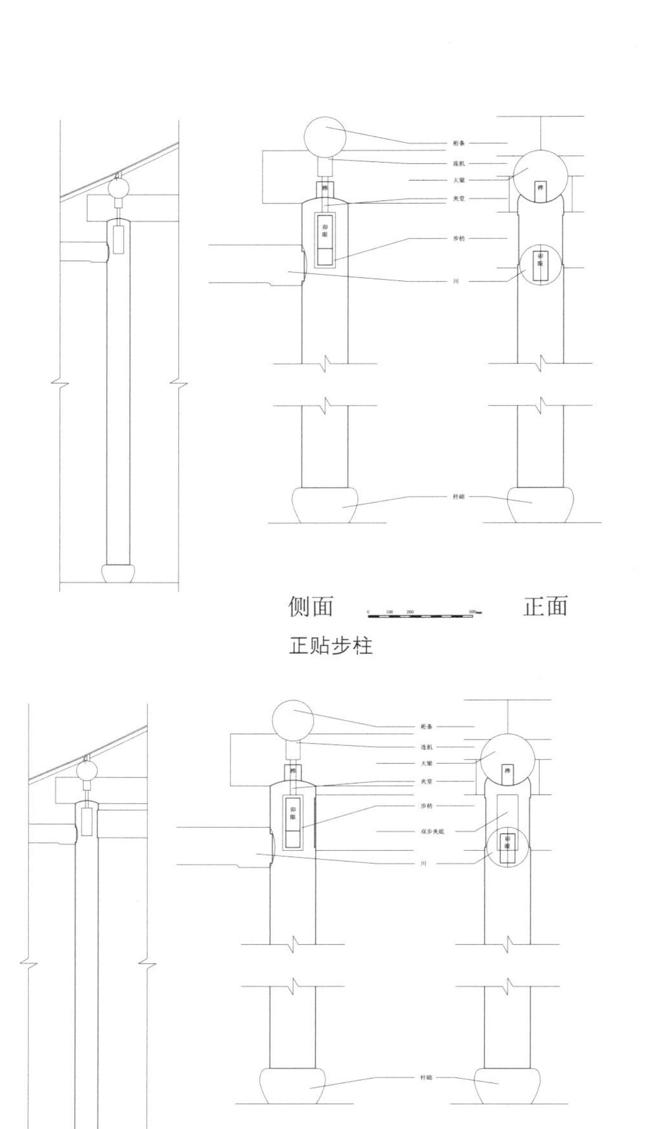

图3-10 步柱

三、步柱

步柱的高度要根据贴式来确定。平房的内四界前不用翻轩，仅联以深一界之廊，且不用牌科，因此以一份廊柱之高加提栈高确定步柱之高，有时为增强屋面的曲势还要酌情稍稍叠高，以达到“囊金叠步翘瓦头”的效果。厅堂和殿庭的内四界前一般都做翻轩，步柱之高又要根据轩的形式予以确定，如用磕头轩时步柱与轩步柱同高；用抬头轩时步柱较轩步柱再加一份提栈高度；而用半磕头轩时则需依据轩梁与大梁间的高差确定步柱之高。正步柱的围径厅堂、平房是正间面阔的十分之二，殿庭为内四界深的十分之二。边贴步柱也为正贴的八折（图3-10、11）。

步柱划线、制作与轩步柱基本相同。

四、脊柱

硬山建筑的边贴和门第的脊柱都为通长落地，但与它们相联系的构件略有差异。和边贴脊柱相接的主要为进深方向的构件，由上而下分别是短川、双步及夹底。开间方向仅与脊桁相连（图3-12）。门第的脊柱在进深方向与之相交接的构件和硬山平房、厅堂的边贴脊柱相仿，规模较大时还有三步与之相交。开间方向除脊桁外还有连机、额枋与之相连。划线时需要先弄清各构件之间的相互关系，然后按六尺杆标定的记号点出柱头开刻、留胆以及与各构件相接的卯眼位置，最后画制卯眼的形状和尺寸。

脊柱高根据提栈算得，其围径为步柱的十分之八，即与檐柱（廊柱）相等。

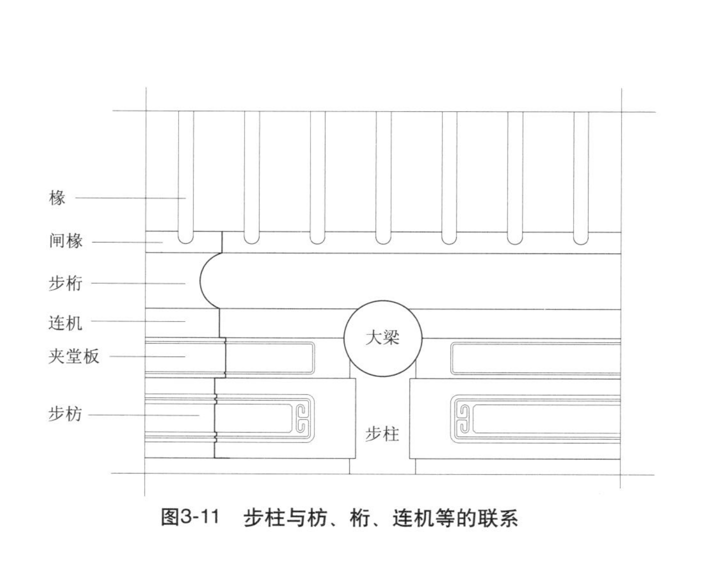

图3-11 步柱与枋、桁、连机等的联系

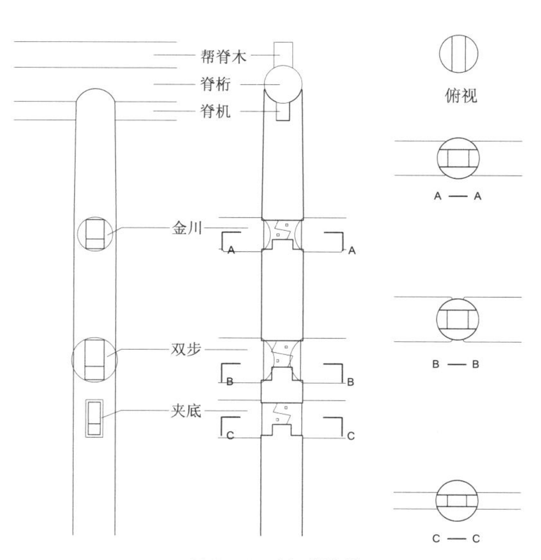

图3-12 边贴脊柱

五、童柱

凡立于梁上的短柱都称童柱，但其所在位置的不同也有不同的称呼以示区别。如大梁之上所立的为“金童柱”；山界梁上的为“脊童柱”；双步之上的为“川童”（图3-13、14）。童柱仅圆作使用，扁作则以坐斗、梁垫、寒梢栱等取代童柱。

童柱之高根据提栈算出，柱脚围径取下部梁围的十分之九点五，柱头围径为与之交接之梁围的十分之七点五，所以其收杀非常明显。此外童柱下部的两侧还要逐步由圆向尖过渡，与柱下之梁交接处做成“鷹嘴”状。柱脚鹰嘴内做半榫，有用单榫的，也有用双榫的，而后一种制作稍繁但结合稳固。柱头则用开刻、留胆，与上部的梁、川或桁相连。

童柱划线与其他柱类构件相似，唯鹦鹉嘴处画线稍复杂，加工尤需注意，为方便起见，也有借助模板的。

六、攒金

攒金一般是将后金柱落地，因此原先的大梁在此中断，并以搭接榫的方式穿入攒金的卯眼。此外大梁后部的短川改为双步，双步换成三步（图3-15）。

攒金的划线、制作顺序与其他柱子大体相仿。

七、灯心木

攒尖顶的中心，用一柱状构件收头，这就是灯心木。其架构方法主要是用周围的由戗上端支撑于灯心木的中部，使灯心木的下端悬空，并雕成花篮、荷花状装饰，其上端套葫芦、宝瓶等屋顶饰物。如果建筑内部用天花吊顶或灯心木上部的饰物荷载较大，也有将灯心木的下脚立于枝梁上，枝梁的两端架在前后金桁上（图3-16）。

由于灯心木与由戗的交接是一个空间关系，所以要通过放实样的方法来确定由戗卯眼的位置、角度以及灯心木下端雕花纹样，其垂花的下端不应低于金桁的底面。由戗卯眼之上再留出一份卯眼高（于由戗相交的交线高），上做宝瓶桩。桩的高度由所用的宝瓶、葫芦内孔深来确定，其断面为方形或正多边形，对径（对角线长）通常为灯心木对径的一半。

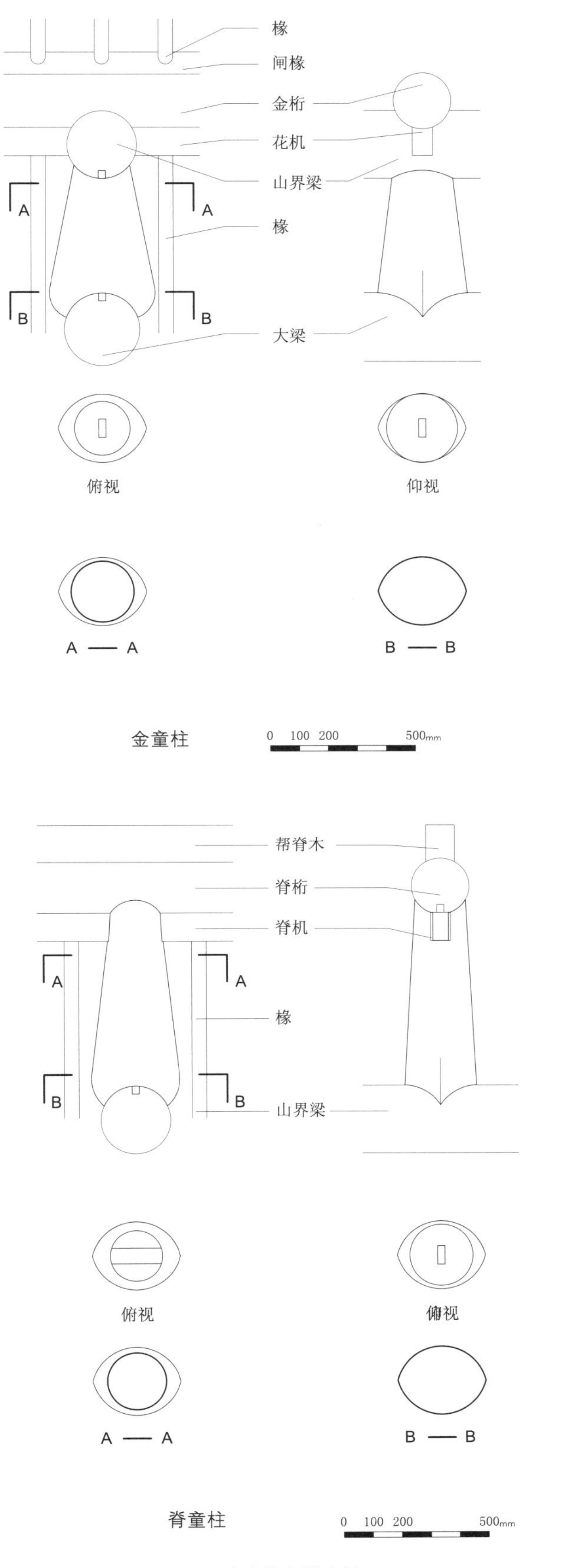

图3-13 金童柱与脊童柱

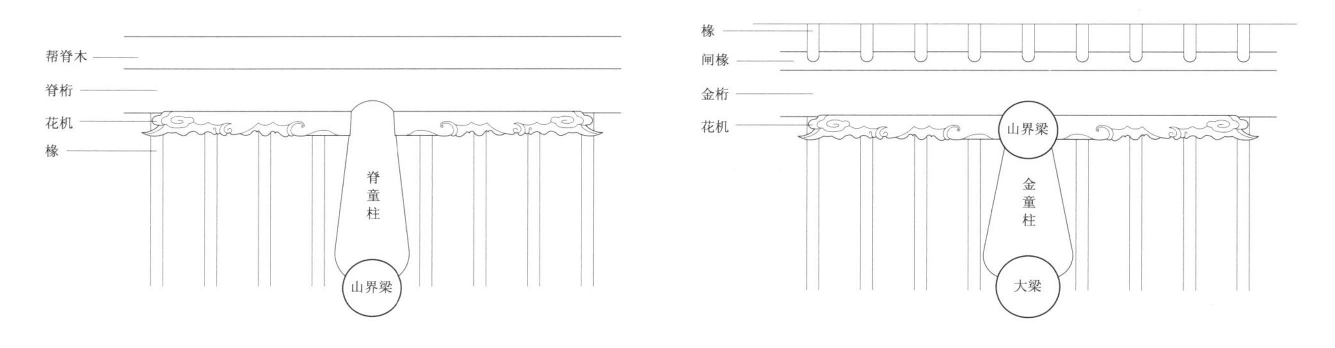

图3-14　脊童柱、金童柱与其他构件的联系

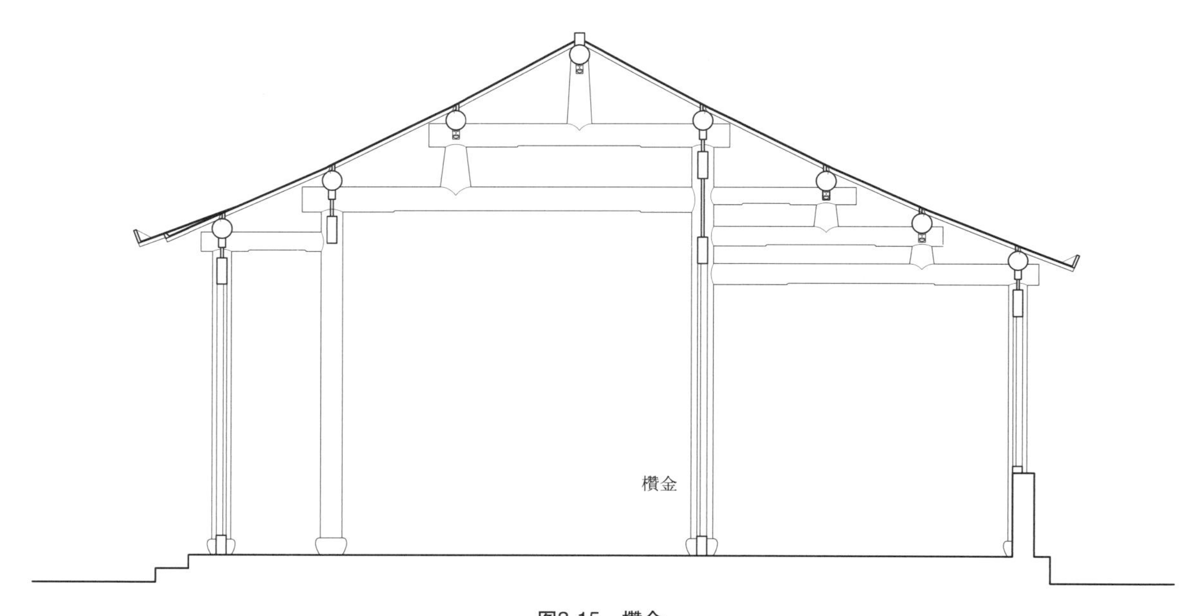

图3-15　攒金

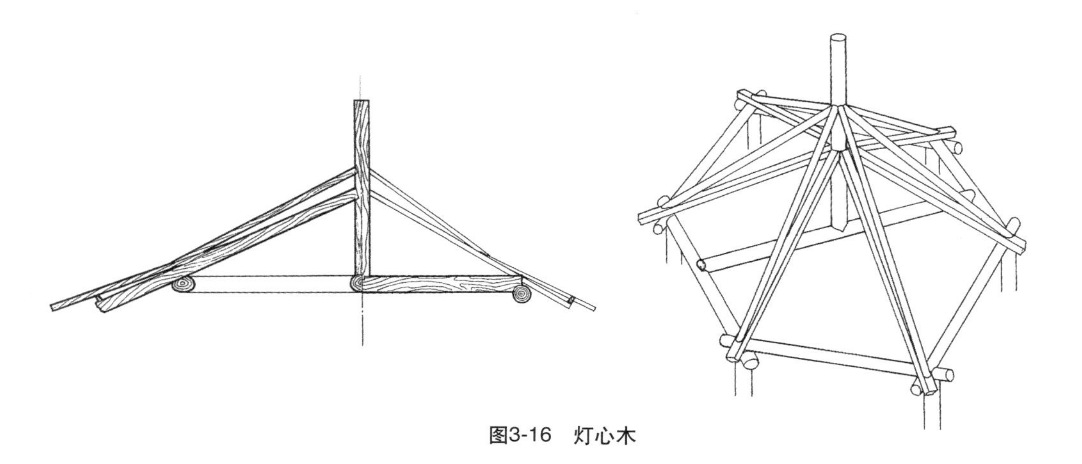

图3-16　灯心木

第三节　梁

梁是传统建筑中进深方向的构件，主要承受整个屋面以及上部构架的荷载。由于梁的位置不同，其名称及形状也有很大的差异（图3-17），苏式建筑中的梁类构件主要有：大梁、山界梁、双步、川、轩梁、枝梁和搭角梁等。

一、大梁

正贴步柱间一般深四界，其上架大梁，故也称“四界大梁”。一些园林建筑也岷有步柱间深三界或五界的，其上的架梁则为“三界梁”或“五界梁”，但通常都简称为大梁。

大梁有圆作和扁作之分。

圆作大梁的制作较为简单，以内四界深的十分之二确定围径，以梁头自步桁中心向外伸出一尺至一尺二定梁长。首先将经过初加工的木料选择外观质量较好的一面作为梁底，并在其两端划出垂直中心线，再在中心线上标出机面高度，划水平线。机面高视梁径而定，大梁对径为七寸时则机面高定为五寸，若梁径有增大或减小，则机面也按比例收放。然后以垂直中心线和机面线为基准弹长度方向的中心线机面线。最后用六尺杆在梁的侧面画出承桁圆槽及连机的卯眼，须注意承桁槽内还要留木，谓之“留胆”，其高宽都为一寸左右。在梁底及梁背的中线上量画出与柱相连的卯眼。此外梁底的中部还要从距桁条中心线半界的地方逐渐向上挖去四分，即做出“挖底”。若大梁进深较大时，其中部还须向上略弯，以起校正视差的作用。一般梁长一丈上弯一寸左右，称“抬势”（图3-18）。

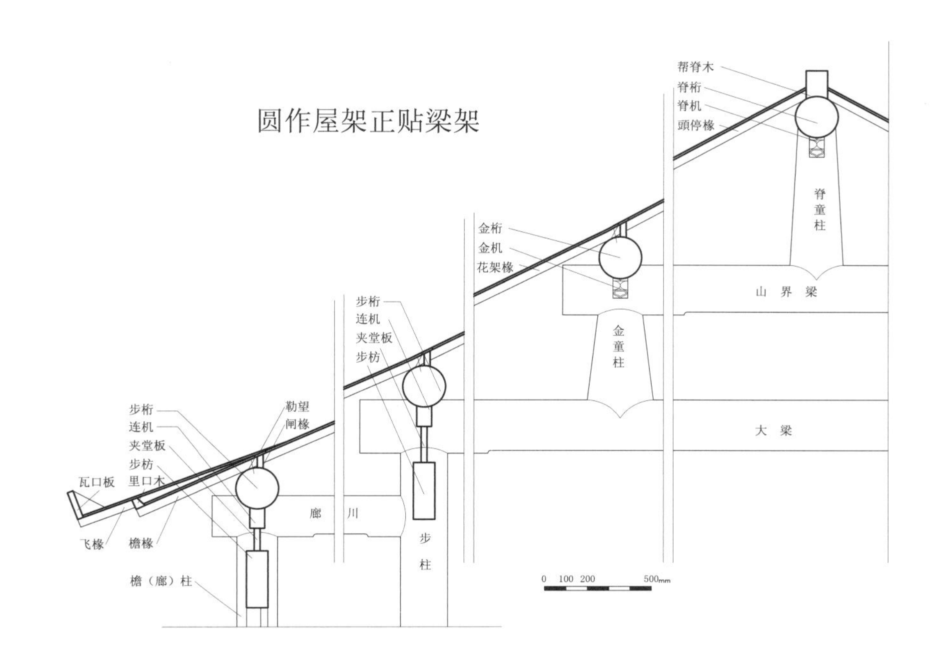

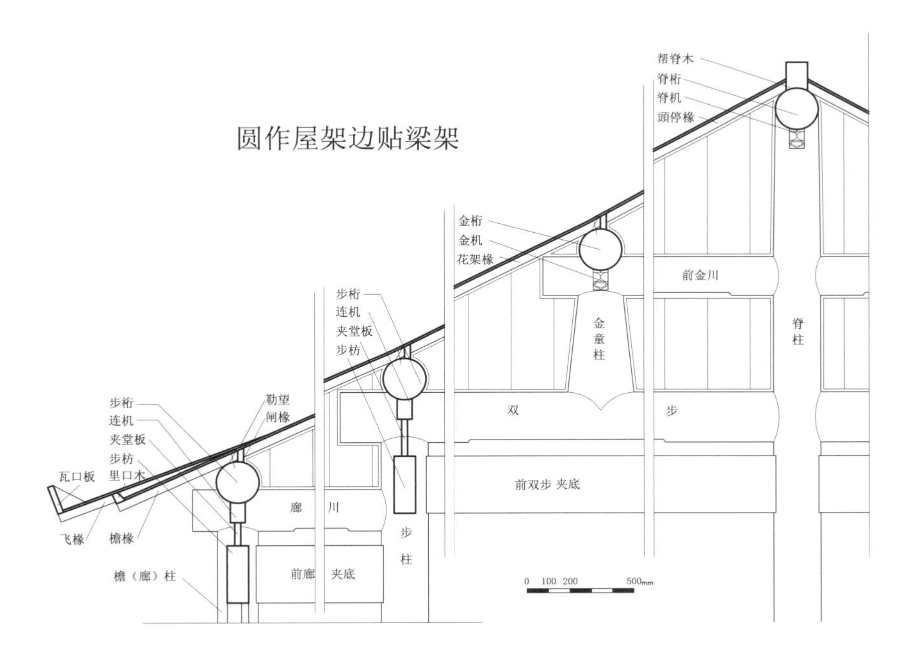

图3-17　不同位置的梁及其名称

扁作大梁因是圆料结方而成，故其围径较圆作稍大，长度与圆作相同。锯成方料后再予拼高，可用实叠，即两条相同尺寸的方料以鼓卯、鞠榫进行连接叠合；也可用虚拼，即用两条五分之一梁厚的板条拼于梁的上部，于斗底处用木块填实。还有用独木的，这要求圆木的对径有足够大。拼叠后的高度为梁厚的二到二点五倍。扁作大梁的划线也从两端面开始，先在端面划出垂直中线，依圆料结方定梁头高，再以梁头高的七分之五左右定机面线高，再按梁厚的五分之三确定梁头宽，然后以垂直中线为基准予以画线。端面画线完成后，依据垂直中线、机面线弹出长度方向相应的线条，在用六尺杆量度并画出梁背卷杀、斗桩榫、梁底挖底、与梁垫叠合的销榫、梁侧与桁条、连机相交接的槽、榫位置和形状。梁背卷杀起自桁槽内侧的机面线，起圆势至深半界处与梁背直线相接。梁底的挖底起于距桁中半界深处，起小圆弧向上挖去半寸，其底面作琴面。梁侧上自机面梁背圆势的起始处，下至挖底的起始位置作斜线，其外侧两面各截去梁厚的五分之一做梁头，此截去的三角形谓之“剥腮”或称“拔亥”。梁头承桁处按桁条的曲率画出圆槽的形状，其下部凿与连机相连的榫槽。画线完毕即可交专人进行制作。一般扁作梁架都要在大梁、山界梁的两侧、底面进行雕饰，故在制作加工完成后再用模板绘出雕花大样予以雕花（图3-19）。

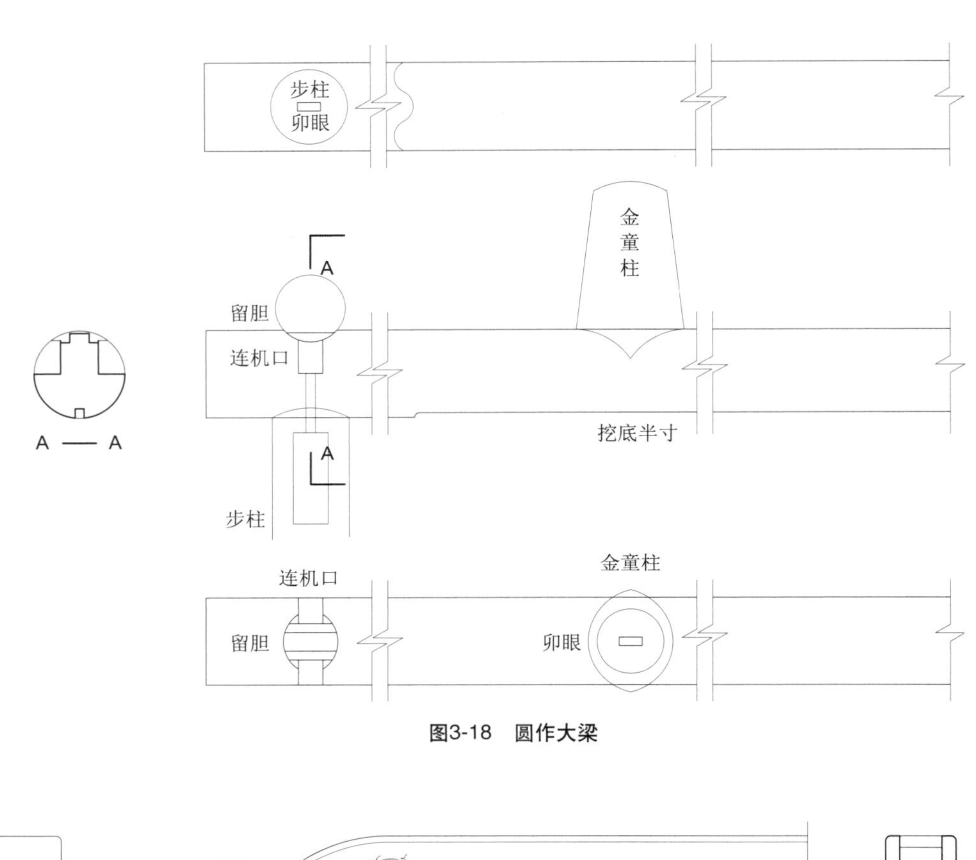

图3-18　圆作大梁

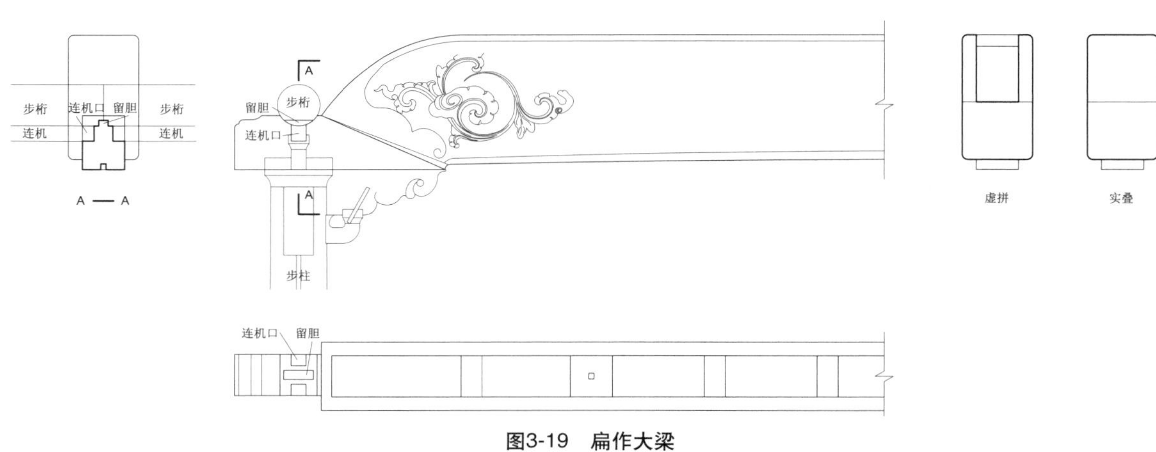

图3-19　扁作大梁

二、山界梁

山界梁的形式与大梁相似，划线程序也基本相同。

圆作山界梁的围径取大梁的八折，长为两界深再加梁头的伸出部分。因提栈的关系山界梁的梁头伸出也较大梁短，一般为一尺左右。梁下的挖底也从深半界处开始。山界梁的梁背中部凿卯眼与脊童柱相连，梁底的两端作与金童柱相连的卯眼（图3-20）。

扁作山界梁也以大梁的八折定高、厚，梁头伸出桁条亦为一尺左右。其卷杀、挖底、剥腮的形式做法一如大梁（图3-21）。

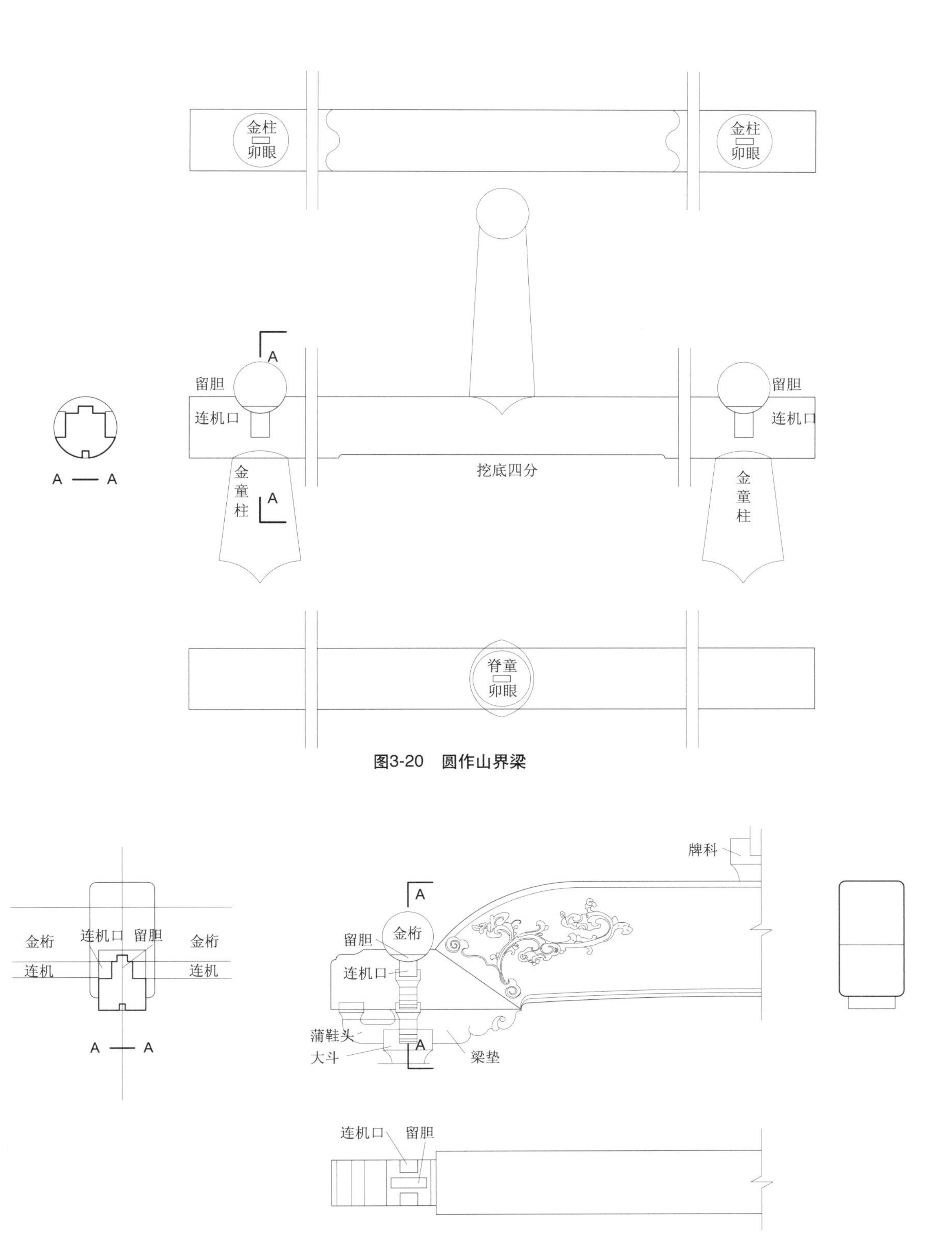

图3-20 圆作山界梁

图3-21 扁作山界梁

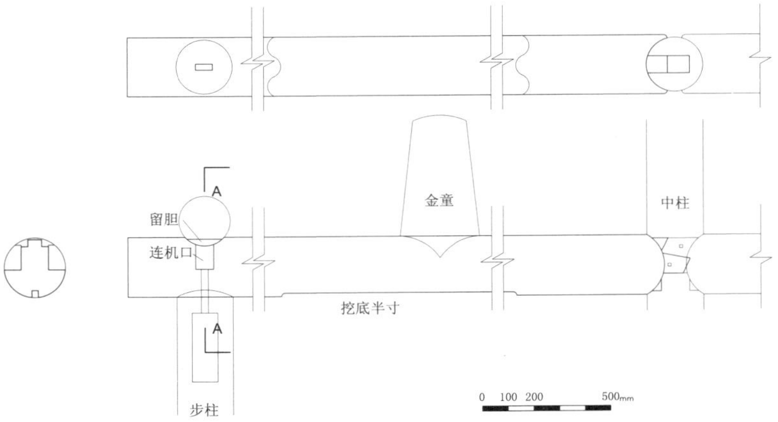

图3-22 圆作双步

廊川

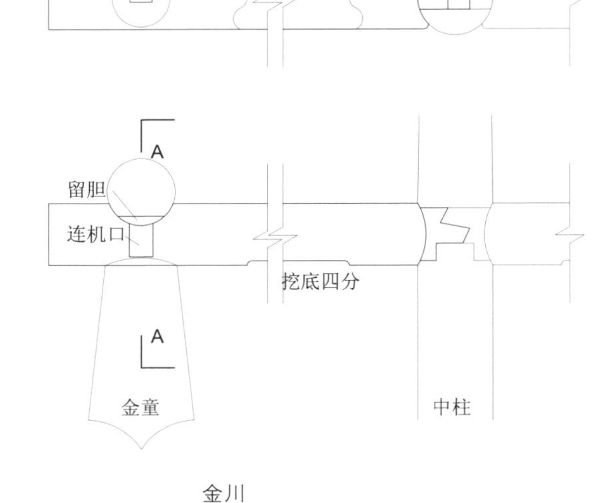

图3-23 圆作短川

三、双步

苏式建筑中七界平房、厅堂的内四界后一般都联以双步。而边贴中柱落地，其前后也以双步代替大梁。双步的形式一端做榫，连于柱子，另一端凿卯眼，架在柱头上或做云头，安放于牌科之上。

圆作双步的围径为大梁的十分之七，长为两界深加伸出桁条中心的端头长（边贴脊柱前后的双步后尾用聚鱼合榫，长三分之二脊柱径；边后双步下还有夹底，故双步后尾用半榫，长半份左右步柱径；正后双步后尾用透榫，榫长须大于步柱径）。其划线程序与大梁、山界梁基本相似（图3-22）。

扁作双步的高、厚亦为大梁的七折，其头部处理及尺寸与大梁相同，尾部与圆作相似。双步两端虽然都有卷杀、剥腮、挖底，但尾部的卷杀较短小，其端部略高于机面线，故与剥腮不相交接。

四、川

内四界前若深一界，其檐柱和步柱间联以“廊川”；正双步之上架于柱与川童（或斗）之间的，称为“金川”；后双步之上的称“短川”。

圆作川的围径是大梁的十分之六，川头伸出桁中线八寸左右（约450mm），川尾用榫与双步同。川的挖底长仅半界，起迄位置距前后桁中均为四分之一界（图3-23）。

扁作因内四界前多用翻轩，廊川种类较多，其具体的形式及尺寸比例将在“轩梁”部分介绍。双步之上所用的短川也以大梁的十分之六定高、厚。其上端连于柱，下端架于斗。上端的川背要较下端高二寸，称“捺稍”。川下挖底也需做成上端高下端低，高的一侧挖深二寸（约50mm），低侧为半寸约12mm），以此来增加曲势，使整个川的形状呈眉状，故俗称“眉川”，也有因其一侧突起如驼峰而称其为“骆驼川”（图3-24）。

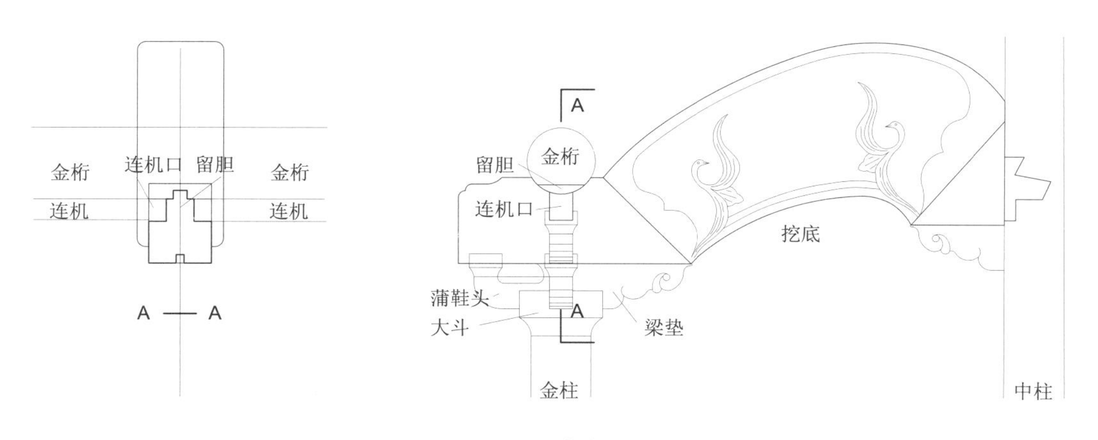

图3-24　扁作眉川

五、轩梁与荷包梁

轩有内轩和廊轩之分，故轩梁常因轩的位置及形式的不同而有很大的差异。用于外轩时轩梁的一端作榫，插入步柱或轩步柱的卯眼内，另一端架在廊柱的柱头或牌科上，伸出檐柱，承托檐桁或梓桁；用于内轩时轩梁后尾用榫卯与步柱相连，前端架于轩步柱之上。

茶壶档轩主要用作圆堂的廊轩，其轩梁最为简单，形式也与圆作廊川相同。如果与扁作厅相配合，廊轩一般要用弓形轩，其轩梁的段围按界深的十分之二点五确定，然后锯解成方形，然后在用相同厚度的木料拼叠，其高厚比约为一点五比一。梁头伸出檐桁中心一尺八寸左右（约500㎜），高依圆料结方，并按梁厚的五分之一在两侧进行剥腮。距

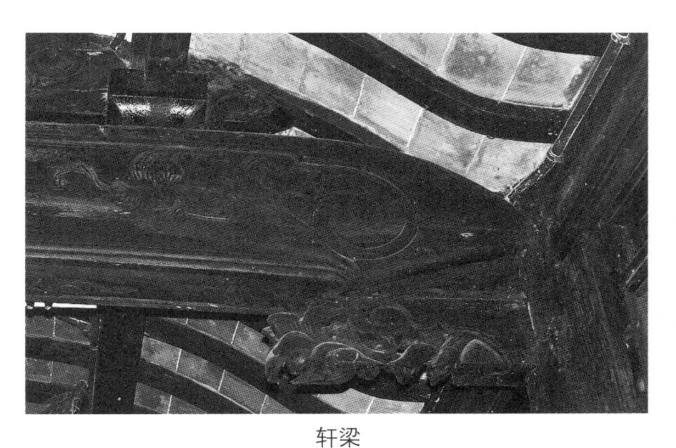
轩梁

荷包梁

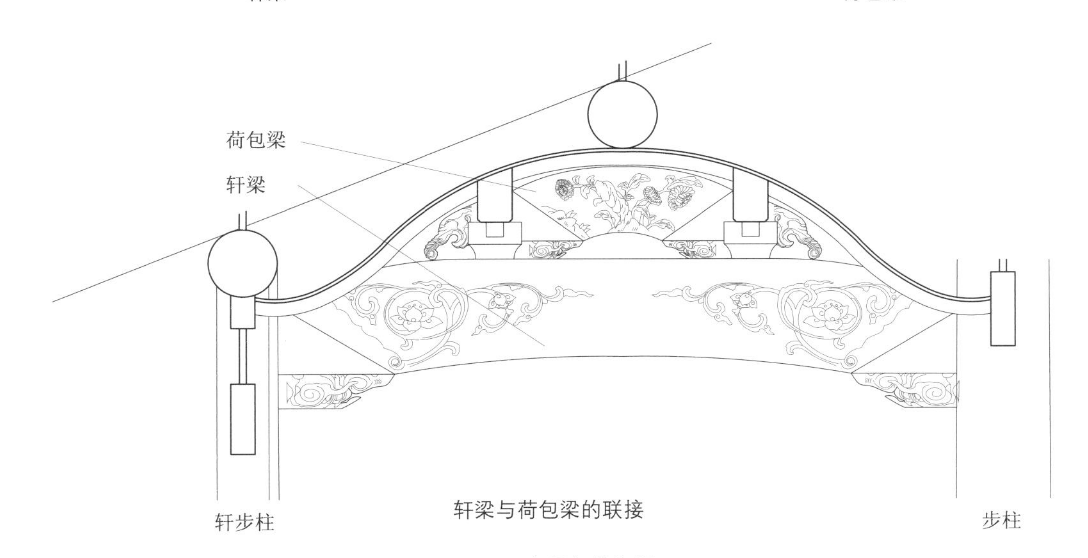

轩梁与荷包梁的联接

图3-25　轩梁与荷包梁

檐桁中心八寸处开刻架梓桁与连机，其下承于寒梢栱上的升口中。外端雕作云头。梁尾做半榫插入步柱或轩步柱。梁底从腮嘴处（距前后桁中线四分之一轩深）上凹做挖底，深半寸左右（约12mm），梁背自机面线处向上随挖底起圆势，从而形成弓形弯梁。

内轩造型华丽，结构也较复杂。圆料船蓬轩的轩梁围径照轩深的十分之二点五，梁头伸出桁中八寸左右，梁尾做半榫与步柱相连，梁下挖底自四分之一轩深处起挖，具体造型及加工制作与圆作梁相仿。其上立童柱架月梁，月梁上承圆形截面的轩桁。轩桁间的距离通常为轩深的十分之三，故月梁以轩桁间距加两端伸出六寸定长（约165mm）。月梁的围径为轩梁的十分之九。

扁作轩梁也以轩深的十分之二点五定围径，然后结方、叠高，其高厚比一般都为一点五比一。梁头伸出及梁尾榫长与圆作相类似。梁的侧面造型及雕饰与内四界扁作梁相仿。菱角轩、船蓬轩及鹤胫轩等的轩梁梁背置斗，斗口内承荷包梁。荷包梁的围径按轩梁的十分之八，结方后叠高成二比一的比例。梁长按轩桁间距加两端伸出六到八寸。梁头剥腮与其他扁作梁相同，因荷包梁较短，梁底的挖底缩短成一小圆孔，梁背作圆弧形隆起，梁侧通常也要进行雕饰（图3-25）。

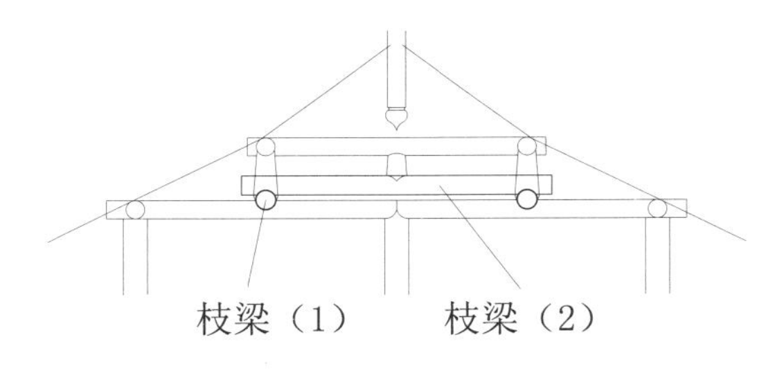

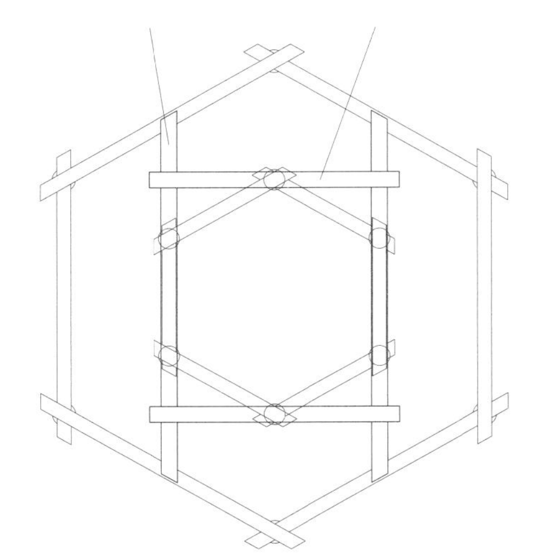

图3-26　枝梁

六、枝梁

体量较小的亭榭类建筑，为使室内获得足够的无阻碍空间，常将上部梁架架在前后檐桁之上，这就是枝梁（图3-26）。枝梁一般都为圆作，长为前后檐桁的间距再加一檐桁径，以进深的十分之二点五定围径。枝梁的造型较简洁，为通长圆柱形。两端头下部做阶梯榫与檐桁搭接，搭接部分的高度为桁径的三分之一。上部依提栈作斜面，以免影响屋面的架设。

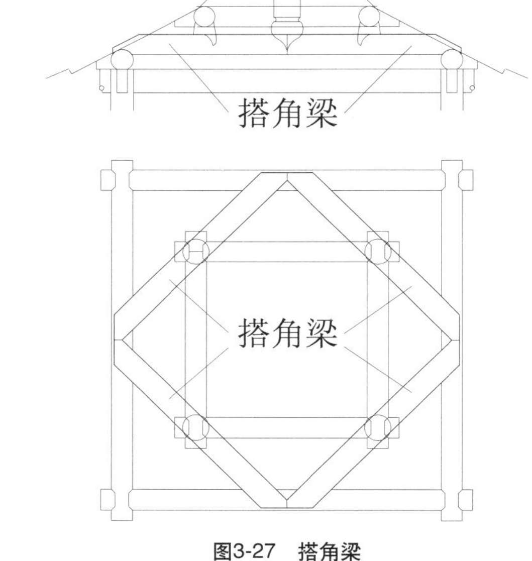

图3-27　搭角梁

七、搭角梁

当建筑尺度稍大而不欲在室内使用柱子，或亭榭中希望用小料制作梁架时常用搭角梁斜搭于相邻的檐桁之上（图3-27）。

大多数搭角梁都为圆作，对径较檐桁加一寸，长度可按建筑的水平淌样量出实长，也可根据斜搭的角度进行计算求出。搭角梁头与桁条间搭接处的榫卯形式和枝梁相同，只是搭接的角度不同而要求划线制作时也作相应的变化。在一些修饰考究的四面厅中，如拙政园的远香堂也有使用扁作搭角梁的，随然它成四十五度角架构，但其造型和架构方法都与双步梁相似。

第四节　枋

枋类构件是传统建筑中的联系构件，主要起拉结和稳固梁柱的作用。

一、檐（廊）枋、步枋和脊枋

柱与柱之间在开间方向起相互拉结作用的联系构件即为枋。虽然依据位置的不同而有檐（廊）枋、步枋和脊枋之分，但其形式和尺寸大致相同。檐（廊）枋位于檐（廊）柱的柱头，一般不带牌科的建筑其檐枋上皮较柱头端面稍下，枋与桁下连机之间要留六至八寸的间隙以安装夹堂板。亭榭类建筑的檐枋有时直接与檐桁叠接，则称“拍口枋”，其上皮与柱头端面平。厅堂、殿庭等檐下置牌科的建筑，其廊枋上皮也要与柱头顶面平，上承斗盘枋。步枋连于步柱的上端，若不做翻轩的平房，步枋与步桁下连机间装有高八寸（约220mm）的夹堂板，如果步柱之前联以翻轩，则步枋或下皮与轩梁的机面相平，或上皮和翻轩上部的椽背同高。门第脊柱落地，脊柱的上部要用脊枋相联系，脊枋又因其位置的不同而分作“额枋”、“夹堂枋”和“过脊枋”。额枋位于门扇的上部，如果门第不大，或装饰要求不高，其上直至脊桁连机之下单用高垫板封护。若要在脊桁下置牌科则需在柱头连以过脊枋。若额枋与过脊枋之间高度过高，还要在其间再加一条夹堂枋，将垫板分隔为上下两段（图3-28）。

枋的断面呈矩形，通常以柱高的十分之一定高，但视情况可作适当增减，考虑到木料的尺寸，所以最高不超过一尺二（约330mm）。枋厚有三寸、四寸、五寸及六寸（约85、110、135、165mm）几种规格，一般平房及厅堂视建筑规模的大小而选用三寸或四寸厚（约85、110 mm）的枋子。殿庭尺度较大，且有时枋上还要安装牌科，故枋厚不能小于斗底之宽。在过去匠人加工枋子时常常是将圆木结方，然后剖为两条，所以枋子的高厚比一般取等于或大于二比一的比例。大多数枋子的两头做大进小出聚鱼合榫，其长度为开间的面阔减去一柱径再加两端的榫长。廊枋、拍口枋在转角处做十字箍头榫，所以其端头要伸出柱外半个柱径。

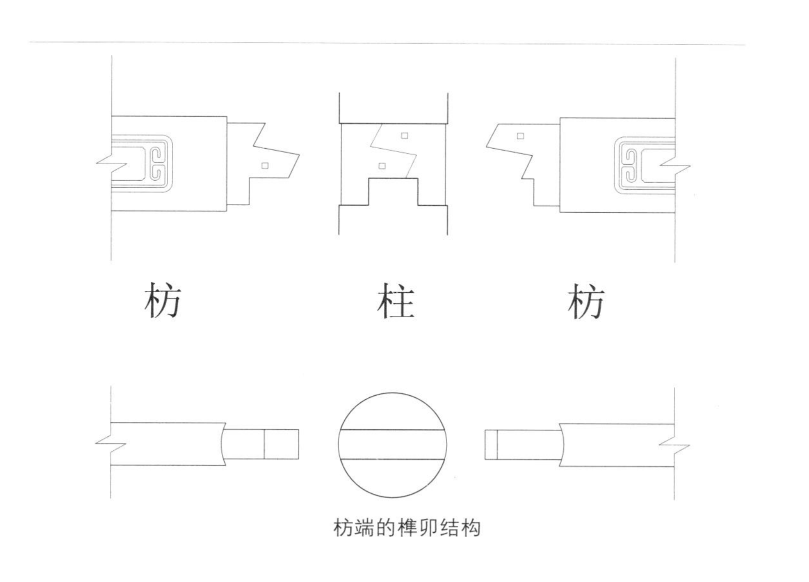

枋端的榫卯结构

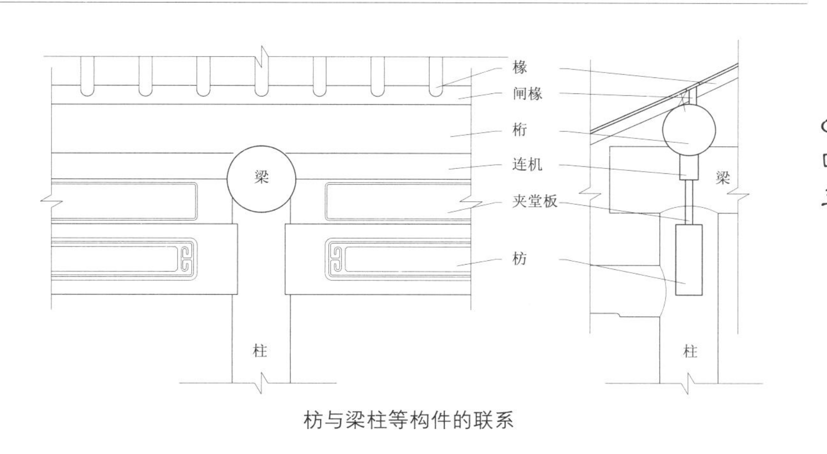

枋与梁柱等构件的联系

图3-28　枋

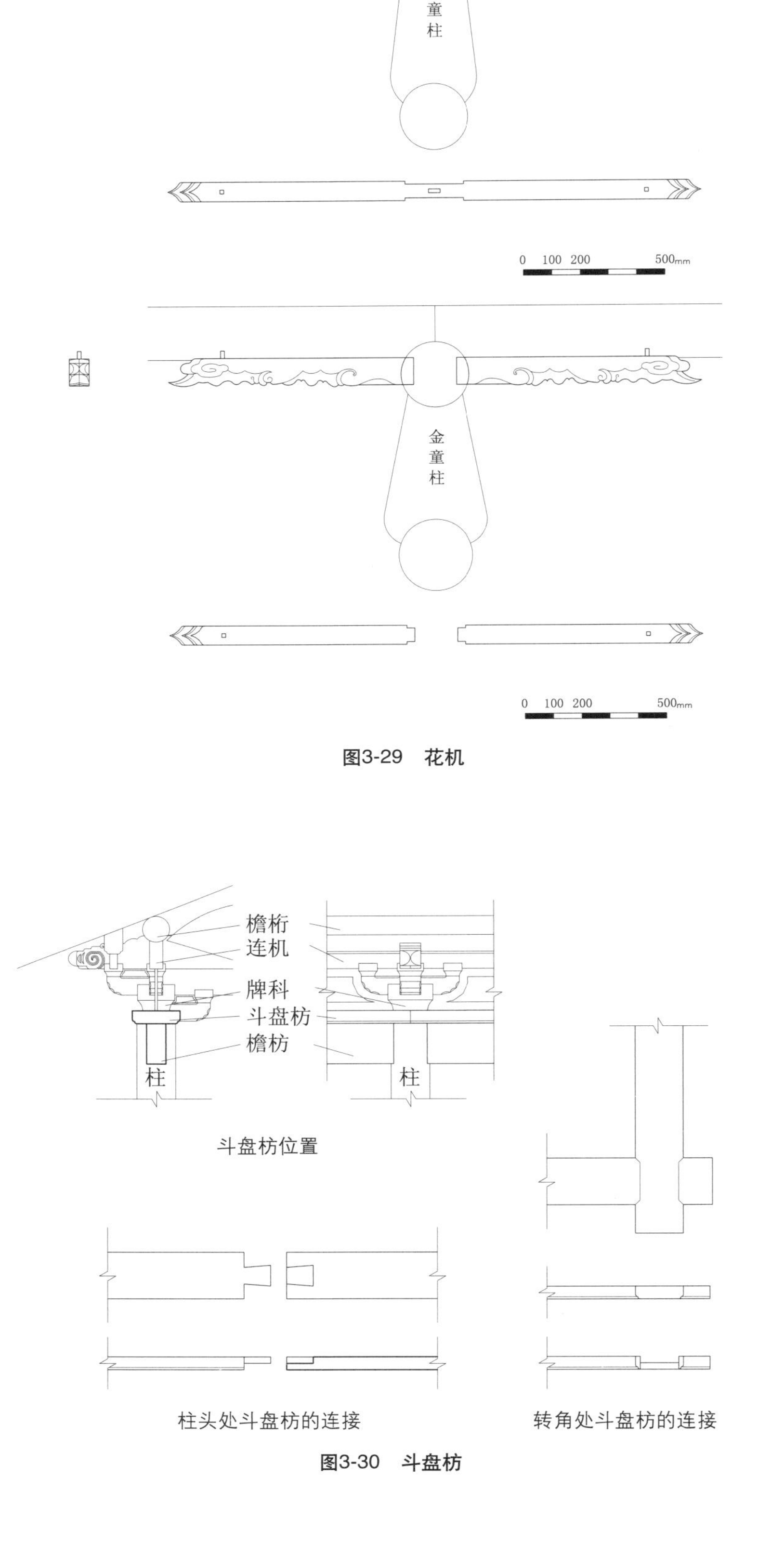

图3-29 花机

图3-30 斗盘枋

枋子的划线顺序是：将经初步加工的方料在端面画出垂直中心线，并按中线弹长度方向的上下中线。要求较高时枋子的四愣需刨出木角线，其位置也要弹线。弹线后用六尺杆量出开间（柱中到柱中）尺寸，并以此为基准标出柱间净宽（两端各减半份柱径）、榫头长度以及枋背安蜀柱（枋的上部加装夹堂板时为防止夹堂板过长而发生翘曲变形需用蜀柱予以分隔）的卯眼。转角处的廊枋或拍口枋还要标注出头长。最后用样板画枋子的榫肩、榫头等的轮廓线。由于檐（廊）柱有收分，所以在做榫肩时要注意上下口尺寸的差异。

二、机与连机

苏式建筑的桁条之下用机，其作用一是提高桁条的承载能力，另一是起拉结上部桁条的作用，此外还有增加室内装饰的作用。机有短机和连机两种，短机用于脊桁、金桁及轩桁之下，长仅开间的十分之二，厚与枋同，高厚比为七比五。短机常雕出各种花饰，如水浪、蝠云、花卉、金钱如意等（图3-29）。正贴梁架左右的脊机（脊桁下的短极）做成一体，机背当中嵌一厚半寸，高三寸，长七寸左右（约40mm×80mm×200mm）的木榫——“川胆机”，机背两端用半寸见方的硬木销与脊桁相连。檐桁、步桁和轩步桁下都用通长的连机，其断面与短机相同或略小，平房、厅堂一般用三寸乘五寸(约80mm×140mm)或四寸乘六寸(约110mm×165mm)的方木，殿庭用五寸乘七寸（约140mm×200mm）的方木。

三、斗盘枋

斗盘枋平置于带牌科的厅堂、殿庭类建筑的廊柱柱头上，其下为廊枋，上安牌科。斗盘枋宽较斗面放出二寸，厚为二寸，其长度为开间面阔再加一羊胜式榫（燕尾榫）长，约四寸（约110mm）。转角处相邻两斗盘枋做十字搭交榫，端头由角柱中向外伸出一个柱径（图3-30）。

四、随梁枋、水平枋

殿庭建筑的大梁之下常辅以随梁枋，这一方面是为提高大梁的承载力，另一方面梁枋之间安置两座斗六升牌科也增加了室内装饰效果。随梁枋高与步枋相同，厚同斗底或稍宽，长为内四界深再加一步柱径。两端头做大进小出榫。若殿庭大梁大于六界时，随梁枋和步枋下还要再加一道枋子，四周相平兜通，故称“水平枋”或“四平枋”。其尺寸大小与相对的随梁枋和步枋相同（图3-31）。

五、夹底

边贴的双步、廊川之下通常还要用矩形枋子将前后柱子进行拉结，这就是“夹底”。夹底的位置一般和相邻的枋子平齐，其上与双步、廊川间的间隙用棚板封护。双步夹底的高、厚为正双步的八折，先用圆木结方，然后将方料剖为两条，使之高厚比呈二比一的比例。脊双步之下的夹底在与脊柱相连处用聚鱼合榫，与步柱相连处用大进小出榫。后双步下的夹底两端都为大进小出榫。廊川夹底为正廊川的十分之九，其高厚比亦为二比一，两端头做大小进出榫。

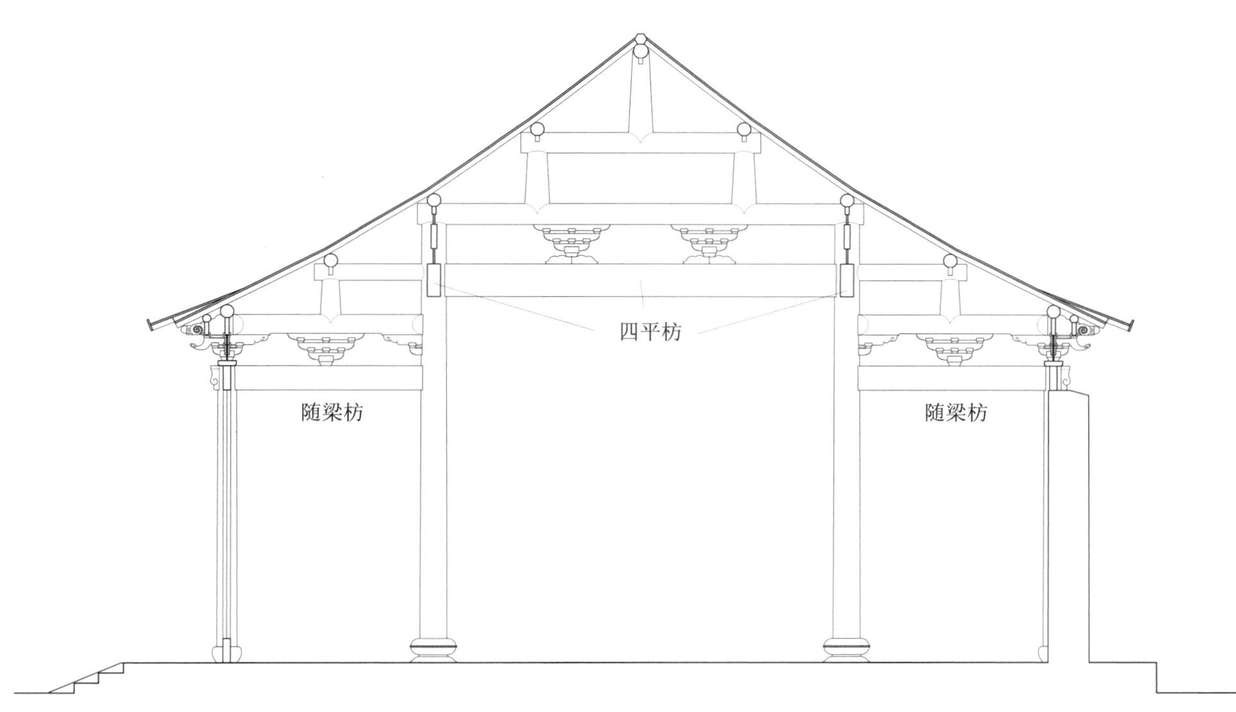

图3-31　四平枋与随梁枋

第五节　桁、椽

一、桁条

桁条也称栋，通常是架于梁端，平行于开间方向的构件。依其位置有梓桁、檐桁、步桁、轩桁、金桁及脊桁之分，但除了梓桁和轩桁需根据建筑构架是圆作还是扁作以确定断面选用圆形或矩形外其余均为圆断面。

安装在正贴梁架之上的桁条，其长度为开间长再加一羊胜式榫头长，榫长为十分之三桁条对径。架于硬山边贴上的桁条，其桁头要伸出梁中线半个梁径或半份梁厚，使之与梁的外缘平齐。架于殿庭歇山顶山花内侧的桁条须视建筑的规模伸出构加中心线二尺半（约700㎜）左右。四坡顶的檐桁其端头要正交搭接，桁头伸出柱中一尺（约300㎜），在柱中做十字搭交榫。多角攒尖顶的桁条为斜交搭接，其端头伸出及榫的形式也需作相应的调整。一般桁条围径以正间面阔的十分之一点五倍为定例，梓桁和轩桁用圆料时其围径取檐（廊）桁的八折，用方材时为斗料的十分之八。

桁条划线顺序是：首先在已经过初步加工好的木料的两端面划出中心十字线、弹上长度方向的四面中线，然后用相应的六尺杆对准桁背中线，标注椽位线，并在一端量度并画出羊声式榫头线（榫头宽同长，根部按宽的十分之一收分），在另一端画相应的卯口线，桁底依中线画出开科的宽及深。如果是搭交桁条则以上下中线为准，按桁条对径的四分之一在中心线两侧划平行线，再用角尺在上下柱中位置按搭交的角度划中线及其两侧的平行榫缘线，最后用直尺过中点划对角的连线。划线完毕即可进行加工制作。

二、椽子

椽子架在桁条之上，按所在位置可分为介于脊桁与金桁间的“头停椽”、头停椽以下的“花架椽”以及伸出檐桁的“出檐椽”。除平房外，厅堂、殿庭类建筑还要在出檐椽上加钉“飞椽”，四出屋面的屋角处要用“摔网椽”由垂直于开间方向逐渐向斜向过渡，若屋角用“嫩戗发戗”起翘，则还要在摔网椽的前端置“立脚飞椽”。

头停椽、花架椽和出檐椽都以界深的十分之二定围径，其断面有荷包状的，即圆断面上部截去对径的四分之一；也有用四比三的矩形。头停椽及花架椽的长度为界深乘提栈算数，出檐椽一般伸出檐桁之外为半界，具体斜长是廊深乘提栈算数再加一尺六至二尺四，以二寸为递进级数。飞椽断面都为矩形，按出檐椽宽的八折定宽，高为宽的四分之三。椽头挑出出檐椽越四分之一界深，也以二寸为递进单位。椽尾为楔形，长度略长于出檐椽伸出檐桁部分，即飞椽的后端要在檐桁中心线的内侧。飞椽通常两条一起划线制作，以两份椽头长加一份椽尾长确定木料的长度，然后在中间斜向锯解，从而得到两条形状相同的飞椽。关于摔网椽与立脚飞椽的划线制作将在下面一节介绍。

第六节　闸椽、稳椽板、里口木、眠檐、瓦口板、勒望及栏交

椽与椽之间留有空档称“椽豁”，一方面为填塞桁条上椽间的空隙，另一方面也便于控制椽间的间距，故一般都要在桁背钉闸椽或稳椽板。闸椽为钉于桁上椽豁内的短木条，首先在两椽子的侧面开深、宽都为半寸的槽，然后用宽半寸，高与椽厚平的短木条（即闸椽）嵌入并钉固在桁背的中心线上。稳椽板则为厚半寸左右的通长板条，在架椽位置开凿出一个个和椽子断面形状相同的缺口。安椽时先将稳椽板钉在桁背中心线的内侧，然后架椽于缺口之中。

出檐椽与飞椽之间有一层望砖（板）相隔，为增进出檐椽与飞椽的联系，同时封护飞椽椽豁的空档，须在出檐椽的椽头之上钉里口木。里口木高为一份望砖厚再加一份飞椽厚，厚约二寸半，斜剖为断面呈直角梯形状的两条，长随共开间。里口木按飞椽位置及大小开凿缺口。安装时先将里口木钉在出檐椽背的前端，自里口木向内铺望砖（板）然后将飞椽横卧于出檐椽的前部，椽头由里口木的缺口中挑出。

飞椽的前端或不用飞椽时出檐椽的前端为防望砖下滑，需钉一条通长的木条，这就是“眠檐”。

眠檐厚同望砖，宽一寸。在上下两椽的交接处也钉有与眠檐相同尺寸的通长木条，则称“勒望”，其作用也是防止望砖下滑，分担部分望砖的下滑推力。为使勒望与梁架间结合牢固，须钉在闸椽或椽稳板上。

除极简陋的建筑外，一般都要在椽端眠檐上加钉瓦口板以阻止瓦片下滑，同时封护瓦端空隙。瓦口板用宽六寸，厚八分的通长木板锯解而成。板的两侧留出八分宽的边缘，中间依据瓦愣大小画出惋状起伏曲线，然后依线锯成高五寸，形状相同的两条。安装时将平直的一边钉固在眠檐上，为增加其稳定性，再用铁搭一端钉于瓦口板的上缘，一端钉在椽子上。覆瓦时将带滴水的底瓦两侧各锯一槽，嵌入瓦口板的缺口中，随后向上铺整垅底瓦。再将带勾头的盖瓦覆于突起的瓦口板上，并向上铺整垅盖瓦。

屋面望砖（板）之上通常要遍铺一层灰砂，且灰砂层在屋脊处较厚，檐口处较薄。为防止铺灰时灰砂下泻，需在望砖（板）上相隔一定距离加钉栏灰条。栏灰条长及整个屋面宽，断面形状和尺寸没有严格的要求（图3-32）。

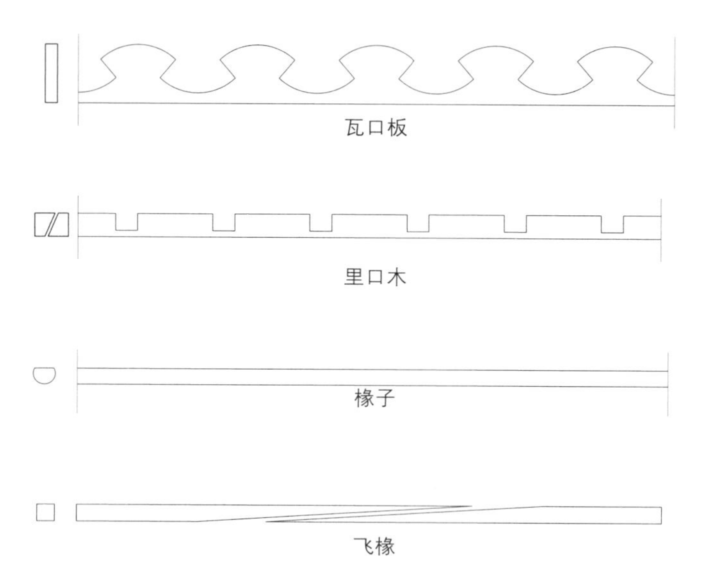

图3-32　瓦口板、里口木、椽子与飞椽

第七节　戗　角

屋角起翘是我国传统建筑的主要特色之一，但在我国各地屋角起翘的形式及其构造并不完全相同。苏地将建筑屋角称为“戗角”，从起翘的形式看，就有水戗发戗和嫩戗发戗两种（图3-33），其做法也有很大的差异。

一、水戗发戗

所谓“水戗”原指四坡（或多角攒尖）顶相邻两屋面合角处砌筑的斜脊，而“发戗”则为“构造”，似也可释为“起翘”。严格地说水戗发戗实际是由屋角处的斜脊在下端嵌入一个“开口戗”而形成的起翘（详见“筑脊”一节），与屋面下的木构架并无关系。但因屋角仍由木作构成，故在此就水戗发戗的木结构作一介绍。

水戗发戗的构造是在屋角处斜架一条水平投影与两相邻面檐桁夹角相同（四坡顶同为四十五度

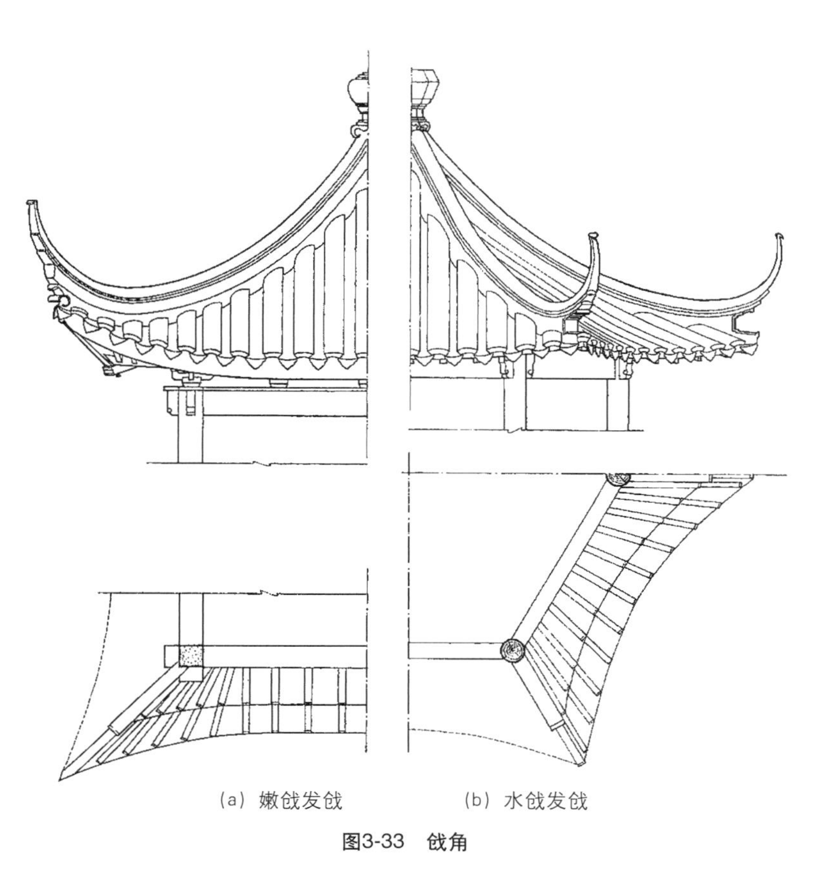

图3-33　戗角

角；六角攒尖顶同为六十度；八角攒尖顶为六十七点五度）的角梁——“老戗”，其后尾承于步桁之上，前端从两相邻檐桁的交角叉口中挑出，出挑长度由“放叉”确定。所谓放叉是指戗角的出檐较次间出檐呈曲线状向外叉出，四坡顶放叉以相邻两面出檐椽长按水平投影向外放出一尺（约280mm），定老戗出挑的水平投影长度。老戗的断面尺寸为宽六寸（约165mm），高四寸（约110mm）。戗底做“篾片混”，即两边愣刨出半寸左右（约13mm）的圆弧，戗背较底面在两侧各收五分（约13mm），形成“反托势”，其前端作卷杀花纹。老戗之上置“角飞椽”，其形状和厚度与飞椽同，宽同老戗背，角飞椽挑出老戗前端的长度约为飞椽挑出长度的一点五倍，较讲究的也要在其头部作卷杀花纹。在将老戗和角飞椽上下叠合之后，还需进行“车背”，即它们的背面中心线两侧刨成斜面，以便屋角处的望板（砖）铺设稳固（图3-34）。

二、嫩戗发戗

嫩戗发戗的屋角起翘全属木作，所以也有“木骨法”之称。先于转角之处的廊桁上架老戗，戗尾搁在步桁之上，如果步柱与廊柱间相距二界时，则架于步桁之外的“叉角桁”上。桁下支以童柱，童柱立于搭角梁，搭角梁架在前旁的廊桁上。老戗前端出挑长度的确定方法与上述水戗发戗相同。与水戗发戗不同的是老戗前端不是用角飞椽横卧在老戗背上，而是立以嫩戗，使老嫩戗之间连成一定的角度。

殿庭用料较大，嫩戗翘起角度可稍平缓，一般定“泼水”一寸到一寸二（约30～35mm），即以水平线长一寸（约30mm）垂直线长一寸二（约35mm）作相邻二直角边的三角形，以其斜边定嫩戗的中心线。亭斜的嫩戗起翘陡峻，其泼水不得小于一寸到一寸六（约30～45mm）。在老嫩戗交接处的戗背实以“菱角木”、“箴木”和“扁担木”，使之曲势顺适。为加强老嫩戗间的整体性，除嫩戗根与老戗头开槽连接外，在嫩戗的前端用“孩儿木”（木销的一种）贯穿于嫩戗和扁担木；老戗的前端用“千斤销”（一种长木销）将老戗头、嫩戗根、菱角木、箴木及扁担木串在一起（图3-35、36）。

殿庭及厅堂所用的老戗料与坐斗相同，如使用五七斗的建筑其戗宽为七寸（约200mm），高五寸（约150mm）；用双四六斗的戗宽一尺二（约330mm），高八寸（约220mm）。而亭榭之类的老戗断面仅四寸乘六寸（约110mm×165mm）或以此比例再予缩减。戗底作篾片混、戗面做反托势等一如上述水戗发戗中的老戗。老戗头部距端面三至四寸（约100mm左右）处背面开槽以坐嫩戗，其前端做卷杀花纹，戗尾按戗头八折收小。老戗的长度需按淌样求出，还要考虑放叉尺寸及后尾交接处的榫卯尺寸。

嫩戗用料，其根部尺寸以老戗头的八折确定，戗头再按戗根八折收减，戗长为飞椽挑出长度的三倍。嫩戗上端需与前旁的“遮椽板”相合，所以要锯解成尖角斜面，俗称“猢狲面”。其斜愣泼水为一寸（约30mm）到一寸四分半（约40mm）。即由嫩戗尖的中心线作垂直线，下量一寸四分半（约42mm），然后作水平线长一寸（约30mm），连戗尖与该点的斜线即为斜面愣线。戗面两侧也要出做篾片混。

三、摔网椽与立脚飞椽

屋角布椽与其他位置不同，其出檐椽的上端以步桁处戗边为中心呈放射状架设，其形如捕鱼时撒出之网，故名“摔网椽”。

因屋角布椽是从一个直角三角形的锐角向对边架设，而且屋角还有放叉，所以摔网椽须逐根放长，使其前端与放叉曲线相齐。每面摔网椽的根数成单，自七根、九根直至十三根。由于老戗高度较出檐椽高许多，因此摔网椽下须在檐桁及梓桁背用三角形的“戗山木”予以逐根垫高，直至与老戗戗背相平。

摔网椽在出檐椽的前端也须设置飞椽，若为水戗发戗其飞椽横卧于出檐椽上，连接方法与正身出檐椽和飞椽的叠合相似，只是其长度需逐根加长。如果是嫩戗发戗，则需改用“立脚飞椽”，即将飞椽由靠近正身飞椽处的平卧逐渐过渡到紧临嫩戗处的直立，椽长逐渐加大，直至与嫩戗上端相齐。为使立脚飞椽与出檐椽能稳固地联结，其相间的里口木也要逐渐增高，成为“高里口木”。立脚飞椽的下端还要钉短木——“捺脚木”。

由于摔网椽位置特殊，其形状也各不相同，所以它的划线锯解较为复杂。其中以荷包状的摔网椽较为简单，仅需将椽尾中心线两侧按拚合部位锯成尖状即可，但要注意椽背平面由平到斜的过渡；矩形断面的摔网椽稍稍复杂，严格地说其断面呈平行四边形，因此在下料时就要注意其断面的变化，其梢部的锯解与荷包状摔网椽相类似；至于立脚飞椽不仅因其断面呈斜向的平行四边形，而且从根部到上端还有空间的扭曲，所以其划线据解最为复杂。

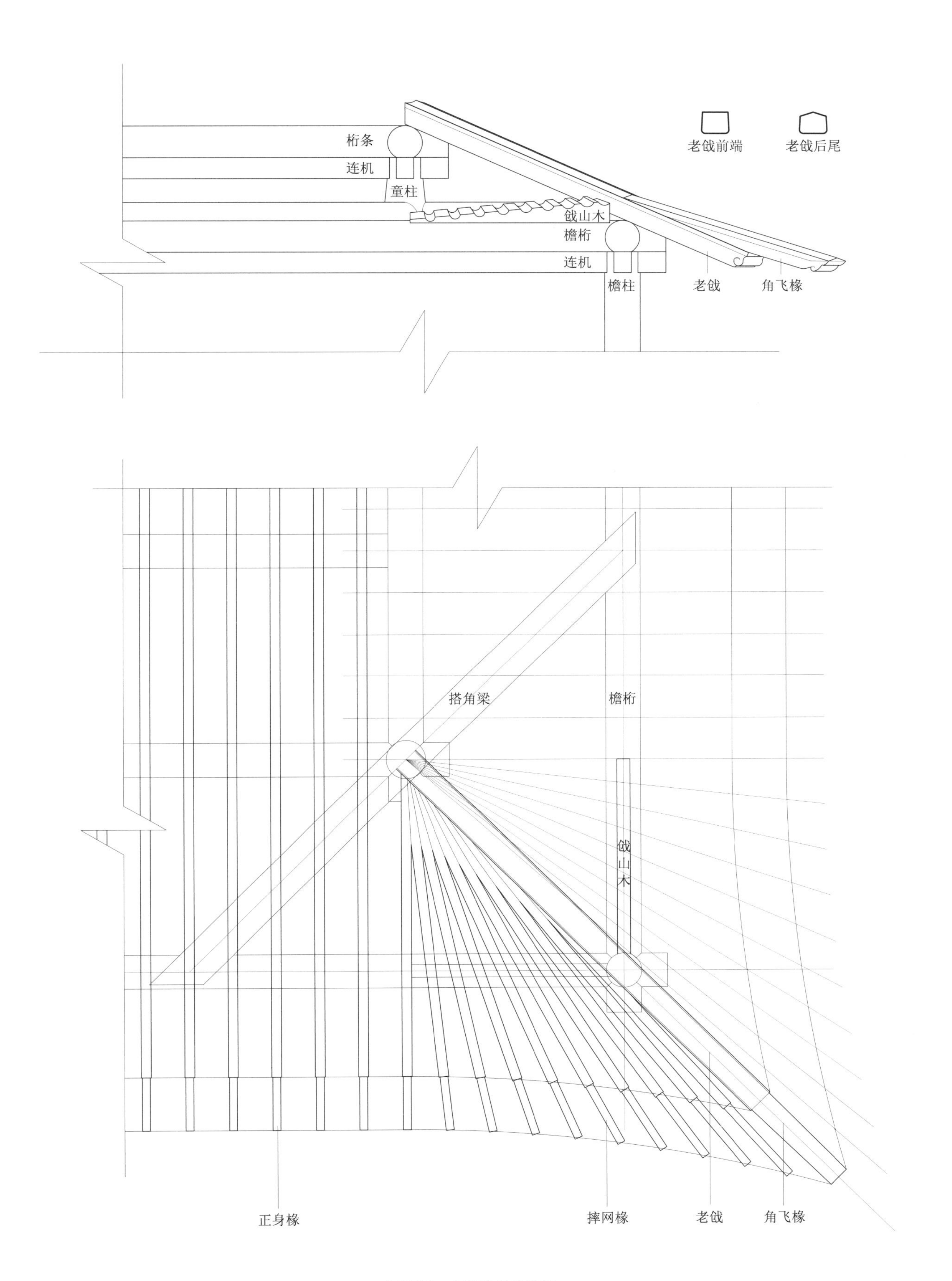

图3-34　水戗发戗的构造

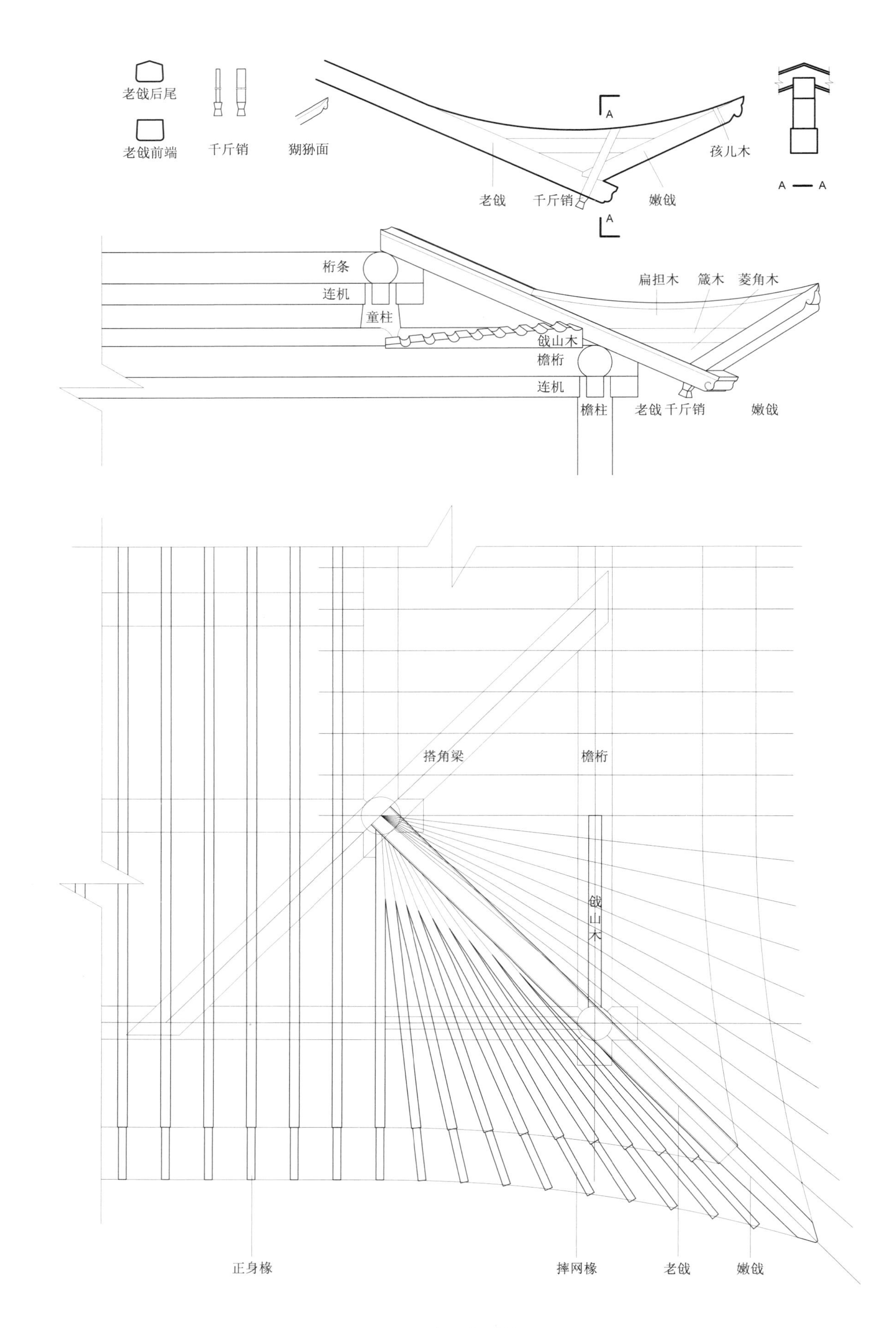

图3-35　嫩戗发戗的构造

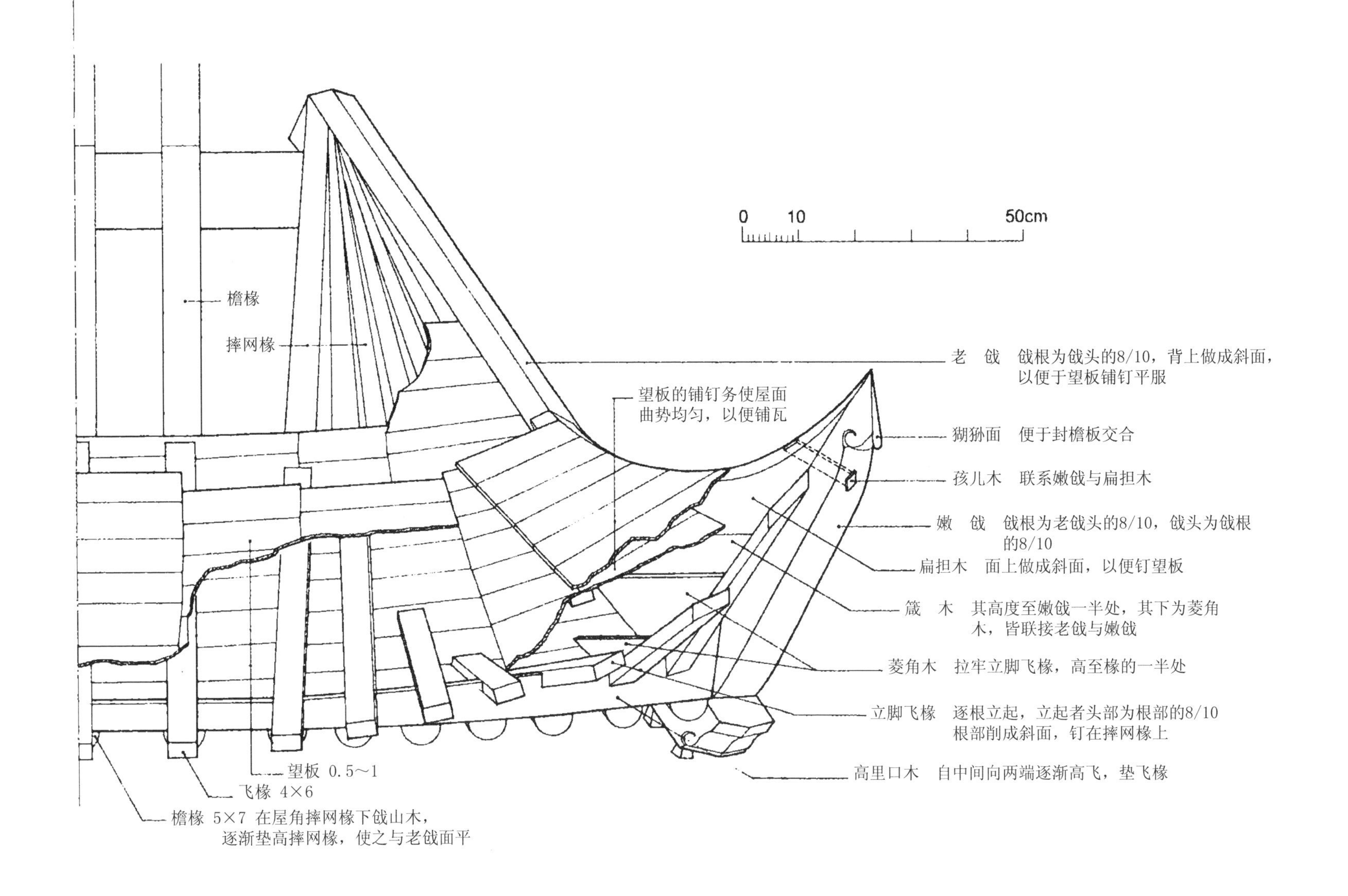

图3-36 嫩戗屋角构造（摹自刘敦桢《苏州古典园林》）

第八节　牌　科

“牌科”为吴地对斗栱的俗称。在我国传统建筑中斗栱是一种特殊的标识性构件，其作用兼有作为由屋面到屋身的过渡，承载屋檐重量并将其传递到柱、枋以至下部基础以及在造型上装饰建筑立面的双重作用。此外无论在宋《法式》还是清《则例》中都将斗栱的某一尺寸当用作权衡该建筑各部尺度比例的基准，所以设有多种规格以满足不同建筑的需要（图3-37、38）。苏式建筑的牌科规格较少（图3-39），因此除充当尺寸基准外所起的作用与其他地方的斗栱基本相同。

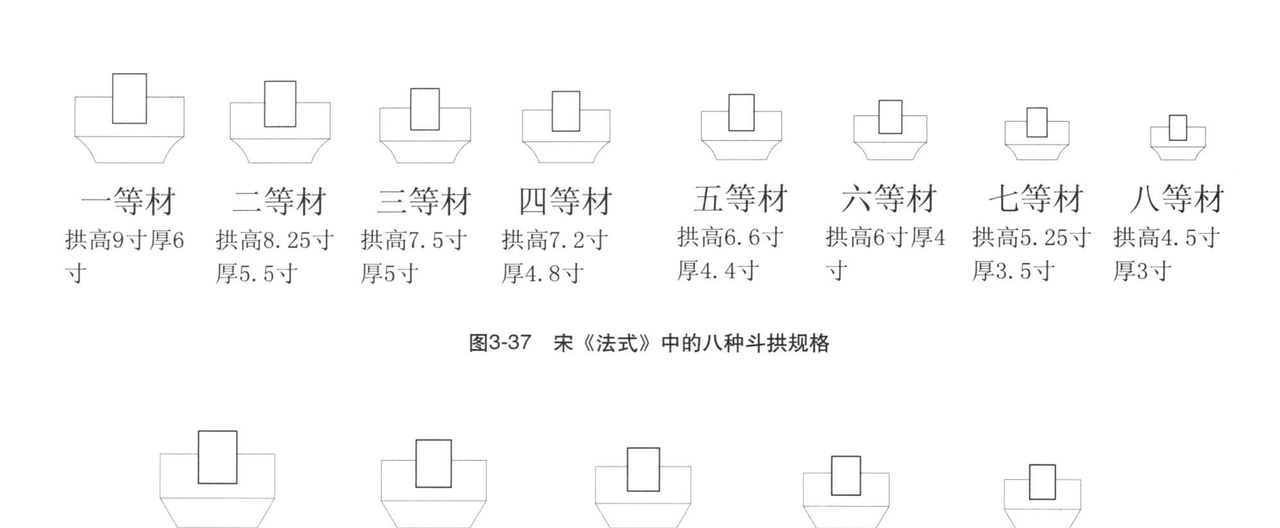

图3-37　宋《法式》中的八种斗拱规格

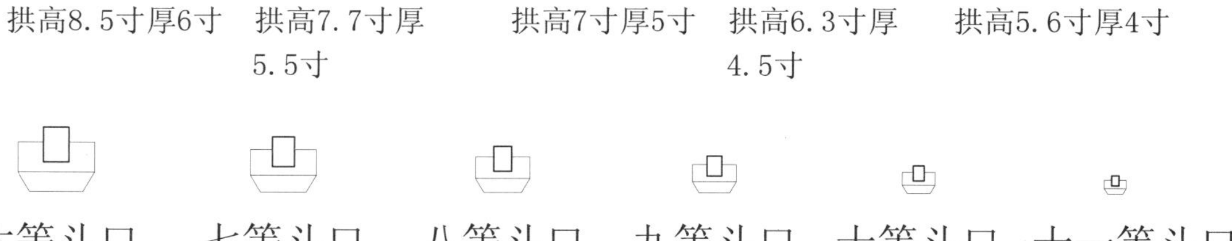

图3-38　清《则例》中的十一种斗拱规格

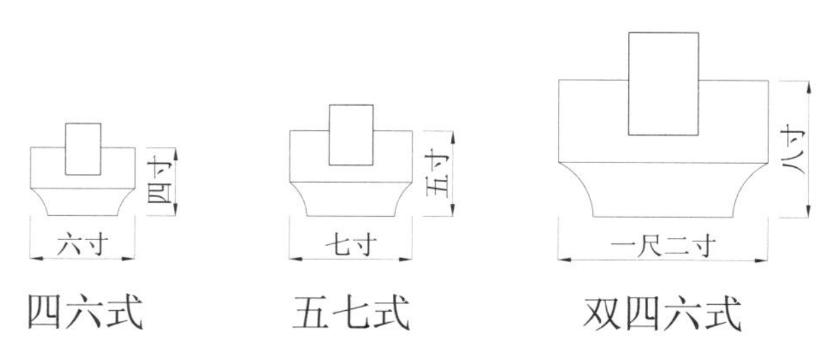

图3-39　苏式牌科中的三种斗拱规格

一、牌科的种类

牌科为一类组合构件的总称。

从其所在位置可分为“柱头牌科”、“桁间牌科”、“角科”以及替代梁上短柱的“梁端牌科”和“隔架科”等。

柱头牌科位于柱头之上，用以承托出檐的梓桁。由于廊川或轩梁的前端要穿过牌科伸至檐下，所以其坐斗及十字栱上的升需要加宽，而斗三升栱、斗六升栱等都要较桁间牌科更长。即斗口按伸出的云头确定，十字栱等要与云头同厚（图3-40）。

桁间牌科是两柱之间的牌科，具有填充、装饰桁、枋间的空隙的作用，或与柱头牌科一起承托出檐的梓桁。因其不与梁发生关系，所以开间方向的尺寸稍小，有时所采用的形式也略有差异（图3-41）。

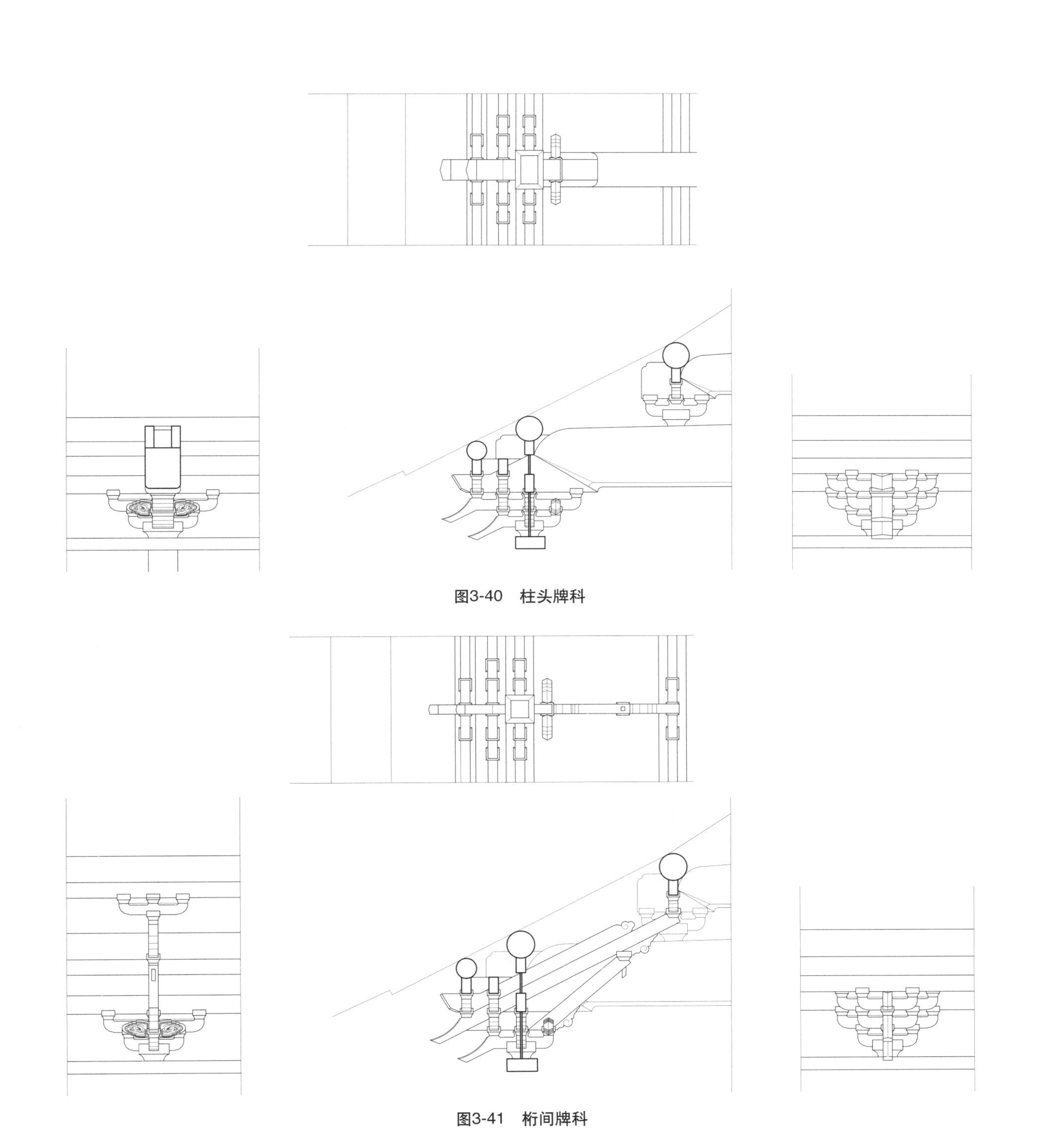

图3-40 柱头牌科

图3-41 桁间牌科

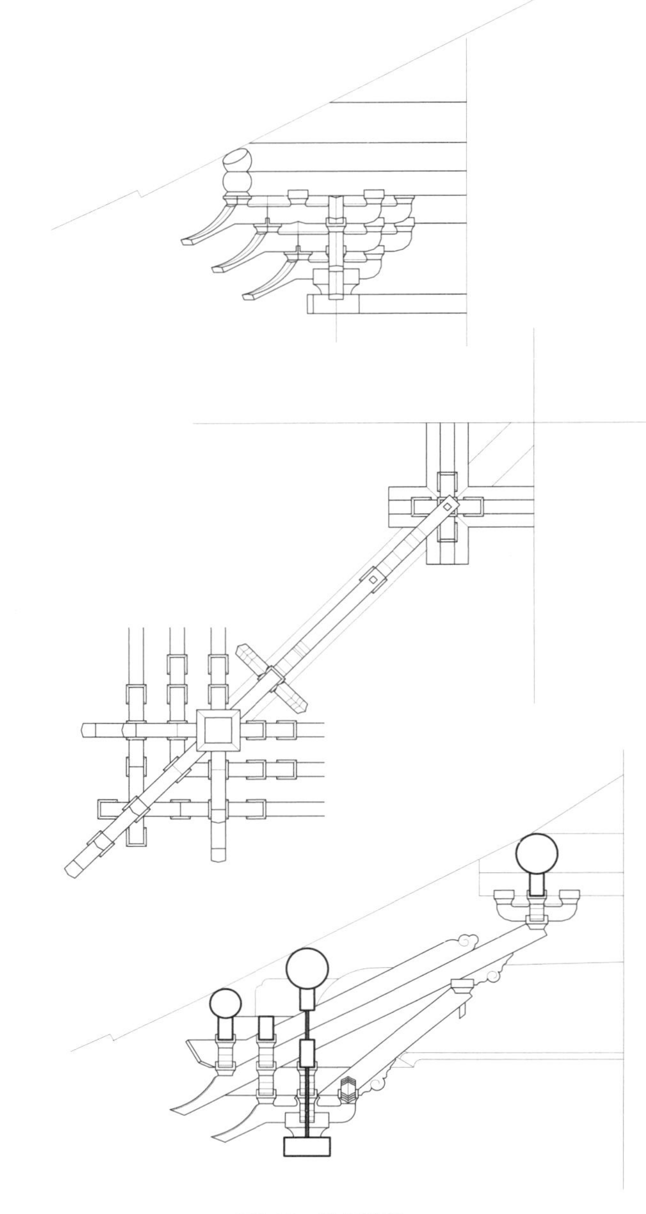
图3-42　转角牌科

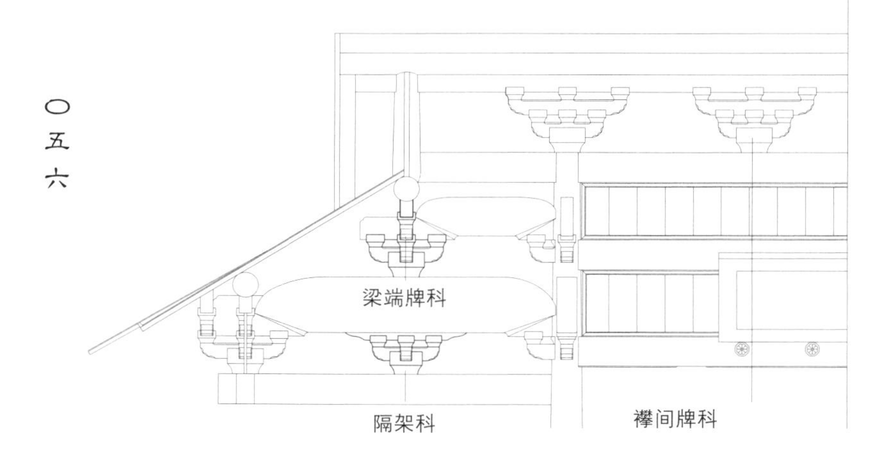

图3-43　其他牌科

角科用在角柱之上，若为硬山建筑，开间方向的栱只向一面伸出，其承载梓桁、屋面重量的作用与山墙分担。如果是歇山、四合舍屋顶，除正面和策面向外出挑还要设置斜向栱等构件，其作用在承托梓桁、屋面的同时更需支承戗角的荷载（图3-42）。

在使用扁作的建筑中基本上是用牌科来充当童柱，用以承托上部的梁、桁，这就是处于梁端和梁背牌科，类似于宋《法式》中的“把头绞项作”。

殿庭建筑因进深较大，双步两下与随梁枋之间以及大梁下与四平枋之间常用牌科相联系，这或可称为隔架科。而在脊桁与脊枋之间还有襻间牌科（图3-43）。而殿庭室内若有吊顶天花，有时也需用牌科予以支撑（图3-44）。

牌科从形式上分，又有“一斗三升”、“一斗六升”（图3-45）、“丁字科”、“十字科”、“琵琶科”及“网形科”等几种。

一斗三升是最简单的组合形式。坐斗置于斗盘枋上，坐斗面桁向开口，口内架栱，栱面的正中及两端各安一升，故名一斗三升。升面也要开口，方向与斗相同，口内架檐桁下的连机。一斗三升主要用作桁间牌科，与之相配合的柱头牌科要在坐斗面开十字口，口内用“蒲鞋头”、“梁垫”和栱十字相交，在这里蒲鞋头和梁垫是一个构件的内外两部分，蒲鞋头是一个从坐斗向外伸出的半栱（北方称“丁头栱”），端部置升，上承云头，挑梓桁。其后部做成梁垫，置于廊川或轩梁之下，两者相互叠合，端部雕作“蜂头”状。梁垫之下再用一个蒲鞋头支撑在坐斗与梁垫之间。

如果在一斗三升之上再加一层栱及三个升，就成了一斗六升。这类牌科有用在桁间牌科，也有用于扁作脊桁与山界梁之间代替脊童柱，但此时栱的长度较桁间更长。与一斗六升相配合的柱头牌科，其向内外出挑的蒲鞋头、梁垫与斗六升栱相交，由斗三升栱上中间的升中挑出，内侧梁垫下的蒲鞋头也作相应的提高，支撑在斗三升栱与梁垫之间。

为使桁间牌科能有一个与柱头牌科相同的形象，坐斗之上也用向外或向内外“出参”（即北方所说的“出跳”）的栱、升，这就成了“丁字科”或“十字科”。

丁字科在坐斗的斗面开丁字形口，用丁字栱向外出参，丁字栱的形式于蒲鞋头相似，为半个栱形（图3-46）。其上再挑出昂、云头以承梓桁，昂和云头也只有向外伸出部分。由于桁间使用了丁字牌科，其形象与柱头牌科相同，所以不仅在外立面上檐下的造型得到了统一，同时形象也更为丰满。而在室内因没有内向的出参，仍表现为一斗六升的形象。丁字科一般都为一栱一昂五出参，三出参使用较少，大多用于祠堂的门第及厅堂建筑之中。

十字科上的十字栱、昂、云头都同时向内外伸出，所以坐斗斗面要开十字形口，口内置十字栱与斗六升栱相交，栱端安升，上架昂，昂或为一层，即单栱单昂五出参，或为两层，单栱重昂七出参（图3-47）。前者厅堂、殿庭都可使用，后者多用于殿庭。十字科所用的昂仅向外做成昂形，内出仍为栱形。最上为云头，外出云头的前端承梓桁，室内的云头与屋面没有进一步的联系，仅为单纯的装饰。

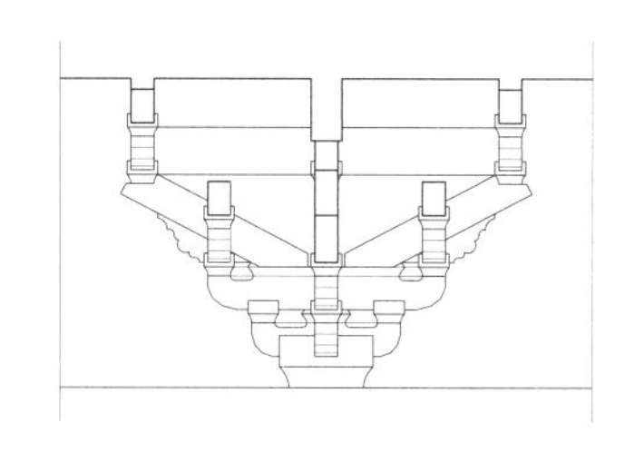

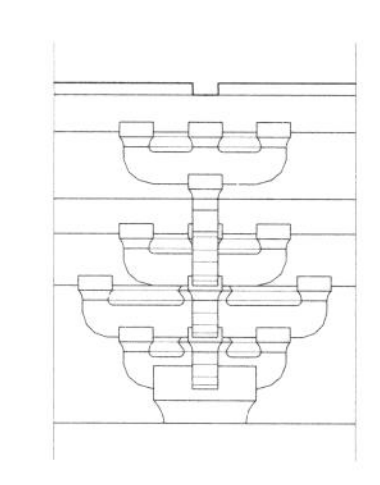

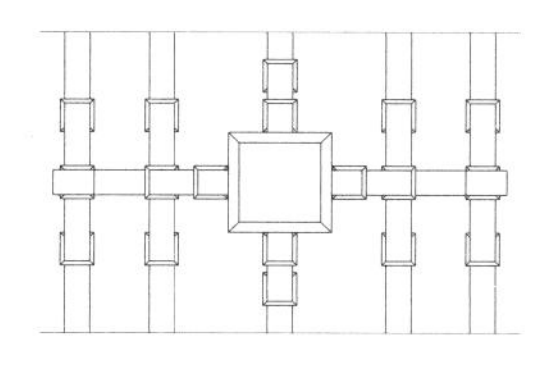

图3-44　用于室内的棋盘顶牌科

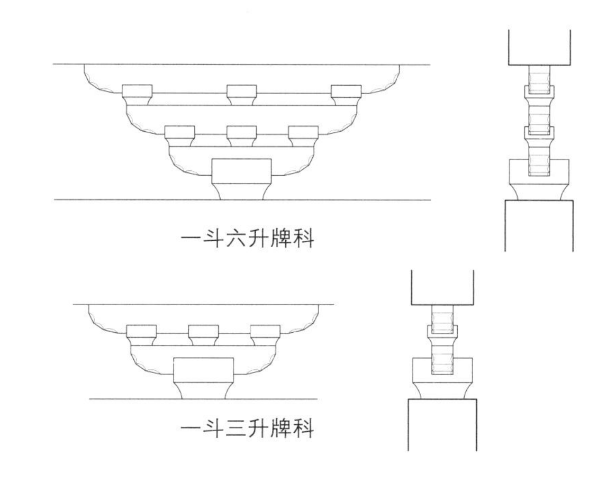

图3-45　斗三升和斗六升

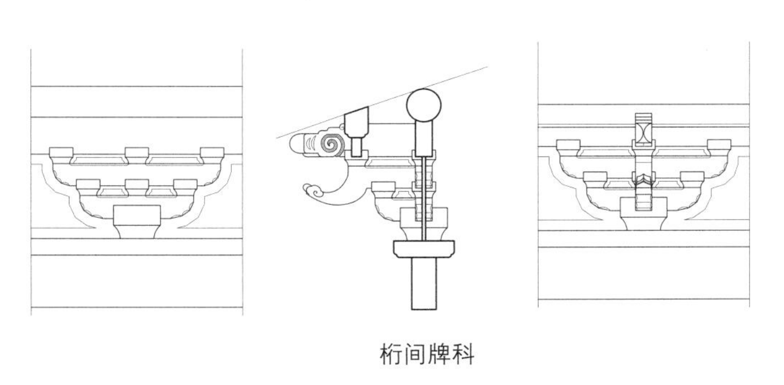

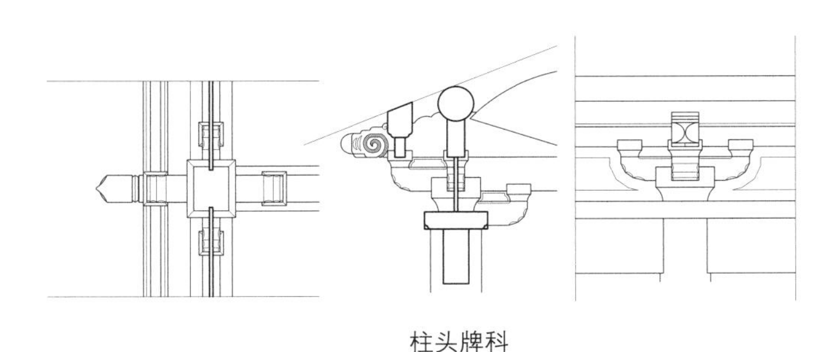

图3-46　丁字科

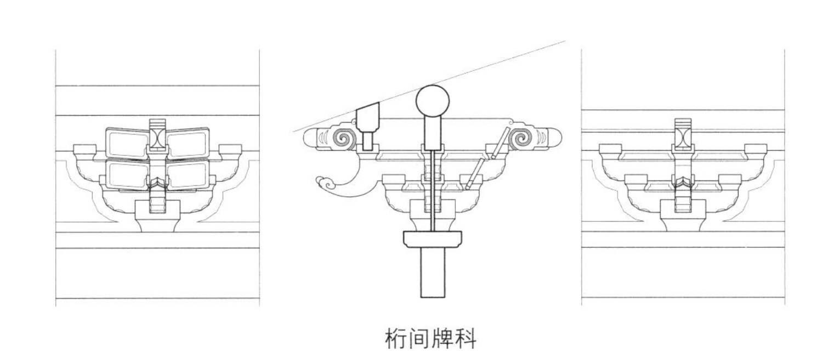

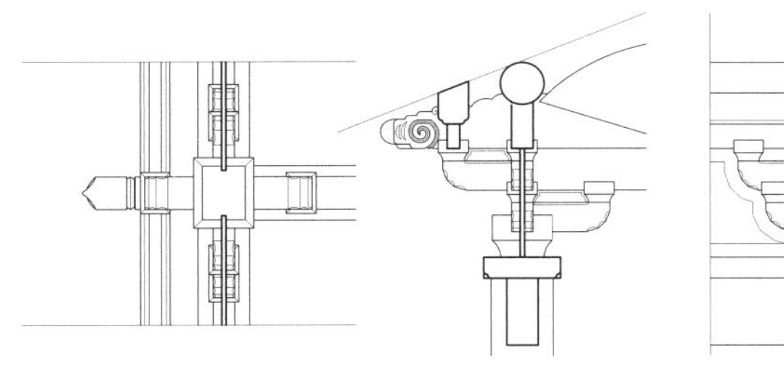

柱头牌科

图3-47　十字科

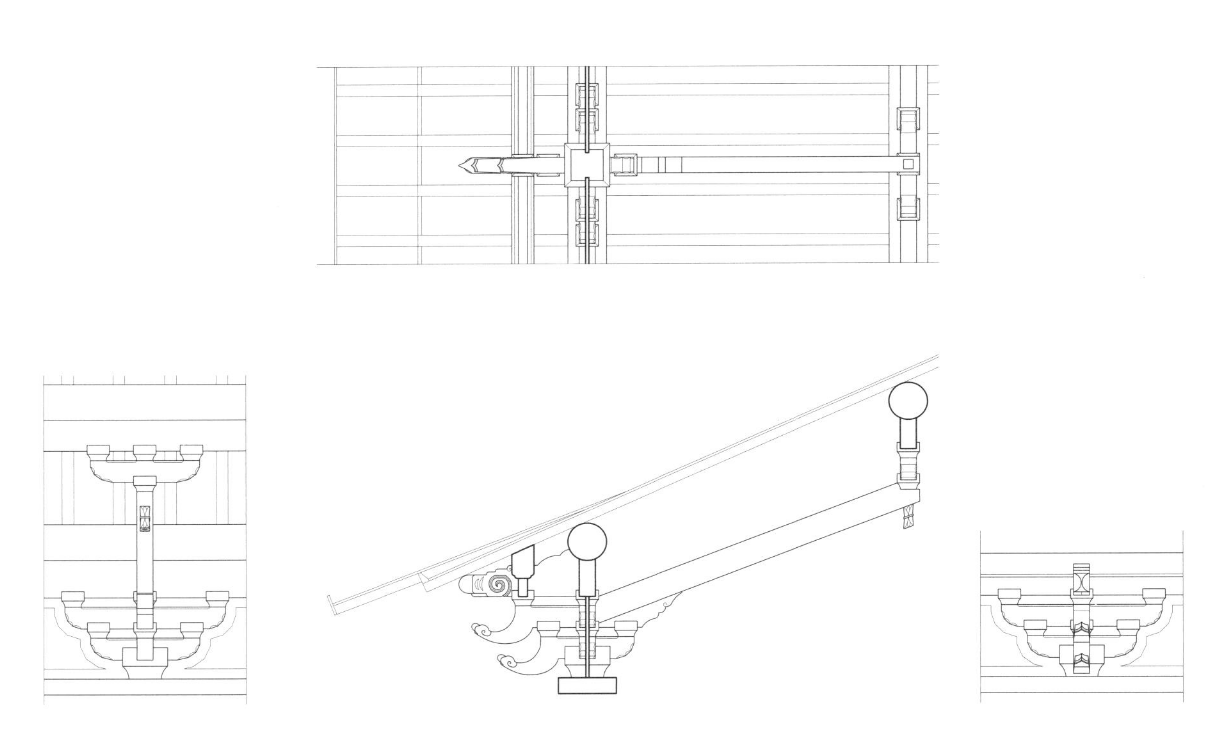

图3-48　琵琶科

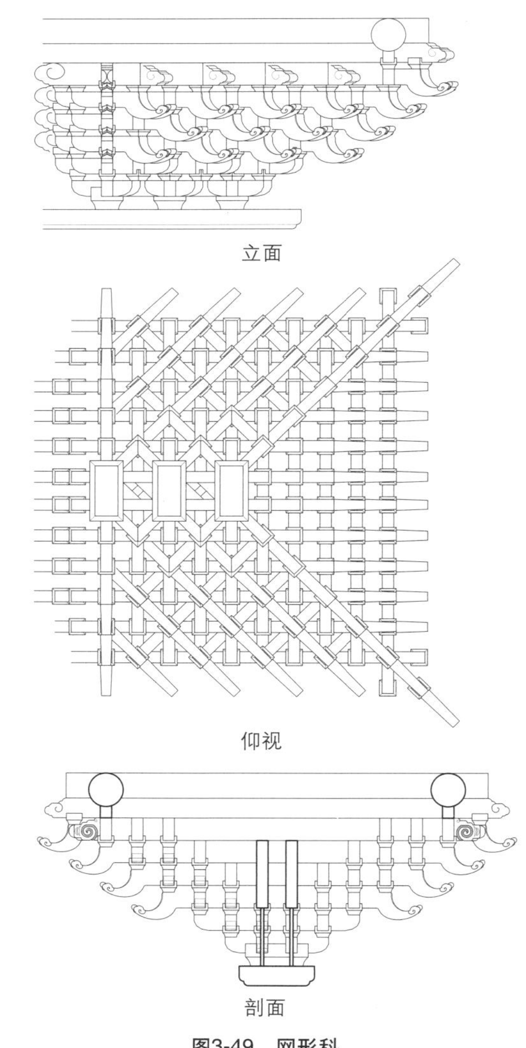

图3-49　网形科

为进一步增强牌科的装饰性，丁字科和十字科出参的栱端有时还要加装枫栱。所谓“枫栱”为一块厚六分的木板，阔五寸左右，长近二尺，其中部收小做成古时官帽的帽翅状，斜装于栱端的升口内，两侧板面进行雕刻，简洁的仅为卷草之类，华丽的也有刻为戏文故事的。

与丁字科或十字科相配合的柱头牌科，其坐斗都需开十字口，在使用一斗六升时梁垫下的蒲鞋头此时要用十字栱取代，而梁垫后尾向室外伸出的蒲鞋头则要做成昂形，其上梁头收小减薄，作云头以承梓桁。

在四合舍、歇山等殿庭建筑中，转角处的角科构造又不同于桁间及一般的柱头牌科，需三个方向出参，而牌科上有无桁向栱也会影响其结构方法。若与上述十字科、丁字科相配合，即不用桁向栱时，角科正面坐斗上第一层斗三升栱向外伸出，成为侧面向前出参的十字栱，而侧面的斗三升栱向前，又成为正面的十字栱，在它们的交接处再要置一斜出的四十五度斜栱，其长度等于方形之合角。

琵琶科与清官式建筑中的溜金斗栱较为接近（图3-48）。在廊桁中心线之外其形式和构造与十字或丁字牌科完全相同。中心线以内则在坐斗内承十字栱，其上以昂的后尾延长做斜撑，即“琵琶撑”。撑的下端支于十字栱的中心，十字栱内出端头之升口中承三角形的“眉插子”与撑的下部拚合并将其填塞牢固。琵琶撑依屋面坡度上斜，至上端架斗三升栱及升，上承连机与部桁，并自琵琶撑底贯以一长木销——“冲天销”，以加强其联结的整体性。

网形科形式较特殊，通常用在木牌楼上（图3-49）。一般牌楼使用十字牌科时，其坐斗的高、宽与其他牌科相同，只是深较普通牌科加倍，斗面开口除纵向开一到外，横向需开口二道，成为双十字斗口。做网形牌科时，坐斗在双十字开口的基础上还要开四十五度斜口。左右各出斜栱或昂，交于两座牌科的中间。其上的直栱之上为斜栱，斜栱之上复为直栱，各层斜向栱、昂的排列与下层相同。网形科通常由数座牌科组成，各座牌科的构造相同，栱昂连续交错，其一侧斜栱的下端延长作斜昂，上下相间斜出。至角科处结构与用桁向栱的角科相同。网形科的斗或升因搁置的栱、昂、牌条较多无法开口所以不做斗腰或升腰。又由于各组牌科间相距较近，构件相交过密，所以有些构件间采用通长交错及断料虚做的方法。如坐斗纵向出十字栱时，其十字栱和牌条为通长料，斜栱及相邻牌科间的十字栱则为断料虚做，其上皮之斜栱仍用通长料。一般坐斗上的第一层构件正置，呈井字形架构，第二层则将井字形结构与下层成四十五度架构，其上每层相间，使之搁置平衡。

二、牌科各分件的名称与尺寸

一组牌科主要由斗、升、栱、昂（图3-50）等构件组成，苏式建筑牌科的规格相对于宋、清官式斗栱要少得多，仅有四六式、五七式和双四六式等几种，四六式牌科式样小巧主要用在亭阁、牌楼之上；五七式常用于厅堂及祠祀类建筑的门第上；双四六式尺度巨大，一般被用于殿庭类规模较大的建筑。

1．斗

一组牌科中最下面的一个构件为斗，也称坐斗，坐于斗盘枋或梁背上，其上安栱。斗的形状为方形木块，其尺寸若为“五七式”时，斗面宽七寸（约190㎜），斗高五寸（约140㎜），斗底面宽亦为五寸（约140㎜）。斗高分为五份，斗底占二份，斗腰为三份，其中上斗腰为二，下斗腰占其一。坐斗视牌科的形式而在斗面开一字、十字或丁字形槽，当中留胆高五分。斗底面开凿深一寸，一寸见方的斗桩榫眼。坐斗两侧开半寸宽的垫栱板槽。如果是“四六式”牌科，其高宽尺寸按比例缩减，即斗高为四寸（约110㎜），斗面宽为六寸（约165㎜），斗底面宽也为四寸（约110㎜）。“双四六式”则是四六式牌科尺寸的二倍，即斗高为八寸（约220㎜），斗面宽为一尺二（约330㎜），斗底面宽为八寸（约220㎜）。

以上坐斗均为桁间牌科，若用于柱头科时，高依原式，斗底宽同柱头径，斗面较斗底两面各出一寸（约30㎜）。用于梁背时，斗高及正面宽按所用各式的规定，其侧面斗底宽同梁背，斗面较斗底前后各出一寸（约30㎜）。

2．升

升与斗相似，亦为方形木块，安于栱昂之上，其上承托栱、昂、云头、连机等。五七式牌科的升高为二寸半（约70㎜），升面宽为三寸五（约100㎜），升底面宽与高相等。升高分配也为五份，其上升腰高一寸（约28㎜），下升腰半寸（约13㎜），升底高一寸（约28㎜）。根据位置的不同，升面开口也有一定的差异，位于斗三升栱或斗六升栱两端部的升，其升面开一字形槽，两侧槽口下开宽半寸的垫栱板或鞋麻板槽；一般位于十字栱前后端的升，仅升面开一字形槽，侧面无垫栱板槽，如果需安装枫栱则在升面还要开斜向的枫栱口，其宽为六分（约17㎜），深及下升腰，泼水为二分之一栱高；在丁字牌科的斗三升栱中心的升，其升面要开丁字形槽；十字牌科中心的升，则开十字槽；此外上承桁向栱、昂或云头等的升也要开十字形槽。升的底面用四分见方的硬木销与栱、昂相连。

与斗一样，在四六式或双四六式的牌科中，升的尺寸也要按比例缩放，也就是四六式牌科所用的升，面宽三寸（约80㎜），高二寸（约65㎜）；而双四六式中的升，面宽六寸（约170㎜），高四寸（约110㎜）。此外在柱头科中，升的宽度也需依梁头伸出的宽度加宽。

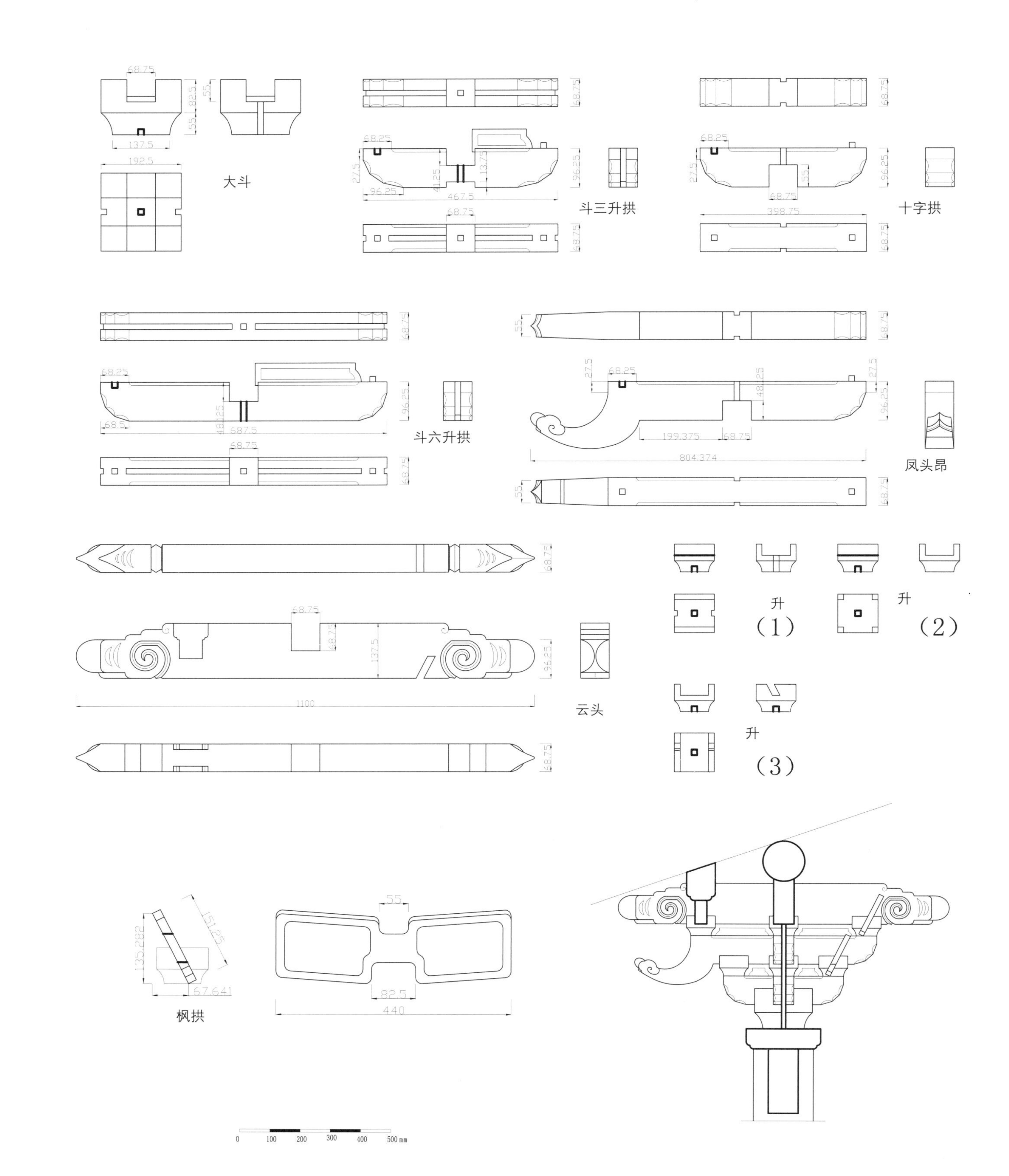

图3-50　牌科分件

3．栱

栱是牌科中水平放置的构件，依据位置的不同而有不同的名称，如平行于桁条方向，承于斗口中的为“斗三升栱”，架于斗三升栱上面的称“斗六升栱”，与斗三升栱垂直相交的是“十字栱”，若十字栱仅做一半，向外出参的为“丁字栱”，另一种仅做一半的栱其后部插在柱或坐斗上的叫作“蒲鞋头”，十字栱上的升口内所承的横栱则叫“桁向栱”。

栱的断面尺寸与升相同，如五七式牌科高为三寸五（约100mm），厚为二寸半（约70mm）；四六式牌科为三寸乘二寸（约85mm×55mm）；而双四六式牌科为六寸乘四寸（约170mm×110mm）。五七式的斗三升栱，长为斗面宽加两侧各出二寸半（约70mm）再加二升底宽，即五寸（约130mm），共计一尺七寸长（约470mm）。栱底中心依斗口内留胆进行开刻，两端距斗面外缘一寸半（约40mm）处开始做卷杀，至栱端面距栱背一寸（约30mm）处止，卷杀为三瓣（亦称三板），与侧面相合的愣边做深三分半圆形的铲边。栱背在升底面边缘以外起深、宽都为三分（约8mm）的凹线——栱眼。若与十字栱相交，则栱背中心还要开十字交口，深为栱料的一半，宽同栱厚。在一些制作讲究的工程中，为二栱的结合不留缝隙，其宽要较栱厚两面各小一分（约3mm），并在边缘做斜口。桁间牌科的栱背与升底相平，在与上部的栱、连机叠合时有一空隙，称“亮栱”，需用鞋麻板镶嵌，所以栱背还要开宽半寸（约13mm）的鞋麻板槽。在柱头牌科中为增加荷重能力，要将栱料加高，与下升腰相平，而于栱段锯出升位，称为“实栱”。四六式牌科和双四六式牌科的斗三升栱，它们的长度要作相应的调整，如四六式的栱长为斗面宽六寸（约165mm），加两侧各出二寸（约55mm），再加升底面宽两边各二寸（约55mm），共计一尺四寸（约400mm）；双四六式的栱长为四六式的两倍，即二尺八寸（约800mm）；但它们的做法基本一致。五七式的斗六升栱长较斗三升栱加八寸，总长二尺五寸（约700mm），其三瓣卷杀自升边一寸处开始；四六式的斗六升栱长较斗三升栱加六寸，总长二尺（约550mm）；双四六式的斗六升栱长亦为四六式的二倍，总长四尺（约110mm）。

因柱头科及梁背牌科的坐斗较桁间牌科宽，故其斗三升栱和斗六升栱均需按斗面宽加长。

五七式牌科中与斗三升栱垂直相交的十字栱或丁字栱的出参长一般按斗中至升中为六寸定栱长，所以十字栱的总长为一尺四寸半（约400mm）；丁字栱长为十字栱的一半，即七寸二（约200mm）。有时因不同建筑的出檐深浅及用材的大小略有变化，故还需酌情予以收缩，但十字栱长不得小于一尺二寸半（约350mm）。十字栱之上或用栱或用昂，其第二层栱、昂的出参按升中到十字栱的升中的水平距离为三寸至四寸定长。故若用栱，则栱长为一尺八寸五（约500mm）或二尺二寸五（约610mm）；若用昂则再加昂头的尺寸。其上如果还有第三层栱、昂，仍以出参三至四寸来确定栱、昂的尺寸。四六式及双四六式牌科也按比例进行收放。

用于柱头科的十字栱及其上的栱昂宽度同梁头，其余尺寸依据上述规定。

蒲鞋头与丁字栱相似仅为半个栱状的构件，前端承升及其栱或云头、梁垫，后尾插入柱子或坐斗侧，其长至柱中通常为九寸（约250mm），高同栱，厚同梁头剥腮。

4．昂

苏式建筑所用的昂假昂，即与栱为同一料做出，其形式有“靴脚昂”和“凤头昂”两种。

靴脚昂的形式与清式斗栱中的较为相似，仅用于殿庭建筑的大殿。其昂嘴的伸出一般稍大于一份出参，下垂略超出斗底。在双四六式牌科中，第一层昂为假昂，昂头下缘自栱底升中线斜出，至昂底伸出水平长为一尺二寸（约330mm），由昂背到昂底高也为一尺二寸（约330mm），昂尖截成斜面，再伸出三寸半（约100mm），斜长四寸（约110mm），昂背从升底外缘到昂尖作微凹的曲面，其下凹约半寸左右（约13mm），并做向两侧倾斜的车背。第二层昂为真昂，是一个斜置的构件，其前端做靴脚形昂头，后尾顺屋面提栈斜上，其端部架斗三升栱压于步桁连机之下。昂的断面尺寸与栱相同，昂头伸出及形状尺寸与第一层假昂头相似。

凤头昂应用的范围较广，昂尖伸出较云头缩进二寸（约55mm），厚为昂根的八折。昂底下垂以不超过下升腰为准。至于昂尖翘起之势及凤头大小则无固定之法，须根据用料情况及设计要求绘制大样决定。

5. 梁垫与蜂头

扁作大梁与其下的柱或坐斗间所用的垫木为“梁垫”。梁垫高同栱料，宽与梁端剥腮相同，长及腮嘴。自柱或坐斗边缘至梁垫前端雕作如意卷纹。如果在梁垫底再雕有“金兰”、“佛手”、“牡丹”等纹样的透雕装饰的，则称“蜂头”，蜂头伸出梁垫长约一份梁垫高。山界梁下的梁垫不加蜂头，其另一端从坐斗伸出，做成栱状，称“寒梢栱”。寒梢栱的伸出长度由提栈确定，如果提栈较低，则用一层栱，其长与斗三升栱相同；若较高则用两层，栱长与斗六升栱等。

6. 棹木（枫 ）、山雾云和抱梁云

棹木为帽翅状的纯装饰构件，厚一寸半（约42mm），高依梁厚的一点一倍左右，翅长约为梁厚的一点六倍。棹木斜插于蒲鞋头的升口内，其泼水按高度的二分之一。棹木的看面都用高浮雕进行装饰，其题材有山水、人物故事等等。

枫栱与棹木相似，常被斜置于十字栱的升口中，其泼水亦以高度的二分之一为准。枫栱厚六分（约16mm），高五寸（约130mm），翅长七寸（约100mm）。正面雕作卷草纹样。

山雾云斜置于山界梁背的坐斗中，为一块两侧依山尖形式截斜的梯形木板，板厚一寸半（约40mm），其上雕仙鹤流云。包梁云则为斜置于斗六升栱的升口内的装饰性板状构件，厚一寸（约30mm），高自升腰至脊桁心，总长为桁径的三倍，其上部依山尖的坡度，正面也雕作流云纹样。山雾云和抱梁云距地较高，故其雕镂须深，一般要雕至介于透雕与高浮雕的程度（图3-51）。

正面

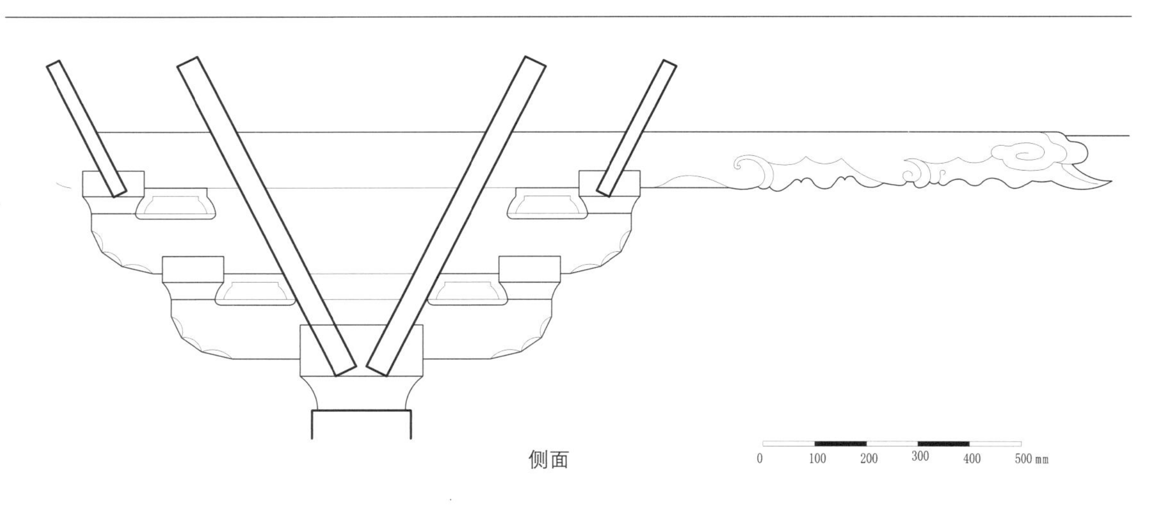

侧面

图3-51　山雾云与抱梁云

第九节　草架、覆水椽与轩

草架、覆水椽的使用是江南一大特色，其他地区较少见到。从结构来说，应该归于大木之中，因为是靠变换梁架构造而形成的，但它的作用则与天花相近。如使用草架、覆水椽的厅堂，其内四界前都有“翻轩”。为强调内四界与轩分属两个不同的空间，所以其上部的内屋面各自独立，从而达到了感觉空间的分隔。同时内四界南向的双层屋面的防止夏季阳光直接辐射、降低室内高度等作用也具有与天花向类似的功效。

厅堂类建筑中轩被置于内四界前，架构在轩柱与步柱间的顶端。若轩梁与内四界大梁平称作“抬头轩”，低于内四界大梁则称“磕头轩”（图3-52）。抬头轩的内四界前部屋面作双层，其中用草架支承外屋面，并使内外屋面相互得到联系。所谓“草架”是因内外屋面之中的梁、柱、桁、椽用料草率，无需精制，故得名。使用磕头轩时内四界的前屋面就是外屋面，需用“遮轩板”封护轩的内侧与步桁连机下的间隙，其内是轩上的草架。也有大梁高于轩梁，但仍用重椽、草架的，称“半磕头轩”，其内侧也要使用遮轩板。

内四界前有筑重轩的，其前面的较浅，为“廊轩”，后面的称“内轩”，进深较大。轩的形式很多，常见的有“船篷轩”、“鹤胫轩”、“菱角轩”、“海棠轩”、“一枝香”、“弓性轩”、“茶壶档”等（图3-53）。弓性轩、和茶壶档结构简单，进深较小，一般仅三尺半到四尺半进深（约1000～1250mm），所以被用于廊轩。一枝香当中增设轩桁，进深加大到四尺半到五尺半（约1250～1500mm），故能用于大型建筑的廊轩，也可用作小型建筑的内轩。其他形式的轩，轩桁增为两条，进深六尺到八尺（约1650～2200mm），最大的可达一丈（约2750mm），因此大多用于内轩。

茶壶档的构造是在游廊上部架廊川，川为圆料的一端架在廊柱顶端，另一端插入轩柱。距川的顶面三寸左右列直椽于廊桁与轩枋上，椽的中部高起一望砖厚，上铺望砖。弓性轩在廊柱与轩柱间置扁作轩梁，下用梁垫承托，梁形上弯如弓状，上面所列的椽子也要随梁形弯曲。

一枝香较弓性轩及茶壶档深，架于柱间的轩梁用扁作，梁的中间置四六式坐斗一个，上架轩桁。斗口左右安“抱梁云”——一种有雕饰的木板。轩上椽子用两列，分别架在廊桁与轩桁、轩桁与轩枋上。

常用的椽子形式有两种，一种上部锯解成上突的弧线，下部作内凹的弧线，称“鹤胫式”，另一种上部为上凸的弧线，下部再作一突一凹两段弧线，两段凸起的弧线交接处尖起如菱角状，故名“菱角式”。

船篷诸轩用作内轩时轩梁架于轩柱与步柱间，用料一般都为扁作，少数圆堂也有用圆料船篷轩的。由于进深较大，扁作轩梁的梁背置坐斗两个，轩深小于七尺的用四六斗，七尺以上的用五七斗。贡式轩及用圆料的立蜀柱，其上架短梁。贡式轩及用圆料的轩其轩梁短梁形式

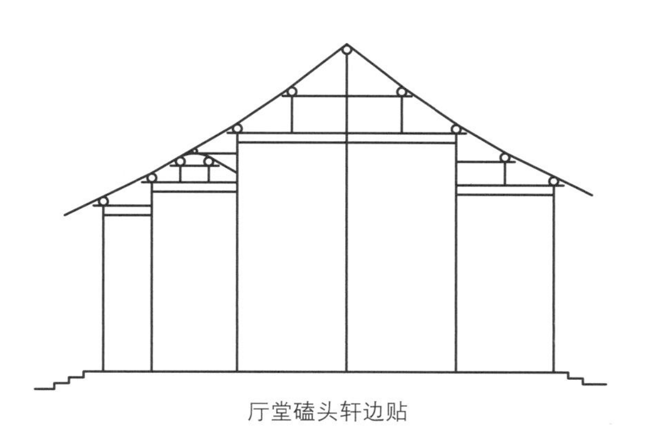
厅堂磕头轩边贴

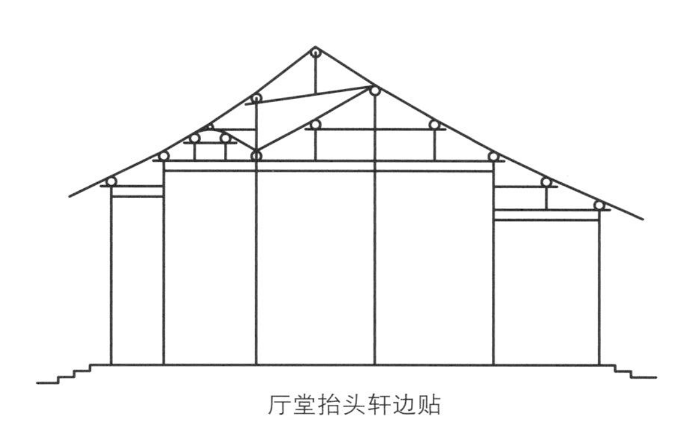
厅堂抬头轩边贴

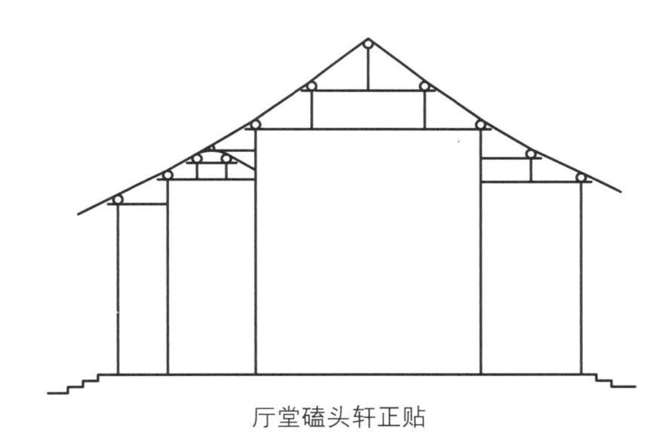
厅堂磕头轩正贴

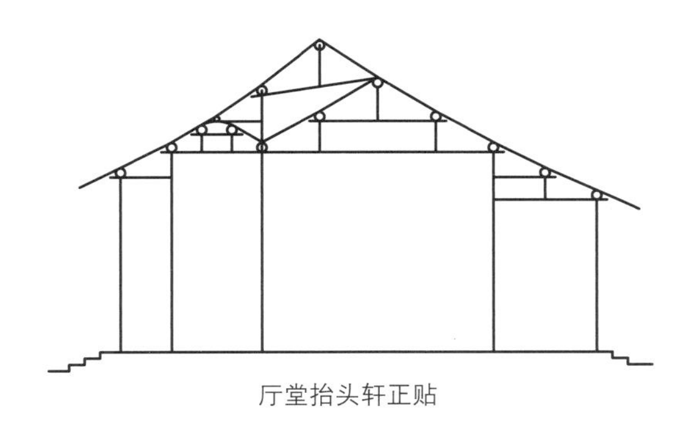
厅堂抬头轩正贴

图3-52　厅堂草架结构

一如内四界梁架，而用扁作的轩梁形式与大梁同，短梁则做成“荷包梁”。荷包梁的梁背中部隆起，梁底中间凿一寸至一寸半的小圆孔，下作缺口——“脐”，脐缘起圆势，梁端开刻架桁。轩深以轩桁分作三界，当中的顶界略小，轩桁之上架弯椽，两旁可用直椽或向外突起的弯椽，使轩形如船篷，即为船篷轩。若两旁用鹤胫状弯椽或菱角状弯椽，则称鹤胫轩或菱角轩。

轩与内四界覆水椽上都要铺望砖，使用弯椽的地方望砖还要依椽的曲势匀分打磨，使之铺覆严密。为防止望砖移位，其上需覆芦席或大帘。

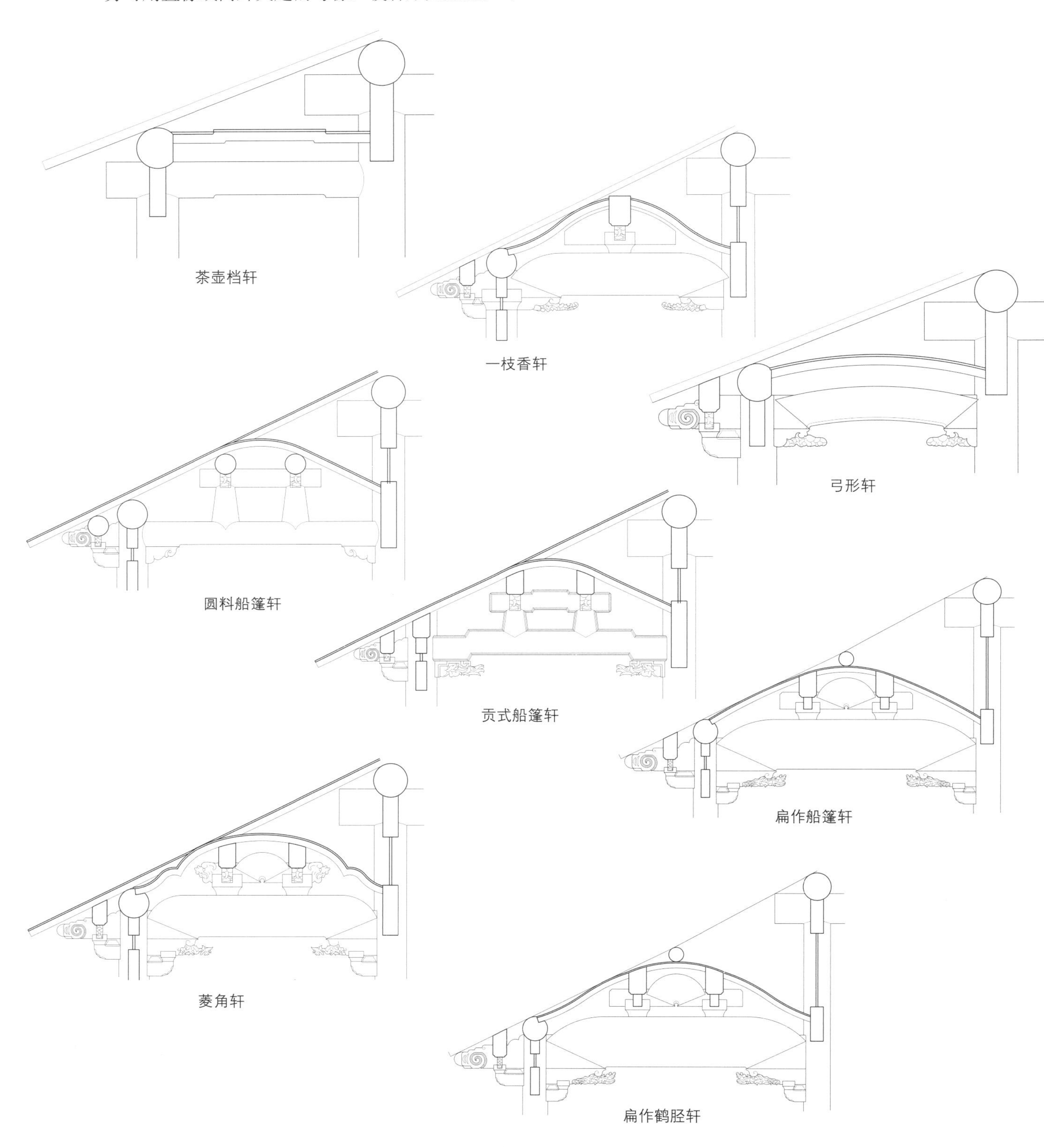

图3-53　各式翻轩

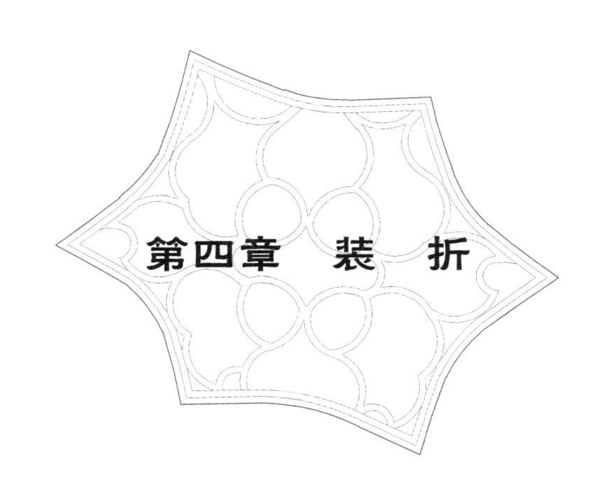

在我国古代，北方的建筑木作常被分为大木和小木两大工种，大木作主要经营梁、柱、檩、椽、枋子等的加工和架构；小木作则进行檐下的门窗、挂落、木栏以及室内的屏门、纱槅、花罩、天花等的制作与安装。而这在清代官式建筑中，又被称之为“外檐装修”和“内檐装修”。苏州地区并无如此细致的工匠分工，无论梁架或是门窗，其加工和安装过去都并称大木，由木工承担。稍晚亦曾出现专门的“花作”，他们参与除门窗之类北方所谓小木，以及梁架雕镂等的作业之外，其实还从事家具的制作和雕花等工作，所以梁架以及门窗之类的加工，依然主要由建筑木工完成。当然后者精度要求较前者更高，需要由有经验的木工师傅予以把控。

苏地将门窗、挂落、木栏、屏门、纱槅、花罩、天花之类又别称为“装折”，从字面看，“装折”一词不甚好解，似乎应为“装拆”更便于理解。因为此类构件并非固着于房屋构架之上，彼此是用销钉进行连接的，可备拆卸。是否当初的“一点”之误而讹传至今。既然“装折”一词至今沿用，那么仅在此存疑，仍以装折为题将有关各项分述如下。

第一节　门

我国传统建筑中，门一般指整个建筑组群的出入口，或界分内外的出入口，而单体建筑上分隔室内外空间的门则称“槅扇”或“落地长窗”。

依据建筑组群中的位置，门可分为正门、侧门、内门（包括衙署、祠祀、寺观的二门、三门，府宅中的砖细墙门或砖细门楼）以及后门。按门的形制则又可分为“将军门”、“大门”和“库门”。

在传统建筑中，门的形象虽然远比不上内部大殿、厅堂那样华丽、气派，但依然是其主人身份地位的象征，所以其形制的选择往往要根据建筑的性质、建筑主人的社会地位而有所区别，不同位置的门也要采用不同的形式。将军门形象威严，非大型衙署、寺祠、显贵豪宅的正门不得使用，而其中仍有等级高下之分。现存传统苏式建筑中以苏州文庙的大成门等级最高，设为五开间的门第，其中间三件僻门，脊柱落地，柱间均安门扇（图4-1）。原太平天国忠王府（现苏州博物馆）稍次，其三间门第仅正间僻门，次间用墙壁封护（图4-2）。而象网师园等邸宅的等级更低，两侧次间被围合成了门房（图4-3）。若等级再低则只能使用所谓的“大门”（图4-4），它们虽然也建成三开间的门屋，但门扇装在正间的步柱或檐柱之间，且形象较将军门简单得多，或用木板大门，或其外再加装矮闼（图4-5），或采用库门的形式（图4-6）。

大型建筑的正门之侧常设有小门，一般都用库门。而小型民居也有在院墙之上设库门以作为正门的。衙署及大型寺观的内门有采用门屋形式的，如虎丘头山门（图4-7），也有用库门的，如玄妙观诸配殿的院门（图4-8）。而府宅内门都为库门，门上做砖细装饰。至于后门大多使用形制最低的门屋。

图4-1　文庙戟门

图4-2　忠王府大门

图4-3　网师园大门

图4-4　普通民居大门

图4-5　矮闼

图4-6　石库门

图4-7　虎丘头山门

图4-8　玄妙观雷尊殿大门

一、将军门

从门第的形制看，同为将军门也有等级高下之分，但就门的构造而言则基本相同。将军门通常是将脊柱落地，门扇安装在脊桁之下，两脊柱之间（图4-9）。等级较低的也有将金柱落地，门扇置于金柱与金桁间的。

门的顶端施额枋作为上槛，其下缘一般与前面的双步底同高。枋端连于柱，它的上面与桁下连机间用高垫板封护，垫板两边用蜀柱紧靠于脊柱或金柱之侧。额枋的正面当中置“阀阅”（图4-10），所谓阀阅是一种圆柱形的装饰物，前面顶端雕出葵花状的饰纹，后端固定在额枋中间，其上搁门匾，与北方的门簪相似。等级、地位较高的建筑正中用阀阅一个，尺寸较大，上搁竖匾。等级稍低的用二或四个，上置横匾。

额枋以下设置双开大门，因开间的尺寸远大于门，所以还要在门的两旁立方柱作为门框，俗称“门当户对”，其前安砷石。门扇宽度与高之比以一比三为准，具体的尺寸则还要依据鲁班尺与紫白尺相配合，选出对应的吉祥尺寸，因此门宽往往不是一个固定的整数。门扇之下用“高门槛”，高度为地坪至额枋下皮的四分之一，其高低尺寸也与建筑的等级有关。门槛的两端紧贴门框下端做“金刚腿”，金刚腿的内侧做成带凸榫的斜面，与当中的门槛相配合，以便随时装卸。

将军门的门扇大多用实木拼门，厚约二寸（约55mm）。门面装兽头状门环，即北方所谓“铺首”，门背安门闩。门扇的一边钉以通长的转轴，称作“摇梗”（图4-11），其上端插在钉于额枋背面的“门楹”眼内（图4-12），下端支于“门臼”孔上（图4-13）。门臼有木制的，钉于金刚腿端，也有将砷石的下座向后延长作门臼，因石门臼与木摇梗之间容易磨损，所以常在石座上开凿一个较大的凹坑，嵌入铁制的门臼——“地方”，用铅水或明矾汁浇固，而摇梗下端也要套上带底的铁箍——“淹细”并钉“生铁钉”于内。

门框两侧与抱柱之间，地坪以上砌矮墙，称“月兔墙”，上置横木为“下槛”，下槛的上缘与中间高门槛平。下槛与额枋间再用两条“横料”分隔成三截，上下两部分称“垫板”，中间狭长的称“束腰”。

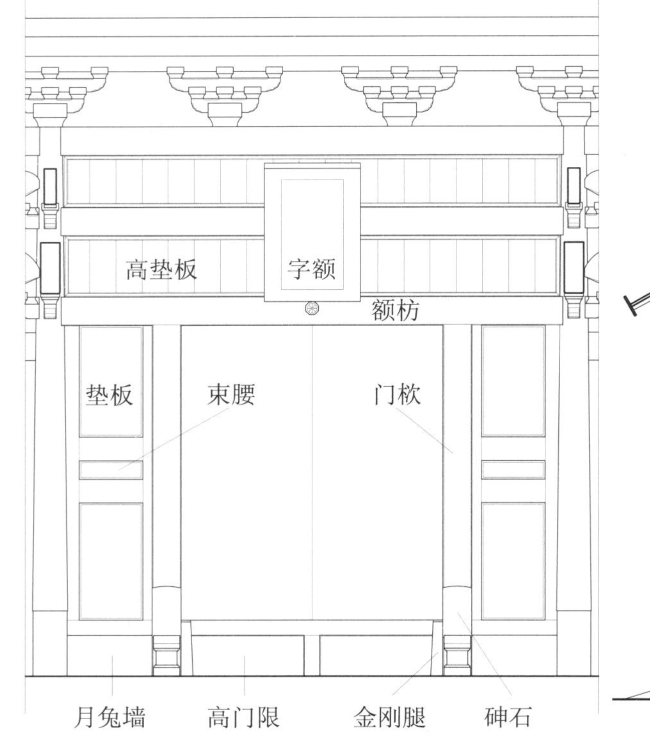

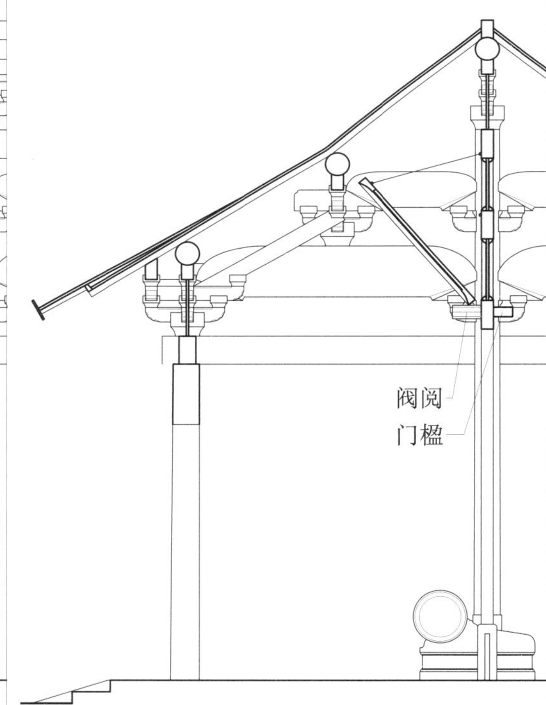

图4-9　将军门

图4-10　阀阅

图4-11　摇梗

图4-12　门楹

图4-13　门臼

二、库门

库门通常装在墙上，故也称墙门。库门之制是在院墙或门屋的正间檐墙以及内院塞口墙上开设门宕，并用条石为门框。两旁直立的称“枕”，其上架上槛，地面卧下槛（图4-14）。被用作大型建筑的侧门及小型民居正门的库门，门宕之外一般不再做其他修饰，而用于内门的库门在石框宕外还要加设砖细装饰，有关砖细墙门的做法将在第五章“墙垣”中介绍。库门的门扇也为实木拼合而成，门背钉“铁袱”，上下两道，宽约二寸（约55mm），厚二分左右（约5mm），对角钉铁条，称“吊铁”。由于库门所用的是条石门框，上槛直接凿眼以纳门扇上的摇梗，下槛之上做门臼，所以库门门扇的摇梗除下端用淹细支于地方眼内之外，其上端及上槛孔内也要用二寸长短的铁箍嵌套。库门用于外门时表面刷黑漆，用作内门时常在门的正面顶水磨砖，视门面的大小均匀布钉。

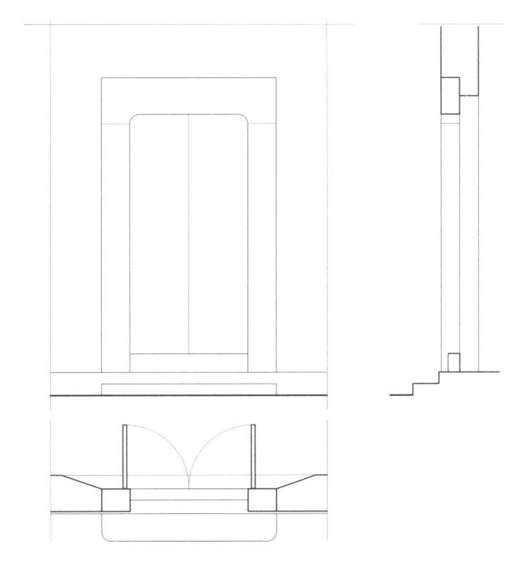

图4-14　库门

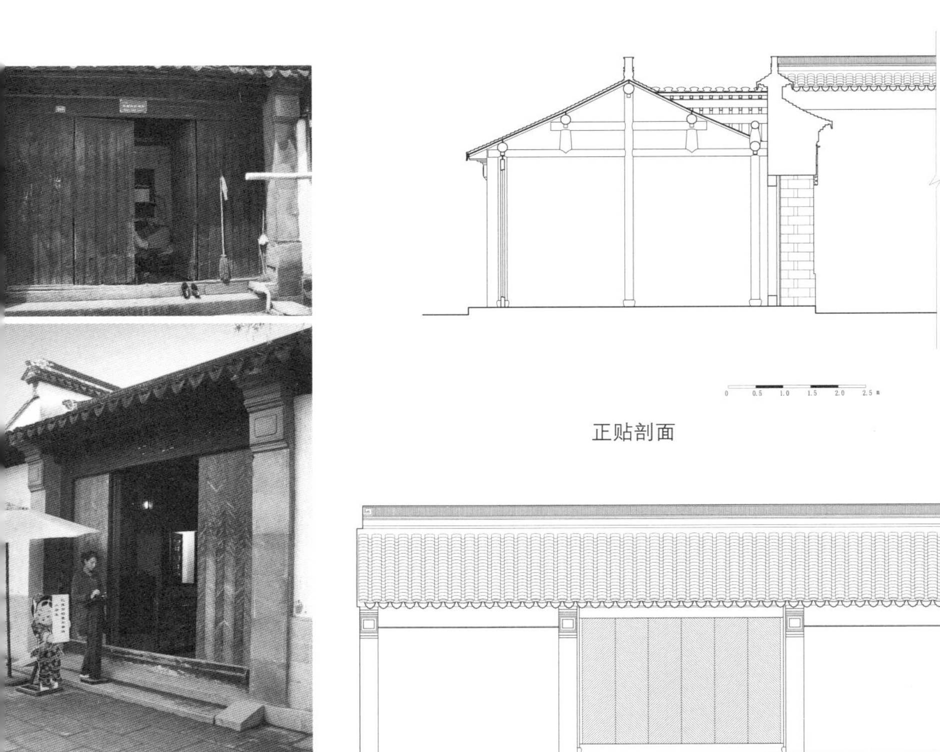

正立面

图4-15　大门

三、大门

普通四合形院落的民宅或街面房子的正门常使用一种称作“大门”的形制，其门扇装在步柱或檐柱之间。前者等级较高，但浪费了使用空间，所以到晚近时期这样的形制用得不太多了，因而后者就显得十分普遍。

大门的形制无论其门屋是单间还是三间，都要在门侧的檐柱前砌出垛头，以突出大门形象。两柱之间置通长的上槛和下槛，上槛之上与桁下连机间填以垫板，其两端和门栨上方用蜀柱分隔，下槛平卧于门间阶台地坪之上。上下槛之间用门栨分隔成为三份，左右门栨间的宽度根据建筑的功能用途及主人的身份选取对应的门吉祥尺寸，所以这三份通常并非宽度等分（图4-15）。过去都在当中设门扇，晚近以来为充分利用门间，有将门扇改到一侧的。上下槛间的高度与门宽则以三比二为定例。大门的门扇也用实木拼门，但其厚度稍小，约为一寸半左右（约40mm），门面钉有竹条，并镶拼出竖条、人字、回文、万字等纹样以增美观。门扇的摇梗支承于门臼和门楹中，门楹和门臼用木料做成，钉在上、下槛的背面。门栨与柱侧抱柱间用长板封护，不用横料分隔。

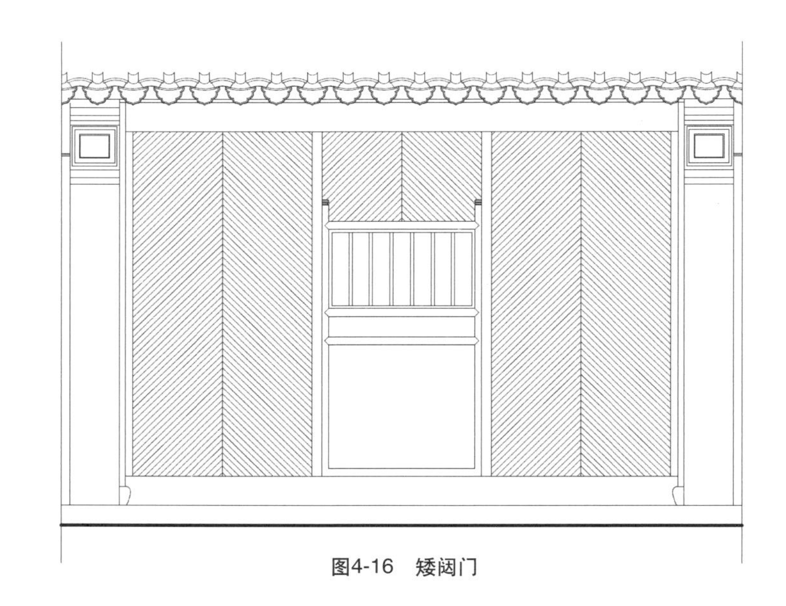

图4-16　矮闼门

四、矮闼

大门及侧门之外有时还装设一种被称作“矮闼”的窗形短门（图4-16）。矮闼高约五、六尺（约1400～1650mm），以木条为框，中间用横头料将上下分作三份，上部流空，用细木条拼出花纹，当中为夹堂，下部封裙板，流空部分的高度约占总高的四成。矮闼有用双扇的，但以单扇居多，其侧面用和页与门栨联接，安装时矮闼的底面要略高于下槛，以便启闭。

第二节　窗

窗的作用主要为了建筑室内的采光和通风，所以它是界分室内外的围护构件。由于窗户使用位置的不同也就有了不同的形式，归纳起来大致可分为落地长窗、地坪窗、和合窗、横风窗、风窗和半窗等等（图4-17）。

一、落地长窗

我国传统建筑组群中的单体建筑因无防御要求，所以在界分室内外的出入口不必安装厚实的门而改用与窗的结构相似的门扇，这在北方被称作“槅扇”，而在苏州则称“落地长窗”。

落地长窗的上下左右用上、下槛和抱柱做成框宕，其上槛的两端连于柱的上端，上面与枋叠合。若建筑过高，长窗之上再要加装风窗，那么上槛就指风窗上端的横木，长窗顶端与风窗间的横木则为中槛，其两端与抱柱相连。下槛分为三截，两端做金刚腿，连于鼓磴，较抱柱稍出，其形式与将军门的金刚腿相同，尺寸稍小，中间为可以装卸的门槛。抱柱紧贴柱子，下端支承在金刚腿上，上端连于上槛之下。抱柱与上槛一般都用三寸乘四寸（约80mm×110mm）断面的方料，但抱柱的宽还需视开间与长窗的尺寸酌情收放。下槛厚与抱柱、上槛一样，同为三寸(约80mm)，高约八寸(约220mm)左右。整个框宕在安装窗扇处都要刨低半寸(约13mm)，做出摧口，框宕内缘的棱边起木角线。

在殿庭建筑中除落翼外的各间都安装长窗，厅堂类建筑则所有各间都用长窗，而轩、榭、斋、馆之类有时仅在正间设长窗。落地长窗有安装在檐柱之间的，其窗扇向外开启，支承窗扇的门槛及门臼钉于上、下槛的外侧，并将其外缘做出各种不同的连续曲线以增装饰性。有的建筑因设前廊，窗扇装于轩步柱或步柱间，则须向室内开启，其门槛和门臼也就被钉在上下槛的内侧。窗扇安装时应注意下槛与窗底之间须留半寸（约13mm）的间距，称作“风缝”。

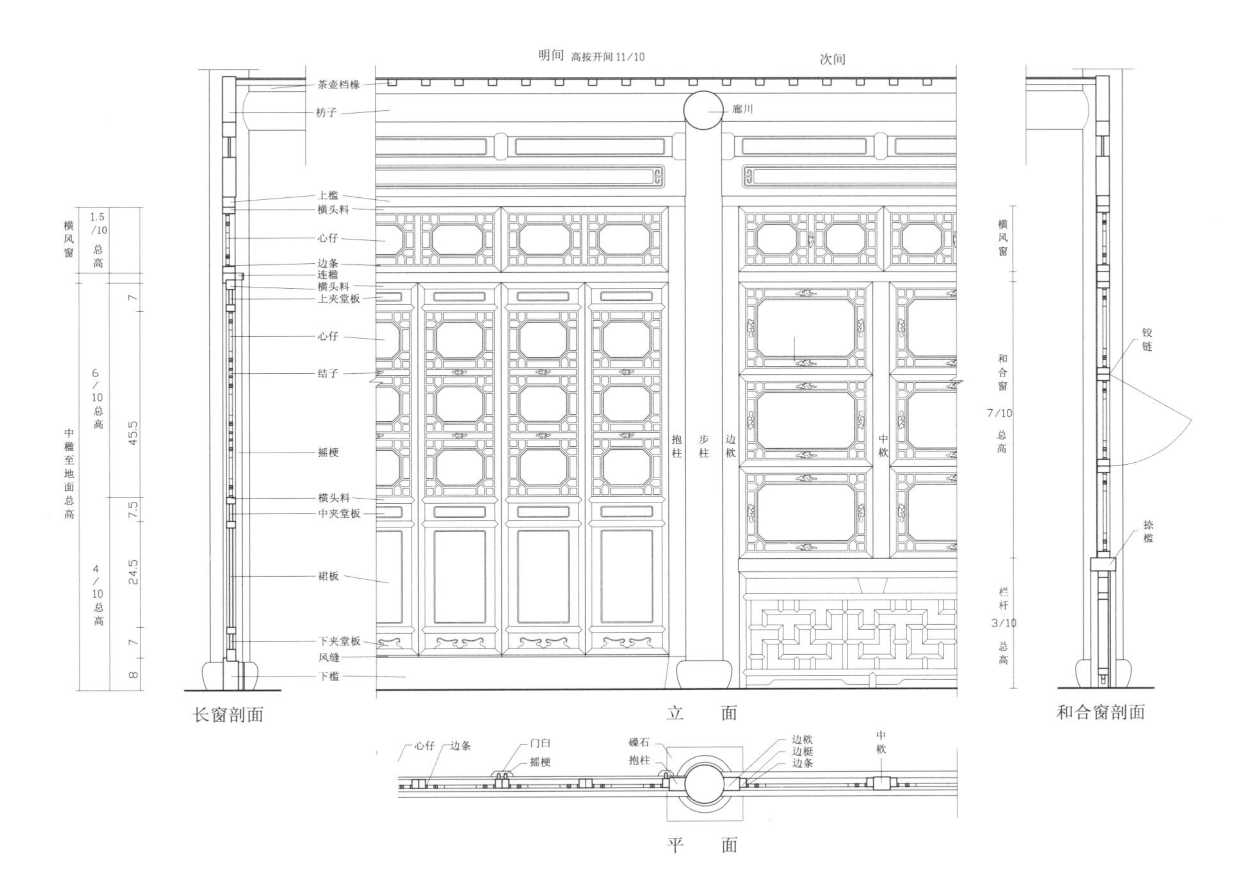

图4-17　长窗、和合窗及横风窗的配合

窗扇的宽度以柱间尺寸减去抱柱再等分为六份，高约一丈（约2750mm）。其构造以方木为框，左右直立的为“边梃”，两端及中间横置的木构件称“横头料”。木框内用横头料分隔成五份，上端横头料间镶板，称“上夹堂”，其下是“内心仔”，再下为“中夹堂”、“裙板”和“下夹堂”（图4-18）。其间的比例关系若以窗顶至地面分作十份，则上夹堂和内心仔两部分占总高的十分之六左右，而中夹堂以下占四份。如果长窗设为高一丈（2750mm），那么所使用的边梃及横头料的看面宽为一寸半（约40mm），厚二寸二（约60mm），上夹堂高四寸（约110 mm），中夹堂高四寸五（约125 mm），裙板高一尺七（约460mm），下夹堂高四寸（约110 mm），所余即为内心仔。

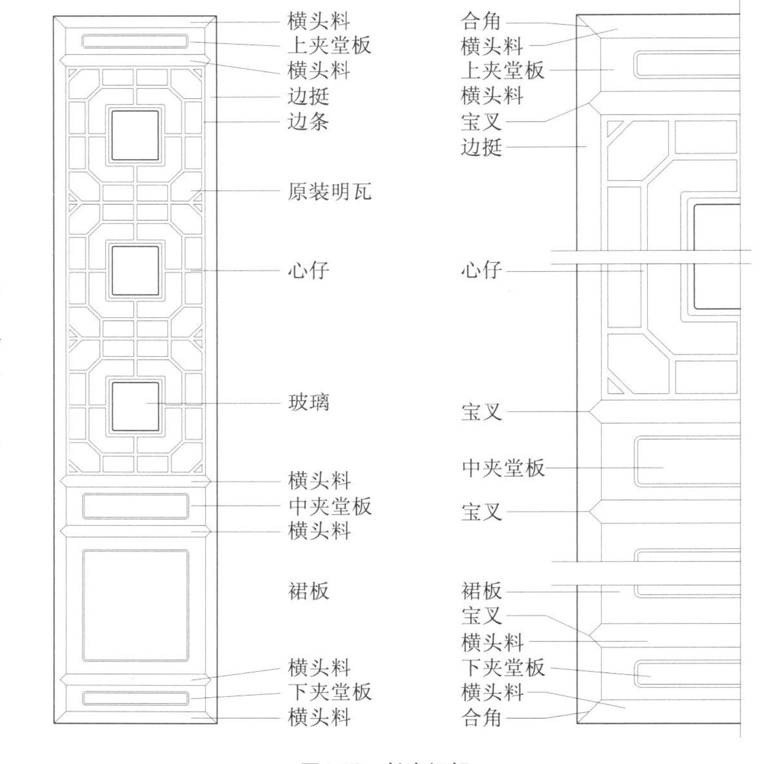

图4-18 长窗细部

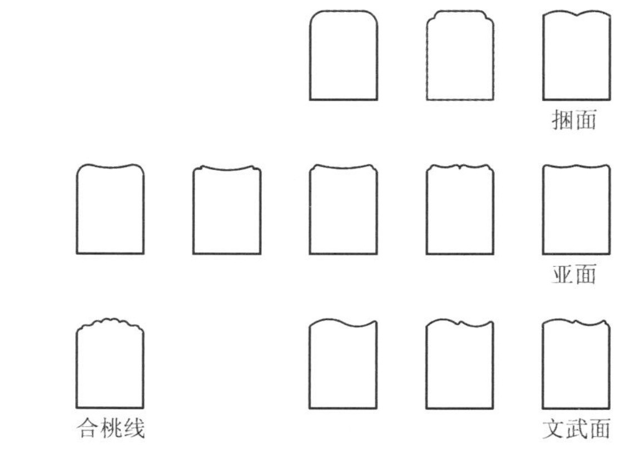

图4-19 边梃断面

长窗的边梃、横头料的看面都要起线，作出“亚面”、“浑面”、“木角线”、“文武面”、“合桃线”等装饰线脚（图4-19）。两端的横头料与边梃用四十五度“合角”相连，其内侧的线脚相互兜通，中间的横头料与边梃间以“实叉”相接，其起线也须兜通，如使用文武面，其浑面绕窗的四周，亚面绕横头料兜通。

内心仔为采光需要，使用看面宽五分（约13mm），厚一寸（约25mm）的小木条拚搭出各种花格，明代以前主要用白纸裱糊在花格上以达到透光挡风的目的，明代起开始用“明瓦”替代裱纸，从而大大改善了窗棂纸不结实的弊病。所谓明瓦原是南方海中的一种叫做“海镜”的蚌壳，其壳较大而扁平，经裁截、表面打磨后成为一种半透明的材料而用于窗户的采光。限于明瓦的尺寸，明清时期的内心仔一般都为较密的花格，常见的有“万川”、“回纹”、“书条”、“冰纹”、“灯景”、“六角”、“八角”及“井子嵌凌”等式，到民国以后随着玻璃使用的普及，内心仔的花格也逐渐放大，出现了“凌角海棠”等各种镶嵌玻璃的花格，上述的各式也有在当中嵌入一个或三个较大的宕子以提高其采光效果（图4-20）。内心仔纵横木条的搭接也用合角方式，用浑面的需在十字交接处开“合把啃”，丁字交接处用“虚叉”，即仅表面盖搭。起亚面或平面的在十字及丁字交接处用“平肩头”（图4-21）。内心仔外缘的四周要用“边条”为框，并以竹销钉与窗扇的边梃、横头料相联，必要时可以随时将内心仔整体拆卸。

夹堂和裙板均为厚五分（约13mm）的木板，板的边缘倾斜刨薄，嵌入边梃与横头料内侧刨出的凹槽内，较为简洁的仅在板面四周雕出凸起的方框，殿庭及一些装饰华丽的厅堂则常在裙板和下夹堂的板面雕作如意纹饰，而各种园林建筑中往往将所有夹堂都雕上静物、花鸟，裙板除静物与花鸟之外还用山水、人物故事来作雕饰题材。

图4-20　各式长窗（一）

图4-20 各式长窗（二）

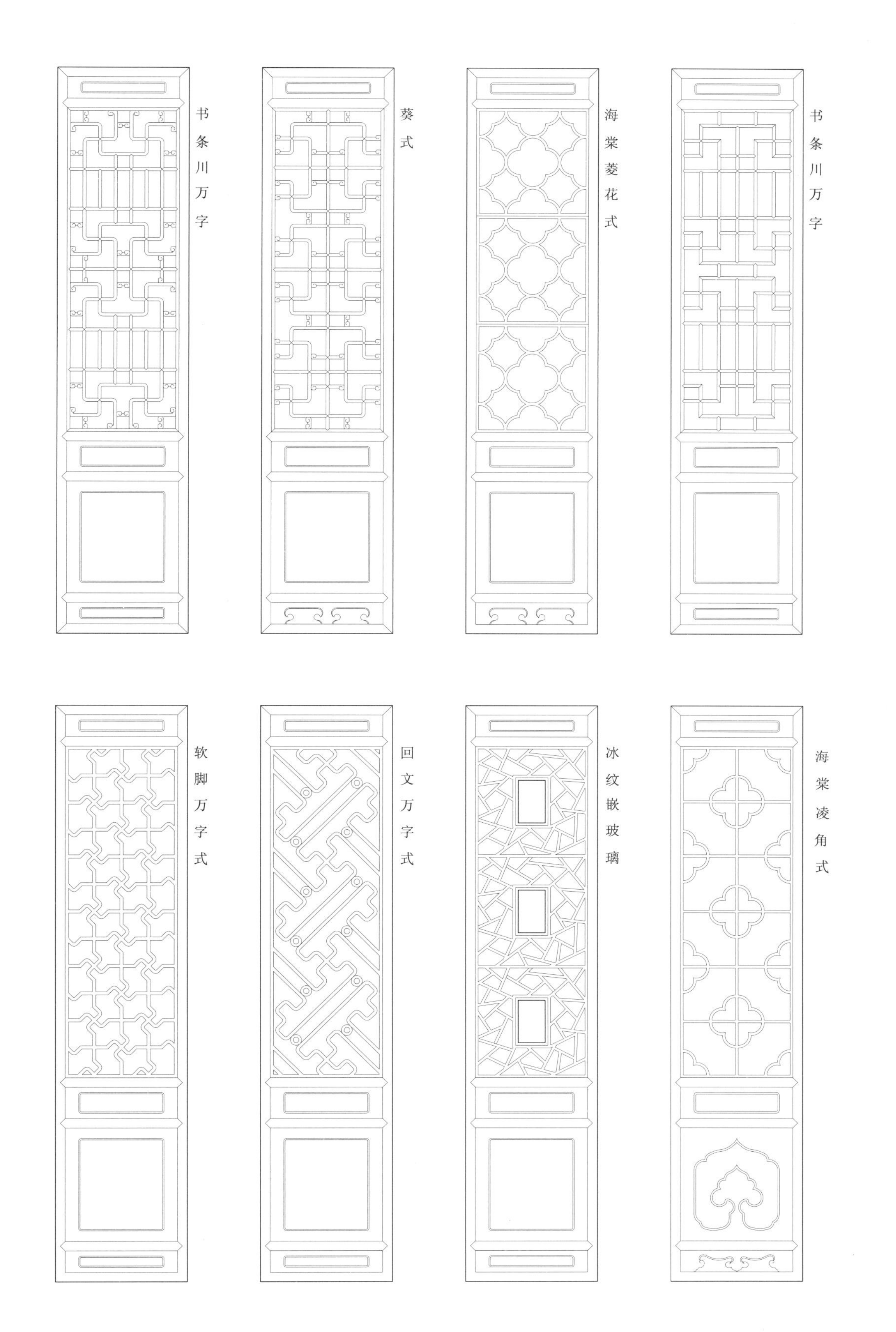

图4-20　各式长窗（三）

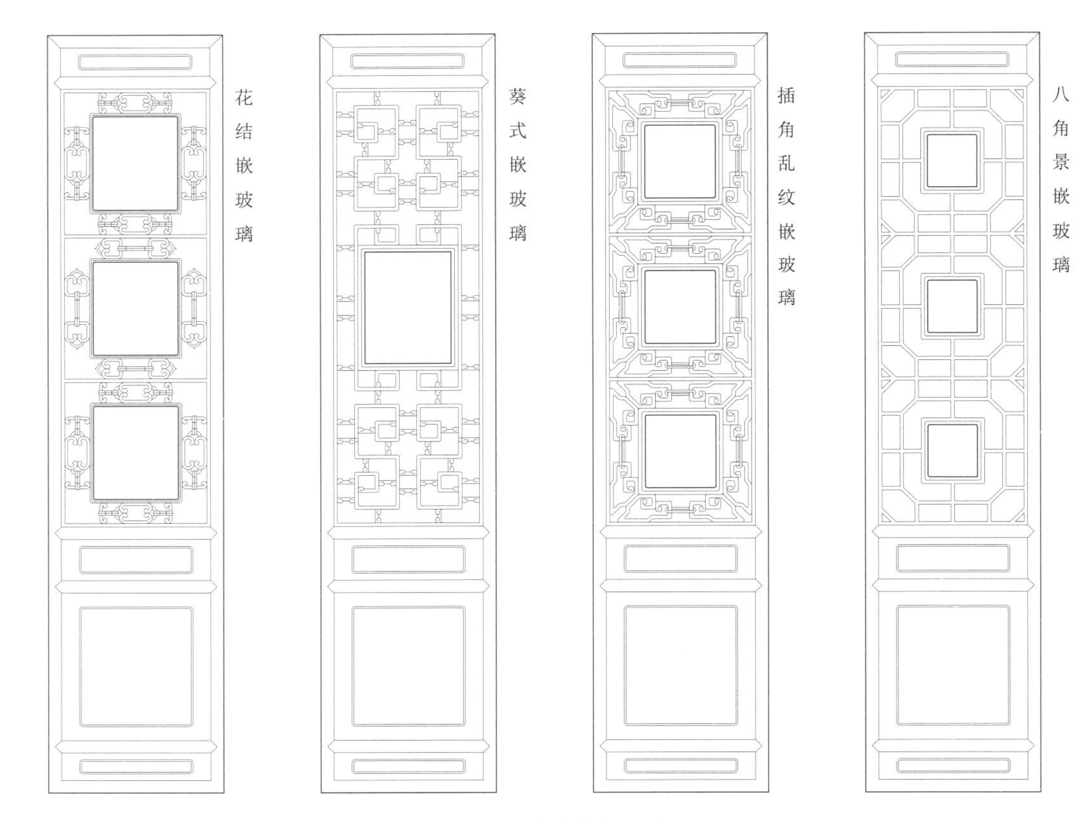

图4-20　各式长窗（四）

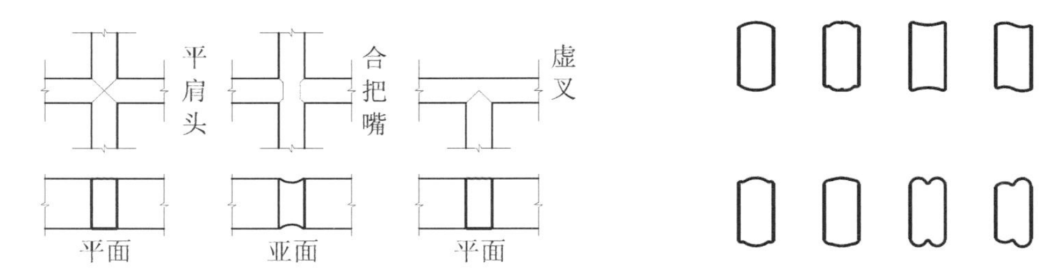

图4-21　内心仔的断面线形与结合做法

二、半窗

一些仅正间安落地长窗的建筑中常在次间砌筑半墙，其上安窗。因为它较长窗短，且形式也较长窗少了裙板和下夹堂部分，所以就被称作“半窗”。

半窗四周也有用抱柱和上、下槛做成的窗宕，其上槛与正间长窗的上槛平齐，下槛的上皮较正间长窗裙板的顶端略低，抱柱和上、下槛均为三寸乘四寸（约80mm×110mm）的方料。半窗窗扇之宽也是以开间内平分为六扇为度，其上下分作上夹堂、内心仔、下夹堂三部分，每一部分的高度尺寸都与正间长窗对齐，此外半窗的用料大小、线脚雕纹、窗棂花格等等也要和相邻的长窗一致，从而使整个立面呈现出和谐和统一（图4-22）。

半窗也有用于内宅厢房的，如果厢房被当做卧室，则有在半窗之内再加一层窗户的，以遮挡视线，故称其为“遮羞窗”。若半窗用在亭阁之类建筑上，其下部的半墙更矮，仅一尺半（约400 mm）左右，墙上设座槛，外缘置“吴王靠”，窗扇的下部做裙板而不用下夹堂。

三、地坪窗

地坪窗在宋《营造法式》中称作“钩栏槛窗”，主要用于轩榭斋馆的次间，其形式与半窗相类似，窗扇由上夹堂、内心仔、下夹堂三部分组成，但在窗下用栏杆替代短墙，栏杆的一侧用木板封护，可以遮避风雨，而在盛夏时节又能取去封板，因此较半窗通透，更利于通风消暑。使用地坪窗时，可将地坪窗及栏杆的花格都朝向室内，或朝向室外，应根据需要而定。地坪窗的四周也有窗宕与柱、枋相联，但窗下与栏杆相接的方料不叫下槛而称“捺槛”。

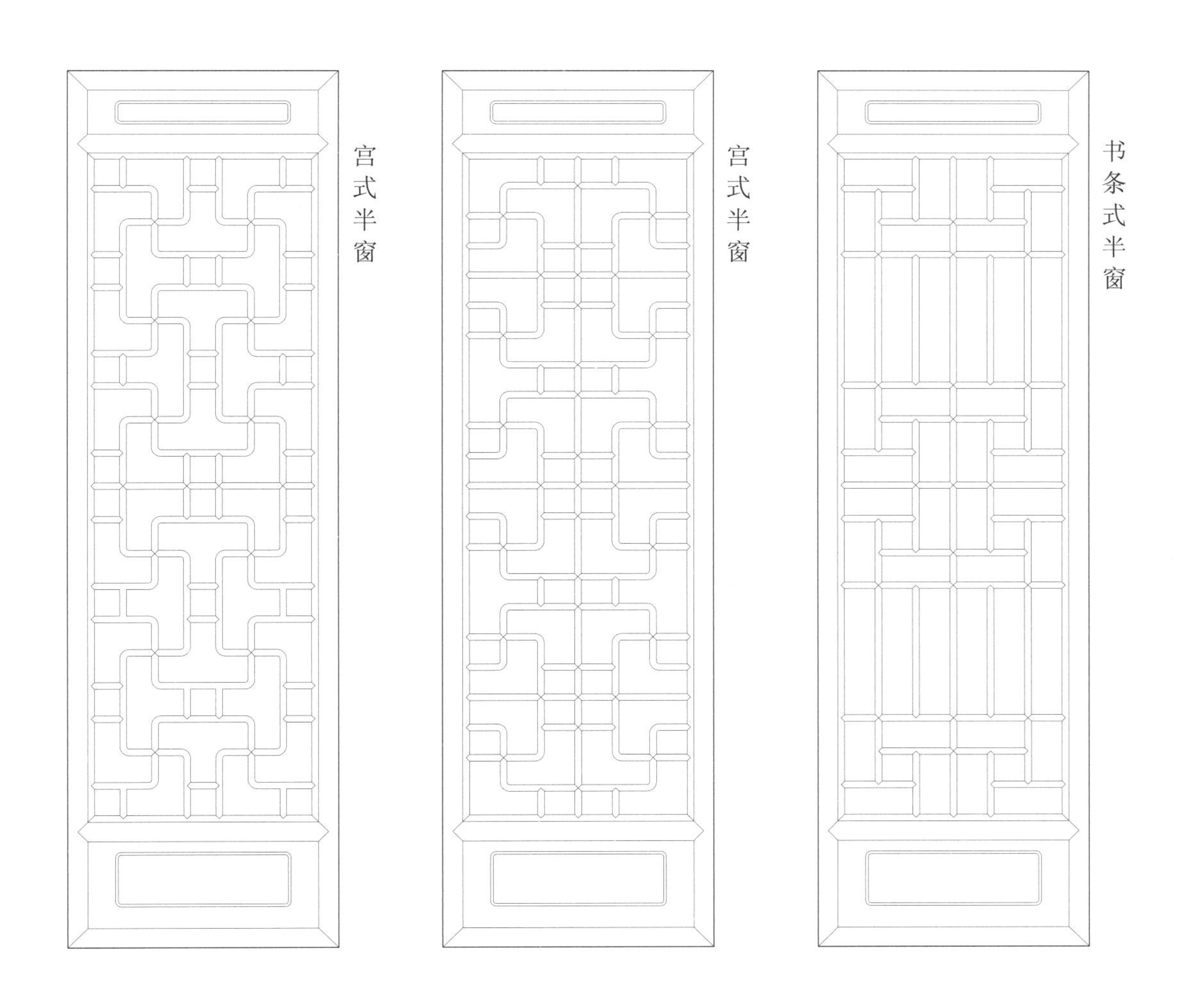

图4-22　半窗

四、和合窗

和合窗大多用在斋、馆次间的步柱间或亭阁、旱船上。其窗宕上端为上槛，下为捺槛，柱侧竖立的方料不称抱柱而称“边栨”，框宕内再用一条或两条方料——“中栨”等分为二或三份，以安装窗扇。中栨与窗宕的连接并不固定，可以随时拆卸，所以其上端做榫，与上槛的卯眼联接，但卯眼的一侧作斜槽，以备拆卸。下端开槽，在捺槛上钉入称作“闲游”的铁件，铁件长寸许，宽二分，两端为弯起的尖钉，呈“门”字形，钉入木中时凸出如榫头状，安装时将闲游嵌入槽中即可。窗宕的高度及安装位置与地坪窗相同，即上槛与长窗的上槛平齐，捺槛面与长窗的裙板顶端相平。捺槛之下常用栏杆，内侧封裙板。窗宕中每排用同样高度的窗扇三扇，一般上下两扇固定，当中可向外上旋开启，有的下面的一扇可以卸下，所以北方称其为“支摘窗”。和合窗的窗扇呈扁方形，由左右边梃和上下横头料相合成框，中间嵌内心仔，若相邻有长窗，则彼此间的花格纹样要相互协调。上下窗扇的边梃外侧刨有通长直槽，窗宕边栨和中栨的内侧在上下窗扇位置各钉两枚闲游，装上下窗扇时将其套入槽内并推移到位，然后用竹销固定窗扇。上中二窗扇间用铰链相连，中间的窗扇开启时要用长摘钩予以支撑（图4-23）。

五、横风窗

当房屋过高时长窗和半窗之上要做横风窗，其框宕与长窗和半窗的框宕做成一体，此时窗宕的上槛指横风窗顶的横木，横风窗与长窗或半窗间的横木就成了中槛。框宕中要用短柱　平均分隔为三份，安装横长的横风窗三扇。横风窗以边梃和横头料拼合成框，内装内心仔，其用料尺寸与下部长窗或半窗相同，花格纹样也须协调。

图4-23　和合窗

第三节　栏杆与挂落

吴地建筑的外廊或花园游廊之侧常在两柱间安装栏杆和挂落，以起围护、点缀作用。和合窗、地坪窗下则用栏杆替代半墙。

一、栏杆

栏杆以制作材料分，有石栏、砖栏和木栏几种，石栏主要用于殿庭阶台边缘、临水的池岸及桥栏等，其构造和制作将在“石作”章节中介绍。砖拦十分简单，用得也较普遍，是在廊柱间砌筑高约一尺半（约400mm）的矮墙，上铺水磨方砖即成。木栏构造稍繁，变化也较多。依据其尺寸、位置则有半栏、靠栏和栏杆之分。

半栏装于廊庑之间，其高度较低，仅一尺五寸到二尺二寸之间（约400～600mm），用二寸（55mm）见方的木条配合成框，框内或填板或留空，上覆厚二寸，宽五寸半（约55mm×150 mm）的木板作为“坐槛”。

如果半栏或上面提到的砖砌坐栏临水或设在亭榭中，则需在坐槛的外缘加装靠栏。靠栏高一尺至一尺三、四寸（约360～385mm），断面呈弯曲状，所以宋《法式》称其为“鹅颈靠”，吴地称之为“吴王靠”，而还有些地方则给它取一更好听的名称——“美人靠”。靠栏以宽一寸半左右（约40mm×40mm）的方木条为框，内用短木条拼出各种花格，常见的有“笔管”、“万字”诸式（图4-24）。靠栏边框的底面用榫与坐槛面相联，其上端用铁摘钩和柱拉结。

一般的木栏杆高三尺（约800mm）左右，装于两柱之间。栏杆两侧贴柱立短抱柱，抱柱宽以阔出鼓磴面一寸（约30mm）为宜，厚与栏杆同或略大。其上连捺槛，捺槛厚三寸（约80mm），前后较栏杆面宽出少许。栏杆的形式较多，构造也因形式而稍有差异。最常见的上下用横档三道，上端称“盖梃”，中间为“二料”，下面的是“下料”。两侧连以直立的“脚料”组合为框，盖梃和二料间称“夹堂”，二料与下料间称“总宕”，下料以下称“下脚”。盖梃、二料、下料及脚料的看面宽都为一寸八（约45mm），厚二寸（约55mm）。若栏杆高三尺（约800mm），其夹堂高四寸（约110mm），总宕高一尺八寸（约450mm），下脚高二寸五（约65 mm）（图4-25）。夹堂内根据总长均匀嵌置雕花的木块——“花结”　（图4-26）。总宕中则以木条拼出“万川”、“回文”、“整纹”、“乱纹”、“笔管”、“一根藤”等众多的花格（图4-27）。下脚通常分作三段，立“小脚”，其间镶板，称“芽头”，有时还在芽头上略施雕花。栏杆各料的看面起线大多只做浑面、亚面及木角三种，取其简洁大方，而藤茎栏杆木断面做成圆形或椭圆形，使之更为精致，二仙传桃式有将栏杆木断面做成圆形的，更有做成竹节状，从而更具精美的感觉。

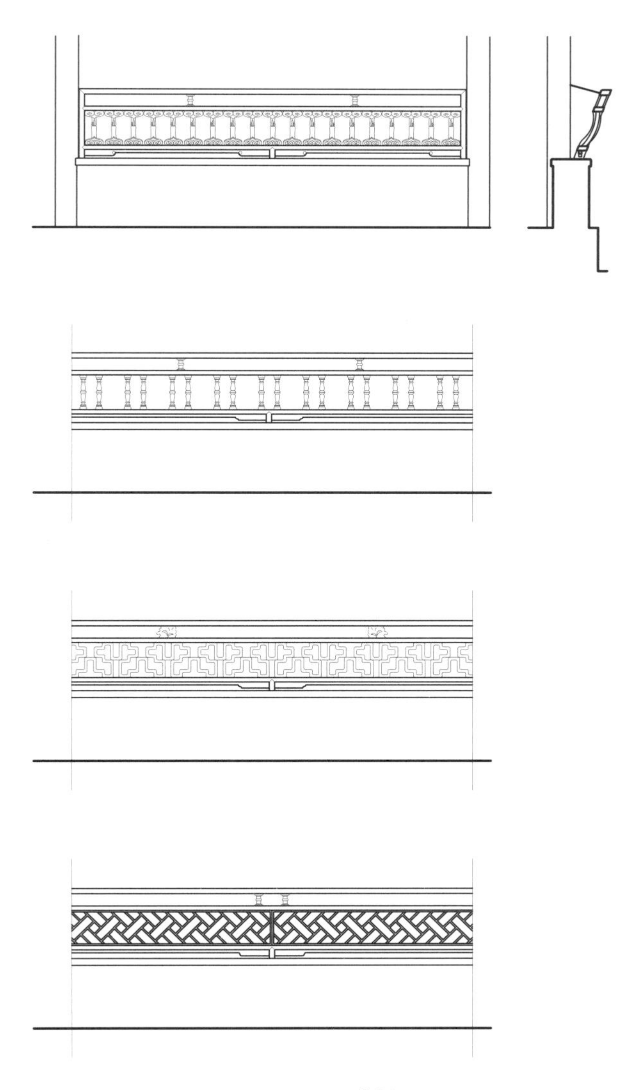

图4-24　坐栏

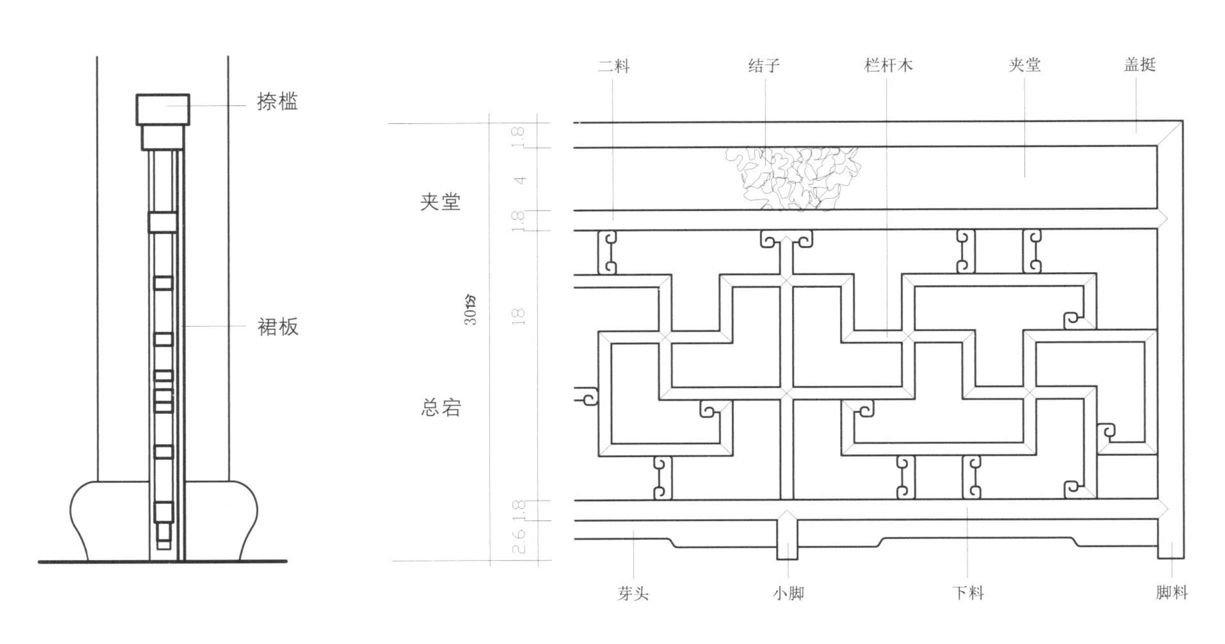

图4-25　木栏杆的构造与各部名称

图4-26　各式花结

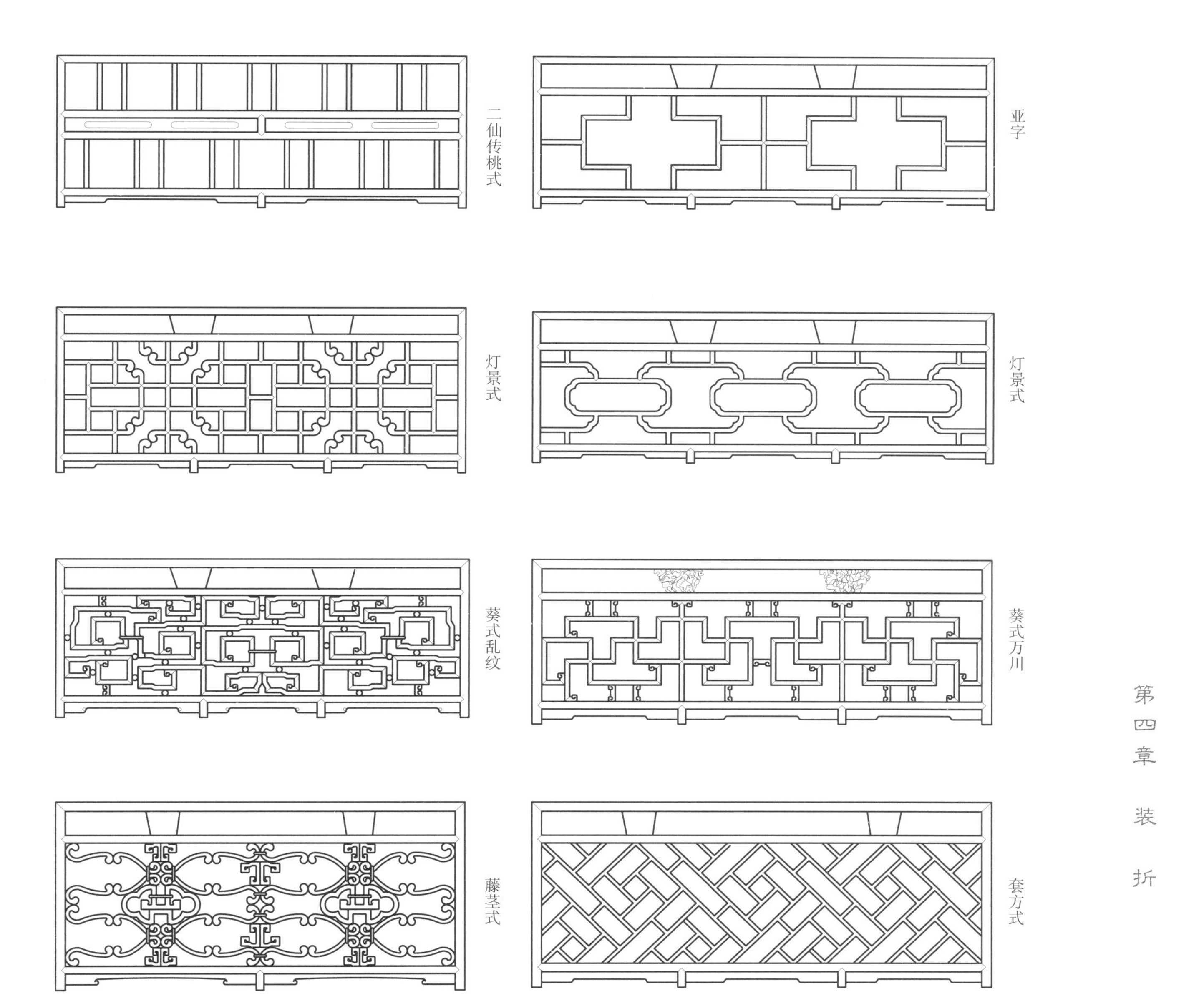

图4-27 各式栏杆

二、挂落

廊柱的上端常于枋下悬装挂落作为装饰。其构造是以看面宽一寸半（约40mm），厚一寸八（约45mm）的木条将两侧和上边围起，做出“边框”，两侧边框的下端做成钩头形，框内用看面宽六分（约15mm），厚一寸二（约30mm）的木条拚搭出“万川”花格，或者用厚一寸半左右（约40mm）的木板雕出“藤茎”纹样。由于藤茎雕镂费工费料，因此使用不多，而万川不仅可依据开间的大小而调整其花格的组合，并且同样的万川还能做成“宫式”或“葵式”，所以仍能给人以变化多端的感觉（图4-28）。万川花格的看面一般都做成平面，较讲究的也有做浑面的，小木条之间的结合与窗户内心仔相同。藤茎挂落的藤茎断面要做成圆形或椭圆形，相交出还要雕出彼此间的叠压关系（图4-29）。

挂落与廊柱间为了调整尺寸也要设抱柱，其高度较挂落两侧的边框长出一寸半（约40mm）左右，下端略施雕刻，呈花篮状。看面宽与边框相近，具体尺寸视情况可略作收放。厚度为二寸（约55 mm）。安装时是用竹销钉将整片制作完成的挂落固定在枋下两柱间。

三、插角花芽

游廊或亭构檐口檐口较低时，有时不用挂落而以插角花芽替代。花芽常以整块木料雕刻而成，其题材常见的有夔龙、花卉等（图4-30）。

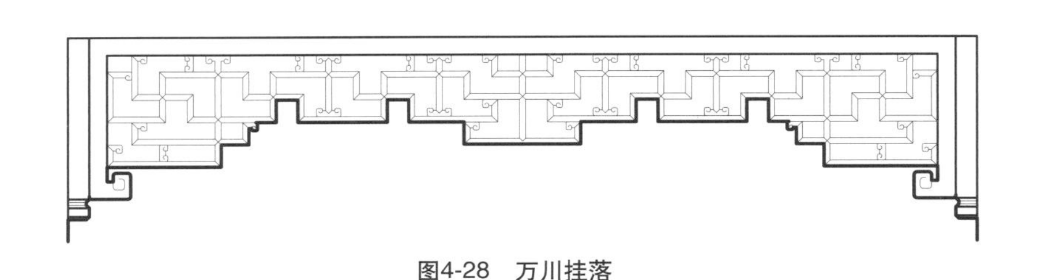

图4-28　万川挂落

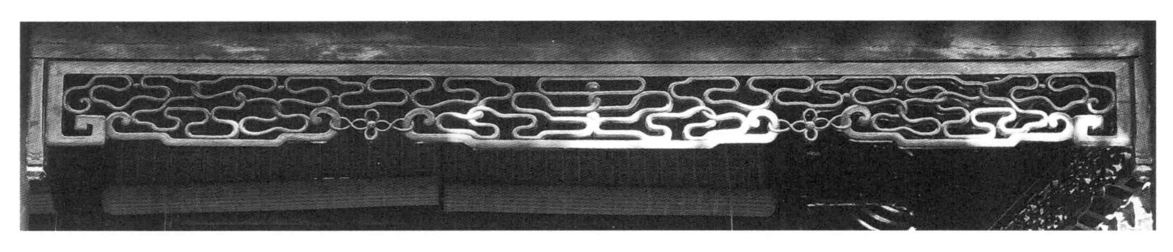

图4-29　滕茎挂落

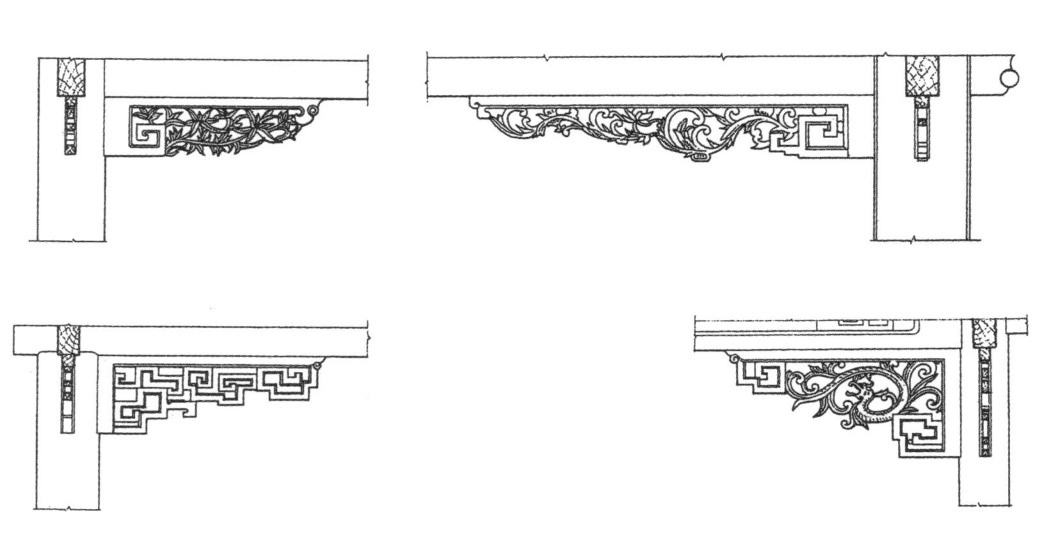

图4-30　插角花芽

第四节　屏风门、纱槅与罩

屏风门、纱槅与罩都是分隔室内空间的构件。

一、屏风门

殿庭及厅堂的后步间常用一种称作“屏风门”的构件予以封护，其作用一方面是为了便于室内家具陈设的布置，另一方面则可以阻隔视线，以使感觉中的室内单一、完整，所以正间的屏门虽能开启，但通常都呈关闭状态。次间则随意启闭，形成贯通前后的通道。

由于步柱的高度较高，为使屏门的比例合适要在步桁的连机下再设枋子，连机与枋子间再填适当高度的夹堂板予以调整。屏门的框宕就安装在枋下两步柱之间。

屏门框宕的构造及其抱柱、上下槛的断面尺寸与长窗相同，门扇也按六扇匀分。门扇的构造采用“框档门”的形式。即门扇的两边和上下用边梃、上下横头料相合为框，中间置横料——“光子”三到四道，两面钉木板。一般的屏门封板较薄，上髹白漆，以备悬挂中堂、对联。讲究的园林建筑也有用质地优良的厚板予以封面，板上镌刻字画，用桐油髹饰，具有极富典雅之气（图4-31）。而在一些祠寺中，因屏门之前供奉塑像，屏门不仿稍稍简陋，仅在框档格中嵌板，使框格露明。

图4-31　屏风门

二、纱槅

纱槅也称“纱窗”，仅用于厅堂。三开间的厅堂用两扇，分别安装在边间后步柱的边上。五开间的厅堂则置于次间或边间，安于次间的与上述相同，若安于边间，则根据开间尺寸匀分为四扇或六扇。

纱槅的四周也用木构框宕，上槛与屏门上槛平齐，用料的断面尺寸也相同。柱侧立抱柱或边枋，若仅用两扇的则在纱槅的另一侧加装中枋，底部在边枋和中枋间设短槛，称“细眉”，其看面凹凸起线，底面用“闲游管脚”固定于地面。若柱间成列设置，则用通长下槛连于抱柱下端，下槛的断面尺寸也与屏门相同。

纱槅的窗扇构造与长窗类似，由夹堂、裙板、内心仔诸部分组成。裙板、夹堂多以花卉、案头供物作雕刻图4案，甚至有用黄杨雕刻镶嵌的。内心仔则分上下为二、三份，每份当中留空，作长方形的空宕，四角镶回文“插角”装饰，或于四周连“雕花结子”，插角和结子常用黄杨、银杏等雕制，制作十分精致。其背面覆以青纱，故以此得名为纱槅。也有用薄板代替青纱的，板面裱糊字画。自玻璃被广泛使用以后，又有在内心仔上镶嵌玻璃的，使纱槅变得两面可观（图4-32）。

纱槅的启闭用铰链而不用摇梗，主要取铰链的精细。在纱槅上还装有一些金属小构件，如装在中夹堂侧边梃上的铜“拉手”或铜“风圈”，拉手用铜片制作，表面刻花，两端作如意形。风圈作圆形、海棠诸式，铜制，也是拉手的一种。窗下横头料上安摘钩、插销或“鸡（羁）骨搭钮”等，摘钩用于窗扇开启时的固定，插销和鸡（羁）骨搭钮用于关闭时的固定。

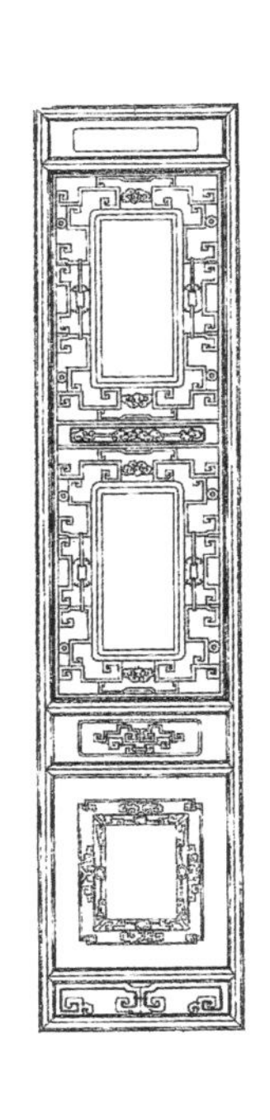
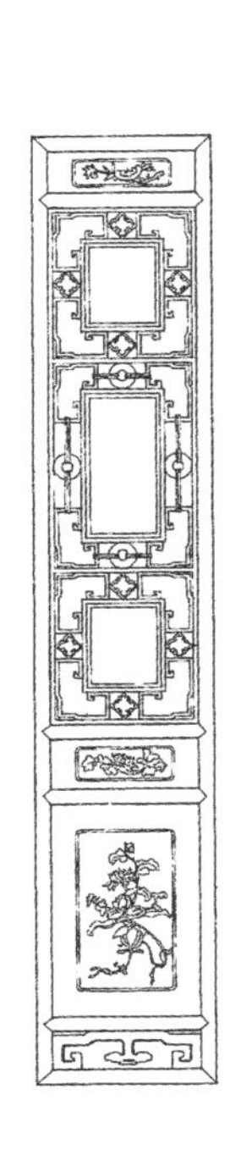
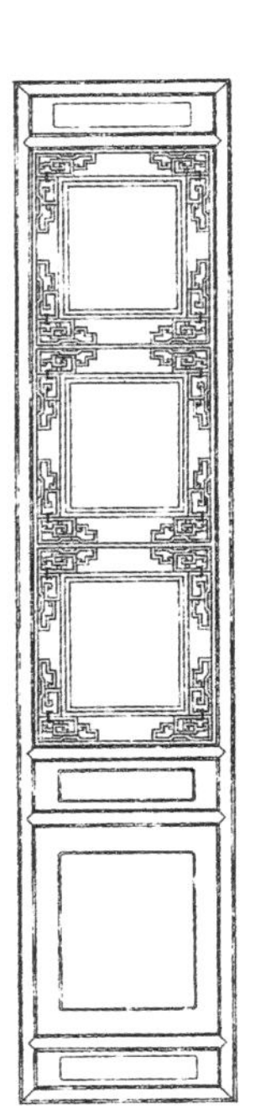

图4-32　纱槅

三、罩

按照形式的不同罩可分为“落地罩”、“飞罩”和“挂落飞罩”三种。

1．落地罩

落地罩常用于鸳鸯厅的次间，有些园林建筑也有安装在正间或其他部位的，其作用是为使室内的空间虽有分隔，但彼此仍有联系，给人以一种虽隔尤连的感觉，同时起曾进室内装饰的作用。

一般落地罩嵌于两柱之间，或与纱槅配合充斥一个开间，上端置上槛，两侧设抱柱。如果柱子过高，则在罩顶再加横风窗，窗与罩之间设中槛。罩的内缘作方、圆、八边形的空宕，两端落地，下置“细眉座”，座的形式与纱槅下的细眉相似，而起线及雕刻纹样可随意选用。落地罩用上好的木条拼逗出各种装饰纹样，也有用大片木板进行雕镂的。常见的有“整纹”、“乱纹”、“雀梅”、“喜桃藤”、“松鼠合桃”等样式（图4-33）。

2．飞罩与挂落飞罩

飞罩与挂落飞罩用在一些间距不大的室内分隔和装饰点缀上，如两纱槅之间或轩柱与步柱之间等等。飞罩的形式与挂落相似，但两端下垂较多，形如拱门，为不妨碍通行，一般用在间距稍宽之处（图4-34）。若间距不大则须减少下垂的长度，这就成了挂落飞罩（图4-35）。飞罩与挂落飞罩的花格纹样较挂落丰富、精美，所以制作的木料质地须较挂落更好。

3．其他的室内分隔构件

除了用屏风门、纱槅与各式罩来分隔室内空间外，具此功能的还有板壁和博古架等。虽然板壁可归为隔墙，博古架属家具的一种，但在实际的运用中板壁能视需要而随时装卸，与屏门的作用相同；大型的博古架则被安置于两柱之间，下部留空以供通行，也具有落地罩类似的功能。

板壁的构造有两类。讲究的做法有如落地长窗，柱侧立抱柱，上下装槛，合为框宕，内装门扇状板壁。其板壁构造以竖梃和横头料组合成框，中间填板并用横料分隔成三部分。上下为垫板，高度较大。中为束腰，呈横长形，垫板和束腰的四周起线框，有时还在框内用线刻装饰（图4-36）。简单的板壁则在上下槛开槽，用通长的厚板嵌入槽内，与店面的排门板相似。

博古架是用许多不同长度的板条纵横拼搭而成的搁架，板宽一尺半左右（约300mm），厚八分（约20mm），拼搭的形式古拙而随意，与架上陈设古董器物相映成趣。有的博古架下部做成橱柜，以便储物。兼作室内隔断的博古架高度一般与纱槅相同，宽须填满两柱之间的空间，当中留空，以供通行。

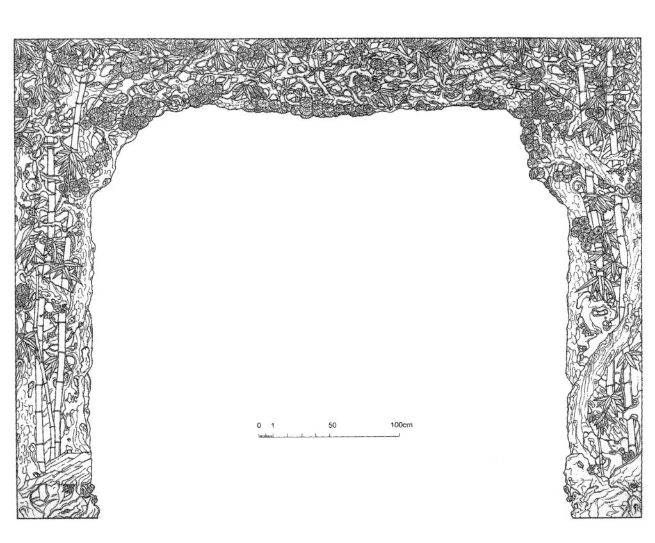

图4-33　落地罩

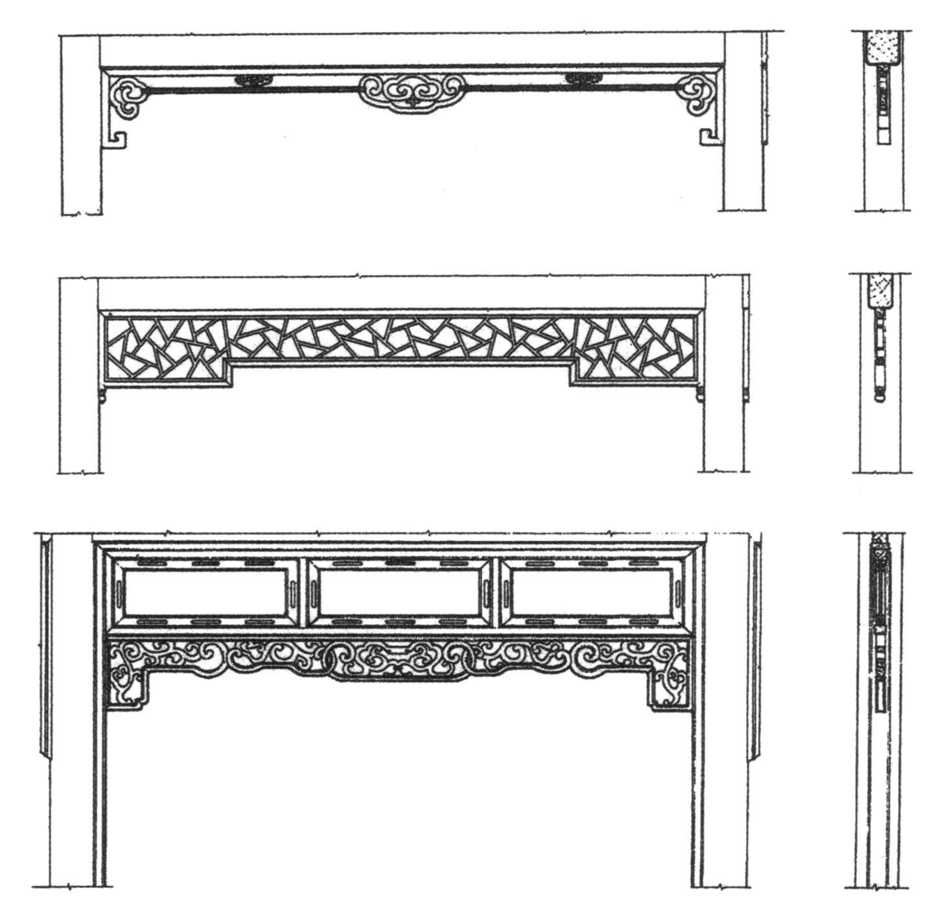

图4-34　飞罩

图4-35　挂落飞罩（一）

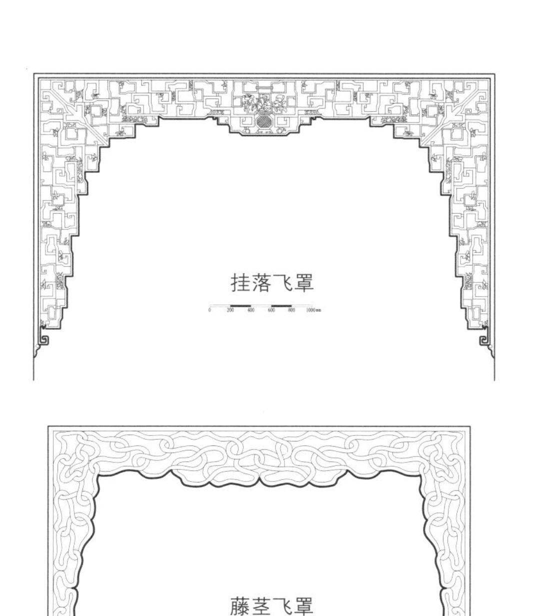

图4-35 挂落飞罩（二）

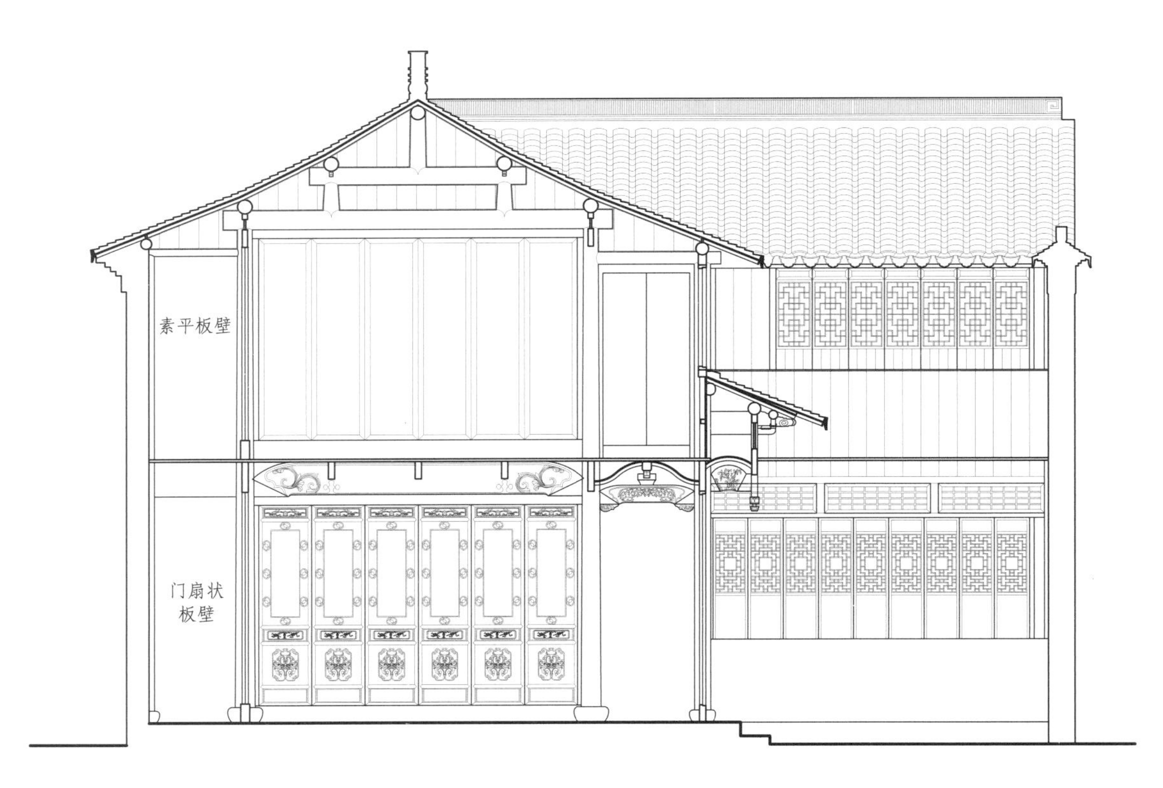

图4-36　板壁

第五节　天　花

天花虽不能随意装卸，但也是室内空间的分隔构件，在北方与门窗、栏杆等一并归于装修之列，所以本书也将其放在此处予以介绍。

一、仰尘

苏州地区大多数的传统建筑梁架露明而不设天花，但有些住宅尤其是卧房为防梁架上的灰尘飘落而在梁枋间加装顶篷，故称此为“仰尘”。

仰尘的构造有两种。其一是在四平枋侧加钉二寸见方的长木条，内装六至八扇木制顶格，顶格以一寸半左右（约40㎜）的边梃和横头料围合成框，以开间之阔定框长，以进深匀分定框宽，其内再用看面宽八分（约25㎜），深（厚）与框同，或略小的心仔纵横搭接成小方格状，顶格底面裱糊白纸。虽然纸糊的仰尘能使室内白净明亮，但与下部的门窗、板壁不甚协调，所以又有一种钉板的仰尘。首先在四平枋侧钉木条，与上述相同，然后在前后木条上加装与进深相等的木档，最后在木档的底面钉板条（图4-37）。

图4-37　仰尘

二、棋盘顶

殿庭建筑若加装天花除采用上述板条仰尘外，还使用棋盘顶或棋盘顶与板条天花组合使用。

棋盘顶的做法是先在柱的上部架三寸乘五寸（约85mm×130mm）的天花枋。然后在枋上置断面二寸（55mm×55mm）见方木档，纵横相交形成方格。木档的上面做裁口，安装天花板，下面起线脚。天花板用六至八分（15～25mm）厚的木板拼合而成，大小为一尺半到二尺见方（约400mm×400～550mm×550mm），具体的尺寸需根据整个天花的大小而定，一般一间内的天花板数可以是整数块，也允许半块或大于半块的出现，如果有小于半块的，就需调整尺寸。同样还要注意正中一列天花的中线要与建筑的轴线重合（图4-38）。棋盘顶的正面须刨光，并绘制彩画。

三、卷篷

一些园林中的小轩或船厅，构架用回顶，并将天花板条直接顶于桁下，天花缘提栈的曲势作船篷状弯转，故名“卷篷”（图4-39）。

四、藻井

按我国传统建筑的有关规定，藻井是最高等级的天花，非庄严肃穆的宫殿、寺庙的正殿不得使用。但在苏州地区等级较高的殿厅并未见有藻井的使用，而藻井的实物主要存在于戏台之中。究其原因可能还在于那些安装藻井的戏台修建的年代较迟，过去严厉的规定已有所松弛。再则戏曲也有演绎帝王、神仙故事的，戏台上使用藻井似乎也不为过。再有一说是穹窿状的藻井具有声学作用，戏台上使用能提高音响效果，对此还需进行科学的验证。

藻井的做法是先在戏台四周檐桁的内侧钉木枋做棋盘顶，或者钉木板条天花，当中用枝梁做出方形井口然后用搭角梁将四方变八方，若做圆藻井则在内角加贴扁担木，并予以刨圆。井口之上置牌科，用斜拱出挑，盘旋而上，形成穹隆状。顶端装铜制的宝镜，晚近也有改用玻璃镜的。拱下用凤头昂，其端部雕成凤头状，故有“百凤朝阳”的美称（图4-40）。

图4-38　棋盘顶

图4-39　卷篷

图4-40　藻井

第五章
墙垣与屋面

建筑中，墙垣的作用是界分内外、分隔空间和遮挡视线；屋面则有遮挡雨雪的作用。两者虽分属不同的部分且承担着相异的功能，但也有相似的要求，即需要考虑隔热、保温。

我国传统建筑的墙垣与屋面都是用泥土烧制的小块材料——砖、瓦砌筑或铺设而成的围护结构，其施工都由泥水匠承担，所以墙垣和屋面工程属同一工种——泥瓦作。

由于苏地经济发达，居民对于自己的居宅都有装饰的要求，尤其在大型邸宅中，墙体的一定部位还会施以砖雕装饰，这被称作“砖细”。尽管砖细工程是用质量上乘的砖料或仿木制作成牌科、桁条、枋子等建筑构件；或刨出各种美观的边棱、线脚；甚至还有极具特色的具象砖雕，其质量要求要远高于一般墙体，但施工原先仍由泥水匠承担；只是对工匠的要求较高，非一般人可以操作。一些小康之家，限于经济条件，往往将砖细改为“水作”，即用纸筋粉出墙面凹凸的边棱、线脚；塑出各种吉祥图案。尽管采用水作可以大大降低成本，但对于泥瓦工匠的技术要求却一点也不亚于砖细。在苏地砖细和水作亦为墙垣和屋面工程之一。

第一节　墙　垣

一、位置与名称

墙垣因位置的不同而有不同的名称。

在单体建筑中房屋两端依边贴屋架而筑的为“山墙”。平房的山墙大多沿屋面顺势而起，墙顶覆瓦，与屋面连为一体。厅堂的山墙有些与平房类似，有些则高出屋面。若墙顶依提栈由上至下作逐层跌落状的，称“屏风墙”（图5-1），有三山屏风墙和五山屏风墙两种。偌墙顶由屋檐起曲线过屋脊而上者称“观音兜”（图5-2），观音兜也有全观音兜和半观音兜两种。前者自廊桁处起曲势，或于檐口以上砌垛头然后起势作观音兜；后者由金桁处起曲势。

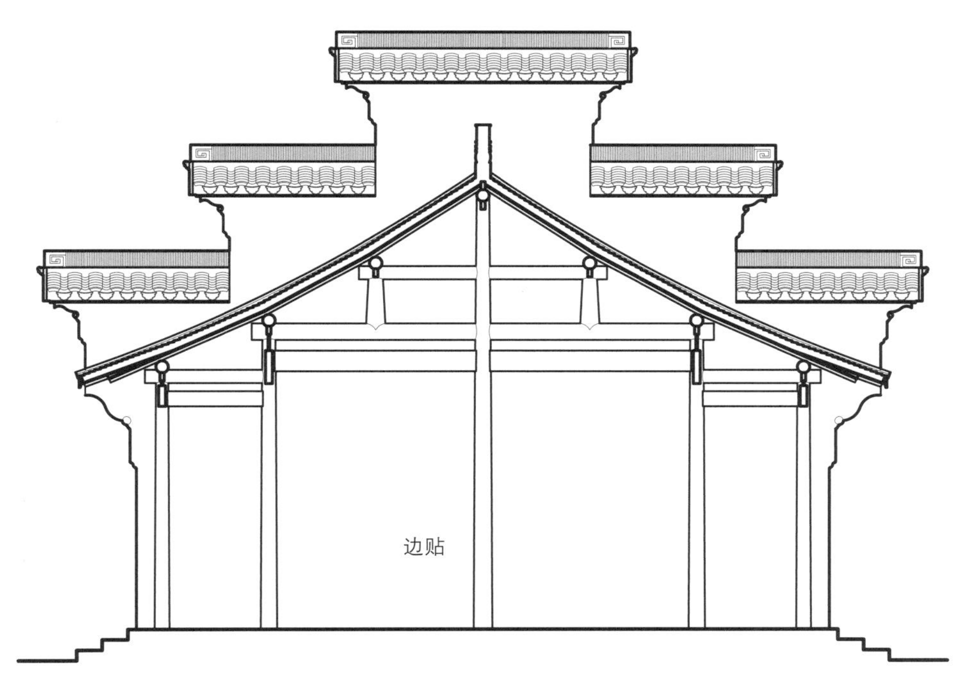

图5-1　屏风墙

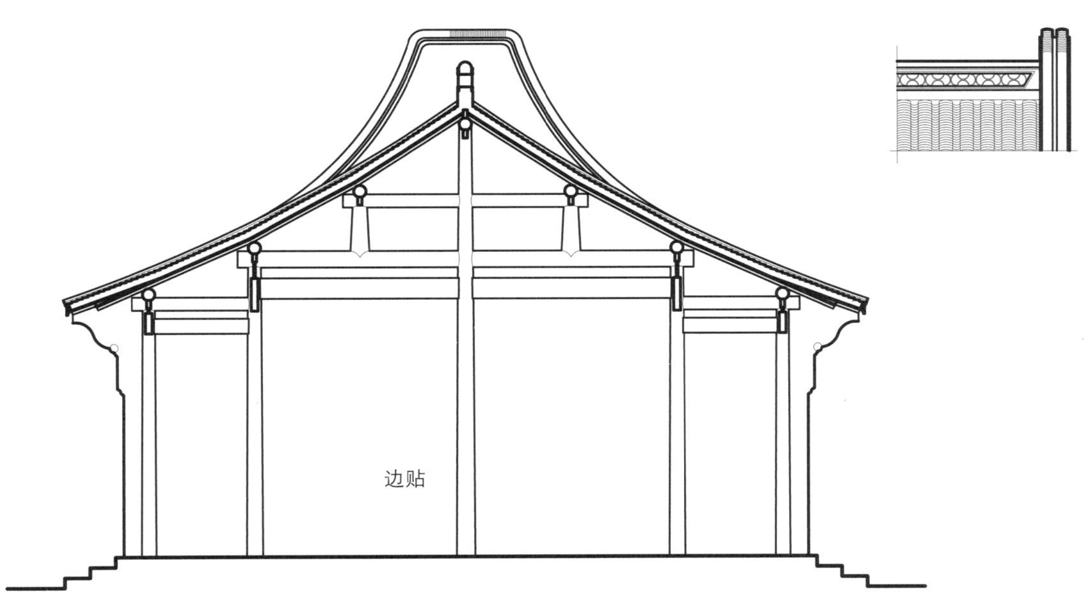

图5-2　观音兜

位于建筑正面檐下之墙，称“檐墙”。檐墙如果仅砌至枋底，其上部木构件露明，椽头及屋面挑出墙外的称“出檐墙”（图5-3），如果墙顶将上部木构件及椽头全部封住的称“包檐墙”（图5-4）。用于窗下的短墙为“半墙”（图5-5）。半墙也有用在栏之下及将军门下的。将军门下的半墙被叫作“月兔墙”。

建筑室内有用“隔墙”进行分隔的，但厅堂之中更多的使用板壁，必要时可以取下，以便满足临时举行大型活动之需。

在一个建筑组群中联系前后进建筑的墙垣称“院墙”。厅堂前天井的两侧为分隔天井及房屋的称作“塞口墙”。厅堂后围出落水天井的也称塞口墙。若建筑附带花园，则围绕花园的称“园墙”，花园内部进行分隔的墙垣上常常做出为数众多、形式各异的漏窗，这种园墙又被叫作“花墙”（图5-6）。整组建筑的边缘与其他建筑或河流、街道、隙地相接的墙垣称“界墙”。大型宅邸的大门对面以及两旁还设有照墙和八字墙（图5-7）。

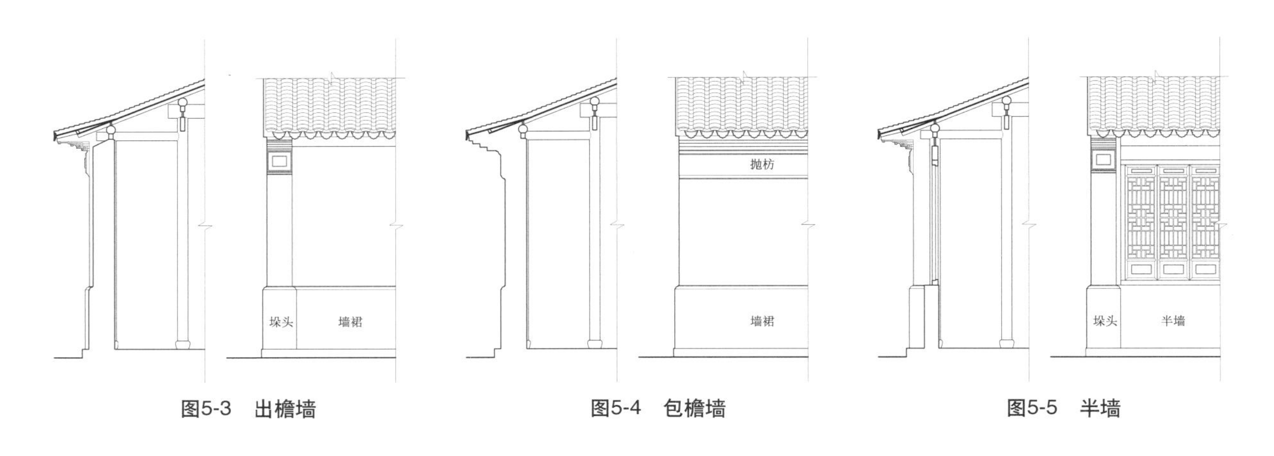

图5-3　出檐墙　　图5-4　包檐墙　　图5-5　半墙

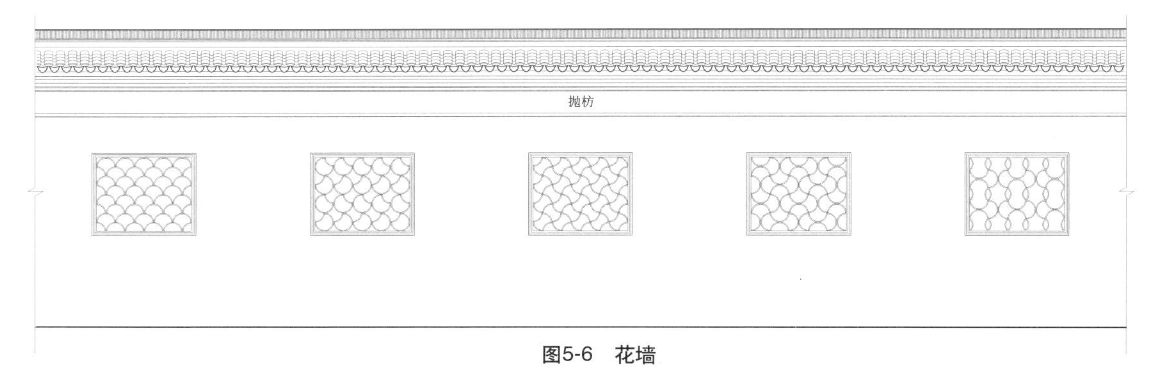

图5-6　花墙

对街的照墙

门侧的八字墙

图5-7　照墙和八字墙

二、墙垣砌筑

1．开脚与墙脚驳砌

墙体砌筑之前一般还有放线定位、开挖地基——“开脚”和砌筑基础——“驳砌墙脚”等前期工序。单体建筑上的山墙、檐墙、半墙等墙体，由于有台基作为依托，故可以省却。

放线是在确定的墙垣位置前后钉“龙门板”，并在板上标出墙中、两侧墙边及基槽的位置，然后拉线，用白灰在地面划定基槽的边缘，其宽度需考虑地基的夯打、墙脚驳砌等施工活动空间以及基槽边坡可能出现的自然坍塌，墙脚一般宽二尺半左右（约700mm），故开脚时两边各放一尺（约300mm），底面宽约四尺五寸（约1200mm）。完成了放线之后即可进行开挖，开脚深度视墙体高及组砌方式的不同而异。苏地墙垣组砌，过去有特定的用砖规格，方式主要有“实滚”、“花滚”及“斗子”三种。实滚每高一丈（约2750mm）开脚一尺（约300mm）；花滚每高一丈（约2750mm）开脚深七寸（约200mm）；斗子高一丈（约2750mm）开脚深五寸（约150mm）。若墙垣砌筑使用以上两种形式合砌则可以按高度比例进行折算。

墙脚驳砌也需视地基土质分别处理，一般的土质只要予以夯实即可。若土质松软则除了加深开脚外还可以加打领夯石，以提高地基的承载力。领夯石之上可用塘石、乱石或糙砖进行绞脚。墙脚高度并无特别的规定，因石材的价格较砖高，所以一般仅略高于地面即可，其上即为砖砌墙体。

2．墙体组砌

如上所述，苏地传统的砖料规格繁多（参见表5-1），墙垣组砌方式也较杂，大致可归纳为“实滚”、“花滚”及“斗子”三种。实滚是将砖“长头”扁砌及“丁头”侧砌；花滚则为实滚与斗子相间砌筑；斗子今天被称作“空斗”，即用砖砌成中空的“盒子”。进一步细分又有“实滚芦菲片”、“实扁镶思”、“空斗镶思”、“大镶思”、“小镶思”、“单丁斗子”、“双丁斗子”、“三丁斗子”、“大合欢”、“小合欢”等（图5-8）诸多变化，其选用主要根据对墙体的要求以及造价等因素来确定。如房屋山墙的勒脚、楼房的下层墙体因考虑到承受的自重需采用实滚、实扁一类的组砌形式，而园墙、塞口墙等内院的隔墙则可选择单丁、双丁等空斗墙体，象小合欢那样厚仅半砖的空斗墙大多被用于室内隔墙以及一些临时简易之墙。

旧时苏地用砖主要采自南北二窑，南窑产于嘉兴一带，北窑则在苏州陆墓。用于砌墙的通常为城砖和二斤砖，其尺寸分别为长八寸二分（约220mm），宽四寸一分（约110mm），厚九分（约25mm）和长七寸（约190mm），宽三寸半（约95mm），厚七分（约20mm）。墙体厚一般在一尺到一尺四寸（约275～385mm），仅小合欢厚半砖约四寸左右（约110mm）。

单体建筑中山墙及檐墙的里皮较柱中再向内退入一寸为定例（约30mm），墙身与柱交接处砌成八字形，使柱子在室内露明，具有较好的装饰效果。

墙体砌筑时还要注意自下至上逐渐内收，即所谓的“收水”。收水以每高一丈（约2750mm）收进一寸（约30mm）为标准。界墙、院墙、园墙等应两面收水，山墙、檐墙则仅于外面收水。

3．墙顶处理

墙体砌至顶端都需作收头处理，以给人留下完美的感觉。

平房山墙的结顶最为简洁，只是用砖逐皮挑出一寸（约30mm）左右，高约两、三皮，经纸筋粉面、刷色后形成一条柔和的装饰线条。山墙顶面上覆瓦，与屋面联为一体。

观音兜的高度，自金桁处向山墙顶（观音兜）作内凹曲线，其形如观音的“背光”，故名。半观音兜从屋脊底到山墙顶的上皮约四尺（约1100mm）宽约三尺半（约950mm），全观音兜自廊桁起山墙曲线的，上部尺寸需适当增加。其结顶方法与平房相类似，但墙顶高于屋面，所以需两侧挑砖、做出线脚。顶面顺势平覆二路盖瓦。

屏风墙依建筑的进深分三山屏风墙和五山屏风墙，三山屏风墙以建筑山墙的前后垛头的距离分作七份，中间占三份，其余各两份。高度从屋脊底到墙顶的上皮约四尺（约1100mm）；五山屏风墙则分作十一份，中间占三份，其余亦各两份。五山屏风墙各层可等距跌落，也可使中屏略高。屏风墙的墙顶处理基本与院墙、界墙、塞口墙等相同，它们在墙垣的顶部都要做出墙脊、墙檐、抛枋及一些装饰线

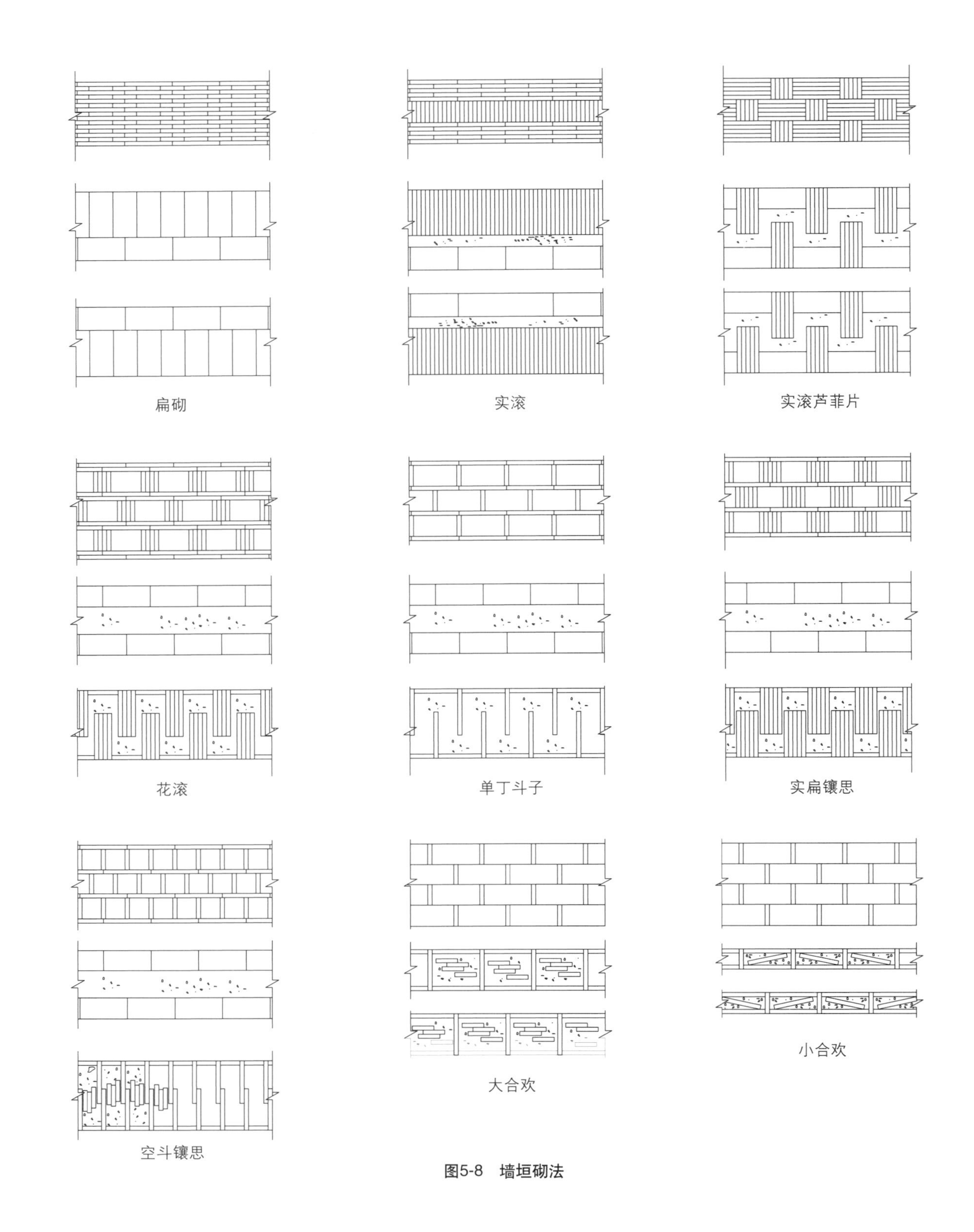

图5-8 墙垣砌法

脚。即当墙体砌筑到一定高度后要将墙面两侧挑出少许，向上砌一尺（约275mm）左右，然后再逐皮挑砖二、三皮，每皮出挑一寸（约30mm）。其上以三五算或四算的提栈收顶，斜面上铺覆仰瓦盖瓦，一如屋面铺瓦。至墙脊处用望砖密排筑脊结顶。到墙垣粉面时在出挑处塑出圆弧形线脚“托浑”，上平为“抛枋”，再上塑葫芦形线脚（即下层外凸上层内凹）“壶细口”（图5-9）。

包檐墙的墙顶处理与院墙、界墙等墙顶相类似，通常也要在檐口之下做壶细口、抛枋、托浑等装饰线脚，将枋子、椽头等封护在墙顶之内。出檐墙的顶端不作太多的处理，仅将墙体砌至枋下，其上粉平或粉出向外倾斜的斜面，使枋子和椽头露明。

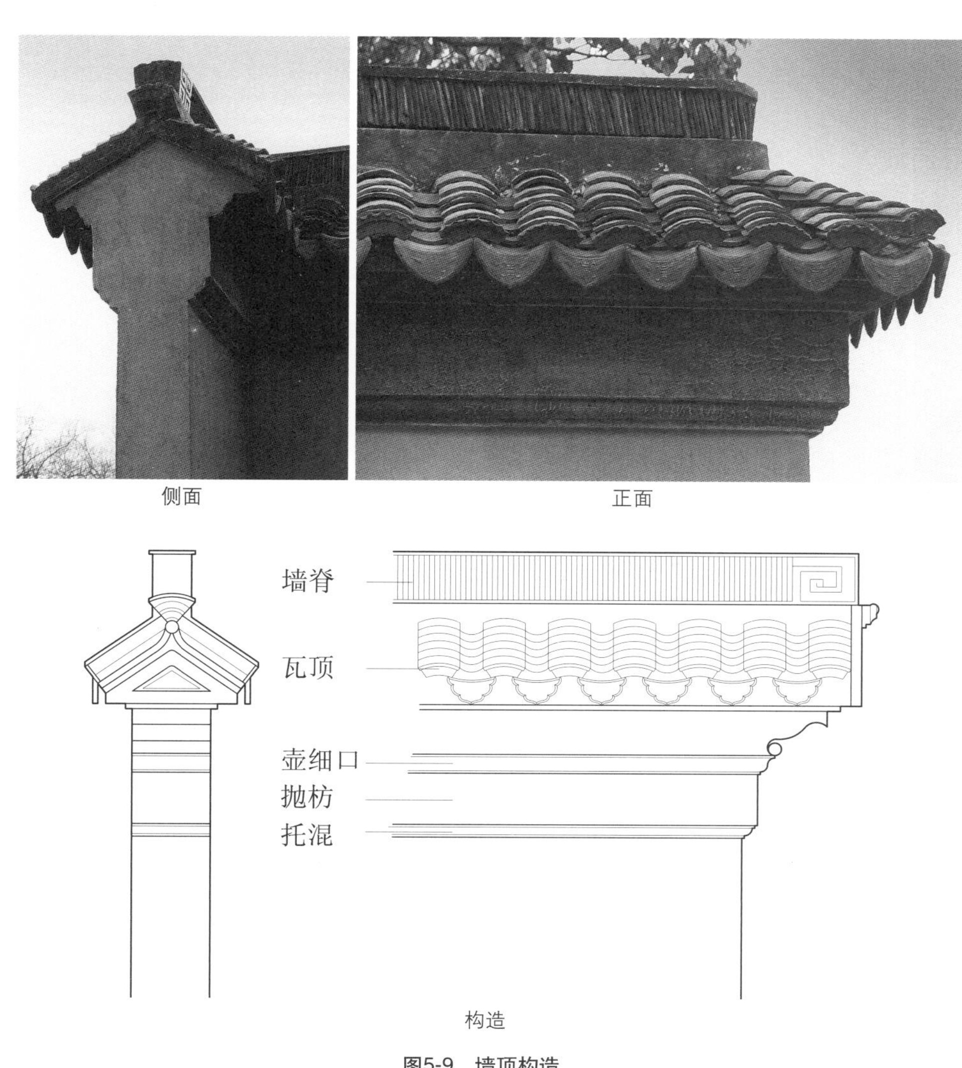

图5-9 墙顶构造

三、墙面修饰

苏式建筑的墙体表面一般都要进行饰面处理，其形式有二，一是用灰砂、纸筋粉面的称“浑水墙”；另一为纯用青砖砌筑，不加表面刷饰或以水磨砖贴面，称“清水墙”，前者造价较高，所以使用不甚普遍，苏地所见的清水墙大多为后者。

1．浑水墙

浑水墙饰面时先在墙体表面用灰砂打底，覆盖墙体的凹凸，并用长尺刮平，使之平整划一。所谓“灰砂”，就是石灰与砂和水化合成胶泥，墙体砌筑通常亦用此。待干后再以纸筋粉面。“纸筋”是以稻草或纸脚〈粗草纸的一种，含大量稻草纤维〉和水放在石臼中捣烂，再加入新化的石灰胶泥打烂化合。灰砂和纸筋层共厚约八分（约20㎜），两者的比例为二比一左右。等到完全干透即可刷白或刷黑。早期的建筑外墙多用刷黑，其法为先用青纸筋塌粉，待干透再刷料水数遍。所谓“料水”即和轻煤之水，其色青灰。再用淡水刷几遍。至料水干后用新扫帚遍刷三、四次，然后用蜡少许以丝棉包压磨到起光，即所谓“罩亮”。刷白只要在墙面上刷石灰水二、三遍就可以了。但墙顶的托浑、抛枋、壶细口等装饰线脚仍要进行刷黑，以形成“粉墙黛瓦”的效果。

2．做细清水砖饰面

清水墙通常被归于“做细清水砖作”，其工艺复杂，造价较高，所以除府邸、衙署的照墙以水磨砖进行整体嵌砌外，一般仅用于局部，如厅堂的勒脚、垛头、博风等部位，起着画龙点睛的作用。

图5-10　砖细勒脚

图5-11　砖细博风

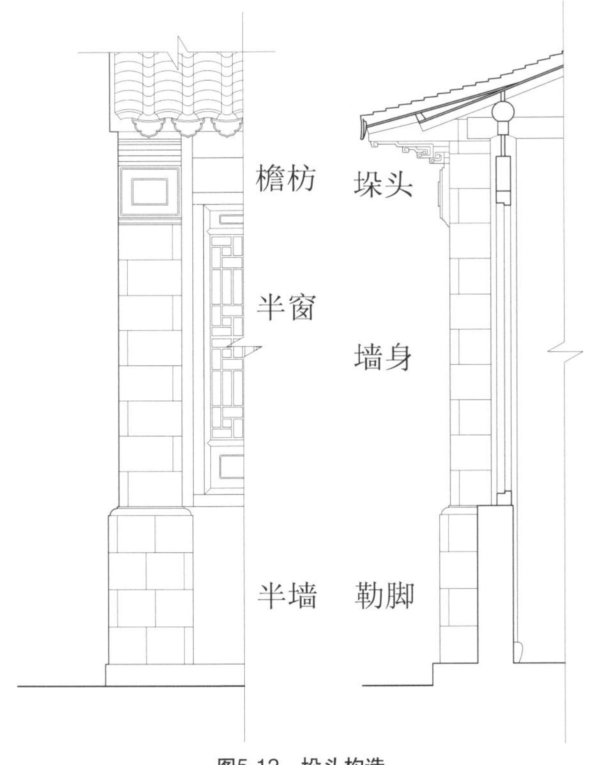

图5-12　垛头构造

用于墙垣饰面的清水砖料须选择质地均匀、空隙较少且平整光洁的大窑砖，其表面先要刨光，然后打磨。砖与砖相接的砖边应砍刨出向内的倾斜面，以便在砌筑时能吃住灰砂，但在与表面相接的四棱处还需留出一定宽度的垂直面，并予打磨，以保证砌筑后砖缝一致。而最边缘砖料的外缘或与看面垂直磨平，或刨凹凸线脚。

墙面嵌砌可以直接用灰砂粘贴于墙体的表面，但为了使清水墙面更加平整，还是应该先用灰砂找平后再进行嵌砌。嵌砌时每皮都要拉线，每砌一皮还需检查砖缘是否有高低不平，若有突起应及时磨平。并在嵌砌三、五皮后检查一次墙面的平整度。

厅堂勒脚用半黄砖扁砌，突出墙面一寸左右（约30mm），至顶端常用镶边，即以宽二寸半左右（约70mm）的黄道砖略突于勒脚，边缘起线脚，看面素平或雕出回纹、云文等装饰纹样。一些装饰富丽的厅堂或照墙若对整个墙面都作清水砖饰面时，常视墙面面积的大小，用水磨方砖在勒脚之上围砌成边框，边框内缘刨磨起线，并四周绕通。其内用方砖或半黄砖进行嵌砌，方砖常转成四十五度角进行斜嵌，半黄砖则宜平铺或裁成八角、小方相间嵌砌（图5-10）。

硬山山墙的屋面下有做清水砖博风的（图5-11），塞口墙的抛枋也有做水磨砖的，都是用水磨方砖嵌砌而成，其下缘刨出托浑线。包檐墙虽然也用水磨方砖做托浑、抛枋，但抛枋四边要起线，两端作纹头装饰，枋面微微隆起，做成所谓“满式”。抛枋之上出“三飞砖”，即用浑砖二皮、方砖一皮逐层挑出。上联斜砖至瓦口。

普通的做细照墙与塞口墙相似，下用砖细勒脚，上为砖细抛枋，当中是浑水面墙。较精致的往往置两、三层抛枋。用二层者下枋较高，选方砖或京砖水磨拼砌。上枋用半黄或尺八方砖对锯，并挑出下枋数寸。在枋的两端悬荷花柱，上覆“将板枋”。用三层的在其上、中、下枋间以“束编细”、“仰浑”、“托浑”相联。抛枋之上还要设“定盘枋”、坐牌科、架桁、椽以承屋面。其桁、椽、牌科、定盘枋等都用水磨砖制成。

3．垛头与砖细墙门

垛头有两层含义，一是指山墙位于檐柱或廊柱以外的部分，由下至上可分为勒脚、墙身和承檐装饰部分。勒脚外口与阶沿齐，厚与山墙同，高为墙面勒脚的延伸。墙身的厚度较勒脚约收进一寸（约30mm）。上部承檐装饰部分占总高十分之一点五左右，其上缘至檐口（图5-12）。另一层含义仅指上部承檐装饰部分，其做法又有砖细及水作两种。砖细精巧秀丽，多用于府宅；水作简洁大方，常用于庙宇、普通民居。承檐装饰部分也可分为三个部分。檐下依出檐的深浅用砖逐层出挑，并做成“三飞砖”、“壶细口”、“吞金”、“书卷”、“朝式”、“绞头”诸式。侧面也有作雕刻的，以三飞砖最简洁，仅素平。绞头最为富丽，雕出精美复杂的纹饰。下部起各式线脚，有“浑线”、“束线”、“文武面”等。中间方形或略呈长方形的嵌砖称“兜肚”，其看面平或做成满式，四周起内外两圈方形线框，内外线框间饰以“百结”、“套线”、“插角”、“工字档”花纹。兜肚中央则雕有各种静物、花卉等。兜肚两侧或素平或刻出金钱、如意诸式。水作的各部分与砖细相同，只是用灰浆纸筋塑出，省却了精细的饰纹，所以尽管较砖细经济，但也不失其精美（图5-13）。

苏式建筑中大厅、轿厅之后的天井往往要用塞口墙围出一狭小的落水天井，其目的主要是为了天井的形象能够整洁单一，同时也有界分内外的含义。如客人的仆役只能停留在门厅、轿厅等处；而家中的男仆也不允许进入大厅之后的内宅区，所以在塞口墙正中要设置墙门。为增强装饰效果门头之上都饰有枋子、牌科、屋面等，当地称之为“墙门”。墙门的屋脊大都低于两侧的塞口墙，若高出塞口墙顶则被叫作“门楼”。其下部做法完全相同，但上部形式有三飞砖墙门和牌科墙门两种。

墙门的门框为石料构成，两侧直立的石料称“栨”，其上架“上槛”，下卧“下槛”，下槛高出地面二、三寸，为“摧口”。石框两旁作垛头，其下脚阔一尺半（约400mm），深同门扇宽，下部做勒脚，方法与前述垛头大体相同，内侧作八字形，称“扇宕”，为开门时门扇倚靠之所，其斜度通常为十比四左右。扇宕间下铺条石为“地栿”，

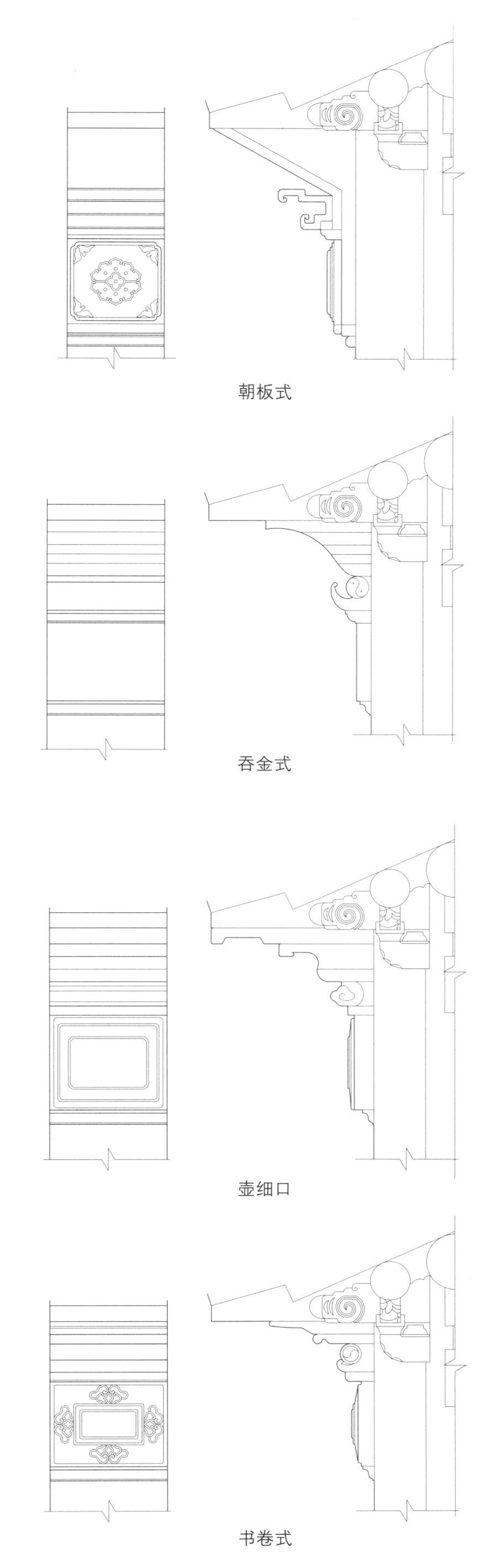

图5-13　各式垛头（一）

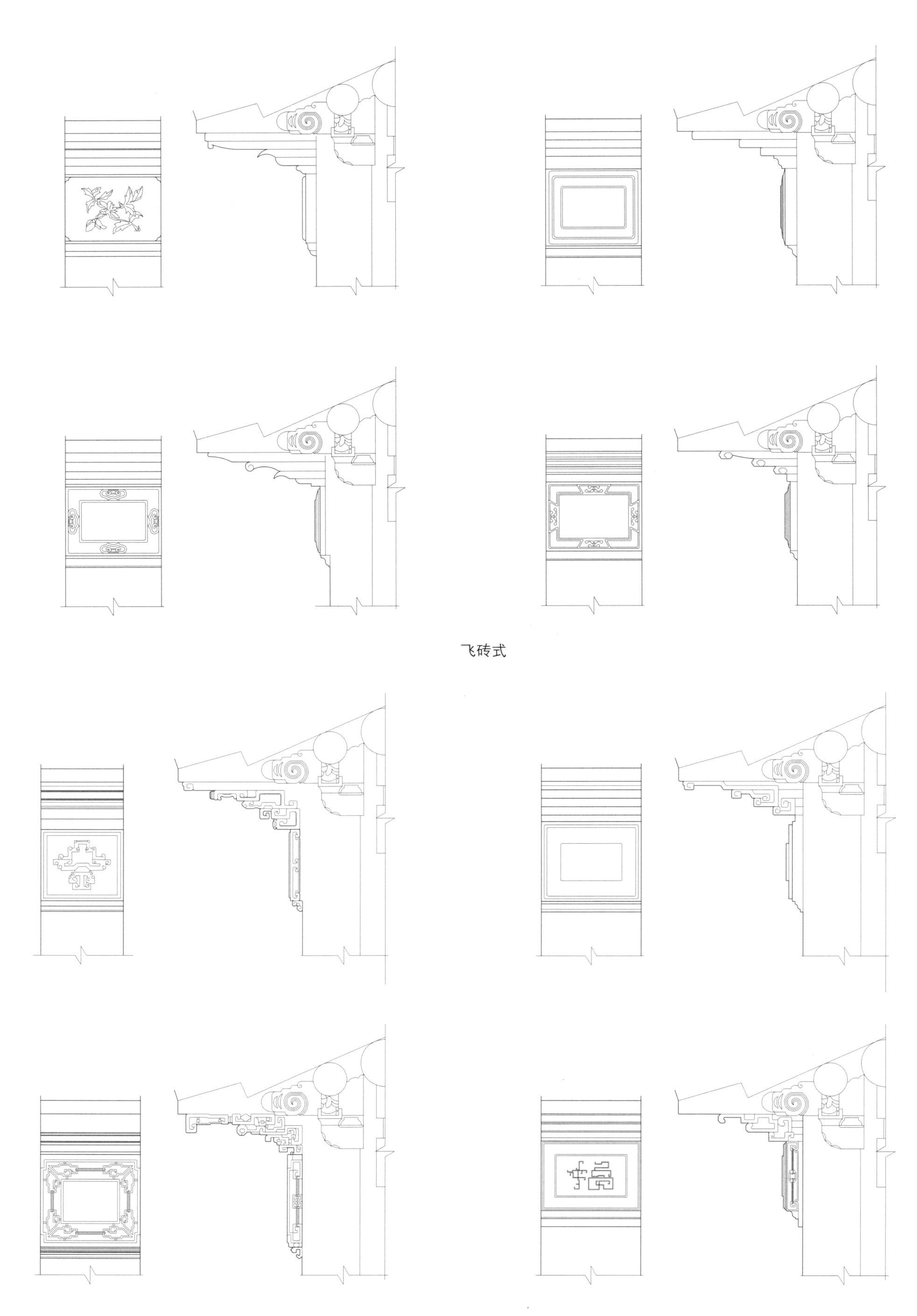

纹头式

图5-13　各式垛头（二）

上架条石“顶盖”，内加横木“叠木”。其外用水磨砖包贴，为下枋。枋面突出垛头寸许，四边起线，两端作纹头雕饰。枋面作平面称“一块玉”，中央施雕刻则称“锦袱”。下枋之上用仰浑、束编细、托浑组成一组装饰线脚。托浑之上置“大镶边”，其四周起线，宽寸余，可根据需要采用不同的线型组合。大镶边内分为三部分，两端方形部分称“兜肚”其外缘刻有线框、嵌角，中饰花卉，大都较为简洁。当中部分为“字牌”，用以题字。字牌四周也有起线镶边，称“字镶边”。大镶边之上再用仰浑、束编细、托浑等线脚装饰，上承上枋，上枋样式一如下枋，其下开槽置挂落，两端悬“荷花柱”，柱的下端雕成荷花或花篮状，上端连于枋上的“定盘枋”。定盘枋为扁方形，在荷花柱处绕柱头凸出，称“将板枋”。荷花柱上部前置“隐脊”，旁插“挂芽”。再往上则依据装饰的需要做成三飞砖墙门或牌科墙门（图5-14）。

图5-14　砖细墙门构造

三飞砖墙门是在定盘枋正面，上留五寸左右的空宕，较枋面稍进，其上置二皮浑砖、一皮方板砖逐层出挑，即为“三飞砖”，侧面用“靴头砖”封护。三飞砖上架桁、椽，设屋面，侧面山花处镶贴砖博风。三飞砖墙门也可以不用水磨砖而以砖砌粉刷，用纸筋塑出字牌、上、下枋及各部分的线脚，省却荷花柱、隐脊、挂芽、挂落等饰物，则为“水作三飞砖墙门”（图5-15）。

牌科墙门是在定盘枋上用砖细牌科，根据需要可随意选用一斗三升、一斗六升、桁间牌科或丁字牌科。其上屋面使用硬山的与三飞砖式相同，使用歇山的其发戗做法与木构相近，只是泼水较少，檐口出挑也不大，因为挑砖过长容易折断（图5-16）。

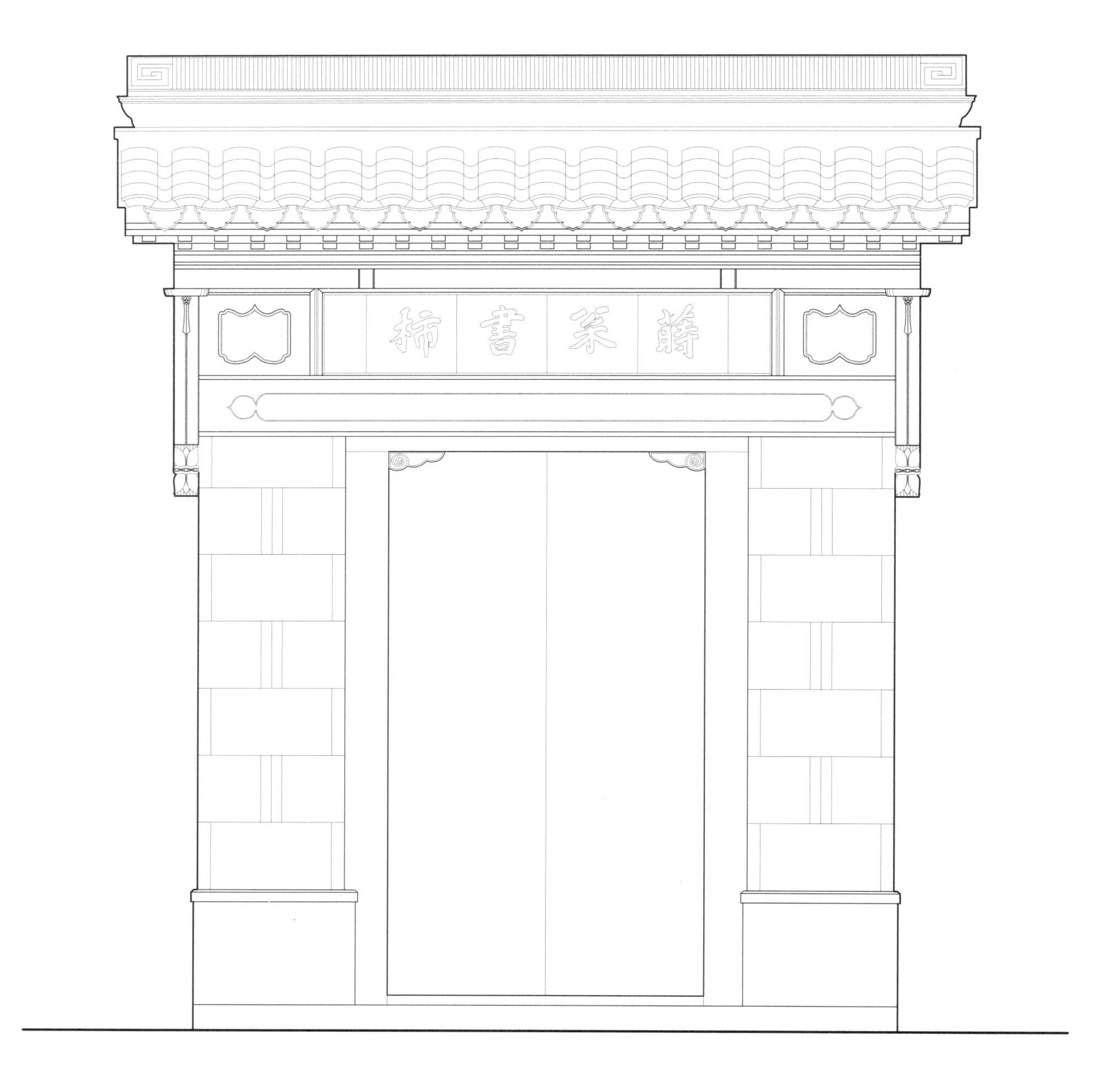

图5-15　水作三飞砖墙门（一）

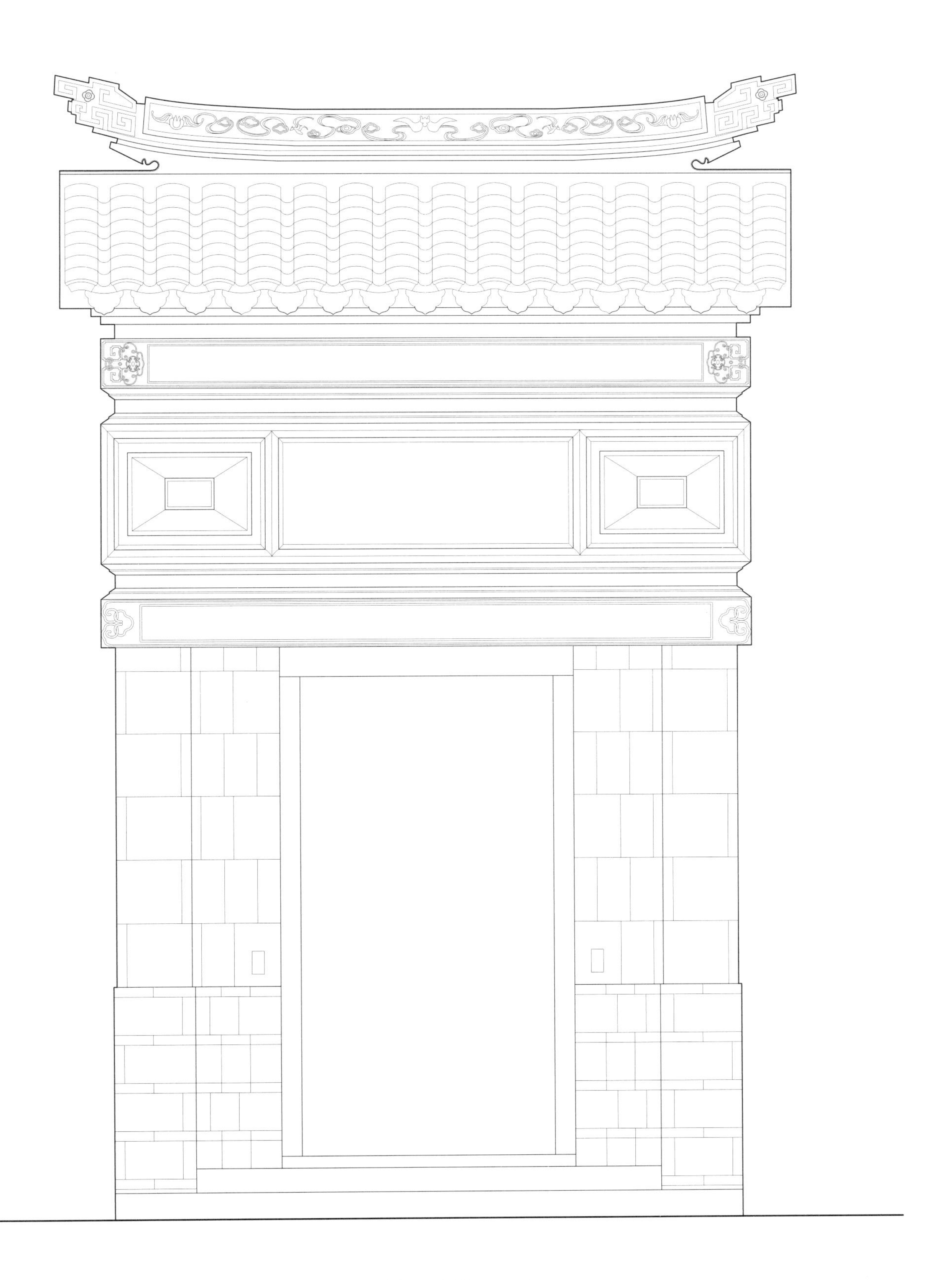

图5-15　水作三飞砖墙门（二）

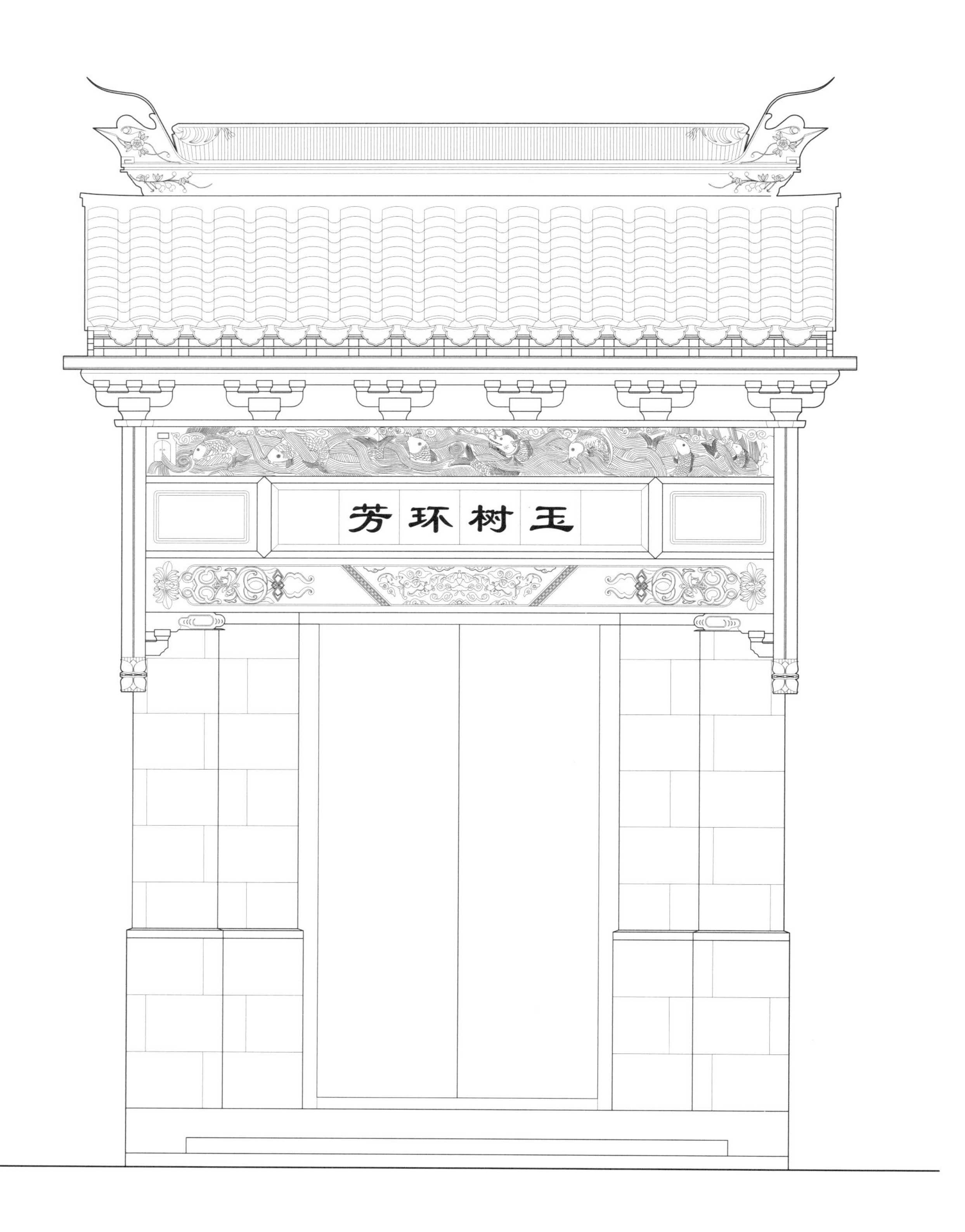

图5-16　牌科墙门（一）

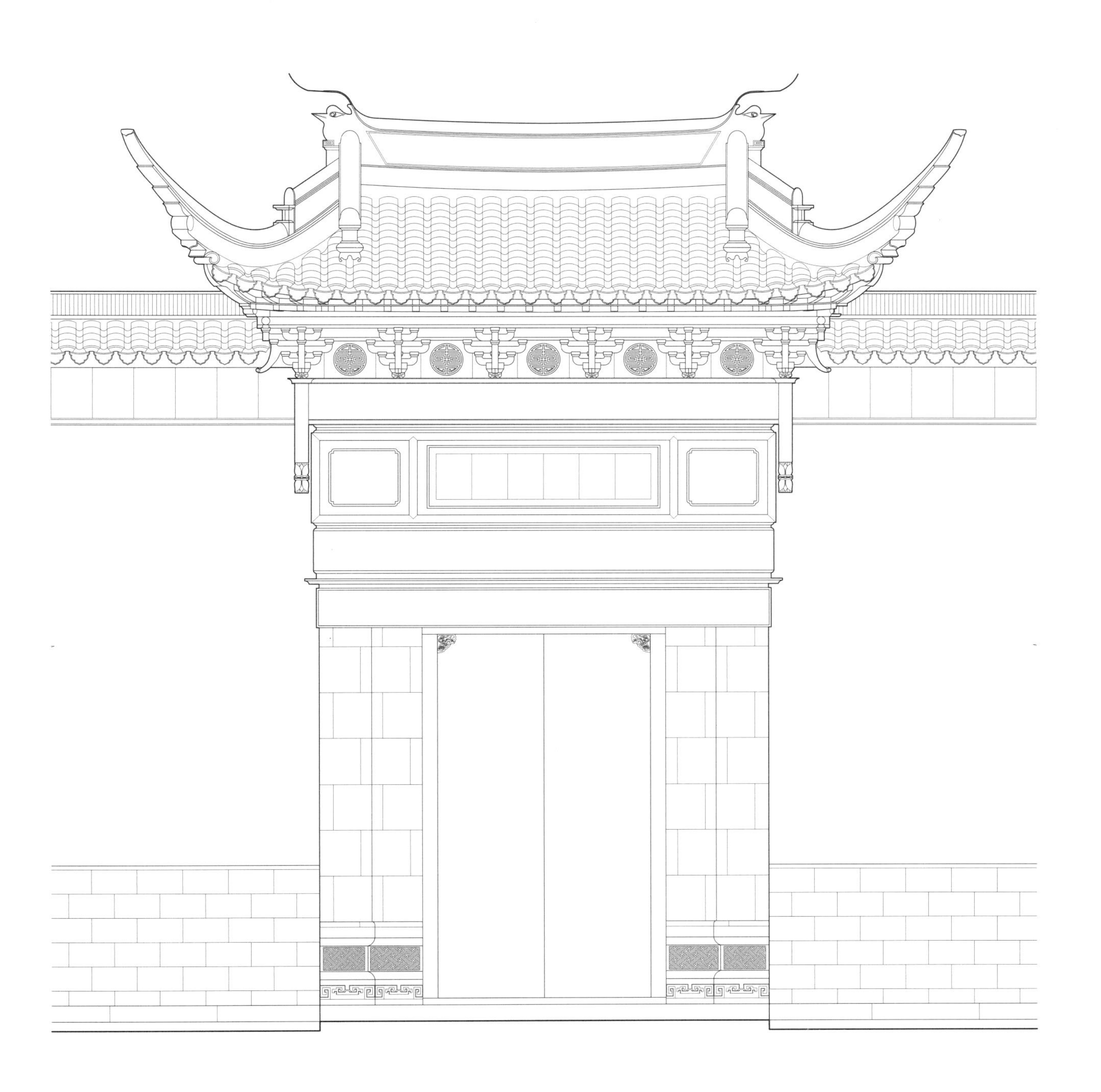

图5-16　牌科墙门（二）

四、地穴、门景及月洞、漏窗

府宅带有花园，若园地较大，人们常用园墙予以分隔，为便于出入则在墙面上开设地穴或门景；为让游人能隐约领略到隔院的景致，往往又在墙面上设置漏窗及月洞。

地穴即园墙之上所僻的门宕，而不装门扇，其形式很多，有圆形、六角、八角、椭圆、长方、长八角、执圭、汉瓶、葫芦、秋叶、莲瓣、海棠等诸多样式（图5-17）。有人也称它们为“月洞门”，但大多是指圆形地穴。地穴的处理主要是在墙体留出相应的门洞后，用水磨方砖予以镶砌，其宽度突出墙面一寸左右，侧面起简洁的线饰（图5-18）。方砖的背面有些还需开凿出燕尾槽，用带燕尾榫的木条插入槽中，并将木条的端头砌在墙体内，以保证安装的牢固（图5-19）。门景与地穴相似，其上端或方、或圆，或联回纹作纹头、或联数圆为曲弧，形式众多，样式不一，且起线更为华丽，常用亚面与浑面进行组合，形成多变的造型。

月洞是墙面开设的空洞而不用窗扇，如今人们常称其为“景窗”。月洞的样式也有方、圆、六角、八角、横长、直长、扇形、菱花、海棠、如意、葫芦等形式（图5-20）。其做法与地穴相同，也是以水磨方砖镶砌在窗宕内侧，砖边起线为饰。月洞的大小及高度应根据人的视点和整个墙面的比例来确定，故一般没有具体的规定。

图5-17　各式洞门

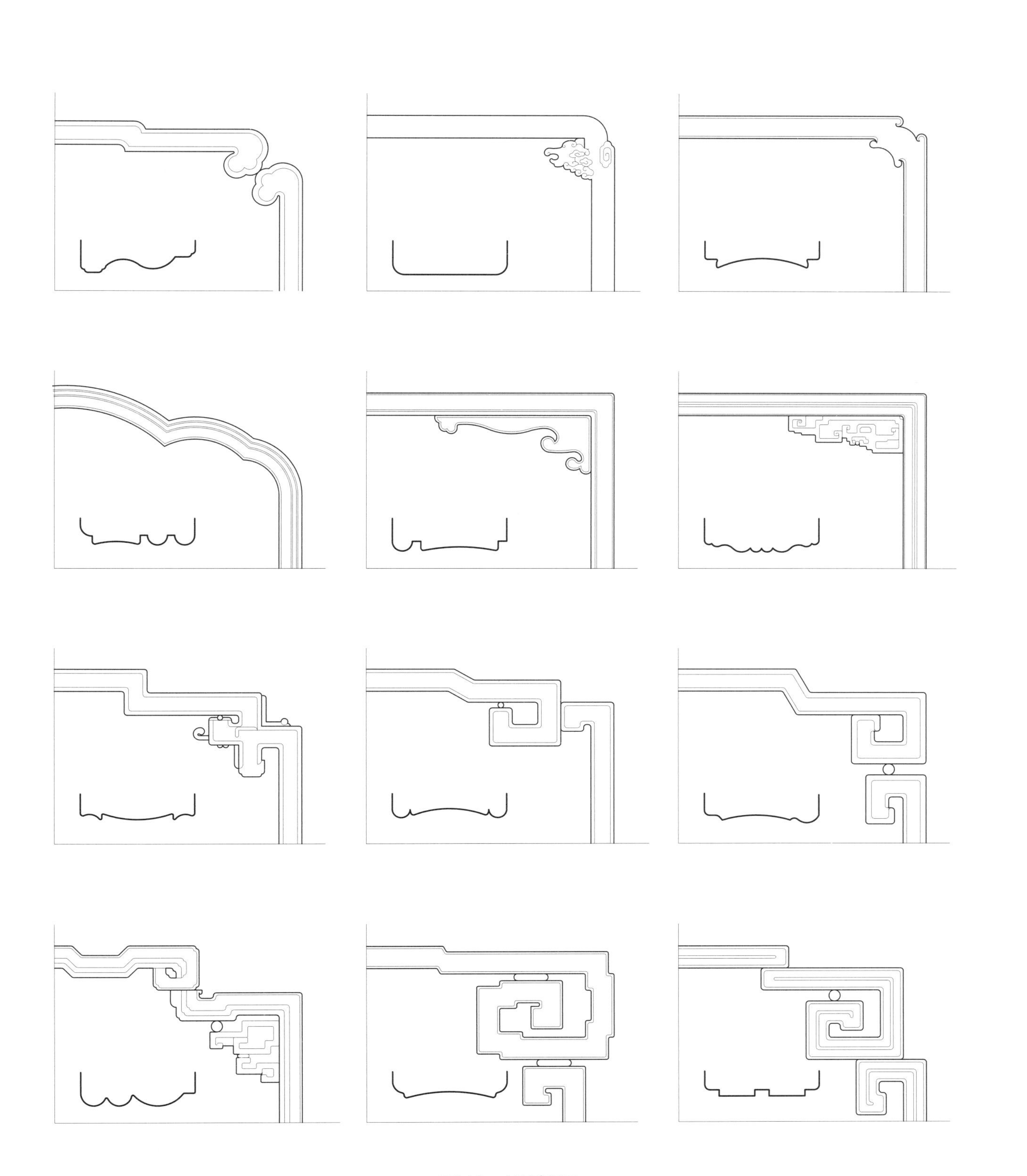

图5-18　水磨砖门圈

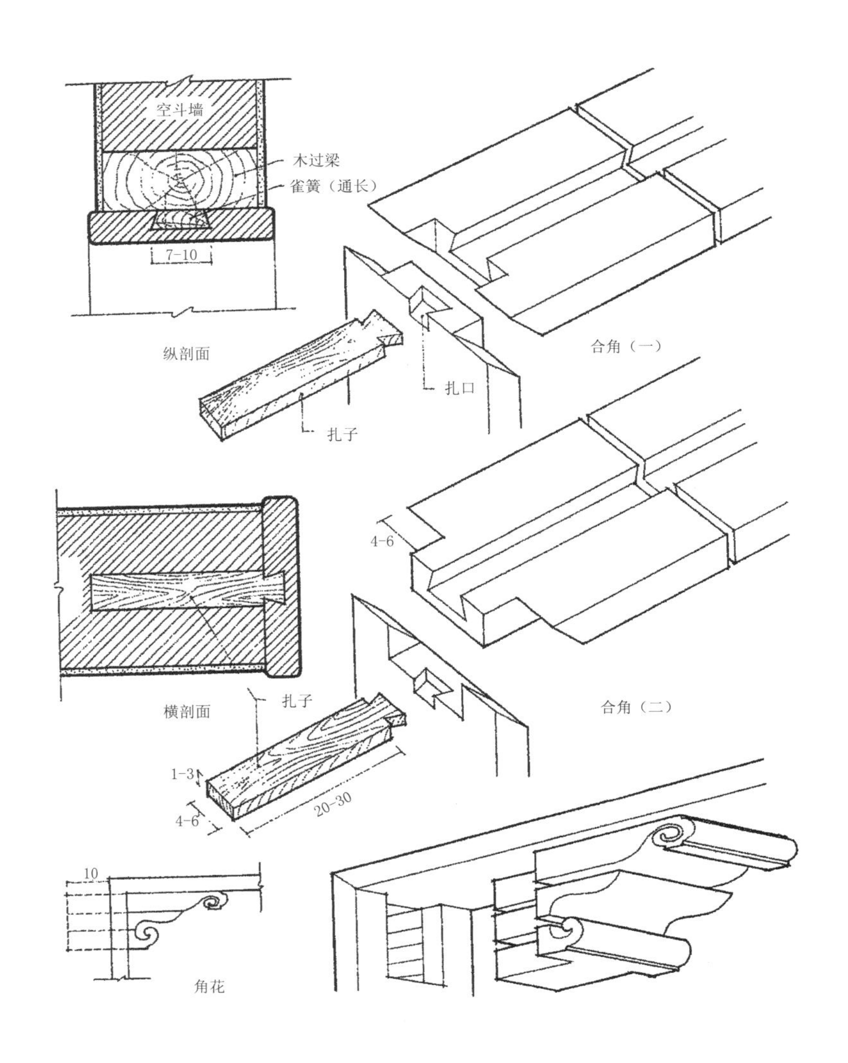

图5-19　月洞门各构件的结合方式（摹自刘敦桢《苏州古典园林》）

漏窗通常不用清水砖细，窗以方（图5-21）、横长为多（图5-22），也有直长、圆、六角、八角扇形及多种不规则形状（图5-23）。漏窗的边缘一般只做两道线脚，中间用砖、瓦、木条以及铁骨纸筋堆塑做出各种装饰纹样，其样式之多不下百余种。构图可分为几何形体与自然形体两类，也有混合使用的。

几何形体是由直线、曲线组合而成。以直线为主的有万字、定胜、六角锦、菱花、书条、绦环、冰纹等纹样（图5-24）；用圆弧构成的有鱼鳞、球纹、秋叶、海棠、葵花、如意、波纹等图案（图5-25）；还有将直线与圆弧组合而成的，如夔纹、万字海棠、六角穿梅、各式灯景等等。早期的几何纹漏窗是用望砖、及不同尺寸的筒瓦、板瓦拼逗而成，故图案形式并不太多，其表面或保持砖瓦本色，或刷黑。以后改用木条为骨、外粉纸筋，由于木条可以锯截成不同长度、各种形状，这就大大增加了漏窗的变化（图5-26）。

自然形体大多选用传统的装饰图案，有松柏、梅花、牡丹、芭蕉、石榴、佛手、桃等花木纹样；有狮虎、鸟雀、蝙蝠、松鹤、柏鹿等鸟兽造型；还有小说传奇、佛教故事、戏曲场景等人物图形。过去自然形漏窗的制作是以木片、竹筋为骨架，扎后外用纸筋堆塑而成（图5-27），晚近改用铁片、铁丝为骨，再在其上进行堆塑，使漏窗变得更为坚固。

有些漏窗则用整砖予以透雕，题材更为丰富，也更显华丽，只是大多使用在寺庙、祠祀类建筑之中（图 5-28）。

当代还有采用与之漏窗的，其形式在传统的基础上又有了变化，而制作更为快捷（图 5-29）。

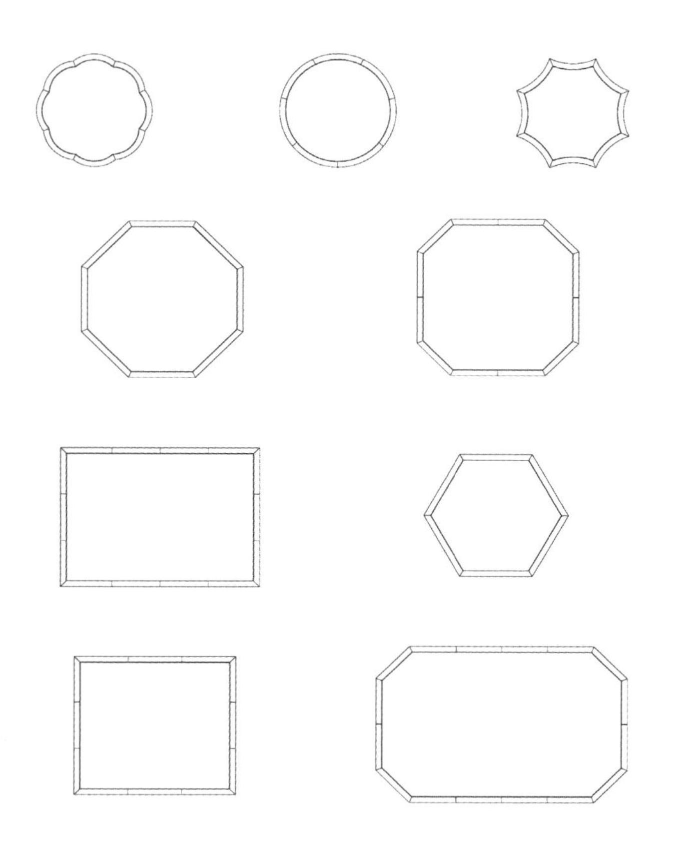

图5-20　各式月洞

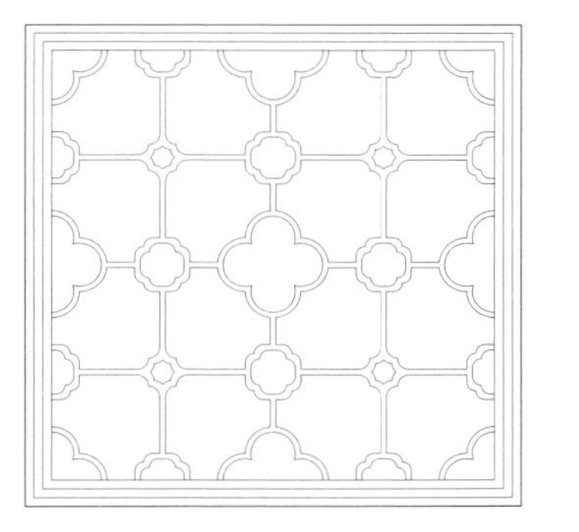

海棠灯景式

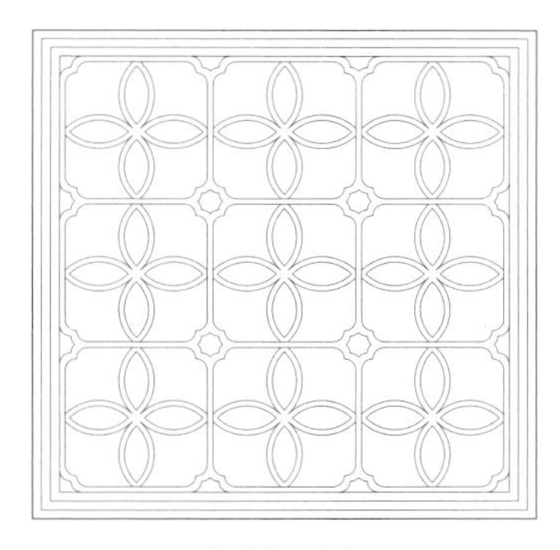

芝花灯景式

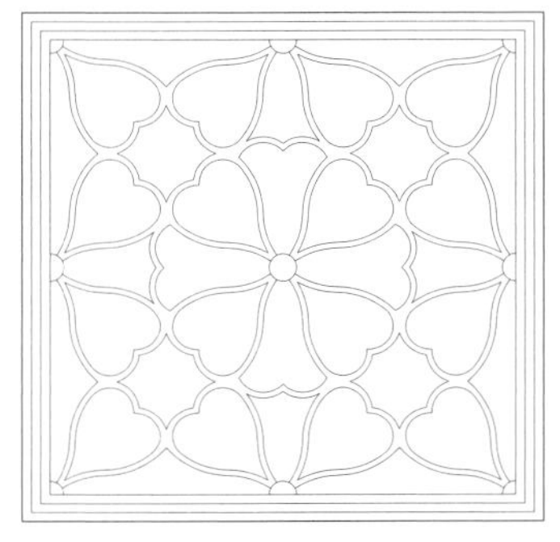

葵花式

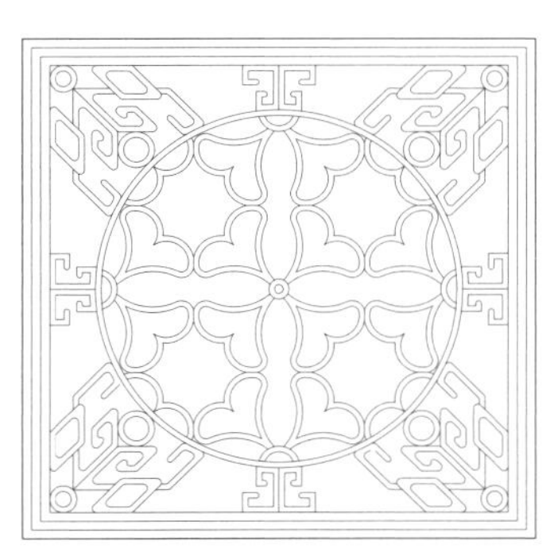

葵花式

万字锦

图5-21　各式方形漏窗

图5-22　各式矩形漏窗

图5-23　各式异形漏窗

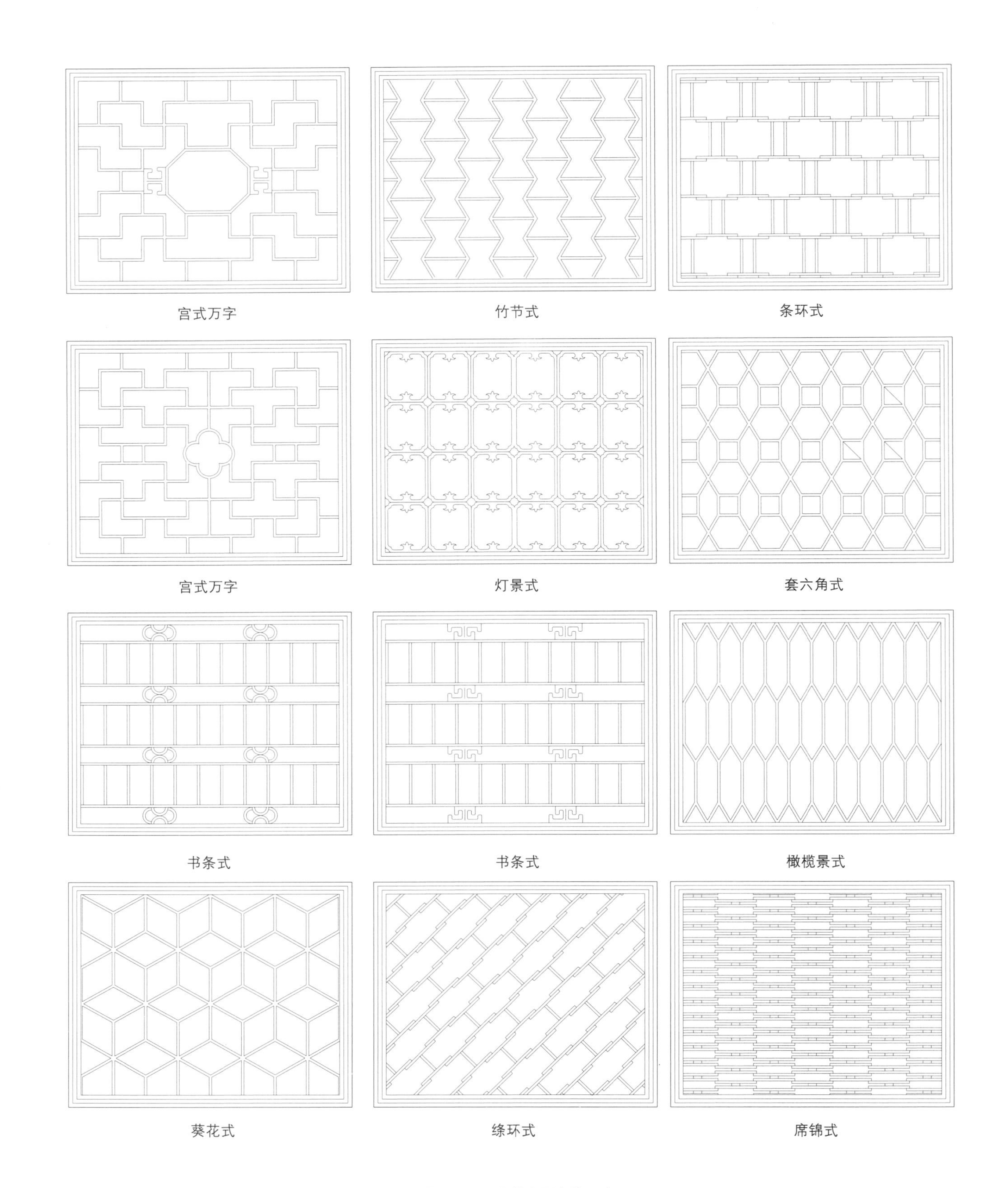

图5-24　以直线为图案的漏窗

鱼鳞式 　　波纹式 　　九子式

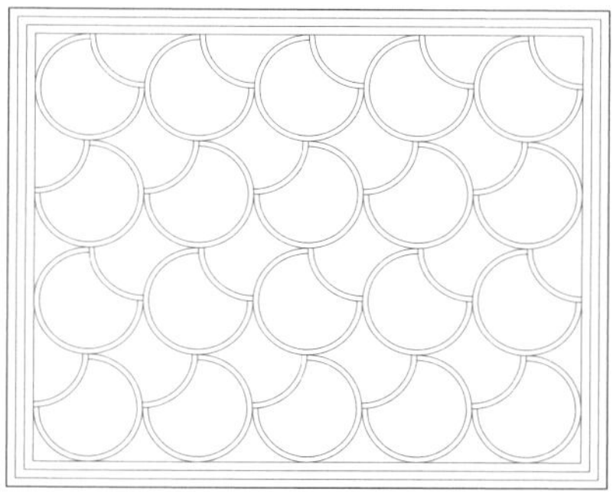

破月式 　　软景海堂 　　软脚万字

球门式 　　秋叶式 　　套钱式

图5-25　以曲线为图案的漏窗

图5-26　木骨粉面漏窗

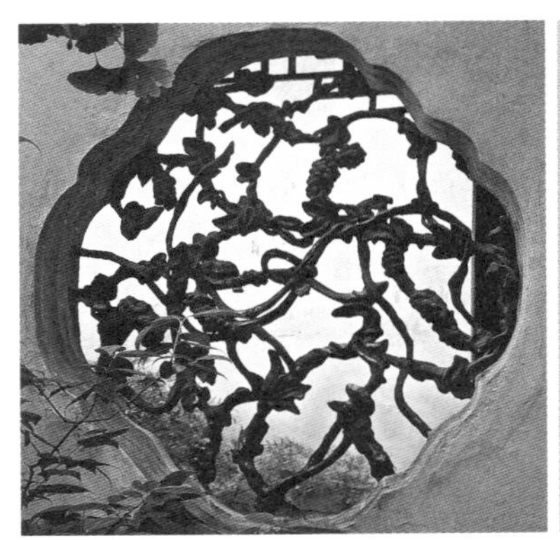

图5-27　堆塑漏窗

图5-28　砖雕漏窗

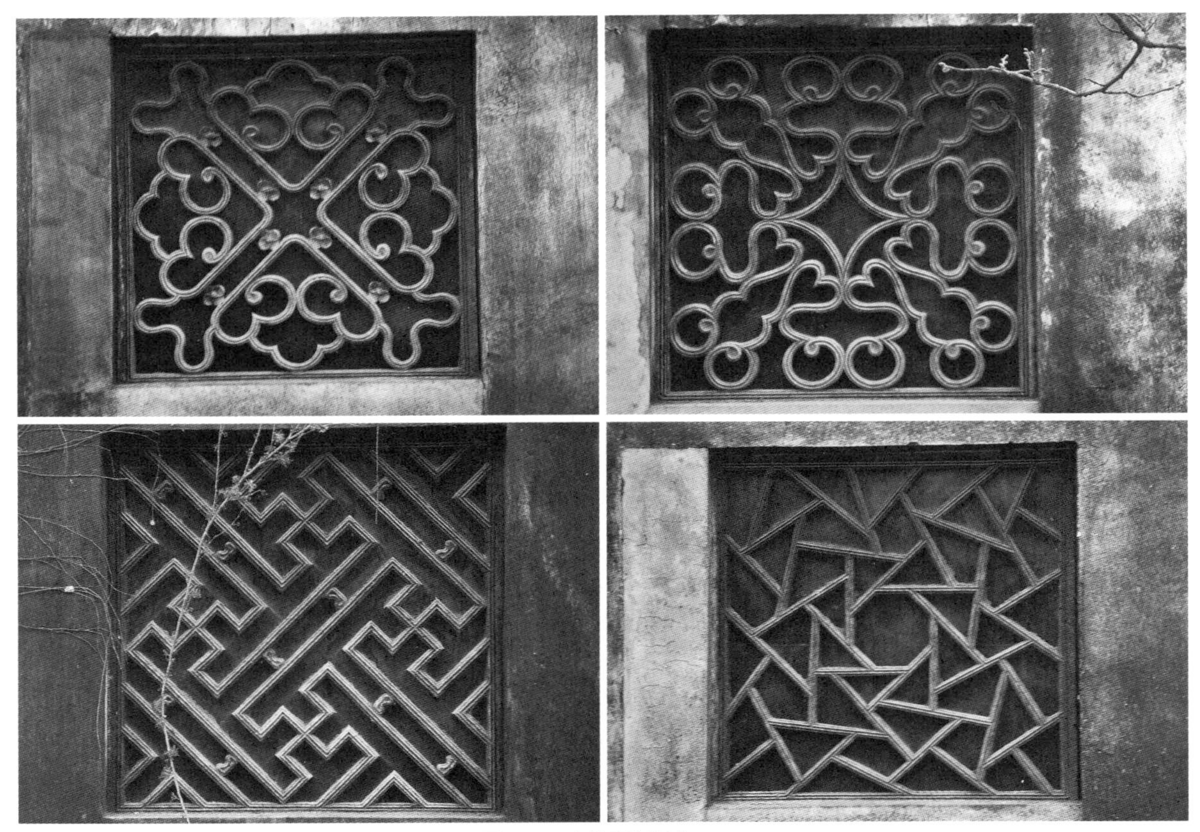

图5-29　当代预制漏窗

五、城墙

在我国古代，城墙是一种常见的构筑物，它的使用相当普遍，一般在县城以上的城市以及边关要塞等军事重镇中都能看到其身影。然而城墙的修造与我国其他古代建筑一样，其构筑材料与修筑方法常常是依据当地条件的差异而有所不同而。苏州是一座历史悠久的古城，在长期修造城墙的实践中形成了自己的传统（图5-30、31），并一直被延用到二十世纪初。

苏州城墙的修造首先是基础的处理。由于苏州处太湖流域的冲击平原，其地层土质较弱，需对地基作强化处理。一般在筑城之前掘去表层浮土，垦至生土层。然后在墙体中部位置打入石钉，以增强地基的承载力。在墙体两侧砖石包砌面之下打入桩木。桩木每开间一丈用九根，其上用盖桩石。若旧有城墙毁损严重，需拆至基础时，也要添打桩木。盖桩石上砌筑侧塘石三到五皮，其内用绞脚糙塘石填砌，使之平齐，并用灰浆灌注。糙塘石之间还间用长丁头石，或一丁一侧、或一丁两侧进行驳砌。有时还要将长丁头石每隔一定距离与侧塘石相互联系，不仅使城墙墙脚联为一体，还能增强墙脚与夯土墙身的拉结作用。

墙身内部主要用夯土填充。墙身用土通常采自城壕，因为城壕本身也是古城防御体系的一个组成部分，需要开掘加深，而城墙之中又需取土充填，所以相互之间可以取得土方的平衡。填土采用逐层铺填、夯实的方法，使之成为一个坚实的整体。在一些颓坏的城垣内还曾发现夯土中夹杂碎砖石的情况，这是为了提高墙体的强度。

图5-30　苏州城墙上的城楼与雉堞

图5-31　苏州城墙的马道

墙身两侧包砌城砖，一般与墙身内夯土同步进行。在过去修筑城墙是为了实用，所以常将新添的城砖用于城墙外侧，这一方面是为了观瞻，更主要的是提高外侧墙面的坚实度。而修造时拆下的旧砖则砌于城墙的内侧，以使材料能够得到充分利用。城砖的砌筑采用实扁砌，自侧塘一直砌至墙顶（图5-32）。

为了提高城墙的整体强度，同时也利于作战，城墙每隔一定距离需增筑炮台〈马面〉，其砖石面与主体墙面相垂直，并伸入到墙身夯土之中，称作城带或城黄〈城带位于炮台两侧，城黄位于城门左右〉。

苏州城墙高为二丈四尺（约6600mm），上筑城垛〈雉碟〉高六尺（约1600mm）。城墙底宽二丈五尺（约6900mm），墙体虽有收水〈收分〉，但并不十分显著，从目前保存的盘门瓮城及两侧墙段看，有的地方几乎上下已近垂直。

城墙上部的顶面用青砖侧铺。为便于排水，表面做成龟背状，两边于城垛内侧的下部设排水明沟。明沟每隔一丈左右用石制水舌将流水引向城墙之外。

砌筑城墙用的灰浆以石灰砂浆为主，但在城门洞内侧，尤其是水城门则常常使用糯米灰浆，即在石灰砂浆中羼入适量的明矾及糯米汁（图5-33）。

图5-32　墙身包砌

图5-33　城门洞内的砌砖

第二节　屋　面

屋面工程一般指桁椽以上的施工，包括铺望砖、望板，覆瓦及筑脊。但在传统建筑施工的工种分工时钉望板仍归木工，而铺望砖及覆瓦、筑脊则属水作瓦工。苏式建筑的屋面施工因建筑等级的不同其做法也有一定的差异。

一、殿庭屋面

殿庭类建筑在椽子之上通常都钉设望板，望板为厚六（约15mm）到八分（约20mm）的长条木板，密铺并钉固在椽子之上，板与板之间平缝相接，讲究的也有用高低缝的，这是为了避免在上面铺灰砂时渗下而产生污染。稍简陋些的也可在椽子上铺望砖，但因殿庭尺度较大，其望砖的尺寸也大于厅堂，长为八寸一，阔五寸三，厚八分（约225mm×150mm×20mm）。

望板或望砖之上遍铺灰砂，其厚度在檐口处较薄，约两寸半左右(约80mm)，越往上越厚，至屋脊处可厚达一尺二寸(约330mm)，且需将灰砂层顺提栈的起势抹成连续的柔和曲面。

灰砂主要由石灰与湖砂按二比一的比例拌和而成，有时为防止灰砂干后开裂，还可以掺入适量的纸脚。施工时应自上而下压抹光平，主意不要有断续的平面出现，所以在屋面中部铺灰砂时，椽子的中间部位稍薄，而两椽交接处略厚。稍讲究的做法是将灰砂分两层铺筑，下层用掺入纸脚的灰砂，厚一寸（约30mm）左右。因纸脚纤维的拉结作用以及厚度不大，保证了其不会发生开裂，从而形成了一道很好的防水层，同时对望板也有保护作用。待七八成干后再刷灰浆、抹平，然后再铺纯灰砂。这种做法虽然增加了两道工序，但能大大提高屋面的防水性的。

灰砂层之上即为瓦屋面。屋面铺瓦以仰置相叠的为“底瓦”，两底瓦之上覆“盖瓦”。殿庭盖瓦有用筒瓦，也有用板瓦的，以前者更为考究。为保证铺瓦的平整稳定，底瓦的两侧还要填入“柴龙”或“人字木”。铺瓦以盖瓦一列为“一楞”，两楞的间距为“豁”，屋面楞数的多少视建筑的开间及瓦楞的大小而定。一般以盖瓦座中，即正中一楞盖瓦的轴线与建筑的轴线重合。歇山顶的竖带须压住一列盖瓦的半边，竖带的外侧用“排山滴水”。而四合舍的正面要求将正脊与斜脊的正面交线作为一楞盖瓦轴线的延长点，其山面则以底瓦座中。所以瓦楞的间距需予以计算调整，以保证均匀排布。用板瓦时底瓦的大头朝上，盖瓦则须大头向下，瓦与瓦之间的叠压不得小于半块瓦的长度，即所谓“压五露五”，有时叠压处还要用薄灰浆进行勾缝，而筒瓦表面大多要予以粉面处理。到檐口处底瓦用“滴水瓦”，即瓦的下端连有下垂的尖圆状的瓦片，以便滴水。板瓦的盖瓦用“花边”，即瓦的下端连有两寸左右下垂的边缘，用以封护瓦端空隙。筒瓦的盖瓦则用“钩头瓦”，在其瓦端做成一圆形装饰（图5-34）。

二、厅堂、平房屋面

厅堂类建筑除使用嫩戗发戗的屋角须用望板外，既便是屋角外的部分与平房一样，在椽子之上都铺设望砖，其望砖尺寸较殿庭要小。厅堂所用长为七寸半，阔四寸六，厚五分（约210mm×125mm×15mm）；平房则为长七寸二，宽四寸二，厚五分（约200mm×115mm×15mm）。为防止屋面渗漏，望砖铺设时其四周边缘要用薄灰浆进行勾缝处理。

厅堂与平房在望砖之上仅铺一层灰砂，其厚度变化也不及殿庭那么大，檐口处厚约二寸半（约70mm），至屋脊厚七、八寸（约100mm）。但铺灰时仍需如殿庭那样由上到下顺势抹光压平，做出柔和的曲面。

厅堂和平房的底瓦固定不用人字木，或用柴龙，或用灰泥（即一比二、三的石灰与粘土拌和）。铺瓦时也以盖瓦坐中，硬山的边楞为盖瓦，其外缘的下部仍需留出半路瓦沟宽的底瓦。使用屏风墙或歇山形屋顶的，其屏风墙或竖带之下应压住一列盖瓦的半边。然后调整瓦豁的距离，使屋面布瓦均匀。厅堂和平房屋面上瓦的叠压较多，常以“压七露三”为度，且瓦与瓦之间可直接叠压而不用勾灰，这是因为在日后若有瓦片的损坏，可以用调整叠压比例来修复屋面，而无需另外添置瓦片。

此外在铺瓦时无论殿庭、厅堂或平房都需要先于灰砂面上弹线，铺设时还需拉线，以保证瓦楞的平齐。铺设从正中开始，先铺两列底瓦，上覆盖瓦，然后再一路底瓦，一路盖瓦地向两侧伸展。另外还要注意滴水与花边伸出尺寸的一致，以保证檐口平齐。

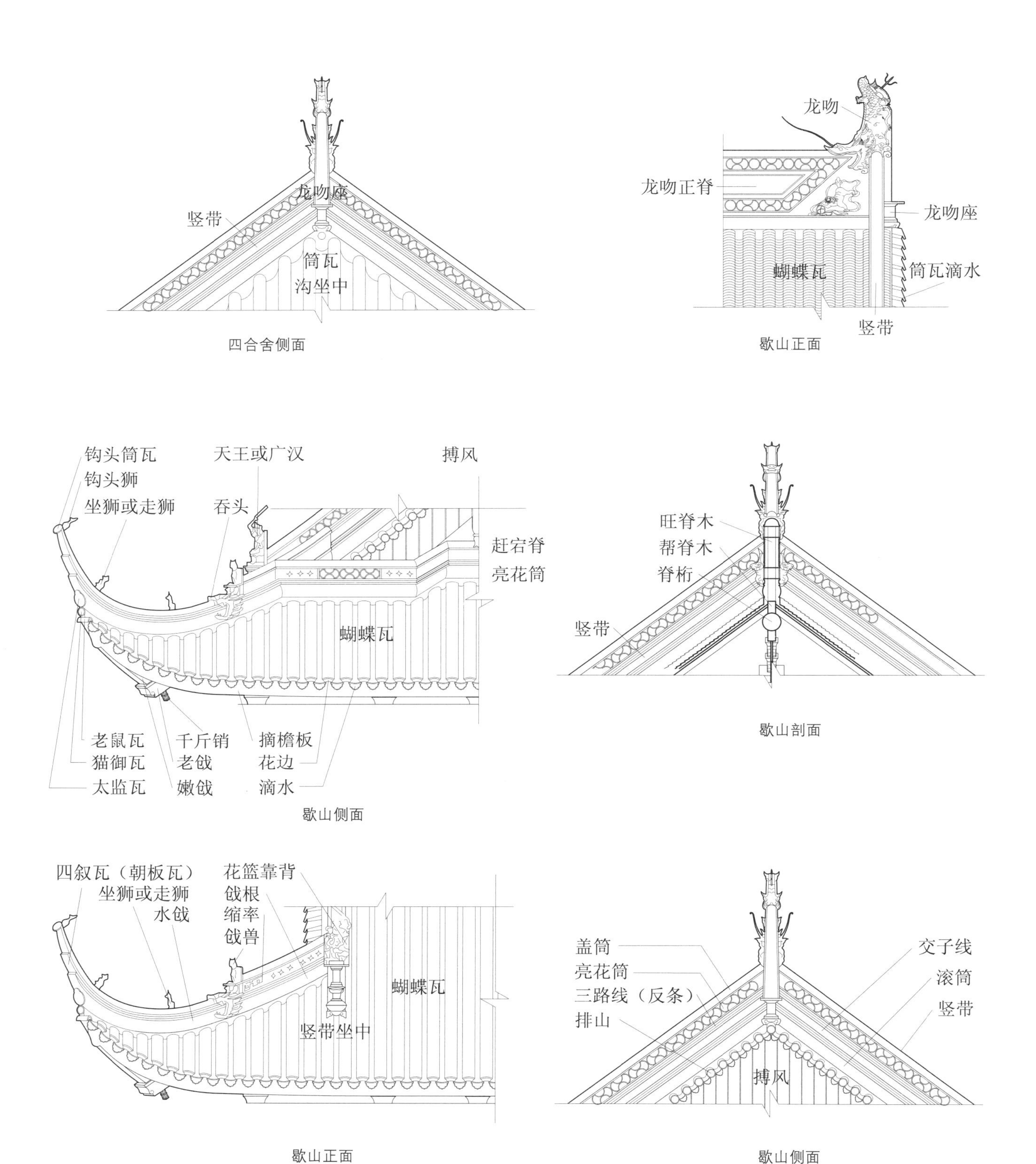
龙吻座
竖带
筒瓦
沟坐中
四合舍侧面
龙吻
龙吻正脊
龙吻座
蝴蝶瓦
筒瓦滴水
竖带
歇山正面
钩头筒瓦
钩头狮
坐狮或走狮
天王或广汉
吞头
搏风
赶宕脊
亮花筒
蝴蝶瓦
老鼠瓦
猫御瓦
太监瓦
千斤销
老戗
嫩戗
摘檐板
花边
滴水
歇山侧面
旺脊木
帮脊木
脊桁
竖带
歇山剖面
四叙瓦（朝板瓦）
坐狮或走狮
水戗
花篮靠背
戗根
缩率
戗兽
蝴蝶瓦
竖带坐中
歇山正面
盖筒
亮花筒
三路线（反条）
排山
交子线
滚筒
竖带
搏风
歇山侧面

图5-34 殿庭屋面

三、筑脊

凡两屋面相交处均为脊，一般都用砖瓦砌出一条高出屋面的矮墙，这就是所谓的“筑脊”。在苏式建筑中屋脊的位置不同则有不同的名称。前后屋面交接处称“正脊”；前后屋面与山花相交处被叫作“竖带”；四合舍正脊下两坡屋面交合处的斜脊也称竖带，到老戗根部位置降低为“水戗”。园林建筑使用歇山形屋顶，其檐口以上正面的屋面与侧面的屋面接合处一般都在老、嫩戗之上，所以其斜脊也叫水戗。另外歇山顶山花之下与山面的屋面相接处也需做一条脊，称作“赶宕脊”。

相对而言殿庭筑脊用的瓦件名目繁多，有龙吻、天王、坐狮、走狮、檐人、筒瓦、通脊等（图5-35），而厅堂、平房仅用筒瓦、蝴蝶瓦及望砖等。

1．正脊

殿庭正脊的两端安龙吻或鱼龙吻（图5-36），称“龙吻脊”。龙吻有大小之别，分五套、七套、九套、十三套等（表5-4），可以根据建筑开间的不同而选用。正脊的高低也随龙吻的不同及叠砌的方法可作调整，主要应使脊高能与建筑的比例相协调。通常三开间的殿庭用五套龙吻，脊高为三尺半到四尺（约1000～1100㎜）；五开间用七套龙吻，脊高为四尺至四尺半（约1100～1250㎜）；七开间用九套龙吻，脊高四尺半至五尺（约1250～1370㎜）；九开间用十三套龙吻，脊高大于五尺，但苏州未见实例。龙吻之内用硬木插入，下端以榫卯固定在帮脊木上。正脊之中也要用“旺脊木”或铁条贯穿固定。脊的构造以九套龙吻为例，自下而上分别为“滚筒”、“二路线”、“三寸宕”、“亮花筒”、“字碑”、“亮花筒”、“三寸宕”“一路瓦条”与“盖筒”，高约五尺（约1400㎜）。滚筒用大毛筒做成，直接砌于脊顶的盖瓦上，不用攀脊使下部底瓦留空，以减少风压。二路线用望砖砌出，其上较望砖略收进，高三寸，即三寸宕。亮花筒用五寸筒瓦对合组砌成金钱、定胜等纹样，连续周绕，具有很好的装饰效果，同时也有减小风压的作用。亮花筒的上下夹以略微突出的望砖，形成装饰线脚。字碑可分为数段，用方砖镶砌，也可用水作塑出。最上面的盖筒即用七寸筒瓦覆于一路瓦条之

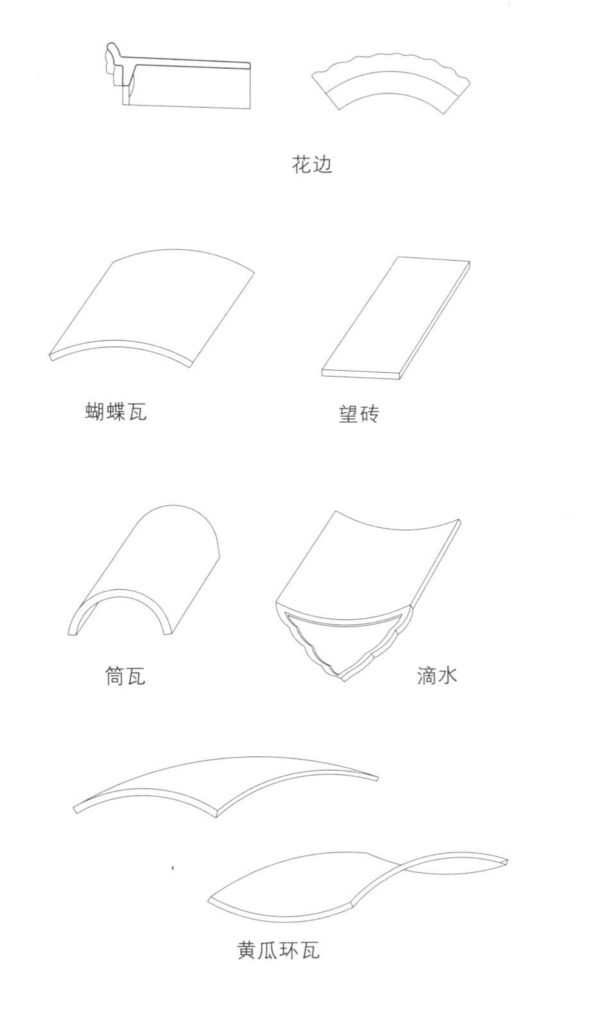

图5-35　各种瓦件

图5-36　龙吻

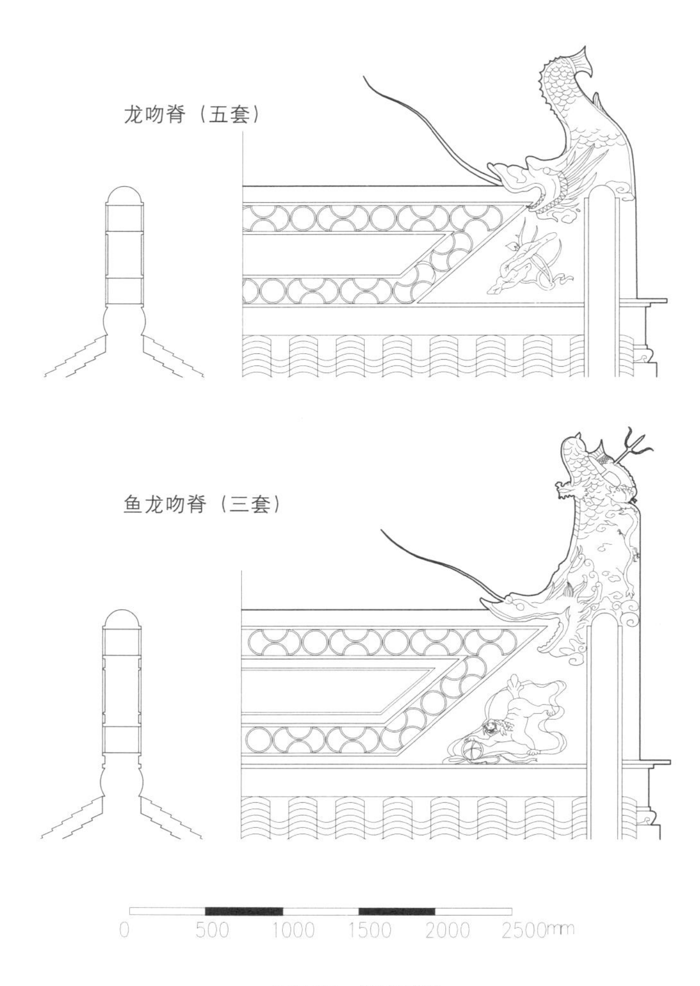

图5-37　殿庭用脊

上，外以纸筋包裹（图5-37）。正脊当中通常有龙凤等图案的瓦件或水作装饰（图5-38）。

厅堂、平房的正脊两端也有脊饰，小型寺观的正厅用“哺龙”，厅堂用“哺鸡”，平房用“纹头”、“雌毛”、“甘蔗”等（图5-39），杂屋则用“游脊”。硬山筑脊先于前后屋面合角处筑“攀脊”，脊高出盖瓦二、三寸（约55～65mm），攀脊两端覆花边瓦，称“老瓦头”，瓦端挑出墙外，与下面的勒脚平齐。哺龙、哺鸡等脊在攀脊之上用五寸或七寸筒瓦合砌为滚筒，也可以将两端的攀脊砌高而不用滚筒，使脊端翘起，中间微凹，称“钩子头”，纹头、雌毛诸脊常用此。滚筒或钩子头之上用望砖凹凸砌出一、二路线脚，即“瓦条线”，若用二路，当中内凹处称“交子缝”。哺龙与哺鸡脊的脊饰头朝外，后部用铁片弯曲，外加堆塑，做成翘起的尾部，脊饰之下以瓦设“坐盘砖”，安于瓦条之上。纹头、雌毛诸脊不用坐盘砖，直接将脊饰做在瓦条上。各种脊饰有用粘土烧制而成的，也有筑脊时堆塑出的前者虽然坚固，但不如后着活泼和富有变化。两脊饰之间用瓦竖立密排，其上铺一层望砖，并刷“盖头灰”，以防雨水。杂屋所用的游脊是将瓦片倾斜排于屋脊处，形式相当简陋。正脊当中通常有福禄寿三星、仙人或吉祥图案等的水作或砖细装饰（图5-40）。

图5-38 水作团龙与团凤

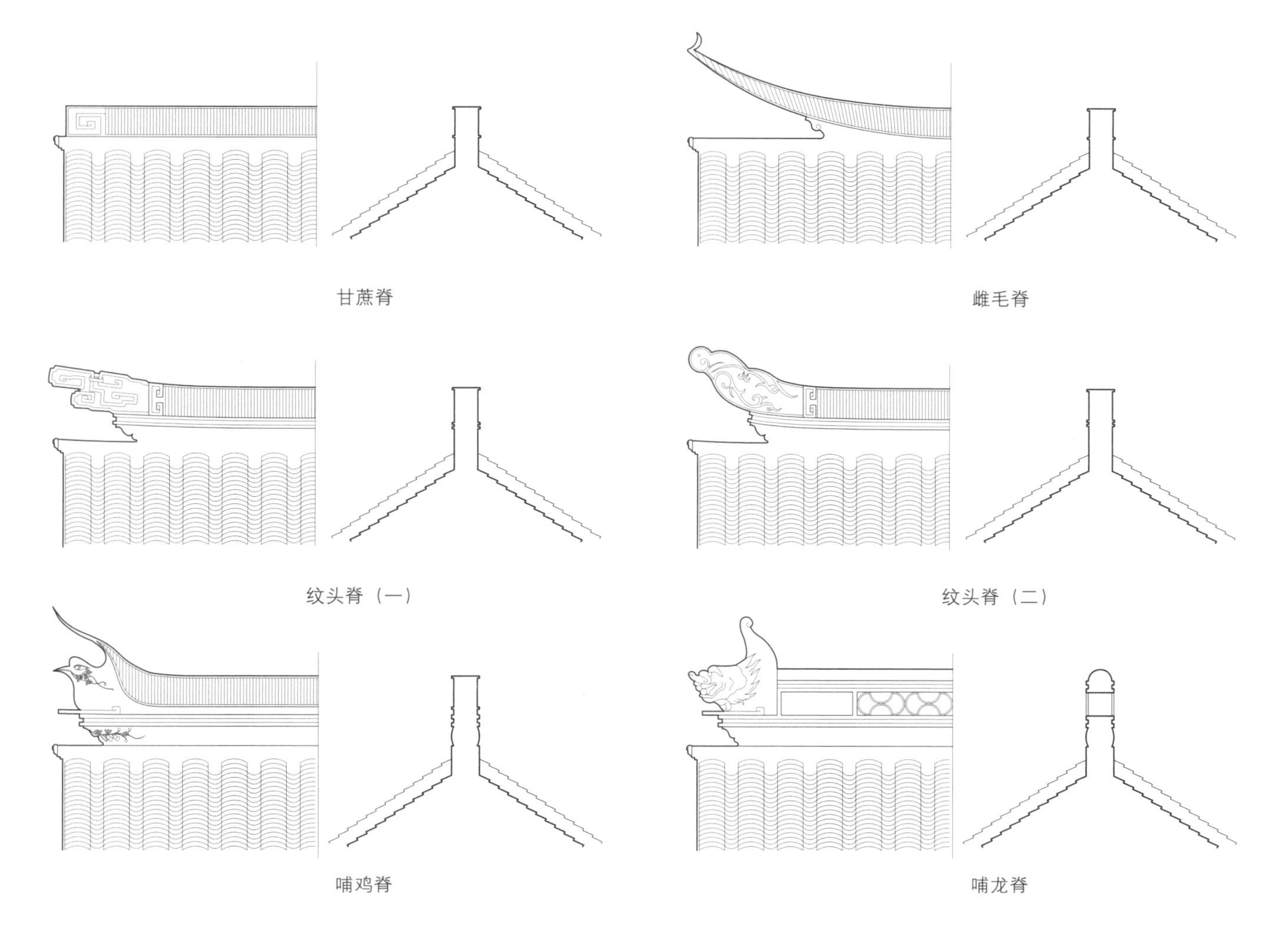

图5-39　厅堂用脊

图5-40　厅堂正脊上的水作仙灵装饰

图5-41　吞头

图5-42　天王

园林建筑为体现其轻盈，常省却正脊而做成“回顶”形式，它是在前后屋面交合处覆以“黄瓜环瓦”，瓦呈双曲面形，也有盖瓦和底瓦之分，以使瓦楞及瓦沟绕脊兜通，故在正立面上呈现出凹凸起伏之状。

2．竖带

殿庭竖带的做法按屋顶形式的不同而有所差异。四合舍的竖带位于相邻两屋面的交合处，其上端联于正脊的龙吻下，顶高与正脊平齐，依屋面斜度顺势而下。竖带的构造也以砖瓦叠砌，以九套龙吻为例其自下而上分别砌出脊座、滚筒、二路线、三寸宕、二路线、亮花筒、瓦条、盖筒。其斜向的高度约为三尺，但还需根据屋面的提栈调整瓦条、空宕间的尺寸。竖带下端至老戗根处结束，滚筒位置做“吞头”，吞头形象有龙吻、狮吻及象吻等多种形式，应视建筑的性质而选用（图5-41）。吞头之上在三寸宕的端部作回纹花饰，称“缩率”。三寸宕以上做“花篮靠背”，置“天王”或“仙人”（图5-42）。从吞头处继续向下伸展的斜脊则为水戗。

歇山的竖带沿屋面直下，宽为两愣瓦的间距，其内缘位于最边一路盖瓦的正中。上端接于正脊龙吻之下，下端过老戗根，置花篮靠背，坐天王。其顶面与正脊平齐，构造与四合舍相同。竖带的外侧将钩头筒瓦、滴水瓦横排于博风板之上，称“排山滴水”，至山尖当中为钩头瓦，其上即为正吻座。

硬山殿庭也做竖带，上部的形制与歇山相同，下端至步柱之上结束，也做有天王、靠背等饰物，但其外侧不用排山滴水。

园林建筑用落翼的也有竖带，它的构造较殿庭简单得多，其下部为脊座高出屋面盖瓦二、三寸，宽与豁同，坐于山花旁的两列盖瓦之上，轴线与瓦沟中线重合。座上置滚筒、二路线及盖筒，高仅一尺左右。园林建筑的竖带一般都绕屋脊前后兜通，既便使用正脊，其脊饰也退在竖带之内，且空出一定的距离。竖带的端到老戗根为止，转折后即为水戗。

3．水戗

四合舍的水戗自竖带下端的吞头中伸出，其构造下为戗座，上面砌出滚筒、二路线、盖筒，高度仅为竖带的三分之一左右。水戗随老嫩戗的曲势前伸，至屋角端部逐层挑出、上翘。水戗的前端自摘檐板的合角处，两侧滴水之上置五寸筒瓦，使之与水戗垂直，称“老鼠瓦”，并以“拐子钉”钉于嫩戗尖上。其上在戗座位置安钩头瓦，称“御猫瓦”，或“蟹脐瓦”。再上面的滚筒端做成葫芦状曲线，为“太监瓦”。最后将瓦条、盖筒顺势上翘、逐皮挑出，称“四叙瓦”或“朝板瓦”。盖筒的前端逐渐收小，并以钩头筒瓦结束。其上立“钩头狮”。水戗背也立有走狮、坐狮以作装饰，数量成单，视戗的长度决定，通常为三或五个。水戗“泼水”与垂直成二十五度角，自嫩戗尖到钩头狮的斜长同界深，或视情况稍予缩减。

歇山顶的水戗（图5-43），其前端的形式与做法和四合舍完全一样，后部在竖带的花篮靠背之后与竖带成四十五度相接。交接处一如竖带，做出脊座、滚筒、二路线、三寸宕、二路线、亮花筒、瓦条、盖筒等内容，高度也相同。距水戗根三、四尺左右（约85～1100㎜）的地方饰吞头，上设花篮靠背，置坐狮，花篮靠背之侧也作有缩率装饰。

园林建筑水戗的构造与竖带相同，在老戗根部位置转四十五度沿相邻两屋面的合角处向前伸展，戗端的下部常用砖瓦做出各种形状的装饰，其作用一方面是使细部变化丰富，另一方面也可使戗脚翘起更高，这就是所谓的“水戗发戗”。上面太监瓦、四叙瓦、钩头筒瓦的形式与做法和殿庭水戗相似，但有时为提高装饰效果，有在盖筒的前端不用钩头筒瓦而以铁条顺势圆转相戗背弯曲，并用纸筋塑出卷草等装饰图案（图5-44）。

图5-43　歇山顶的戗角

图5-44　戗角上的水作装饰

4．赶宕脊

歇山顶的侧面落翼根部及重檐建筑下檐的根部都要做赶宕脊。歇山的赶宕脊两端与水戗根相接，脊的顶面与戗根的上缘平齐，其上下构造与竖带相似。脊的中央向内凹进，作“八字宕”，隐入博风板中。重檐建筑下檐的赶宕脊出承椽枋尺许，脊绕屋兜通，高约二尺（约550mm），分脊座、滚筒、二路线、亮花筒、瓦条、盖筒。四面的中央都做八字宕，四角与下檐的水戗根相接。

5．山花

园林建筑中的厅堂、轩榭等常用三间两落翼的屋顶，其侧面形成一个三角形，这就是山花。从构造而言，仅仅是在山界梁上用砖砌筑，将这三角形部位封护起来就可以了，与屋面的结合与硬山相同。但为了装饰，山花往往会用堆塑（水作）或砖细点缀一些仙灵之类的装饰，以增美观（图5-45）。

图5-45　山花装饰

第三节　砖　瓦

如今砖瓦因机械生产，故规格基本统一。而过去不仅不同地区、不同窑口生产的同种砖瓦具有细微的尺寸差异，而且因建筑等级，所用砖瓦也有了大小规格之别。尽管今天在建筑的营造活动中大量使用的是标准的机制砖瓦，但苏地在古建筑、园林的修葺中依然使用传统砖瓦。与过去不同的是，当年众多的窑口已经停止生产或改作机制砖瓦，仅余陆墓（原称北窑）、嘉兴（原称南窑）等原本具有悠久历史且规模较大的窑口仍在生产传统砖瓦，其规格域名称大多沿用。

一、砖料

表5-1　各种传统砖料名称、尺寸与用途

名称	长	宽	厚	重量	用途
大砖	1.02～1.8尺	5.1～9寸	1～1.8寸		砌墙用
城砖	0.68～1尺	3.4～5寸	0.65～1寸		砌墙用
单城砖	7.6寸	3.8寸		1.5斤	砌墙用
行单城砖	7.2寸	3.6寸	7分	1斤	砌墙用
橘瓣砖				5、6、7、8两	砌发券用
五斤砖	1尺	5寸	1寸	3.5斤	砌墙用
行五斤砖	9.5、9寸	4.3寸		2.5斤	砌墙用
二斤砖	8.5寸			2斤	砌墙用
十两砖	7寸	3.5寸	7分		砌墙用
六两砖	1.55尺	7.8寸	1.8寸	7两	筑脊用
正京砖	2.2、2、1.8尺见方		2.5、3、3.5寸		大殿铺地用
半京	2.42尺	1.25尺	3.1寸		铺地用

（续）

名称	长	宽	厚	重量	用途
二尺方砖	1.8尺	1.8尺	2.2寸	5.6斤	厅堂铺地用
一尺八方砖	1.6尺	1.6尺	2.2寸	3.8斤（2.8斤）	厅堂铺地用
尺六方砖	1.6尺	1.6尺	加厚	2.8斤（2.2斤）	厅堂铺地用
尺五方砖	1.5尺	1.5尺	2.2寸		厅堂铺地用
尺三方转	1.3尺	1.3尺	1.5寸		厅堂铺地用
南窑大方砖	1.3尺	6，5寸	加厚	2.2斤	厅堂铺地用
来大方砖	1.3尺	6，5寸	1.5寸	1.6斤	厅堂铺地用
山东望砖	8.1寸	5.3寸	8分		用于椽上
方望砖	8.5寸	6.5寸	9分		用于椽上（殿庭用）
八六望砖	7.5寸	4.7寸	5分		用于椽上（厅堂用）
小望砖	7.2寸	4.2寸	5分		用于椽上（平房用）
黄道砖	6.2寸	2.7寸	1.5寸		天井铺地、砌单墙用
黄道砖	6.1寸	2.9寸	1.4寸		天井铺地、砌单墙用
黄道砖	5.8寸	2.6寸	1.4寸		天井铺地、砌单墙用
黄道砖	5.8寸	2.5寸	1寸		天井铺地、砌单墙用
并方黄道砖	6.7寸	3.5寸	1.4寸		天井铺地、砌单墙用
台砖	3.5尺	1.75尺	3寸		铺台面用
琴砖	3.2尺	3.2尺	5寸		铺台面用
半黄	1.9尺	9.9寸	2．1寸		砌墙门用
小半黄	1.9尺	9.4寸	2寸		砌墙门用

资料来源：据《营造法原》及相关调查编列。

二、墙体用砖

表5-2　使用大砖所砌空斗墙每平方用砖数量

大砖尺寸			每平方丈墙体斗数（每斗6砖）		每平方丈用砖数	备注
长（尺）	宽（寸）	厚（寸）	高（皮数）	宽（斗数）	快	
1.8	9	1.8	9	4.95	267	1.本表指“单丁单扁空斗墙”；2.每皮指一层扁砖加一层斗砖。
1.75	8.8	1.7	9.09	5.01	178	
1.7	8.5	1.7	9.43	5.23	296	
1.65	8.3	1.6	9.71	5.3	320	
1.6	8	1.6	10	5.55	333	
1.55	7.8	1.5	10.42	5.8	363	
1.5	7.5	1.5	10.75	6	387	
1.45	7.3	1.4	11.1	6.17	411	
1.4	7	1.4	11.5	6.4	442	
1.35	6.8	1.3	11.9	6.6	471	
1.3	6.5	1.3	12.35	6.85	508	
1.25	6.3	1.2	12.8	7.14	548	
1.2	6	1.2	13.3	7.4	590	
1.16	5.8	1.2	14.3	8	686	
1.08	5.4	1.1	14.7	8.2	723	
1.04	5.2	1.1	15.4	8.55	790	
1.02	5.1	1	16	8.77	842	

资料来源：据《营造法原》及相关调查编列。

表5-3　使用城砖所砌空斗墙每平方用砖数量

城砖尺寸			每平方丈墙体斗数（每斗6砖）		每平方丈用砖数	备注
长（尺）	宽（寸）	厚（寸）	高（皮数）	宽（斗数）	快	
1	5	1	16.1	8.9	860	1．本表指“单丁单扁空斗墙”；2．每皮指一层扁砖加一层斗砖。
0.96	4.9	1	16.4	9.1	896	
0.95	4.8	0.95	16.8	9.3	937	
0.94	4.7	0.95	17.1	9.5	975	
0.92	4.6	0.9	17.5	9.7	1019	
0.9	4.5	0.9	18.2	9.9	1081	
0.88	4.4	0.9	18.4	10.1	1127	
0.86	4.3	0.85	18.7	10.4	1167	
0.84	4.2	0.85	19	10.6	1208	
0.82	4.1	0.8	19.5	10.9	1275	
0.8	4	0.8	20	11.1	1332	
0.78	3.9	0.8	20.4	11.4	1395	
0.76	3.8	0.75	21	11.7	1475	
0.74	3.7	0.75	21.5	12	1546	
0.72	3.6	0.7	22.2	12.35	1645	
0.7	3.5	0.7	23	12.8	1766	
0.68	3.4	0.65	23.8	13.25	1892	

资料来源：据《营造法原》及相关调查编列。

三、瓦件

表5-4　各种瓦件名称与尺寸

名称	长	高	宽	厚	直径	备注
五套龙吻		2.8尺	1尺	4寸		吻嘴高1.1鲁班尺，分5块
七套龙吻		2.8尺	1尺	4寸		
九套龙吻		4.2尺	1.35尺	6.5寸		吻嘴高2.2鲁班尺，分6块
十一套龙吻		4.2尺	1.35尺	6.5寸		
十三套龙吻		5.5尺	1.35尺	6.5寸		吻嘴高2.5尺，分7块
天王(广汉)		1.3尺	5.5寸	3.5寸		用于竖带或水戗
天王(广汉)		1.6尺	7寸	5.5寸		用于竖带或水戗
天王(广汉)		1.8尺	7寸	5.5寸		用于竖带
天王(广汉)		2尺	7寸	5.5寸		用于竖带
天王(广汉)		3尺	7寸	5.5寸		用于竖带
钩头狮		狮高9寸		4.5寸	筒径6寸	坐毛筒（共三种）上
钩头狮		狮高6.5寸		3.5寸	筒径4寸	坐五筒上
坐狮		1尺				座圆形，径4.5寸高4寸
小坐狮		7寸				座半圆形，径5寸用于水戗
走兽						另有5斤走兽一种，用于水戗

（续）

名称	长	高	宽	厚	直径	备注
檐人，钉帽子		3寸			1寸	
鱼龙吻		2.8尺	1尺	4寸		用于正脊
细小号双套哺鸡		7寸	6.5寸	3寸		
细二号双套哺鸡		9寸	7.5寸	3.5寸		有花纹，窑家称为小号、二号、三号
细三号双套哺鸡		1.1尺	8.5寸	4寸		
粗小号双套哺鸡		7寸	6.5寸	3寸		
细二号双套哺鸡		9寸	7.5寸	3.5寸		制作较粗
细三号双套哺鸡		1.1尺	8.5寸	4寸		
哺龙		1.1尺	8.5寸	4寸		用于正脊
大插花通脊	7寸		7.5寸	6寸		用于正脊
中插花通脊	6寸		6.7寸	5.5寸		用于正脊
小插花通脊	5寸		6寸	3寸		用于正脊
三寸筒	1尺				径3寸	用于屋面
五寸筒	1尺				径5寸	用于屋面
七寸筒	1尺				径7寸	用于屋面
加长毛筒	1.2尺				6.5寸	用于筑脊
行毛筒	1.2尺				6寸	用于盖脊
盖脊大筒	1.2尺				7寸	用于盖脊
太史筒	1尺				5寸	用于盖脊
太史钩筒	1尺				5寸	加钩头
增长钩筒	1尺				5寸	加钩头
花边	6.5寸		弓面8.3寸			合大屋面用，如需更大，可定烧
花边	6寸		弓面6.6寸			合小南屋用
滴水一号	1.02尺		弓面9.6寸			合大屋面用，如需更大，可定烧
滴水二号	8.7寸		弓面9.3寸			合小南屋用
滴水三号	7.8寸		弓面7.8寸			平房、杂屋屋面用
黄瓜环瓦	1尺		弓面5.3寸			分盖瓦、底瓦二种
注水(方)	8 寸	1.8 尺	8 寸			注水即水落管
马槽沟	1.8尺	1 尺	0.8 尺			槽形，用于天沟
大元沟	1.8 尺	8.8 寸	8.8 寸			排水用
二号沟	1.8 尺	7.8 寸	7.8 寸			排水用
小元沟	1.8 尺	7.2 寸	7.2 寸			排水用
方筌		1.8尺	1.8尺			方形砖，用于过脊枋
方筌		2尺	2尺			方形砖，用于过脊枋
方筌		3尺	3尺			方形砖，用于过脊枋
车头						
车心(虎面)						吻座或天王座，包括车头、车心、车脚三部；如竖带之车心部分常作虎面，其他如水戗之吞头，以前均系窑货，现改灰塑
车脚						

资料来源：据《营造法原》及相关调查编列。

四、屋面用瓦量

表5-5　屋面铺瓦，以盖瓦（覆瓦）、底瓦（仰瓦）伸出尺寸估算用瓦数量

盖瓦伸出尺寸（寸）	底瓦伸出尺寸（寸）	每方用瓦数（张）	备注
1	1.6	1710	1.盖瓦用南窑，底瓦系北窑； 2.屋面合方照屋面提栈淌方（天方）合算； 3.屋面上望砖、筑脊瓦、嵌老瓦档、垫瓦头瓦均另加。
1.2	1.8	1480	
1.4	2	1310	
1.6	2.2	1170	
1.8	2.4	1060	
2	2.6	970	
2.2	2.8	890	
2.4	3	810	
2.6	3.2	766	
2.8	2.4	716	
3	3.6	673	

资料来源：据《营造法原》及相关调查编列。

表5-6　屋面铺瓦，以平面估算用瓦数量

盖瓦伸出尺寸（寸）	平面每方用瓦数（张）	备注
1	2660	1.以上用瓦数量：盖瓦（覆瓦）6成；底瓦（仰瓦）4成； 2.　屋面上望砖、筑脊瓦、嵌老瓦档、垫瓦头瓦均另加。
1.2	1960	
1.4	1730	
1.6	1550	
1.8	1400	
2	1280	
2.2	1180	
2.4	1070	
2.6	1015	
2.8	950	
3	900	

资料来源：据《营造法原》及相关调查编列。

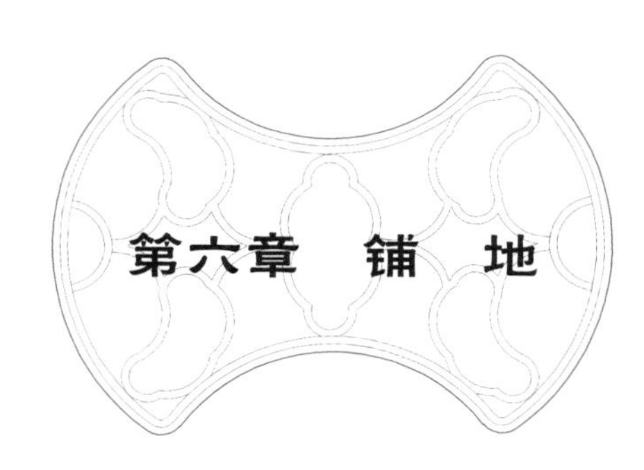

第六章 铺 地

人的频繁活动会对地面产生影响，出现踏压洼陷、磨擦起尘等问题。为避免这些问题对自己的日常生活带来不便，同时也希望让环境变得干净与整洁，自很早以前人们就开始对经常活动的地面进行铺装处理。长期以来，铺地逐渐形了传统建筑中的一大特色。

传统的地面处理通常可以分为室内地坪和室外地坪两大部分，苏州的做法与形式和其他地区基本相似。室内铺设水磨方砖，不仅可以起到洁净的效果，还能让人感受到细腻和精致。露台、天井用条石铺砌，取其平坦、坚固。更有像园林中的花街铺地，是利用砖、瓦、卵石甚至碎瓷、缸片等废旧材料，充分发挥工匠的想象力，拼砌成各种极具装饰效果的图案。虽然其他地区受其影响，也有在小道、园径上用卵石、碎石铺砌或镶边，但其纹样的精美与形式的丰富却远远不能与苏州相并论。

第一节　室内地坪

室内地面的处理，在原始社会就已出现，当时人们发现用火烧烤泥地会使其变硬，于是逐渐在各种建筑的室内得以推广，这就是所谓的“红烧土”地面。之后人们学会用蚌壳烧制石灰，因此又有人开始用这种石灰修饰室内地面，使之变得白净与光洁，这就是“蜃灰”地面。

明清苏式建筑虽较原始建筑已有了巨大的进步，但因当时社会的贫富差距以及社会等级，致使建筑室内的地坪处理也与建筑本身一样，具有精致、简陋之分。

一、夯土地面与灰土地面

早期的简陋草棚大多使用夯土地面，也就是将粘土过筛，去除垃圾杂物后予以匀铺夯实。由于夯土地面防潮及防水性较差，所以人们就在细土中掺入石灰，发展成了灰土地面。

二、城砖地坪与方砖地坪

由于自明代中期开始制砖业已有迅速的发展建筑用砖不再象以前那样受到限制，所以平房以上的建筑一般都用砖地坪，简陋的有用城砖侧铺，讲究的则用方砖地坪。

1．城砖地坪

城砖地坪用于等级较低的平房以及廊庑等辅助建筑，主要以普通的城砖作为铺地材料，砖的表面可以不经刨磨加工，铺设要求也不太高。其操作程序首先是将屋基经过夯实的素土或三合土面打平，然后在四面墙根处弹出墨线，注意标高应与磉石或阶沿的顶面平齐。屋基夯土之上再虚铺一层干燥的细土或湖砂，厚约一寸（约30㎜）左右，以作为调整地砖表面高度的垫层（图6-1）。尽管城砖地坪的砖缝并无很严格的要求，但铺砖时仍需拉线，其目的是为了控制地坪表面的平整以及每路地砖尽可能地平直整齐。由于城砖的厚度仅八分左右，故一般都用侧立铺砌。为使地坪增添装饰效果，还常将地砖铺成人字、席纹、间方、斗纹等纹样，尤其在园林的廊庑中，城砖地坪更注意它的装饰性。

2．方砖地坪

方砖地坪是苏式建筑最常见的室内铺地形式，自普通平房到各式殿庭中都被普遍采用，只是方砖的尺寸和铺砌的程序略有不同。用方砖铺地时对屋基垫土层表面的处理要求及四周墙脚弹线以控制标高的过程与方法和前述城砖地坪基本相同但方砖与垫土之间可以用细土或湖砂，也可以在方砖底面抹灰砂直接砌于垫土之上（图6-2）。

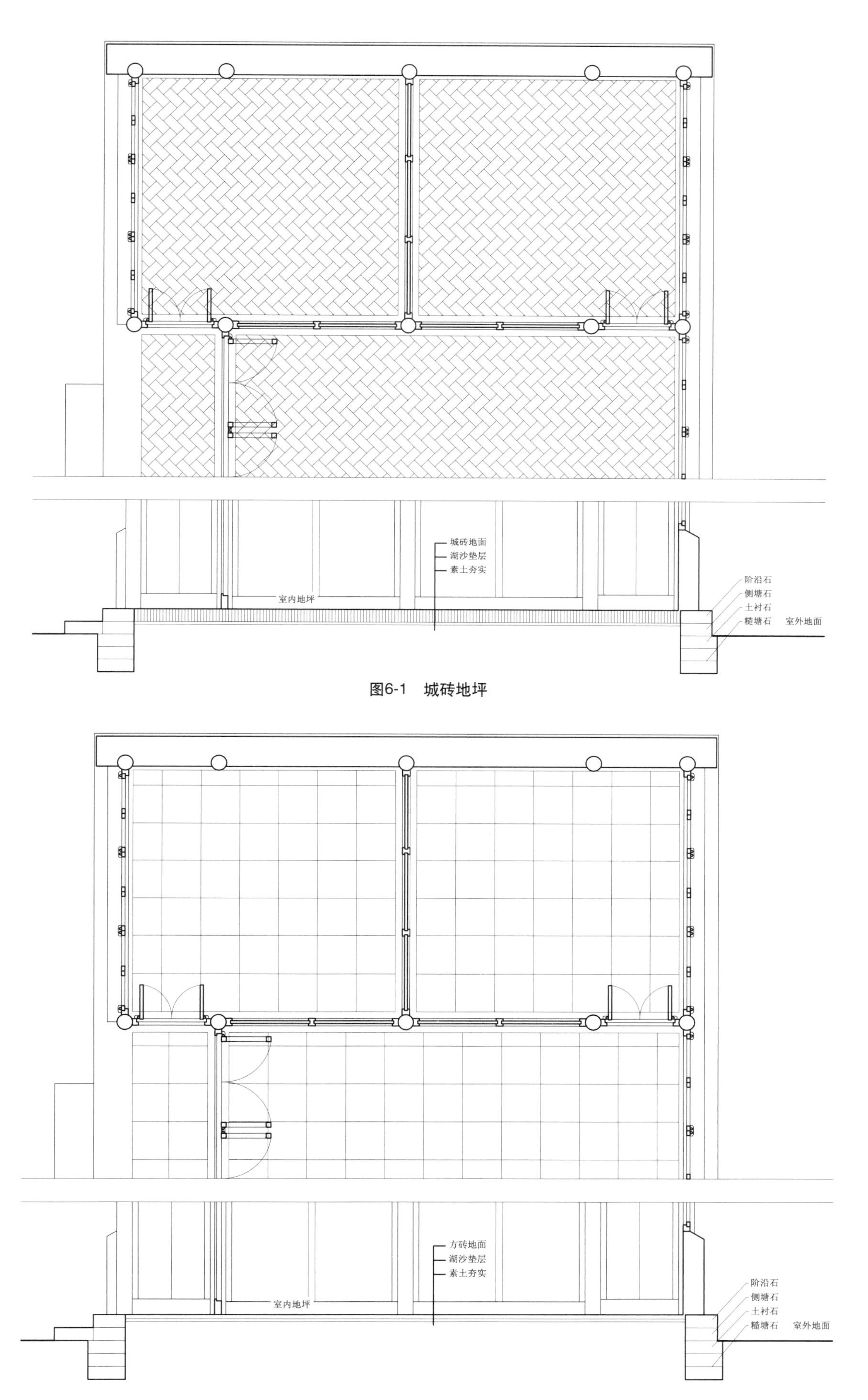

图6-1　城砖地坪

图6-2　方砖地坪

方砖在铺砌之前首先要对顶面刨磨平整，然后将四边砍刨出向底面倾斜的面，以便铺砌时能吃住更多的灰砂。在与顶面交接的四棱处还应留出一、二分宽的平面予以磨平，并使之与顶面及相邻的面彼此垂直，以保证铺砌时砖缝不致过大（图6-3）。砖料的加工常会影响铺地的质量，所以要十分注意方砖各部分的尺寸以及各个面的垂直度。

传统建筑中，正中一路方砖的中线必须与建筑的轴线重合，因此地砖的铺砌需从当中向两侧逐行铺设，并注意前面门槛的轴线与砖缝对齐。对于象园林中四面厅那样前后通敞的建筑除了要注意左右对称外其前后地砖也须对称，所以要将方砖的纵横中线都与建筑轴线重合（图6-4）。

为了能使砖缝平齐，地砖的铺砌应先在两端各铺一列，并以这两列砖的砖缝为基准，进行拉线〈卧线〉，以控制前后砖缝。然后在建筑轴线的两侧按方砖的宽度拉两条平行线〈拽线〉即可开始铺砌正中一路方砖的铺砌。要求较高的铺地须完成一块方砖的铺砌就移动一次前后拉线〈卧线〉，完成一列再移动左右的拉线〈拽线〉，以保证砖棱跟线，砖缝严密。

若以细土或湖砂为方砖垫层时，每铺一砖须用木锤轻轻敲击砖面各处，这一方面是为了调整砖面的高度，以保证整个地面平整如一；另一方面可使砖与垫层结合紧密，不致于在日后的使用过程中出现凹陷翘曲。所以当敲击后砖面过高时可用细铁丝将多余的细土或砂轻轻勾出，砖面过低时则要揭开方砖，再垫入适量的砂、土。铺定了一块方砖之后应以拉线为基准检查砖棱，如有超出即用砂石予以磨平。之后还应在将与下一块砖相接的侧面，下部与砂土结合之处用灰浆细细地抹一条灰线，它的作用既保证了砖与砖之间的粘合又可以使经挤压而形成的向垫层突出的灰浆棱阻止砖底砂土的外流。上部与砖面垂直的棱边上均匀地抹一层薄薄的油灰，为确保油灰与砖的粘合，棱边应先刷水沾湿，必要时还可用矾水，但须注意不要刷到地砖的顶面。完成了上述工作之后即可进行下一块方砖的铺砌，其操作顺序同前。但木锤敲击除向下用力外还需有一个向完成铺砌的地砖方向的斜力，以促使砖缝贴靠紧密。经过敲击，砖缝中的油灰可能会被挤出，此时应随即用竹片铲去。若砖与砖之间略有高低也应马上用砖刨及砂石予以刨磨平整。之后每一块、每一行都如此操作，直至全部铺砌完成。

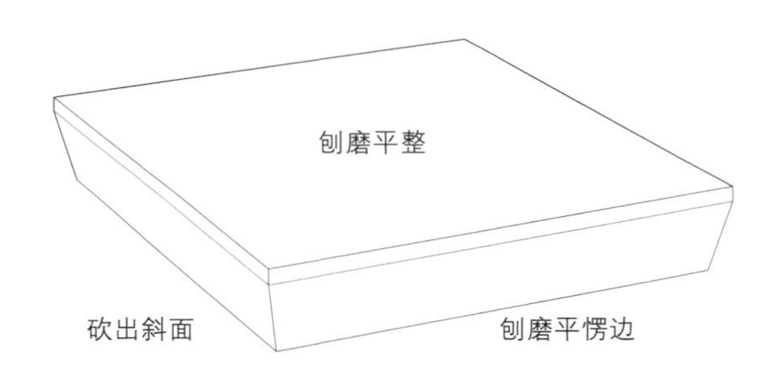

图6-3　方砖各面的加工处理

如果在砖底用灰砂直接铺砌在屋基夯土层上，则要注意每块砖底所抹灰砂的厚薄应均匀一致，还需抹成四周略高，中间下凹的形状，以便能少量地调整砖面高度其他的操作与用砂土垫层一样。

在地砖全部铺砌完毕后，应对地坪砖面进行一次细致的检查，若有残缺、砂眼，须用砖灰腻子予以嵌补。传统的腻子是用猪血与砖粉拌合而成，如今则以树酯胶替代猪血，其效果也十分理想。经过修补，再作一次全面的检查，地坪若有高低，要用细砂石蘸水予以磨平，之后再作一次全面的打磨，然后用布擦拭干净。待完全干透，再用软布蘸桐油进行擦拭，以使地坪光亮。要求较高时则是在地坪砖上倾倒桐油，待地砖将油吸透，然后去除余油，再将生石灰与砖粉拌匀，洒在地坪表面，二、三天后刮去余灰，扫净后用软布反复擦至表面发亮。

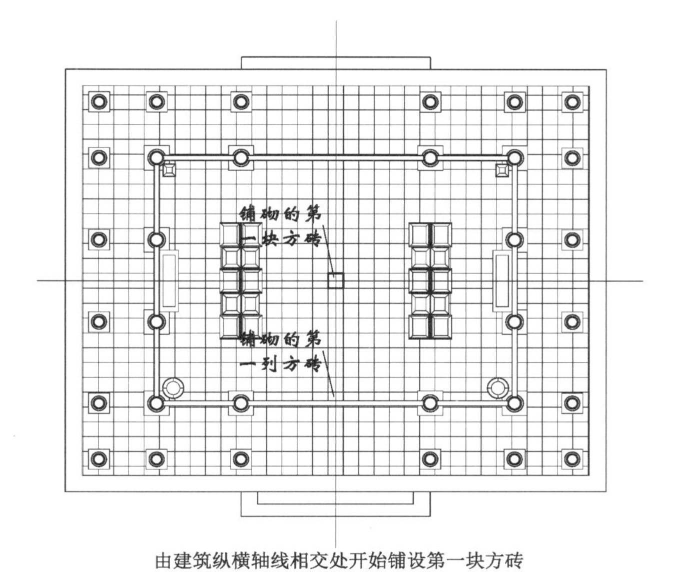

由建筑纵横轴线相交处开始铺设第一块方砖
四面厅

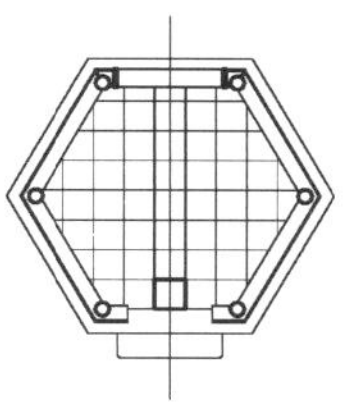
由正面阶台开始
铺设第一块方砖
轩榭

由正面阶台开始
铺设第一块方砖
六角亭

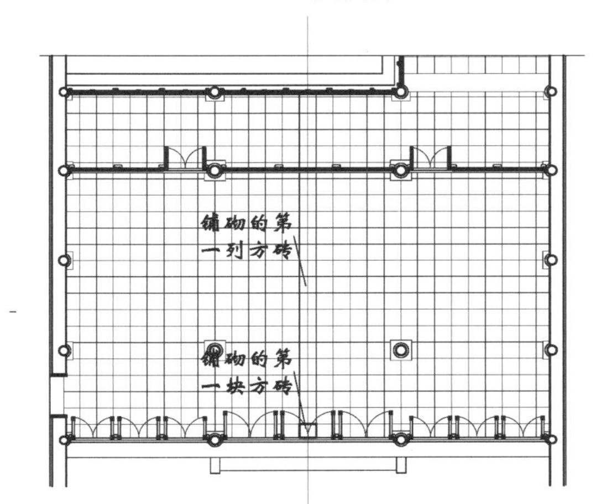

由正面阶台开始铺设第一块方砖
无前廊厅堂

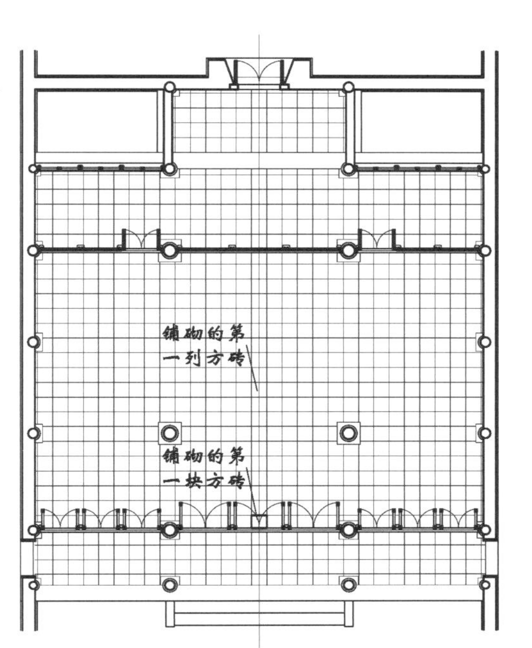

由前轩步柱中线开始铺设第一块方砖
带前廊厅堂

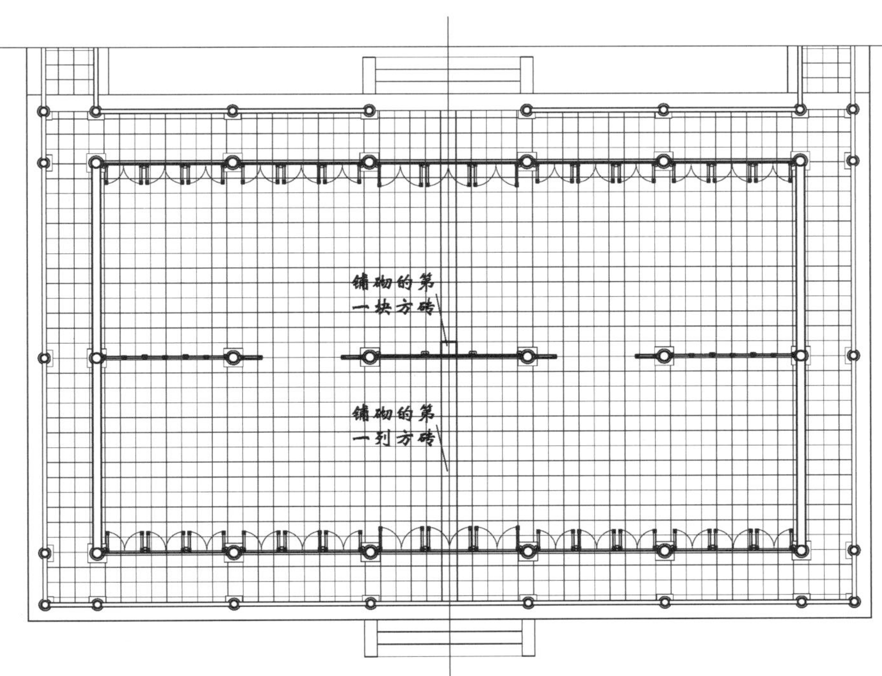

由中柱中线开始铺设第一块方砖
鸳鸯厅

图6-4　地坪方砖铺砌次序

第二节　室外地坪

在行走活动较频繁的室外地面通常也要进行铺装，如露台表面、天井甬路、花园小道等等。其形式有条石铺地、碎石铺地和花街铺地等多种。

一、条石铺地

露台、天井等处为追求端庄的效果，通常采用条石铺地。

露台所用的条石称“地坪石”，其宽度与台口石相同，长度较台口石要小得多，这是因为短石料更为便宜，而有节奏的石缝也能增添装饰效果。露台条石铺地前应已做好了四周塘石及台口石的包砌，露台内的垫土也已完成并经过夯打、找平。然后以台口石的高度拉线，确定台面的标高、找好排水方向。由于露台没有上部建筑，其顶面一般中间稍高，前面及两侧台口石略低因此台面呈现出龟背状。条石的铺砌以“坐浆”为主，即先铺好灰浆，再放石料，然后用木夯或大木锤将石料打平、打实。铺地的条石左右为通缝，前后为错缝。虽然地坪石的石缝允许较宽，但仍需跟线铺砌，以使石缝平直，且宽窄一致。如果所用条石较大，一人难以搬动，则要采用“灌浆”的方法进行铺砌，即在安放石料时用碎石片予以垫平、垫稳，待铺完一定数量的条石之后，找一适当位置用灰堆围成一个浇灌口，然后用薄灰浆徐徐灌入。近年也有用水泥砂浆代替传统灰浆的，其效果也不错。铺砌完成后还要用干灰撒在石缝上，将石缝填塞严实，最后打扫干净即告完成。

用条石铺砌的天井称“石板天井”，有将整个天井满铺条石的，也有以菱角石外缘为限仅铺当中甬路的（图6-5）。后者在甬路的两侧铺两路与铺地条石相垂直的条石为边，其外缘与菱角石下土衬石的金边石棱对齐。条石铺砌的方法及顺序与露台铺地基本相同，其标高与阶台下的土衬石平齐。天井铺地也要考虑排水问题，满铺的石板天井除应做出四向的排水坡度外还要沿四边在石板下铺设排水暗沟，天井四角暗沟之上的条石中要凿出落水口，并

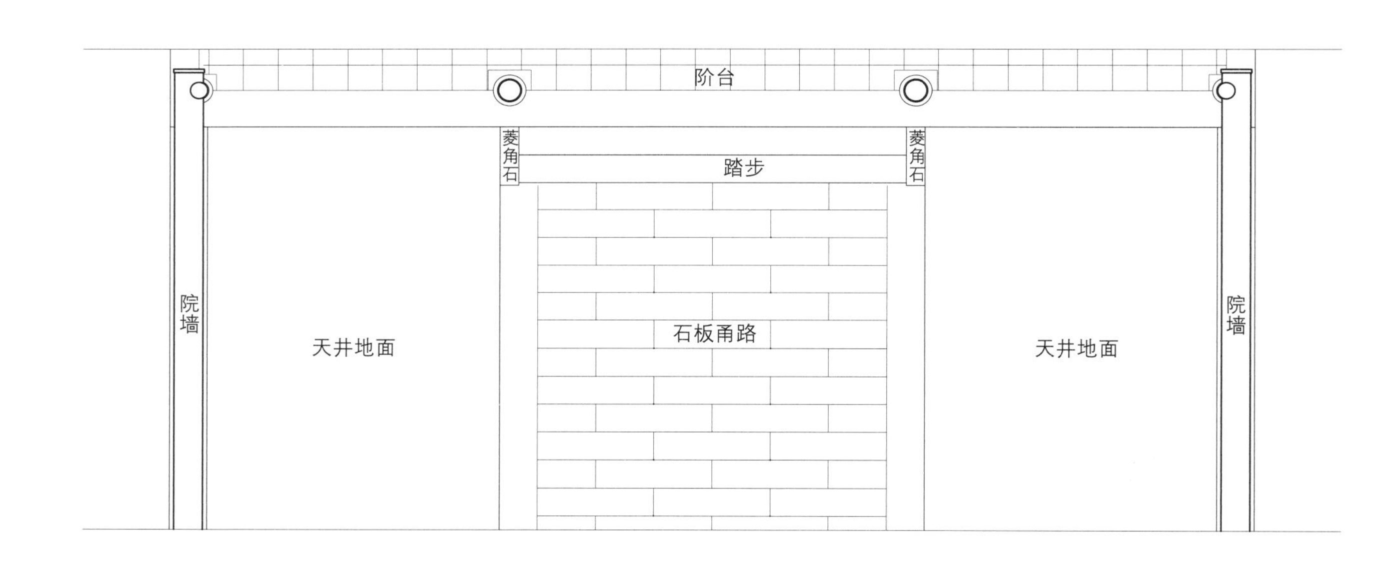

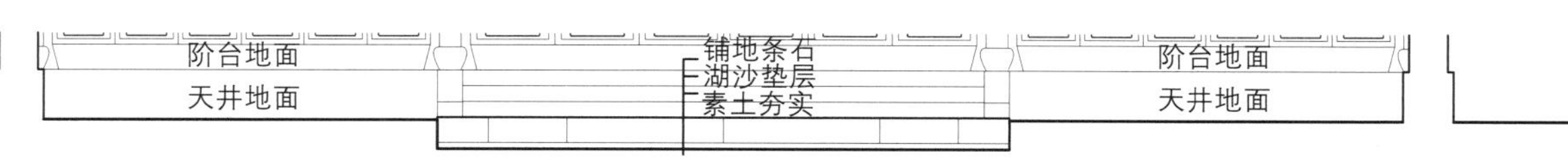

图6-5　石板甬路

用雕成古钱、如意等纹样的盖石覆盖（图6-6）。落水口的位置因与建筑檐口的瓦沟滴水成一线，其高度应为全天井最低处，这样就能将天井的雨水迅速排出而不致有积水之虞。仅铺甬路的天井，其处理就简单得多，只要将路面做成当中略凸的龟背形，让雨水顺势流入两侧的泥地即可。当然如果整座建筑的地势较低，为排除天井的积水，也需在天井中埋设暗沟，但这与铺地已无关系。

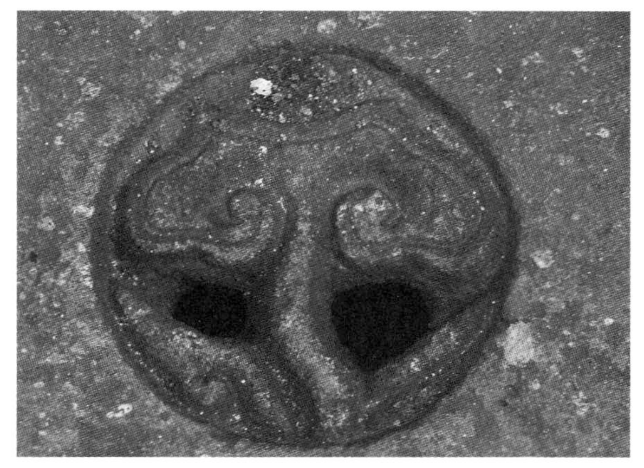

图6-6　天井落水口

二、碎石铺地

园林建筑的露台和小院天井可以用条石铺地，更有使用碎石铺地的。碎石铺地不仅材料价格较低而且还有一种亲切自然的情趣。但它的铺砌施工较条石铺地繁杂琐碎，拼砌之时还须细细琢磨，方能拼出自然雅致的图案而不至于杂乱无章，这就要求匠师具有良好的素质。

碎石铺地对基层的要求也需夯实找平。因石料不大，可以采用“坐浆”铺砌，但由于铺地碎石不仅大小各异，厚薄也允许不同，所以在基层铺灰浆之前应将石料进行试铺，根据标高拉线用小石片把铺地石料垫平、垫稳，然后再铺灰浆、铺砌地坪石料。在铺砌的过程中应对铺地石料随铺随选，以便使大小石料均匀分布，石料间的灰缝虽然不可能做到向条石铺地那样纤细一致，但也要力求接近。惟有如此方能产生一种自然碎裂的“冰裂纹”的效果（图6-7）。

图6-7　冰裂纹铺地

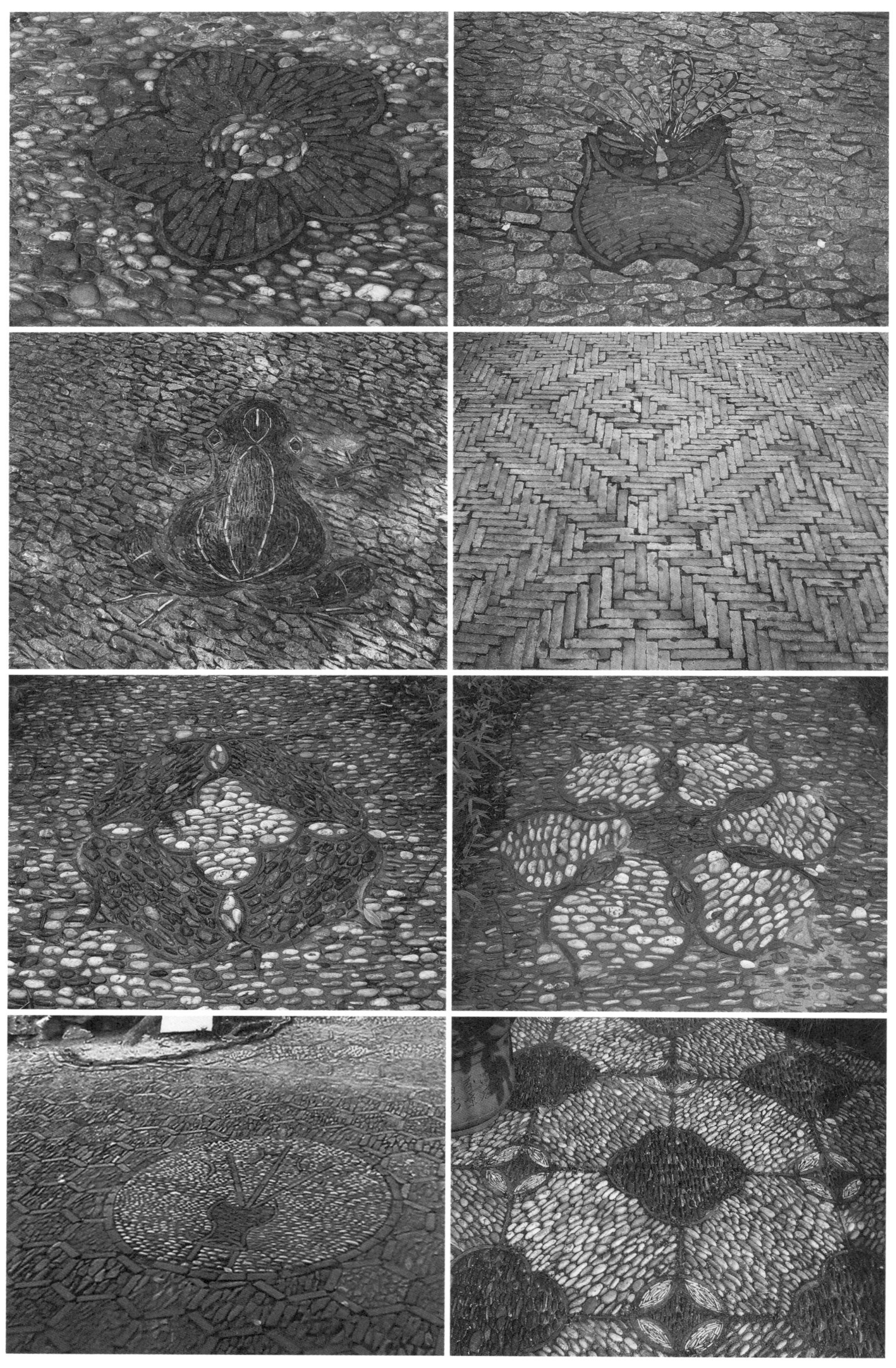

图6-8　各式花街铺地纹样

三、花街铺地

花街铺地大都用于园林之中，如园内曲径、堂前空庭等处多有运用，形式十分丰富（图6-8）。花街铺地所用的材料都为日常的断材废料，断砖碎瓦、青黄石片、各色卵石以至碎碗、碎缸、银炉碴粒等等都可选用。至于构图样式则更是多不胜举，通常依据材料本身的颜色、形状铺砌成图。如纯用望砖或城砖铺砌的有人字、席纹、间方、斗纹等（图6-9）；以砖与石片、卵石相组合的有六角、套六方、套八方等（图6-10）；砖瓦与石卵、石片配合使用的有海棠、十字灯景、冰纹梅化等（图6-11）；卵石与瓦混砌的又有钱纹、球门、芝花等等（图6-12），还有用多种材料拼嵌出各种花卉、禽兽、吉祥图案的（图6-13）。

花街铺地的铺筑程序是先将要铺装的地面进行夯打，令其坚实。然后遍铺一层厚约一寸（约30mm）的细土或湖砂、拉线以限定铺地的标高（图6-14）。若铺砌有规律的几何纹样则依据图案的形式进行拉线，以便使图案大小一致。铺筑时如果纯用砖铺可以顺序铺砌，若为混砌则应先以砖瓦围砌成边框，然后将石片卵石嵌入（图6-15）。由于砖瓦较长，可嵌入深，所以能阻止石片或卵石下的砂土流失。石片或卵石的镶嵌还要注意其长短方向，以便在变化的图案中又有一种和谐统一。铺地过程中也要用木锤随时击打，以保证铺装面与下层结构结合紧密。此外还需注意铺地的排水坡度。

在苏州地区还有一种被称作“弹石路面”的铺地（图6-16），主要用于城中小巷、乡野道路，但园林曲径偶尔也用之。其铺砌方法与花街铺地相似，但材料则全都使用拳头大小的块石或石片，路幅的中间有时还拼嵌出各种图案，现存苏州郊外的清初御道就是这种弹石路面的佳作。

间方

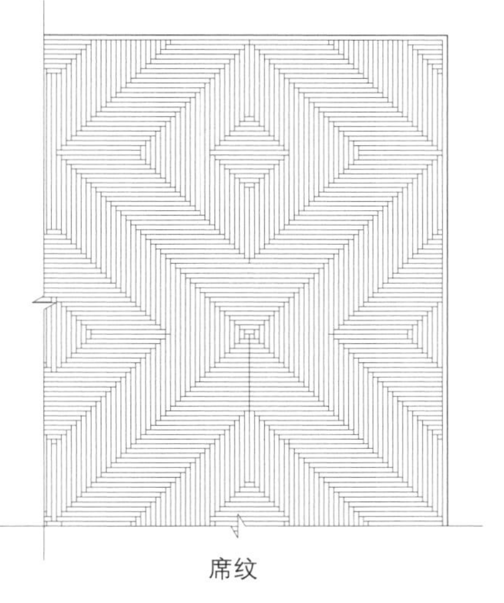
席纹

人字

图6-9　纯用砖铺砌的花街铺地图

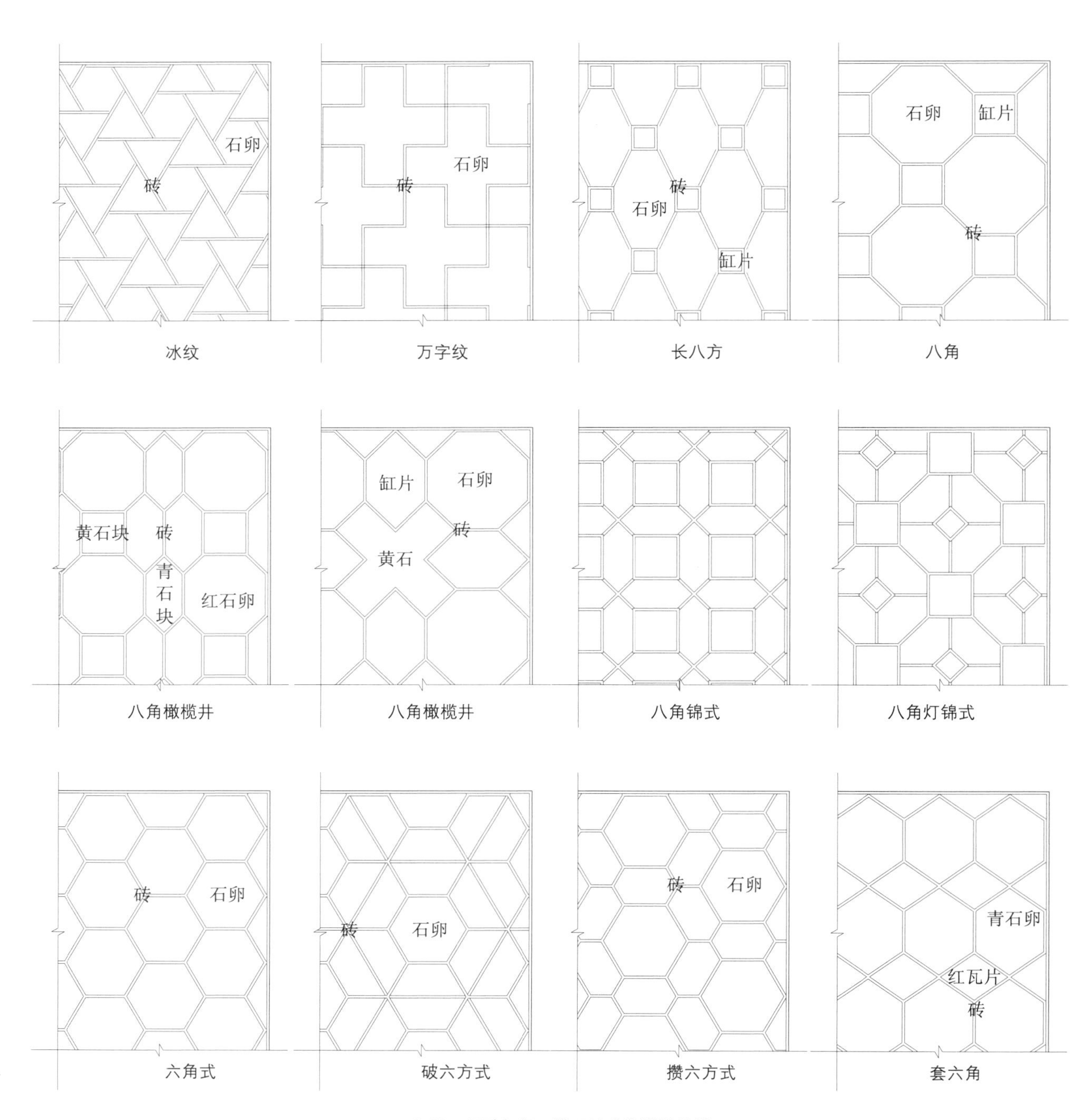

6-10 用砖与卵石搭配的花街铺地纹样

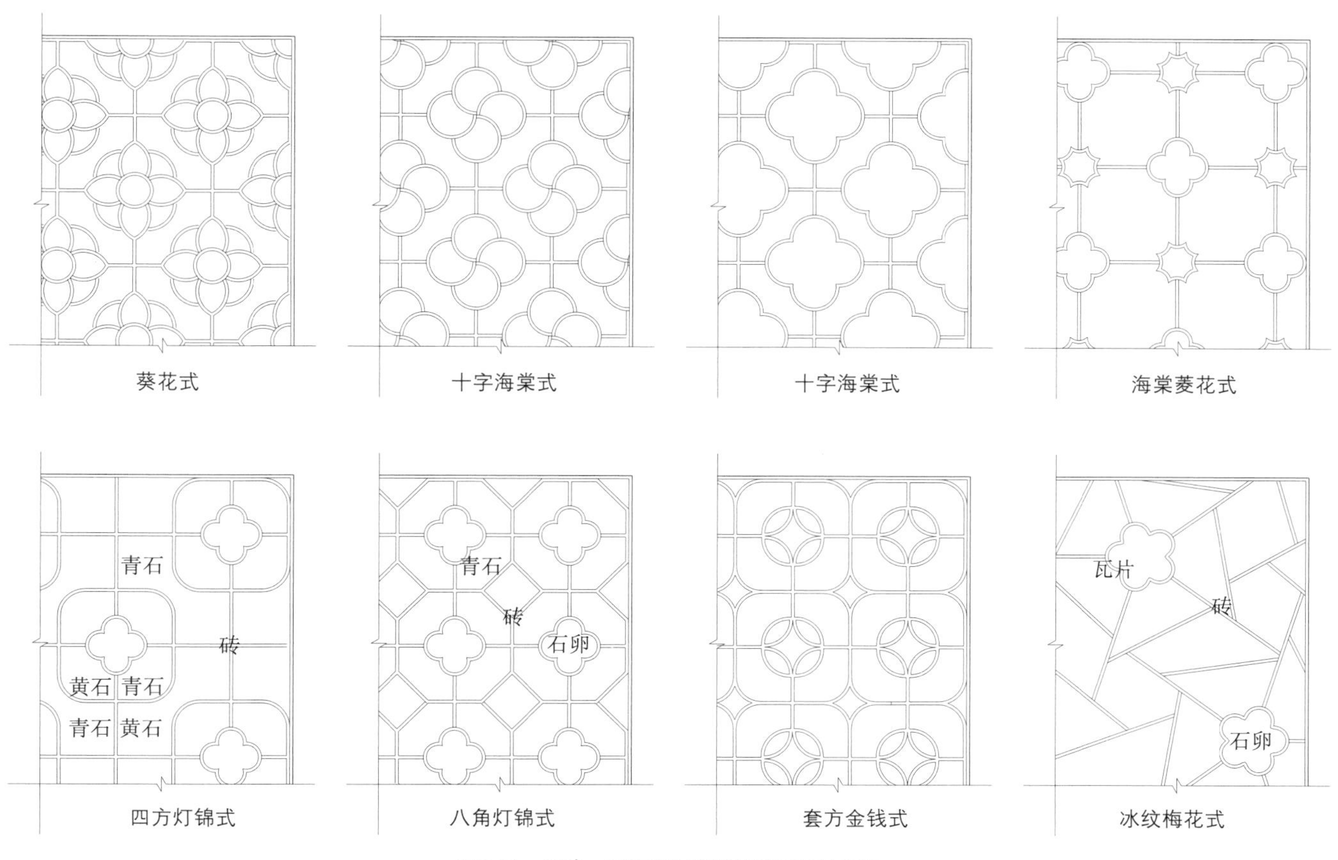

图6-11　用砖、瓦和卵石搭配的花街铺地纹样

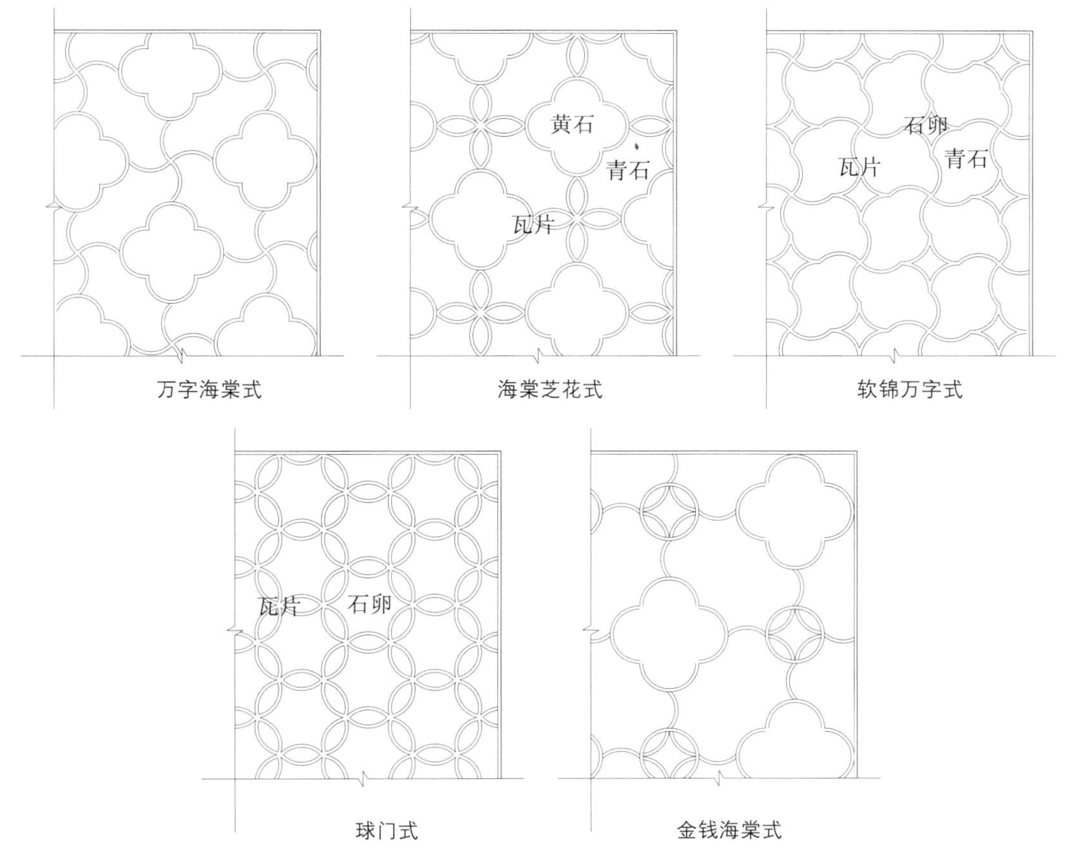

图6-12　用瓦和卵石搭配的花街铺地纹样

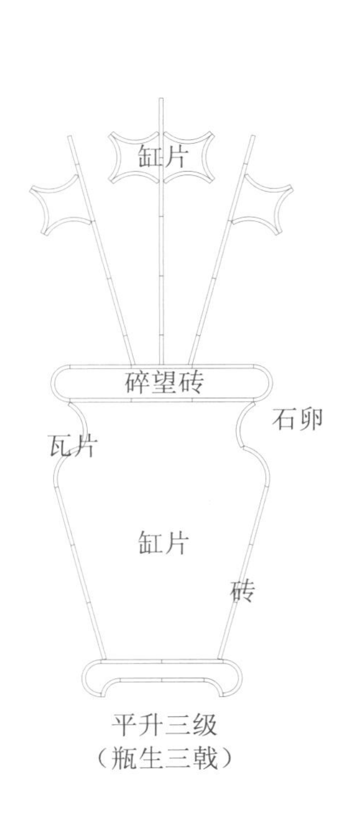

图6-13　吉祥图案的铺地

图6-14　花街铺地的拉线定位

图6-15　石片、卵石镶嵌现场

图6-16　苏地的“弹石路面”

第七章　石　作

我国的传统建筑以木结构为其特色，这并不意味我国缺乏良好的建筑用石，或对石材的性能未有充分的了解，主要还在于传统建筑观的影响，即不求建筑的永存。其实在我国古代还是出现过许多优秀的石构建筑，其中有厅堂、塔幢、亭构、桥梁等单体建筑；也有门阙、牌坊、华表、石碑等附属建筑或小品。石材更多的是被用于建筑的构件和部件方面，如台基四周的条石包砌以及石制的台阶、柱础、石栏等等。

与其他地区一样，苏州有像天池山寂鉴寺石屋、镇湖万佛塔那样全部用石材构造的建筑（图7—1），也有像宝带桥、枫桥那样为数众多的石桥以及石亭、石牌坊（图7—2）等，当然最为普遍的还是用石材制作的建筑阶台、石础和石栏。

明清以来各地石料加工有着自己的特点，如宋《营造法式》规定，石料从毛料到构件的加工需要有打剥、粗搏、细漉、褊棱、斫砟、磨砻六道工序，泉州等地沿用了六道工序，名称略有差异，而苏州仅为五道，由此产生了细微的区别。

菱角石　鼓磴　砷石

砷石　砷石　砷石

图7-1　石作构件

石塔　石桥

石牌坊　石牌坊

图7-2　石构建筑

第一节　常用石料种类

一、用石品种

苏州地区所用的石料有金山石、青石、武康石等数种。

金山石产自苏州西郊诸山，其中以天平山北的金山采石最早，开采时间最长，因此而得名。金山石系花岗岩的一种，石性偏硬而稍脆，石纹细密，颜色为炒米色而偏赭，或带青，其中以杂以少量小黑点（云母）的“芝麻石”质量最佳，加工后表面光泽明丽，因而被视为上品。金山石的力学特性较佳，所以从明末清初开始开采以来被大量用作柱、枋、塘石、阶沿、鼓磴等构件。

与金山石相类似的还有焦山石。焦山位于金山之南，也为花岗岩之一，石性较金山石柔，石纹也较粗（含长石较多），石中带有细小空隙，其色偏淡黄，内含小黑点也较密石。对于一般人来说，焦山石和金山石并无不同，因此也常被视为金山石而广泛运用于各种石构件中。

明末以前各种石构件大多用青石制作。当时青石的一部分产自太湖洞庭西山，其余由其他地方输入。青石属石灰岩，纹理细腻，石色青灰。出自洞庭西山的青石又有微褐、微蓝、偏黑等差异，其中以偏黑的品质最佳。由于青石的力学性质较金山石或焦山石差，所以自清初起，青石主要用于有雕刻要求的构件，如石栏、金刚座等。

武康石主要产于杭州西北的武康县，是火成岩的一种，学名正长斑石。武康石的颜色有浅灰、深灰和赭红几种，其质地松脆，虽宜雕刻，但易风花、碰伤，所以苏式建筑中武康石主要是在明代使用稍多，清初以后几乎不再使用。

除了上述几种建筑石料外，还有绿豆石及汉白玉，但它们主要被用于雕刻装饰。绿豆石属于砂石的一种，色带草绿，内杂绿豆状小砂粒，石质酥松，不能承重，惟宜雕刻，常用于牌坊的花枋、字碑。汉白玉为大理石中的上品，纹理细腻，色泽白亮。虽在宫廷建筑中也被当做建筑石材使用，但在民间只能用于室内的雕饰点缀，最多也仅用作金刚佛座。

二、石料挑选

作为自然材料，岩石在其生成过程中会产生缺陷，石料在其开采过程中也可能出现损伤，为避免石材的缺陷和损伤对建筑安全或外观造成影响，需要对使用的石料进行必要的挑选。

石料常见的缺陷有裂纹、隐残（石料内的裂痕）、纹理不顺、污点、夹线、石瑕、石铁等。

带有裂纹、隐残的石料一般不能用作受力构件，用于看面也会影响观瞻，所以尽可能不予选用。若裂纹或隐残不大可考虑用在受力较小的隐蔽部位。

岩石在自然形成过程中受种种因素的作用会产生不同的纹理走向，而石材的开采也不可能完全按理想的纹理随意切割，于是石料就有了顺纹、斜纹和横纹之分。顺纹的力学特性最好，用在各种不同受力的地方都能胜任。斜纹承受弯矩和剪力容易折断，而横纹更易折断，因此斜纹和横纹的石料不能用于石枋等简支梁类构件或悬挑构件，只可作塘石、阶沿、鼓磴、铺地石板等用，横纹的纹理与构件长度方向垂直可用于仅承受轴向压力的柱类构件。

石瑕是指石料中夹杂的杂质所形成的斑疤空隙，若作为构件，在承受弯矩和剪力时会因应力集中而发生断裂，所以也不能用作中间悬空的受压构件或悬挑构件。

对于饰面石料污点和夹线因会影响外观而被视为缺陷，尤其象青石上的白线、汉白玉上的的红线，反差较大而引人注目，所以应安排在侧面及背面等不受注意的地方。

石铁是石中杂质形成的坚硬斑块，颜色发黑或发白。夹杂石铁的石料不仅外观欠佳，而且不易凿平磨光。当所用石料含有石铁时，应尽可能安排在无需磨光的部位，尤需避开边棱和四角。

挑选石料首先应明确所用石材的受力情况和外观要求，同时了解各产地石料的品质，根据具体的使用要求作不同的选择。通常品质好的石料价格较贵，那么在受力或外观要求不高的部位适当选用一些稍次的但不影响使用的石料往往可以降低造价，而在价格相同时自然要选缺陷最少的材料。在作具体的挑选时第一步是肉眼观察。即对清除了各种附着物的石料表面进行认真查看，看看有无上述的各种缺陷。接着要用铁锤上下击打，仔细倾听敲击之声。若声音沙哑，表明石料存在裂缝、隐残；若发音清脆即为无缺陷之石。严冬时节还要注意结冰对敲击声的影响，故应先扫净冰凌。有可能的话最好等到气温稍高的时候再作挑选。如果要察看石料的纹理，最好还要在石料的局部用砂石进行打磨。因为光洁的石料纹理更为清晰。

第二节　石材加工顺序

山上开采的石料一般都十分巨大而呈不规则的矩形，还要在采石场进行切割而成为一定规格的石坯。石坯虽已接近石料成材的尺寸，但其表面仍坑洼不平、棱角也歪斜不齐，所以还需进一步加工处理方能使用。

石材加工的第一道程序是“双细”或“出潭双细”。双细是在采石场剥凿高处，令其大致平整。出潭双细则是将石坯运至石作工地进行初步加工。虽然出潭双细较双细略微平整，且还有双细是以规格成材加放余量来确定石坯尺寸而出潭双细则根据石材在建筑中的具体位置及所要达到的表面质量要求加放加工余量的差异，但它们的加工方法基本相同。

首先是选择一个较为平整的小面，在靠近要剥凿的大面处弹一条通长的直线。如果小面全都凹凸不平，可选一相对较平的面剥凿找平后再弹线。弹线位置应注意不要低于大面的最凹，以免增加打凿的工作量。在一面弹线后再找出相对小面的两个端点，然后在另三面也弹出墨线，须注意四面的弹线应在一个平面上，这些线就是大面找平的基准（图7-3）。

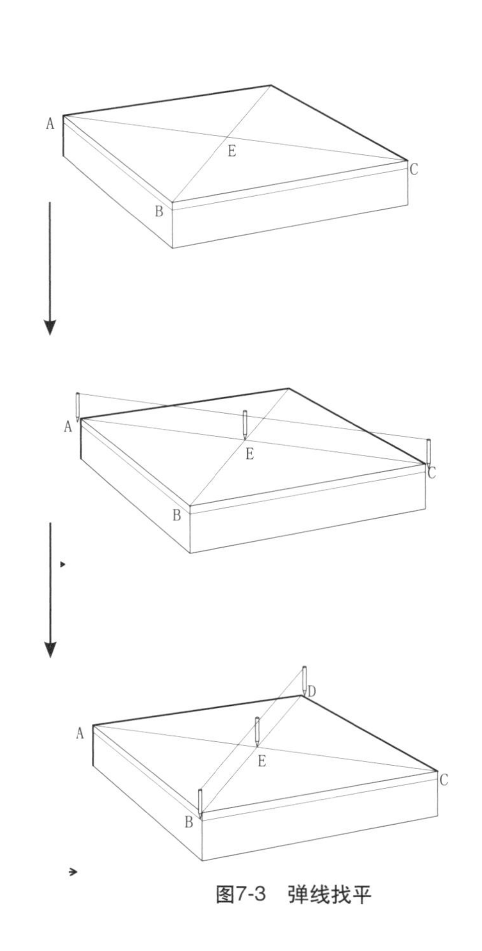

图7-3　弹线找平

大面的剥凿加工从小面的弹线处开始，先用蛮凿凿去墨线外多余的部分。再在大面的四边以墨线为基准凿出宽寸余的光口——“勒口”，然后在大面上每隔寸许弹出若干直线，以勒口面为准依线凿去石面余量。为保证石面不致剥凿过多，对较大的石料表面应先在中间凿出纵横沟道，并使沟底与勒口面平。

大面基本凿平后就可以在其上按规格尺寸弹上墨线，并分别用上述方法，按要求加工各个小面，若背面也有加工要求，则最后加工。一般情况下各加工面都应相互垂直，如有特殊要求则按实际需要进一步加工，而异形石构件大多是以双细或出潭双细为坯料再作加工而成。

经双细或出潭双细的石料已基本平整，若再作一次錾凿，令表面凿痕深浅均匀，即为“市双细”。对于表面光洁度要求不高的石构件，至此即已完成石材的表面加工。如果有更高的光洁度要求则还经过“錾细”、“督细”和“磨砻”等工序。

錾细是用錾斧在石材表面进行密密地平錾，錾痕应细密、均匀、直顺，不能留有前道工序的加工印迹。不太讲究的建筑平錾一遍即可，要求较高的要錾二、三遍，而最后一遍常在建筑竣工时进行，以使石材表面更为干净。督细是用方头蛮凿细督，打平市双细留下的凿痕，使石材表面发白，所以也称“出白”。磨砻是在錾细或督细的基础上用砂石进行磨光。金山石或焦山石质地坚硬，不易人工打磨，所以没有此道工序。对于其他石材则要求在双细阶段表面凿平时尽量不用尖头蛮凿而选方头蛮凿，以免因用力过重留下坑点在打磨时难以磨去。磨光方法是先用金刚砂蘸水打磨数遍然后用细砂石沾水打磨，石面磨光后用水冲洗干净，待水干透再用软布蘸蜡反复擦拭，直至发亮。

第三节　石作安装方法

苏式建筑用石最多的地方当属阶台，包括内部驳脚和磉石砌筑，四周塘石、阶沿的包砌。其次为石板铺地。而苏地还有许多石牌坊、石亭、石屋等等，但相对比例并不太大。石作安装主要是指将石构件按要求安放到指定的部位，并予以固定。从安装的形式来看，则有石材的铺砌和石材间的连接。

一、石材的铺砌

石材铺砌与砌砖相仿，是用灰浆将石构件固定。但因石制构件的体积和重量都较大，搬动调整比较困难，所以常采用坐浆和灌浆两种方法。

坐浆操作简单，只要在即将安放石构件的面上均匀地抹上灰浆，再细心地放上石材，稍作调整、压实即告完成。但如果石构件过大，或需调整的幅度较大，坐浆就可能难以令人满意而要改用灌浆。

灌浆是先安放石构件，并予调整，用小石片将其垫平、垫稳，有些还需用铁件与内部结构进行拉结，使之更加稳固，然后灌入灰浆。为能使灰浆均匀地流遍需粘结的各处，灰浆的稠度应远小于坐浆。但稀薄的灰浆也会顺低处缝隙流出，所以灌浆前还要将周边石缝，尤其是低于灌口的石缝用灰勾严。

二、石材间的连接

石材与石材间相互的连接方法有榫卯、止口及铁件等数种。

榫卯连接主要用于纵横石构件之间，是在石构件上仿木雕凿出榫头和卯眼。用榫卯进行连接的有石柱与磉石或台口石的连接，其柱下作榫，磉石或台口石上开卯眼。还有石柱与石枋、栏版的连接，枋头或栏版的两端做榫，柱侧在与石枋相联时除凿出卯眼外，还要凿出与石枋断面尺寸相仿的凹陷，其作用是为了搁置石枋端头。柱侧与栏版相接时则还需开有浅槽（图7-4）。以防栏版的位移。由于石作榫卯不能象木构件那样将榫头做得略大于卯眼，用力将榫头打入卯眼进行固定，而只是一种定位措施，所以榫短卯浅，榫卯之间往往还有间隙，其固定主要靠榫卯间所抹的灰浆。

上下石材的拼和大多用平缝连接，一般也能做到表面平整。但有时为进一步提高上下石材表面的平整度，或石构件上可能会受到侧向的推力，就要在上下构件的结合面上做出高低缝相互连接，这就是所为“止口”（图7-5）。由于高低缝的加工需加大石坯尺寸，凿去的余量也较多，因此有时改用将上下石材结合面都做成平面，在它们的中间相对各开一槽的方法，拼合时在槽内另加一条小料，从而也能达到限制位移的效果。苏式建筑中最常见的止口运用就是墙门的下槛。

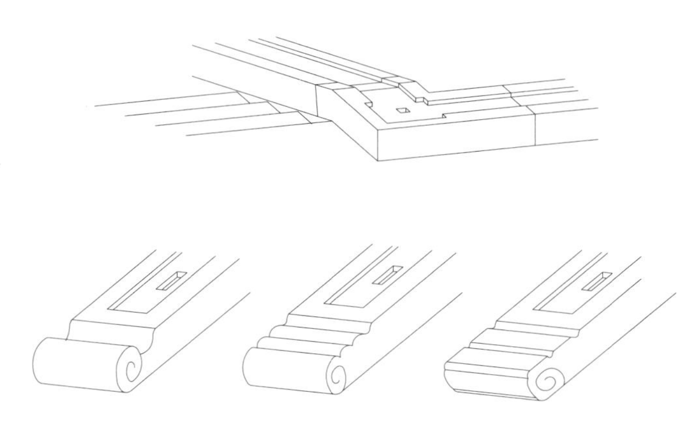

图7-4　拖泥上安栏版的榫槽

水平石材间的拼合为免产生缝隙常用铁件进行拉结，这样的铁件有“银锭榫”和“铁扒钉”（图7-6）。银锭榫较短，形状似两个相联的燕尾榫。使用时先在石材边上凿出与榫的形状和大小相仿的凹槽，然后埋入银锭榫并用灰浆封固。一些要求较高的石作还要加用白矾水。铁扒钉较银锭榫长，中间扁宽，两头圆而稍粗，并弯起寸余。使用时要在石材边缘凿出孔、槽将扒钉打入，勾住两块石材，也要用灰浆进行封固。银锭榫和铁扒钉的作用相同，而银锭榫较为精制，常用于小巧而要求较高的石构件之间。铁扒钉则形制粗放，但拉结性好，常用于大型而表面要求不太高的石材之间。

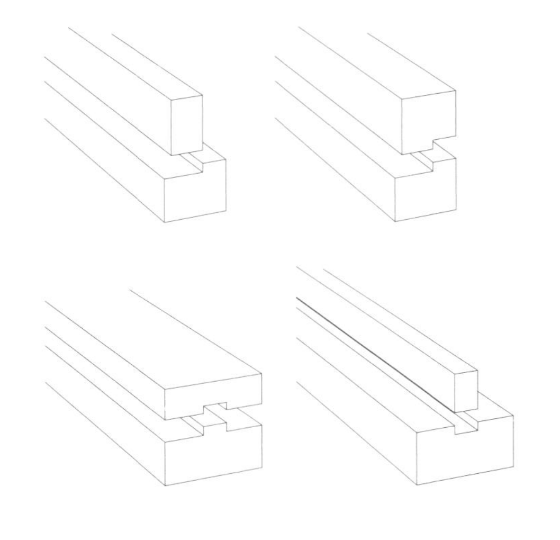

图7-5　止口数种

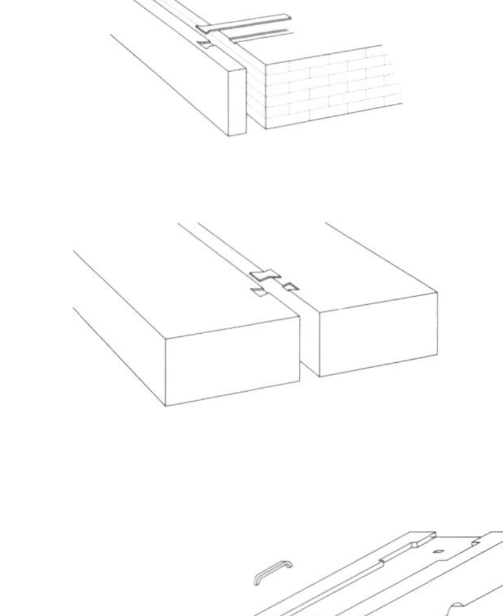

图7-6　银锭榫与铁扒钉

三、石作安装程序

石作安装的基本要点是“按线操作，顺序进行”。

对于象阶台包砌、石板铺地那样的石作施工都需要随工程的进展随时拉线，并按拉线来确定石构件安装的位置和高度。如土寸石外缘的拉线要比阶台外缘每边宽出寸许；侧塘石和阶沿石的外缘拉线应与阶台边缘平齐；磉石的十字线须与柱中线重合等等。每一步的施工都要以相应的拉线为基准。

石构件就位前应适当铺坐灰浆，并垫些小砖块，以便安放。放下石材后用撬棒撬起，取去垫砖。若构件需稍作调整，也要靠撬棒点撬到位。如发现不平、不稳则要稍稍撬起，在不平稳处塞入石片。

如要进行灌浆先应将附近的石缝勾严。细小的石缝用油灰或石膏浆，较大的石缝可用纸筋。为防灌浆时灰浆挤开构件，在构件外应加支撑。灌浆需设有灌口，灌口四周可用灰予以堆围，或安一个漏斗，这一方面能够增加灌注压力，另一方面可避免灰浆溅弄脏石面。在一次灌浆面积较大时在适当的位置留些出气口，以防因内部有空气而造成某些部位没有灰浆流入。灌浆时先灌适量清水以冲去构件结合面的灰屑浮土，以便提高粘合性，同时也利于灰浆的流动，确保灌浆达到饱满。灌浆应分数次进行，间隔时间不得少于四小时，第一遍灌浆应较稀，以后逐次加稠。灌完后要清洗沾有灰浆的石面，并将灌口和出气口填塞。

对于牌坊、石亭、石屋那样的空间构架，其安装次序与木构建筑一样，按先下后上，先内后外的顺序进行。

石构件安装完毕，若有局部不平则可用錾凿或细督的方法予以打平。

第四节　石栏及其他石作构件

殿庭建筑台宽较大，人们能四周绕行；露台面积更大，可供人群在上面活动。若与室外地坪的高差过大时，需要在它们的四周绕以石栏进行围护。明清苏式建筑所用的石栏与北方大致相同，采用一版一柱形式。短柱一尺见方（约250mm×250mm），柱身高三尺七（约1000mm），与栏版结合处凿有卯眼，柱头一尺四（约400mm），上雕有莲花，故称“莲花柱”。栏版宽四尺半（约1250mm），高三尺五（约950mm），厚八寸（约200mm），是以整块石板雕凿而成，由上至下分别雕出栏干、花瓶撑、花版等内容。栏版的两端出上下两个榫头，安装时插入莲花筑的卯眼，并用灰浆粘结。石栏围至副阶沿处亦随垂带顺势而下，莲柱的下端截成斜面，栏版也做成倾斜状。在尽端莲柱的外缘以坤石收头。石栏安装在台口石上，莲花柱用榫卯连结，栏版下则以灰浆粘合（图7-7）。

园林中的露台常临水而设，外缘也有石栏围护，其形式较为简单，每隔一定距离立方形短石柱，上架条石为座栏，高度仅一尺半（约400mm），条石宽一尺（约300mm），可供小憩及凭栏观景（图7-8）。

苏地的建筑上还能见到一些别的地方比较少见的石作构建，这就是“系揽鼻”和“出水口”。

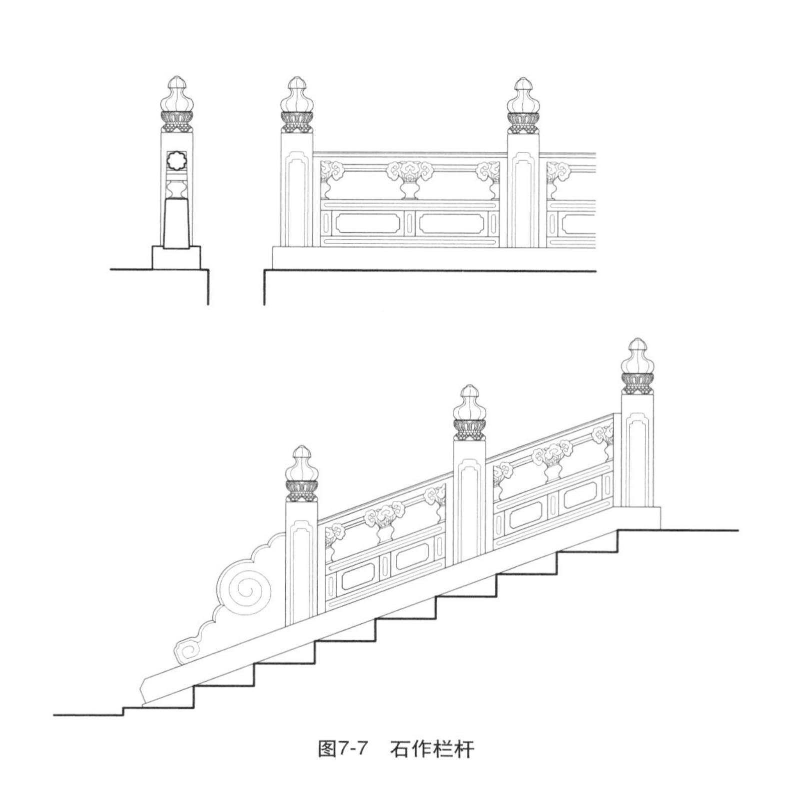

图7-7　石作栏杆

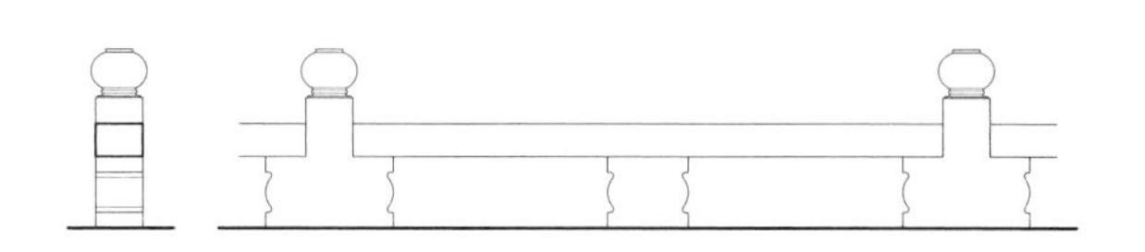

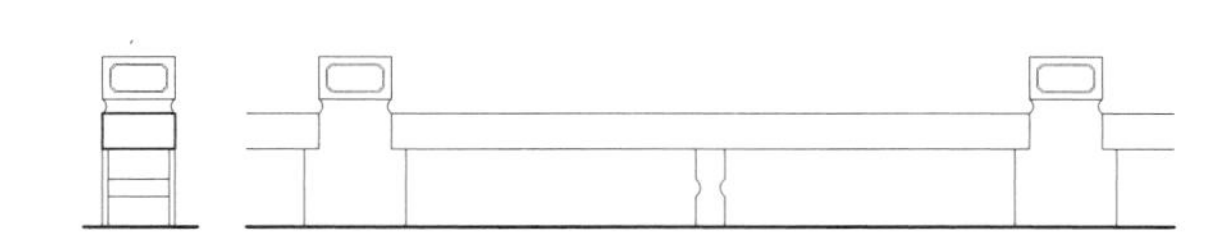

图7-8　石作坐栏

由于这里地处水乡使用，四周河港密布，过去人们常以舟船作为交通工具，所以在船只经常停泊之处设置“系揽鼻”。这些“系揽鼻”被雕凿在驳岸的丁石上，有如意、竹节等，造型极多，最常见的是一种突出于石面半球状的，其两侧凿去内凹的一段圆弧，并内部凿通，以便将船揽穿入系牢（图7-9）。

河道众多也为当地居民的用水提供了便利，后门下面的河道常常被用于洗涮的场所，同时也被当做生活污水的排放地（这在今天看来是极不环保和卫生的）。对于讲究生活情趣的居民，“出水口”也被刻意做了修饰，过去曾有多种造型，但近来因改善了排水形式以及驳岸的整修，所以渐渐少见，偶尔还能见到实在上部凿成“火焰窗”，下部凿成“滴水瓦”的出水口（图7-10）。

图7-9　系揽鼻

图7-10　出水口

第八章 雕绘髹饰

在我国古代，建筑的装饰与建筑规模一样，都被看作是其主人身份地位的象征，因此千百年来官民士庶所能使用的雕绘髹饰始终受到建筑等级制度的限制。然而修饰自己的居宅原是人们基本的审美需求之一，而将建筑与人伦相联系更使人们在拥有了一定的经济实力或取得了一定的权势以后激发起突破限制，冒用更高等级装饰和规模的欲望。于是民居装饰的发展就徘徊于这种限制与突破之间，在相应的制度之下充分运用允许使用的各种手段成了建筑装饰的普遍特征，由此也造就了丰富多彩而各具特色的地方建筑装饰艺术。

苏州地区因其优越的自然条件，加之历史上较为安定，促进了当地经济和文化的发展。而经济繁荣、百业兴盛又给建筑的发展提供了支持。在不懈地追求之下，苏式建筑不仅为适应气候条件、合理利用地方材料形成了独具特色的布局和结构方式，同时为满足日益增长的审美需要也在不断丰富并完善建筑的装饰艺术。从遗留至今的明清建筑中可以看到，无论是大型寺观或是小型居宅，不仅普遍施用各种装饰，而且其雕刻之精、彩画之美、形象之洗炼在我国建筑装饰体系中独树一帜，具有相当高的艺术价值。

第一节　装饰类型

苏式建筑所用的装饰主要有石雕、砖雕、木雕及彩画等诸种形式

一、石雕

在苏州地区，建筑上用石较多，除通常于台基侧塘、台阶、柱础、石栏、庭院铺地等施用石料外，还有石屋、石亭、石塔、石幢、石桥、石牌坊之类全由石材构成的建筑与构筑物。大量用石促进了石作技艺的发展，形成了素平、起阴纹花饰、铲地起阳浮雕、地面起突雕刻等多种修饰方法，故在寺庙祠观及纪念、公共建筑中可以见到众多工艺精湛、题材丰富的石雕作品。

相对而言，民居建筑用石则以素平为主，仅规模较大的府宅门前的抱鼓石（图8-1）、上马石、以及门厅两侧垛头下端的勒脚施用雕刻（图8-2），更多的则为柱础上的石雕（图8-3）。由于古代建筑等级制度，大门形貌较内部厅堂更为简朴，但经这一两处石雕点缀，精美之感即油然而生，产生了极佳的装饰效果。

图8-1　石雕勒脚

图8-2　抱鼓石

图8-3　鼓磴石雕

二、砖雕

用质地上乘的青砖经刨磨雕刻后装饰建筑是苏式建筑常用的修饰手段，吴语称之为“做细清水砖作”，主要用于照壁表面，墙体的抛枋、博风、墙裙以及月洞门、景窗的框宕、座栏的坐面等位置，采用磨砖对缝的形式予以敷贴，有些华丽的建筑甚至用清水砖砌筑后雕出柱础、立柱（图8-4）和牌科等。其边缘又常以各种不同的线型予以修饰，如照壁边框、墙裙上缘常雕以回纹、云纹之类。抛枋、砖博风下缘则用托浑线、镶边线。而在月洞门、景窗砖框宕的侧面更有椨面、亚面、浑面、文武面、木角线、合桃线等多种修饰线型，从而形成了极为精美且富于变化的墙面装饰。

苏州民居砖饰最为精巧的要数正厅前后的砖雕门楼，其造型有飞砖墙门和牌科墙门，即以叠涩出挑或斗拱出挑门楼屋面。门楼在石门框两侧作由清水砖包贴的垛头，门框之上用砖雕成仿木垂花柱（图8-5）、枋、桁等（图8-6）。较简洁的即在上枋之上作飞砖架屋面，而较华丽者则施砖雕斗拱然后挑出屋面上枋和下枋之间是门额，字牌两侧饰以各种题材的砖雕，有仅以线框修饰的，也有雕出花卉、山水、人物故事的，繁简不一，但都给人以秀雅清新、细致活泼之感（图8-7）。而在厅堂斋馆山墙与檐口交接处的垛头则也是砖雕装饰的主要部位，其上用砖叠涩出挑，做成三飞砖、壶细口、书卷、朝式、绞头等各种造型，中部为方型兜肚，上雕线框及简洁的装饰图案，其下是多层装饰线脚，虽然垛头面积不大，却能收到增添富丽气氛的效果。

图8-4　砖雕柱础及砖柱

图8-5　雕刻砖枋

图8-6　仿木垂花柱

图8-7　花鸟、人物砖雕

三、木雕

苏州民居常在梁架上施周雕饰，常见的是所谓扁作厅，由于梁、枋断面均用距型，因此其两侧面成了雕饰的部位。大梁、山界梁（图8-8）及轩梁（图8-9）上常雕出卷草、流云之类的浅浮雕；即便是伸出于长窗的楼板梁头，有时也饰以雕饰（图8-10）。而在山界梁之上则设有斜置的山雾云（图8-11），采用高浮雕和透雕予以装饰，

图8-8　大梁、山界梁的雕刻

轩梁

梁头

图8-9　轩梁上的浮雕

此外扁作厅以斗拱代替童柱，于是雕镂精美的梁垫蜂头（图8-12）、枫拱、（图8-13）蒲鞋头之类也成了极好的雕饰物。为增加室内面积，明间两侧的步柱有采用悬梁的，其柱端常雕作花篮状（图8-14），成为“花篮厅”。也有不作繁复雕饰的，仅将梁枋断面转角处用刨成两小圆弧、内凹相接的木角线，并使之沿梁架绕通，称贡式厅。虽省略了大量雕饰，但仍不失秀丽和精巧。

苏州民居木雕应用最广的是在木制门窗、栏干、挂落及室内的各种罩等所谓“装折”之上。落地长窗、槛窗等窗扇都有刨成各种线型的外框，在夹堂板及裙板上则施用题材广泛的浮雕（图8-15），而在时代晚近的民居中甚至将窗侧的抱柱，上下槛都用阴线刻出卷草等饰纹。用材讲究而最富艺术魅力的木雕当属各种起室内空间分隔作用的罩，多数的罩是由优质的小木条拼逗出花格，然后再进行雕镂，而在个别豪华府宅中则有取用大块黄杨或银杏板材，用浮雕和透雕结合的方式制作，如耦园山水间水阁的松竹落地罩、拙政园留听阁的鹊梅飞罩、狮子林古五松园的芭蕉落地罩（图8-16）等，不仅在今天被认为是具有极高价值的古代艺术品，既便在当时亦属为数不多的精湛之作。

图8-10　楼板梁梁头的雕饰

山雾云位置

细部

图8-11　山雾云

花篮柱与梁、枋的配合

花篮柱细部

图8-14　花篮柱

图8-15　裙板浮雕

图8-12　梁垫雕饰

图8-13　枫拱雕饰

图8-16　芭蕉落地罩

四、彩画

用彩绘装饰梁枋如今在其他地区的民居中已很难看到，而苏州的东山、西山地区却还保存了三百余方彩画，其时代约从明代前期到民国年间。或许明代中后期民居彩画曾有较大的发展，因此，明初曾有“六品至九品，厅堂梁栋祗用粉青饰之”的规定[①]，到清初则被改订为“公候以下官民房屋，……梁栋许绘五彩杂花”[②]。从清代官式建筑的彩画制度中可看，其中的苏式彩画就是以苏州彩画为基础发展而成的，可以想象当时的苏州彩画已代表了民居彩绘装饰的最高水平。

苏式建筑的彩画装饰主要施于梁（图8-17、18）、枋、桁条（图8-19）等构件上，构件通常被分为三段，左右称“包头”，对称绘制金线如意、书条嵌星等线型纹饰。中段称“锦袱”，地纹用不施彩的素地、刷单色的青绿地或饰有折枝花、卷草等的锦纹地，其上再绘山水、人物、花卉、鸟兽、器物等图案。手发与中国画接近而更重写实。色彩多用浅蓝、浅黄、浅红、浅绿等，给人以淡雅清新、柔和悦目之感。年代晚近的彩画也有在锦纹上施用平式装金或洒粉装金的，产生了前所未有的富丽气氛。这反映了清末皇权的衰落致使封建等级制度已无力再对建筑进行控制了。此外在太平天国忠王府还能看到夹堂板彩画，这在苏州地区现存的传统建筑中并不多见（图8-20）。

园堂梁上的彩画

扁作厅梁上的彩画

图8-17 大梁、山界梁的彩画

正双步、眉川上的彩画

后双步、短川上的彩画

图8-18 双步及川上的彩画

① 见 万历《明会典》

② 见 乾隆《清会典》

轩步桁、轩步枋上的彩画

步桁、步枋上的彩画

脊桁与金桁上的彩画

图8-19　桁、枋上的彩画

图8-20　夹堂板上的彩画

五、水作

除上述几种装饰形式外，苏州还有一种称作“水作”的装饰，即用普通的砖砌出大致的轮廓或用铁丝绑扎出一定的造型后再用灰浆予以堆塑。这种方法主要用于屋脊两端及正中的脊饰、中小型民居的博风、抛枋、垛头等部位，园林建筑的山花（图8-21）上也常有使用。这不仅较砖雕大大降低了费用，但同样也不失其精美。

图8-21　水作山花

第二节　装饰题材

苏式建筑所用的雕绘装饰题材十分广泛，除一些次要部位仅用线饰、纹头外，大多会以建筑的用途、主人的身份选择图案的主题。住宅所用的雕饰内容大致有山水、人物（图8-22）、花卉（图8-23）、鸟兽、器物（图8-24）、吉祥图案（图8-25）等等。常见的有“八宝图”，象征福禄寿禧、大吉大利；“文房四宝”，喻为书香之家；“渔樵耕读”，意示致仕归隐。还有诸如喜鹊莲蓬，称作“喜得连科”；花瓶中插有三戟，称“平升三级”；公鸡配牡丹，称“功名富贵”；一鹿傍一官人，称“加官受禄”；以菊花配鹌鹑，称“安居乐业”；以牡丹配白头翁，称“长寿富贵”……，类此题材简直多不胜举。而寺观祠祀之中也有与其性质相对应的装饰内容，如发器、仙灵（图8-26）、云气等等。

在一般意义上讲，建筑装饰只是美化环境的一种点缀，但在我国民间，尤其象苏州这样具有深厚文化底蕴的地区，人们常将自己的希冀与愿望融入装饰之中，借助比拟、隐喻、谐音、双关等手法，将求仕、求禄、希求延年益寿、家族兴旺、淡泊宁静之类的理想形象地予以表达。这不仅使装饰题材变得丰富多彩，而且也增添了时尚趣味和文化内涵。当人们欣赏一幅幅装饰作品时即会引发种种联想，见松柏即感其刚毅；见翠竹即思其亮节；见梅花又能联想到坚贞；见莲花则引起高洁的共鸣。而纵观整座建筑，从其装饰之中马上就能看出建筑最初的性质、建筑主人的情趣品性。如书香门第多选好儒求禄的图案；商贾之家则好用人兴财旺的题材；满饰二十四孝故事则显示建宅为养亲悦老；遍布岁寒三友、四君子图则反映出宅主欲示人以雅洁脱俗的情操。因此装饰作品变得内涵丰富、喻意深刻，常能将人带入一个更高的境界。

图8-22　山水人物雕饰

图8-23　花卉雕饰

图8-24　静物雕饰

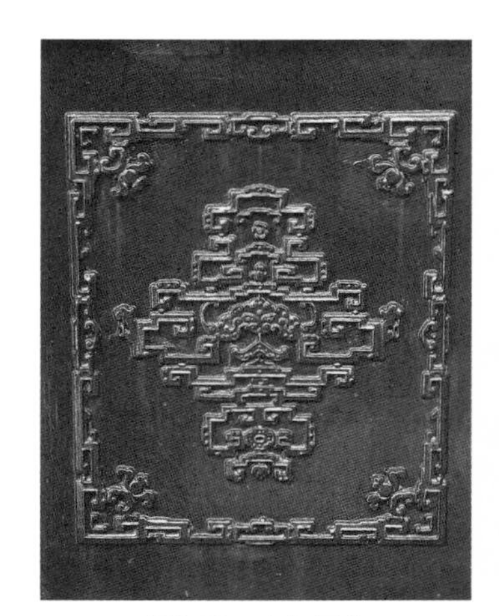

图8-25　吉祥图案

图8-26　仙灵图案

第三节　艺术特色

苏式建筑的雕绘装饰是长期演进的结晶，已达到了高度的成熟，所以无论是单幅图案还是雕绘整体，甚至与建筑的融合都能给人以完美之感。

从雕绘主题看，苏州地区的匠师已将我国传统绘画技艺融汇到了雕绘之中。为构图完整，常以线饰为图框，核心位置布置主体图案，周围留白，因而使图幅主题突出，疏密有致。主题图案的处理中，彩画完全遵循国画技法，采取勾勒、着色、晕染等手法予以表现；而雕绘则以刀凿代笔墨，运用各种细腻的刀法、流畅的线条进行刻划，致使图案层次分明、神形兼备。造型方面力求姿态清秀、神情饱满，既便如狮虎猛兽也不表现其威猛的性格，而是着重刻画其妩媚轻灵的神态。花鸟之类则更着力显现其生机盎然。因此几乎每一幅图案都呈现出古朴典雅和耐人寻味。

雕绘整体一般十分注意主次关系，极少通体满布、堆砌图案。主体图案周围或两侧大多以各种不同的线条组成纹头、纹饰作为陪衬，这不仅避免了繁琐冗杂，而且因陪衬饰纹的对比与烘托，使主题更显突出。

在一幢单体建筑、甚至一组建筑中雕绘装饰往往是有选择地施用，并且还十分注意与建筑本身的协调和统一。如厅堂斋馆的外立面，不仅由造型和色彩使屋面、屋身和台基之间形成了对比，而且素平朴质的石台基、遍饰雕刻和花格窗棂的屋身及满铺青瓦的屋顶间又以不同的形象与修饰显现出各自的特点，屋身的主体地位也就一目了然。同时因各部位全都使用了灰色的基调，所以彼此间又能和谐统一。厅堂室内的梁架及各种隔断同样也以栗壳色的髹饰将繁复精美的雕饰予以笼罩，因而常令人只有在细细地品味之中方能不断地有所发现，从而产生一种“耐看”的效果。在一组建筑组群中，人们又利用装饰的繁简不同来体现不同单体建筑主次地位，正厅及其前后院墙大都施用较多的装饰，以增华丽与精美，而次要建筑则视地位的差异少用或不用装饰，这也使主体建筑更为突出。

然而晚近的一些豪宅，如东山的春在楼，整组宅邸满布各种雕饰，虽然其雕绘髹饰都代表了当时的最高水平，但堆砌满铺、主次不明，已失去了往日苏州民居装饰的那种清新淡雅、主次分明的特色，这反应了随着社会的发展，苏式建筑的装饰传统已开始发生蜕变。

如果说建筑作为一种文化，是以材料和工艺折射当年的社会经济，那么建筑装饰除此之外还进一步揭示其主人的情趣修养。苏州经济发达、人文荟萃，士大夫阶层的趣好常常带动整个地区的时尚，因而当地的建筑装饰题材虽雅俗并呈，但清新淡雅的表现方法仍为共同的特色。当然，传统的装饰艺术又是特定历史条件下的产物，随着社会的发展也在不断地变化，如今已渐渐远离了我们的生活，然而技术与艺术的结合，用艺术形象含蓄地表达人们的情趣修养仍是建筑装饰一贯追求的境界，在此意义上，苏式建筑雕绘髹饰的价值就远不止造型的优美和工艺的精湛了。

第九章 构造实例

传统建筑虽然具有一定的制度，但不似今天的规范那样限定严格。究其原因，首先是过去尚无今天“施工图纸”那样详细的规范技术文件，无以严格按图施工；其次是“把作师傅”有着丰富的现场经验，他们往往能够依据基地情况，调整建筑的许多尺寸，以使建筑和场地、建筑和建筑之间的关系变得更为融洽和谐。所以若细细考察苏地众多的传统建筑，即便同为厅堂或其他同类建筑，会发现彼此间绝无雷同。这在今天施工管理角度看来，似乎过于粗放，不甚规范，但却产生了在统一中蕴涵变化的效果。以苏州现存的拙政园中部主体建筑——远香堂和依玉轩为例，两座形制相似的建筑被摆放在相邻位置，除了一个将檐面朝前，一个将山面朝前，以强调形体的变化之外，过去的匠师还对建筑的提栈、戗角的起翘作了适当的调整，形成了一个屋面坡度平缓、戗角起翘不大；一个屋顶陡峻，戗角翘起较剧的对比，这就使彼此间避免了“同质”的问题。

苏州尚存的传统建筑为数众多，这里只是将它们予以归类，作一概括式的介绍。

第一节　殿庭建筑

苏州地区高规格的建筑被称之为殿庭，主要用于衙署、寺观的，相当于北方的大式建筑。其尺度较大，也有有异于其他建筑的结构处理方法。

一、四合舍殿庭

四合舍即四坡顶建筑，相当于北方的庑殿，属于我国古代最高建筑形制。若用重檐，则等级更高，在等级森严的封建社会里，允许使用的地方不多，所以苏州地区目前能够见到的，仅苏州文庙大成殿一例（图9-1）。

由于殿庭建筑较大，其下部通常都配以高大的阶台。苏州文庙大成殿的阶台外缘距檐柱中心六尺半（约1800mm），柱下磉墩与阶台边缘的塘石分离。磉墩开脚较深，以便承受上部荷载，而阶沿四周塘石上部几乎没有承托任何建筑构建，仅仅是对阶台作一包砌，因此开脚可以稍浅。檐柱间因砌有檐墙，故磉墩间也要驳砌绞脚石。正间后檐柱间过去砌有隔墙，其下部磉墩间也要用绞脚石。在阶台内部的砌筑工程完毕后，需要垫土夯实，以使阶台形成一个坚实的整体，同时在室内铺设地坪方砖后不会在日后使用中产生洼陷、翘曲等问题。为便于人们的祭祀或瞻仰活动，大成殿前僻有露台。虽然露台的做法与阶台相仿，但因为其上部没有建筑，所以开脚较浅，露台上面铺设金山石板，整个露台还要有一定的散水坡度。

阶台以上主要是大木构架的处理。苏州文庙大成殿面阔七间，进深十二界。正间步柱粗硕，由次间到落翼柱径逐渐减小，可见正间粗硕的步柱主要是为了视觉的需要。步柱之上架六界大梁，由于建筑进深较大，高度又高，所以梁下用随梁枋、四平枋予以拉结，形成一个稳定的构架。随梁枋与四平枋之间用斗六升拱牌科，即形成联系，又有装饰作用。大梁之上叠架四界梁、山界梁，其方式与大多数中国抬梁式建筑相似，梁架扁作，梁端用牌科，而在山界梁背立脊童柱以承托脊桁。前后步柱外侧以三界（三步）梁与檐柱相连，梁与柱之间施用五出参牌科。三界梁背立上檐柱，柱端架双步梁、眉川与步柱相接。双步梁与上廊柱之间施用上檐牌科。为加强步柱与檐柱的联系，各间的檐、步柱间均施用随梁枋予以拉结。正间、次间的屋架除尺寸逐间减小外，形式完全相同。各间梁架间用檐枋、步枋以及四平枋相互拉结。上檐柱之间在柱脚还连有承椽枋，主要作用是架构下檐的椽子，但同时也具有檐面的拉结作用，由此形成稳定的框架。在构架的各个梁端承托桁条以架椽、望、屋面。

落翼部分的处理不同于北方的庑殿的梢间，不用“推山”，而是在“一间”之中完成两侧山面的内收，就省却了部分构件，且结构就相对简单。两侧落翼因空间处理的关系，上檐柱落地，所以下檐柱端用廊川连于上廊柱，而上廊柱则用双步梁、眉川与次间步柱相接，所以次间步柱需联接檐面和山面两个方向的上部和眉川。在“落翼”中大梁之上的前后桁条间依据山面提栈架设枝梁，里童柱以承托上一层的檐面与山面搭交的叉角桁条，以保证构架上力的传递。而在各叉角桁条中架斜角梁、由戗、老戗、嫩戗，完成转角处的构架。老戗和嫩戗的两侧布摔网椽和立脚飞椽，上钉望板，形成屋角嫩戗发戗的处理。

椽望之上铺灰砂，上覆底瓦和盖瓦。因建筑的等地，苏州文庙大成殿所用是苏地较为少见的琉璃筒瓦。为让厚重的瓦件能够铺设稳固，在铺瓦前需放置人字木或柴龙。由于四合舍有四个坡屋面，相合就形成一条正脊和四条水戗，而下檐也有四个屋面相绕，也构成四条水戗。下檐屋面上端与上檐柱、上檐枋相接之处，还要筑一条屋脊，这就是赶宕脊。

其开间的苏州文庙大成殿仅正面当中三间僻门，其余柱间砌出檐墙，正面落翼的檐墙上设漏花窗。

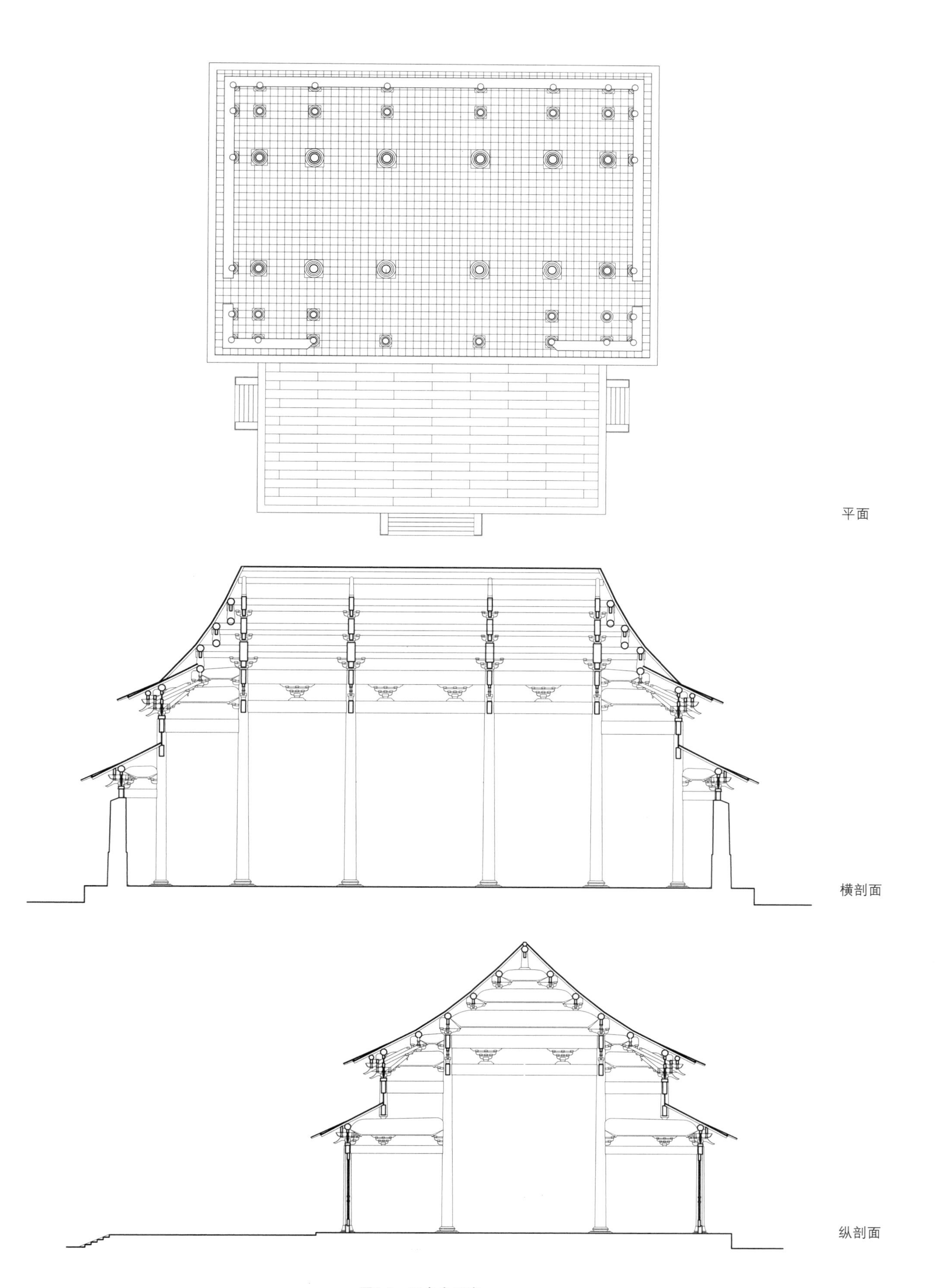

图9-1 四合舍殿庭

二、歇山殿庭

歇山殿庭等级低于四合舍，所以苏州地区能见到的实例较多，著名的有玄妙观三清前、西园寺大雄宝殿等。

与四合舍殿庭一样，歇山殿庭也有高大的阶台，作为市民公共的活动场所，建筑前通常也设有露台，其结构与做法基本相同。

阶台之上的大木构架有扁作的，也有圆作（图9-2）的，其尺度也有大小之别，但基本结构与做法大致相近。构架部分也可以分为正身和落翼梁部分，正身部分前后步柱间距两丈（约5500㎜）左右，分四界或六界，上架大梁。大梁之下视建筑规模和步柱高度，可以单用四平枋，也可以随梁枋与四平枋叠用，以拉结前后两步柱。四平枋背面置斗六升拱牌科两朵。大梁之上圆作立童柱架上层梁柱，扁作用牌科。从而形成中部构架。步柱向外，用双步梁或三步梁与檐柱相连，一般单檐用双步梁，重檐用三步梁，梁下用夹底拉结两柱。在圆作中因檐柱上施用牌科，故双步梁或三步梁与步柱相连处常用蒲鞋头，以使梁的前后形象一致，且在梁和夹底间填有一朵斗六升拱牌科。梁背或用梁端牌科（扁作）或立童柱（圆作）架上层梁、川。正身部分各梁架间用檐枋、步枋、四平枋等拉结，使之形成稳定的框架，其上架桁、椽的方法与四合舍相同。

落翼部分的做法也与北方歇山不同，不用“收山”，与四合舍一样，在“落翼”这一间里完成山面坡顶的处理，因此有时也将五开间的歇山殿庭称之为“三间两落翼”、七开间的称之为“五间两落翼”。 落翼处理方法是边步柱除与檐面的檐柱用梁架联系外，与山面的檐柱也有联系，其构架形式除有特殊的空间要求外，通常与檐面方向相同，这样可以减少构建的规格。由于檐、步柱之间相距两到三界，转角处会形成叉角桁结构，为确保戗角受力，在搭角檐桁之上架有搭角梁，梁背立童柱，上承叉角桁。为构成山花，次间的脊桁、金桁都要向落翼处伸出半个界深，外钉他教木、草架桁、博风板。在檐桁与金桁的叉角口内架老戗。其上置由戗，戗尾搭在檐面与山面相交的步桁叉口内。老戗头上立嫩戗，两侧布摔网椽和立脚飞椽，形成嫩戗发戗的戗角。

椽望之上屋面覆瓦与四合舍相同，只是大多数苏地的歇山殿庭仍用灰黑色的蝴蝶瓦，其规格较民居更大而已。歇山殿庭的屋脊处理不同于四合舍，其前后两个坡屋面相合处形成正脊，前后屋面与山花相接的地方筑四条竖带，坡顶四角用四条水戗，山面坡屋面的上部砌赶宕脊。为了保护山花的博风板，竖带外侧还要施用排山沟滴。

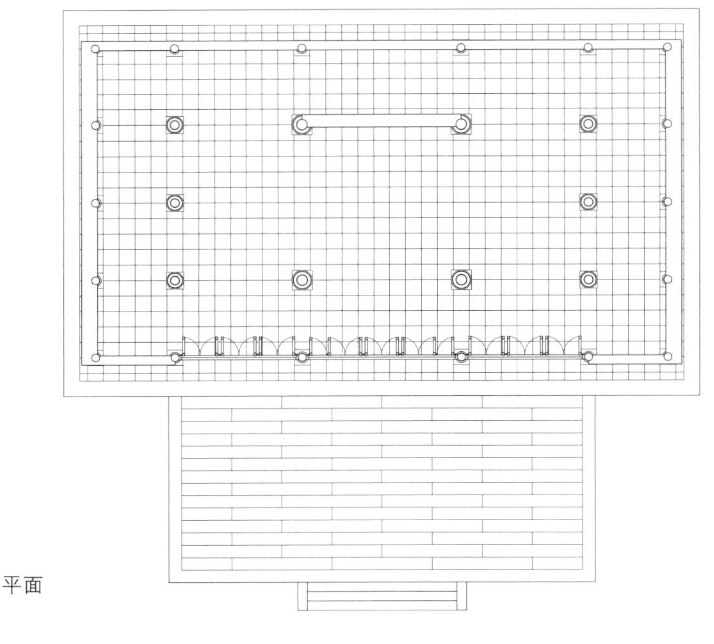

图9-2　歇山殿庭（一）

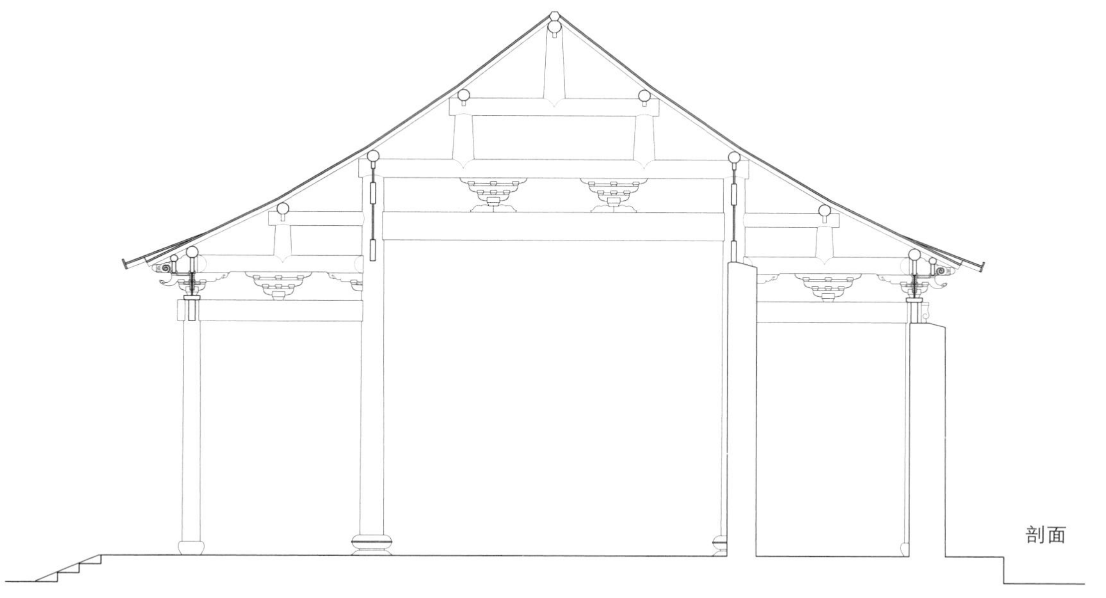

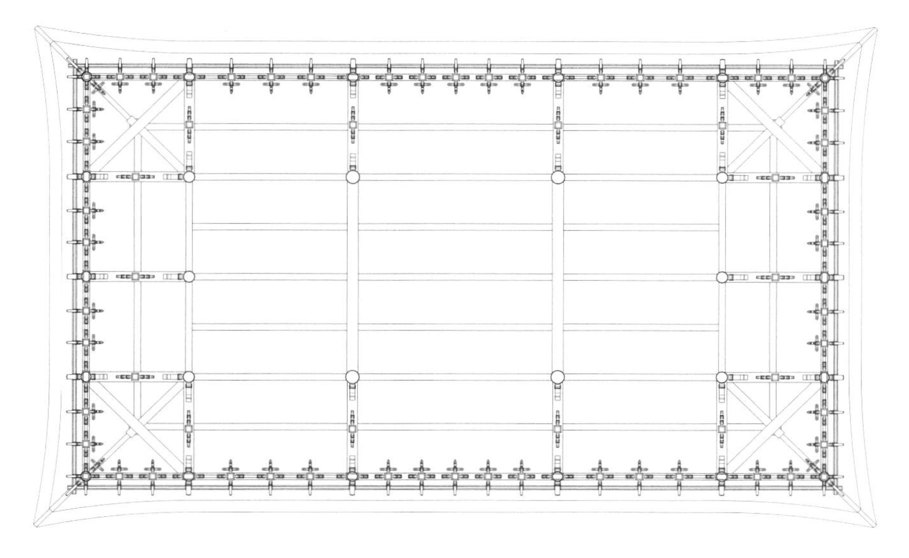

图9-2　歇山殿庭（二）

三、殿庭山门

苏地许多寺观的山门大多也采用歇山殿庭的建筑造型，但因山门特殊的空间要求，使其构造要做相应的改变。

与苏州地区其他建筑的处理方法一样，一组建筑的门厅或大门所用规格等级通常要小于其内部的主体建筑，所以殿庭山门也需要狭小制度，外观形象上表现为体量酌减，阶台降低。有此影响，其阶台外缘距檐柱中心较近，一般檐柱的磉石紧贴阶沿石。由于山门需在正间脊柱下设大门，故脊柱落地，形成类似于宋式“分心槽”的柱网布置。

面阔三开间，进深四到六界的殿庭山门（图9-3），正间两棵落地的脊柱可以说是整座建筑结构的主体，其他所有的主要构件都与之相联系。由于山门的体量，故进深方向不用步柱，前后檐柱与脊柱直接用三步梁或双步梁联系，其上置寒梢拱、梁垫承托上部梁、川，以形成屋架。开间方向在脊柱的上端用过脊枋拉结，因脊柱较高，所以在脊柱上部还连有夹堂枋、额枋之类，一方面分隔、减小了柱枋之间的高度，以便用夹堂板封护，同时也加强了两棵脊柱间的联系。有时脊柱之上不直接架脊桁，其间还有斗六升拱形式的牌科，于是，正间在脊桁与过脊枋之间需填入数多隔架科。

三开间殿庭山门的落翼只是边间中的一部分。因正间脊柱的作用，山面除角柱外也仅用一棵檐柱，山面檐柱与正间脊柱的联系与进深方向基本相同，在山面川桁上立川童柱，上端架脊桁，落翼起于川童柱脚。金桁与脊桁挑出于川童柱外约半界的长度，金桁端置踏脚木，外钉博风板，形成山花。边间的叉角金桁一端架在短川前端，另一端则由角柱上转角牌科以及其边上桁间牌科的的后尾琵琶撑承托。由于进深方向的界深通常相等，而落翼深也与界深相同，所以转角牌科两侧的桁间牌科要向内偏移，以避免在叉角桁处相交，同时也可以改善戗角构架的受力。戗角的结构和处理与上述四合舍殿庭及歇山殿庭差不多。殿庭山门屋面处理与筑脊与歇山殿庭相同。

正间额枋下脊柱间通常安将军门，其做法见第四章“装折”。

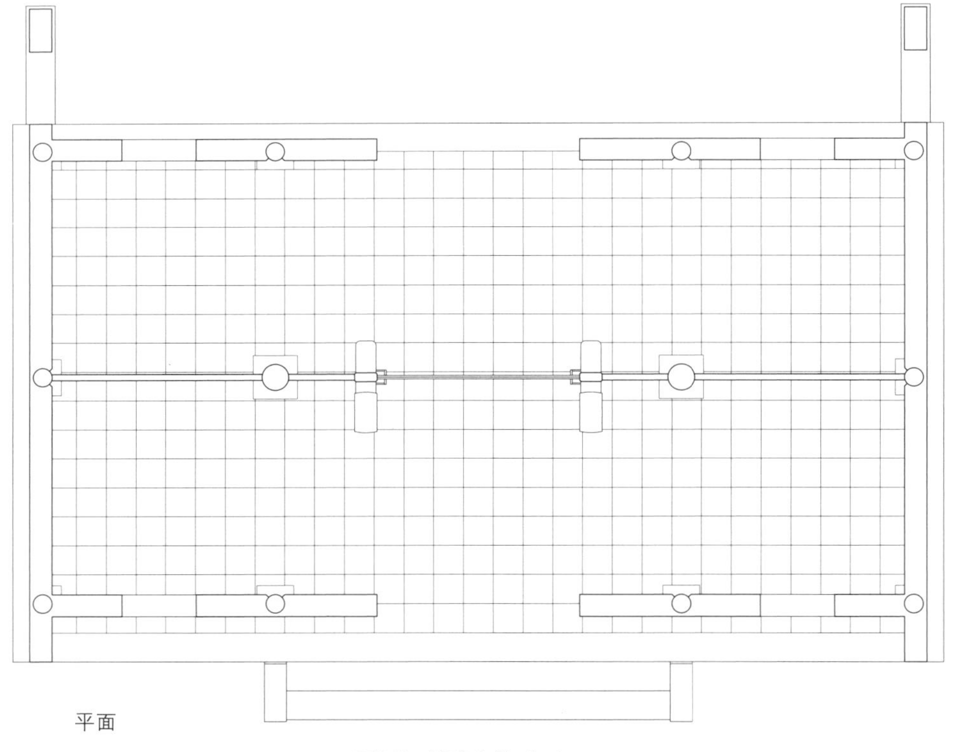

图9-3　殿庭山门（一）

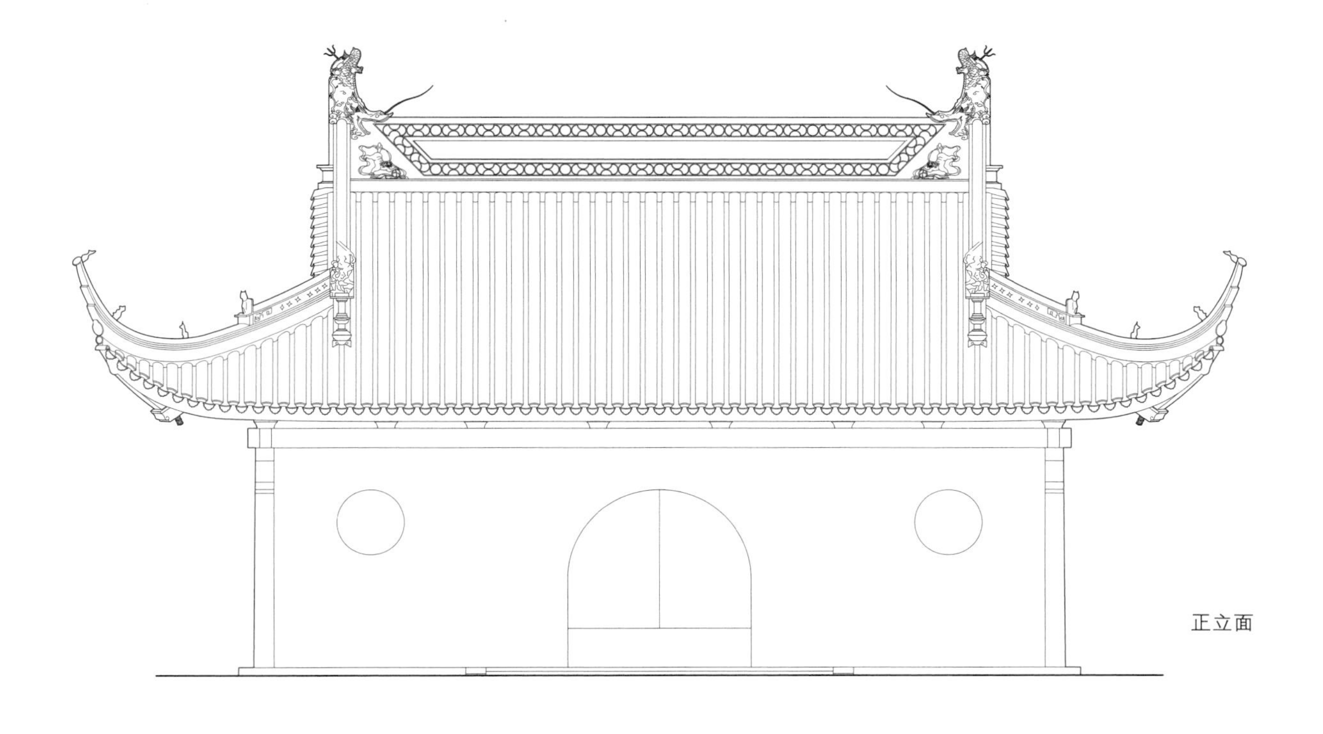

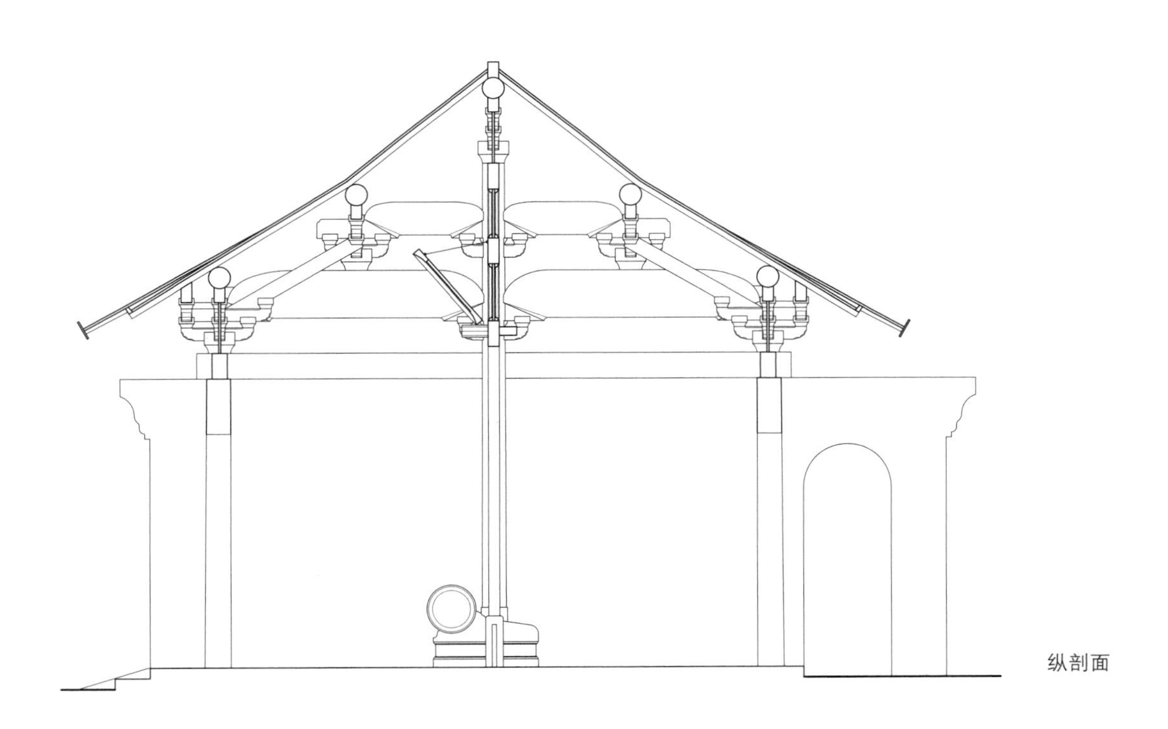

图9-3　殿庭山门（二）

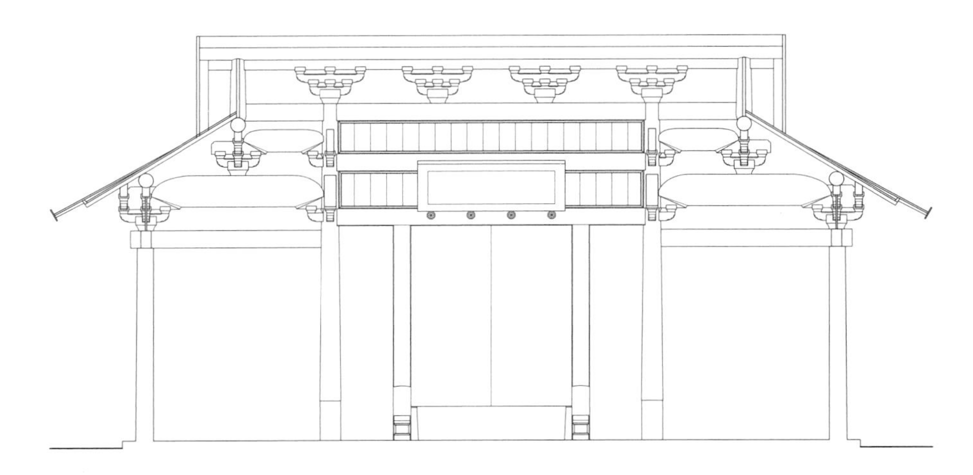

横剖面

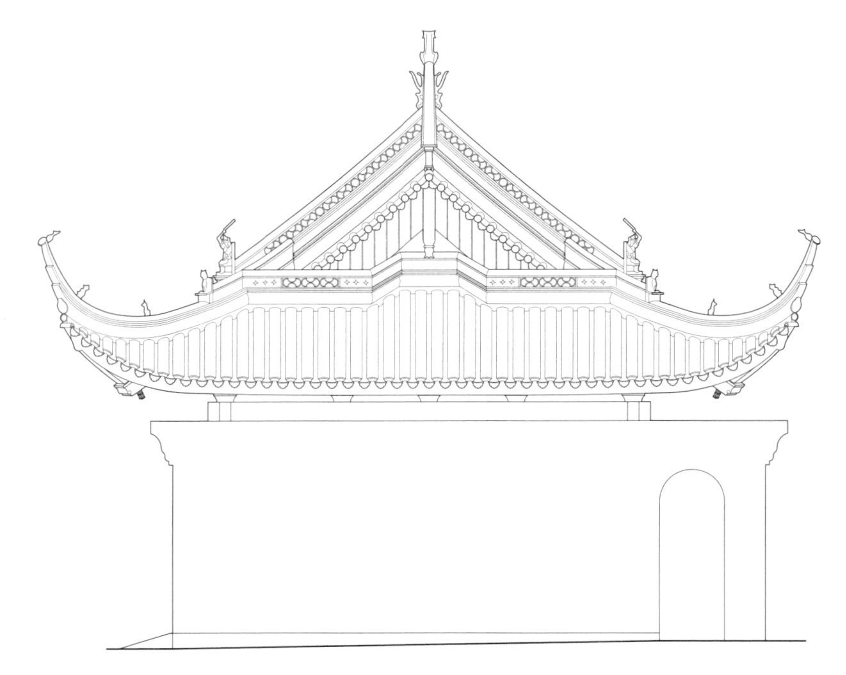

侧立面

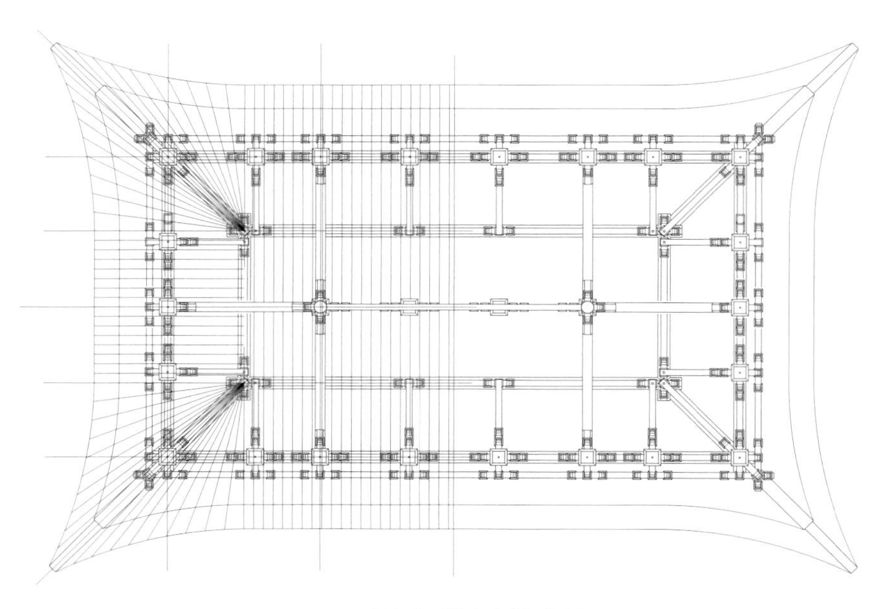

屋顶仰视平面

图9-3　殿庭山门（三）

四、殿庭楼阁

苏州地区寺观等建筑中也使用楼阁，有用于贮藏经书；有用于供奉神像。这些楼阁有的与民居堂楼一样，但也有的则采用殿庭尺度与规格（图9-4）。

由于建筑增高（一般为两层），其基础也需要作相应的加强。按照苏地匠师的经验，主要是开脚深度较单层的殿庭加倍，如果地基质量较差，还要打木桩予以增强。柱脚磉窠位置按柱网确定，阶台下出较四合舍殿庭、歇山殿庭为小，阶沿石紧贴磉石而已。如果是硬山堂楼，因山墙的关系，阶台两侧的绞脚石也需加大、加深。其余夯筑垫土、阶台包砌一如其他建筑。

木构部分：底层的前部同常有廊、轩部分，当中主体深四或六界，后部空间为后双步或后三界，正间四棵正步柱贯通上下楼层，其中部置承重梁，以承托楼板。前部三界或两界视需要有用承重直接承托楼板的，也有在承重之下设置翻轩的。再前是副檐轩廊，其作用为前廊，进深较大，上部构架常采用翻轩，故称“轩廊”，而轩廊上面通常有屋面，即为副檐，所以也称“副檐廊”。步柱之后与后檐柱间径用承重承托楼板，同时该承重有时也是搁置楼梯的主要构件。楼层构架大多用圆料，构架与普通抬梁式建筑相同，步柱上架梁，梁上立童柱，再架梁，直到山界梁的中间立脊童柱。如果两步柱间进深较大，大梁下要用随梁枋，枋背置斗六升牌科与大梁联系。前后步柱的外侧连以双步或三步。次间梁架（边贴）与正间（正贴）有一定差异，除用料断面稍细外，通常脊柱都要落地。于是架于步柱上的大梁、山界梁就得换成双步和金川，为了增加柱间的联系，双步、廊川的下面都要施用夹底。梁柱之间砌以山墙。有的殿庭堂楼面阔五间，其边间有时将金柱也贯通落地，就形成不同于边贴的次边贴。各间的前后檐柱、轩步柱和步柱的柱端在檐面方向都有枋子拉结，梁与双步、川以及脊柱端架以桁条，以形成空间构架。由于楼板的尺寸，两承重之间还要在桁条的投影位置排列承托楼板的次梁——搁栅，楼板在宽度方向开启口槽相互拼接，长度方向的端头直接钉在搁栅上。

殿庭楼阁大多为硬山，其屋面只有前后两坡，结构相对简单，桁条上钉椽子、上铺望砖就形成了屋面基层，其上铺灰砂、仰瓦、盖瓦屋面基本完成。但由于我国古代也屋脊常常是建筑等级高低的象征，所以殿庭屋脊的处理较厅堂、平房更为复杂。不仅正脊高大，两端脊饰用哺龙、鱼龙等殿庭专用吻，在近山墙处，一般还要砌筑竖带。

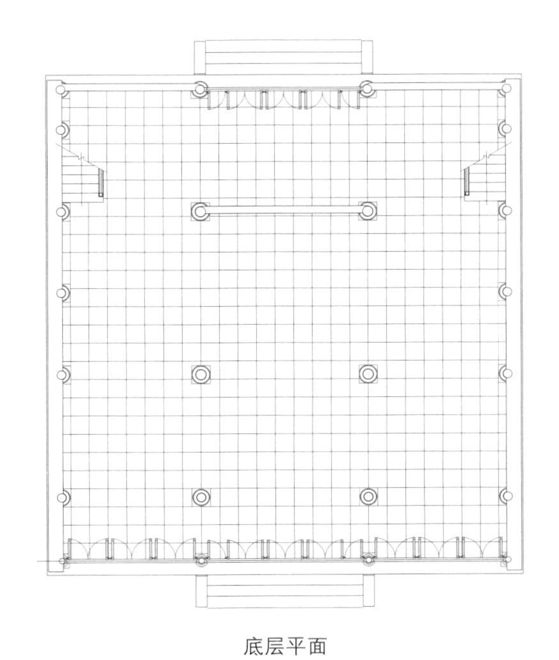

底层平面

楼层平面

图9-4 殿庭楼阁（一）

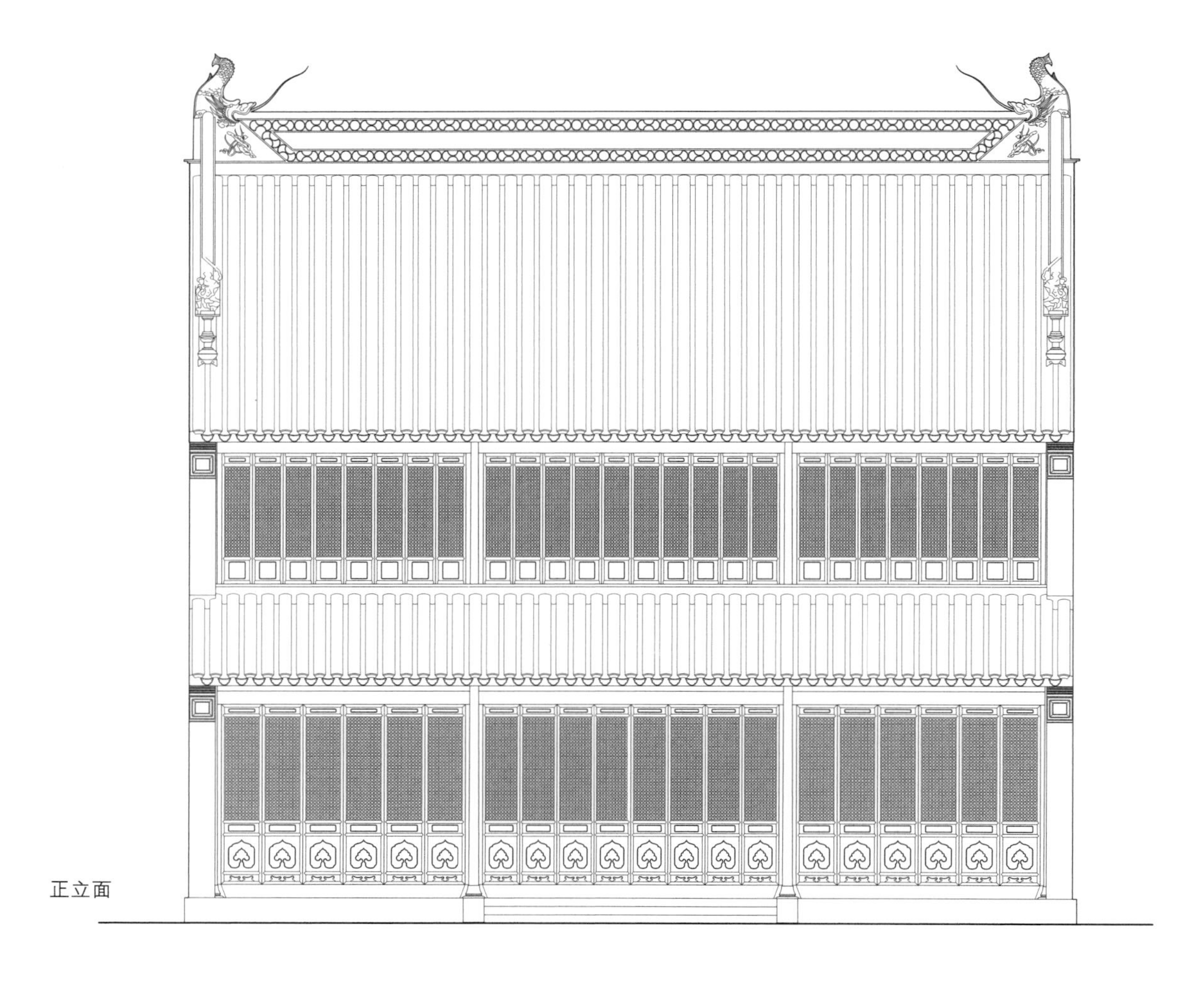

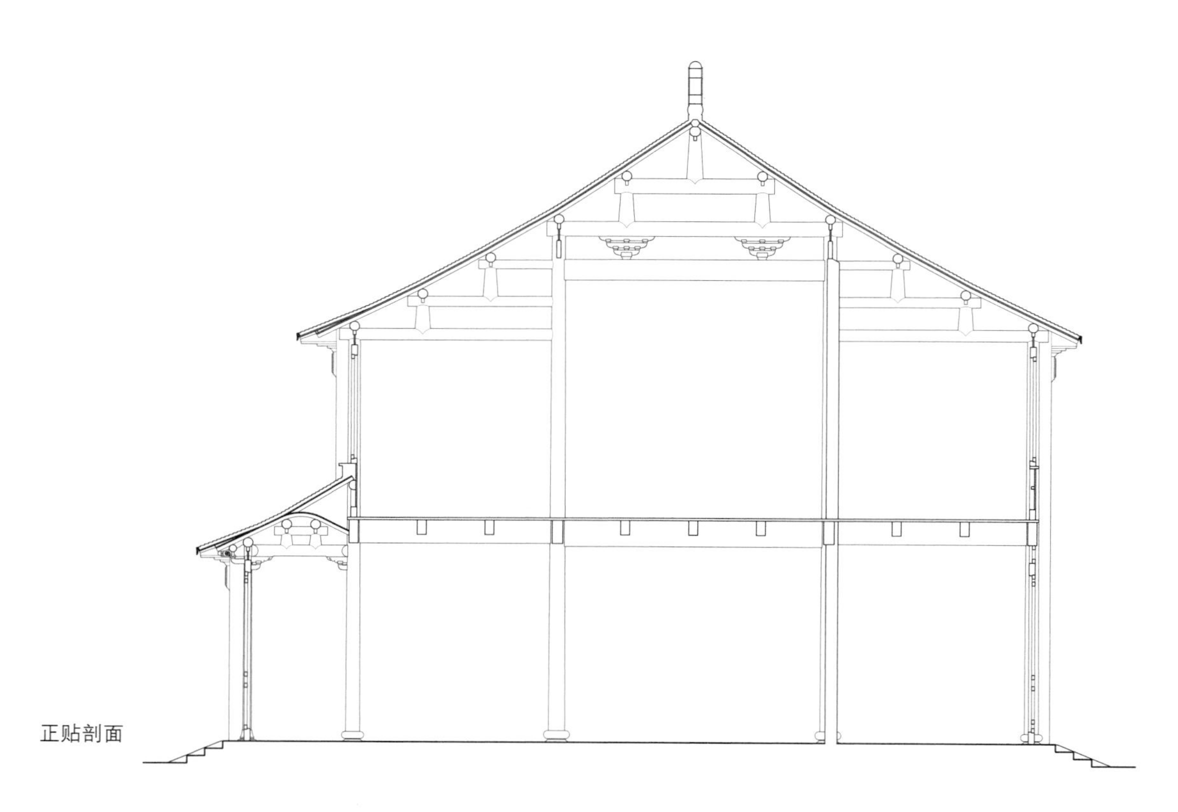

图9-4　殿庭楼阁（二）

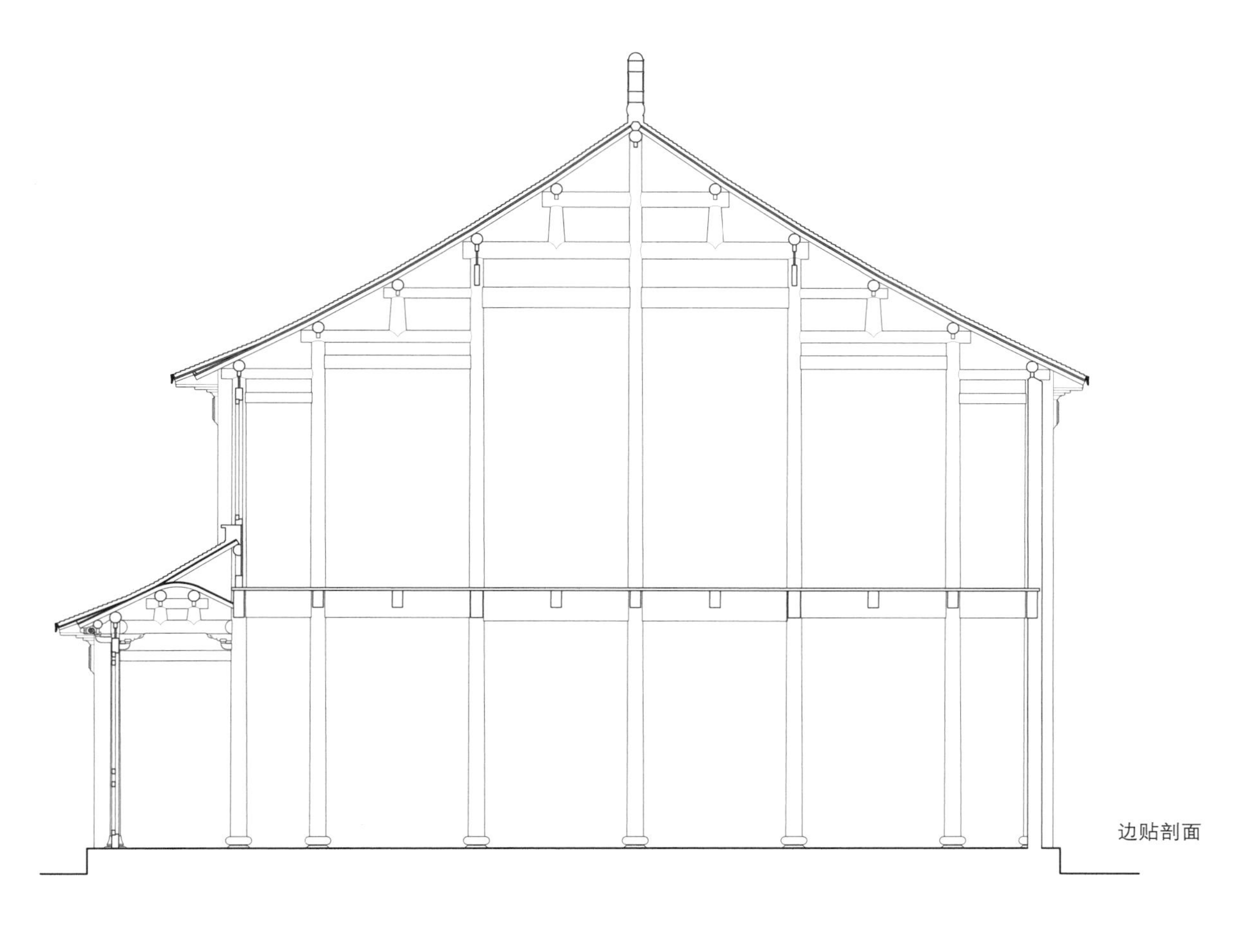

图9-4　殿庭楼阁（三）

表9-1　殿庭木屋架构件尺寸（以面阔三间，进深十二界硬山建筑为例，前檐用五七式十字牌科）

梁		柱		桁、枋及其他构件	
名称	围径	名称	围径	名称	围径
大梁	按内四界深的2/10加3	步柱	大梁的9/10或正间开间的2/10	廊枋	高为廊柱的1/10厚为高的1/2
山界梁	大梁的8/10	边步柱	步柱的9/10	轩枋	高为轩步柱的1/10厚为高的1/2
双步	大梁的7/10	轩步柱	步柱的9/10	步枋	高为步柱的1/10厚为高的1/2
边双步	大梁的7/10	边轩柱	正轩步的9/10	桁	正间开间的1.5/10
正川	大梁的6/10	檐柱	正轩步的9/10	梓桁	圆按廊桁的8/10方按斗料的8/10
边川	大梁的6/10	边檐柱	正廊柱的9/10	机	长按开间的2/10
轩梁	轩深的2--2.5/10或大梁的7/10	脊柱	同山界梁或同廊柱	椽	界深的2/10，作荷包状
边轩梁		金童	同大梁	檐椽	界深的2/10
荷包梁	轩梁的8/10	边金童	正童的8.5/10	飞椽	出檐椽的8/10
边荷包梁	轩梁的8/10	脊童	同山界梁	弯椽	宽约3寸厚约1.8寸
双步夹底	双步的8/10（开两片）	川童	同双步	帮脊木	脊桁的6/10
川夹底	川的9/10（开两片）	边川童	同边双步		

注：若为扁作梁则按表中围径的圆料结方，然后两条叠用。

第二节　厅堂与平房

过去，一座具有一定规模的邸宅中，厅堂往往是对外交往的窗口，也是家庭成员团聚、举行重要仪式的场所，建筑需要显示出住宅主人的身份和地位，同样也需与其间的活动氛围相吻合，因此厅堂常被精心处理，成为全宅等级最高的建筑，渐渐地也被看做民间高规格的建筑。住宅中的厅堂格局相对固定，应古代对于建筑的等级规定，面阔大多为三开间，即便实际需要更大于此，也常在厅堂内部用板壁隔断；将前面天井砌以塞口墙遮挡；把屋顶正脊分段，以此向人显示，并未超越规定。进深方向也通常固定，以前后步柱间分作四界，上架大梁，成为厅堂的中心；前面添翻轩、其后设双步。稍有变化的是依据前天井两侧有无游廊而确定在轩前是否再增前廊。当然翻轩结构和形式还是比较丰富的，由此带来了统一中的变化。园林中厅堂也是其中的主体建筑，由于不受相关规定约束，不仅其开间、进深可以随意调整，结构方式也就有了多种方式（图9-5）。

平房的“平”字所包含的是“平常”的含义，所以平房可以理解为“普通建筑”。平房虽然数量众多，但结构简单。

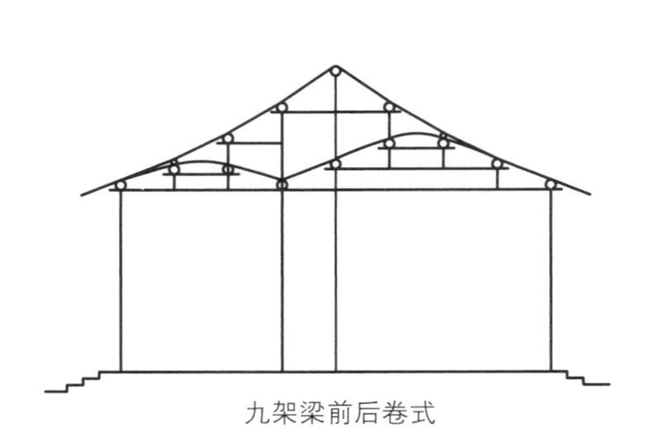

九架梁前后卷式

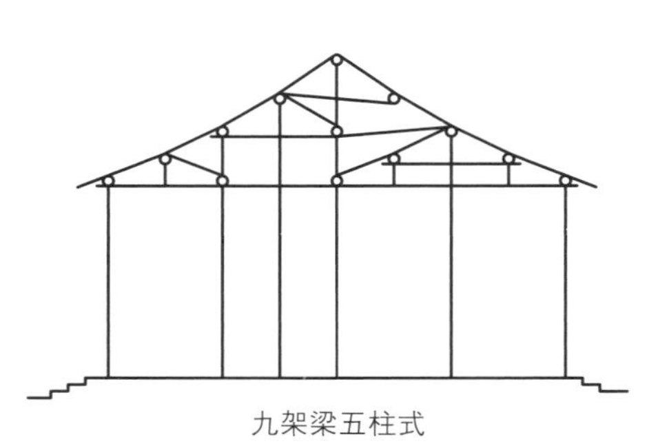

九架梁五柱式

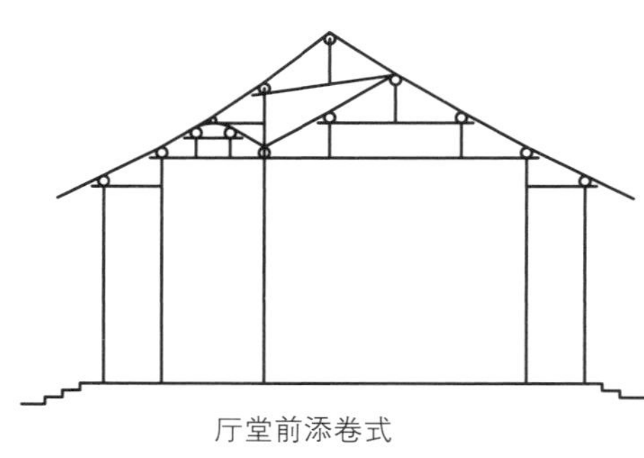

厅堂前添卷式

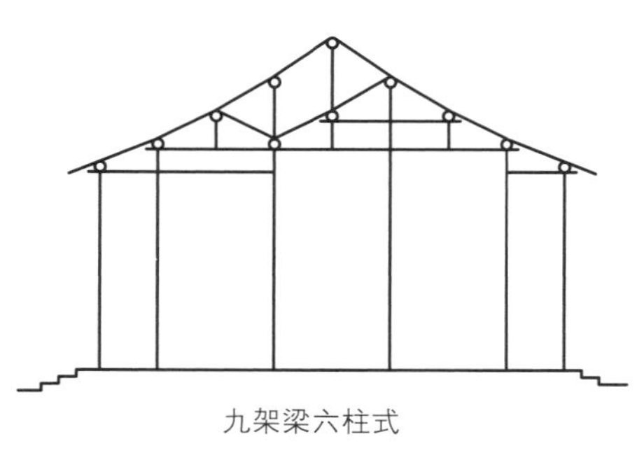

九架梁六柱式

图9-5　《园冶》所载的厅堂贴式

一、圆堂与扁作厅

所谓“圆堂”是指厅堂梁架均用圆料（图9-6）；“扁作厅”则是梁、川、双步等构件采用矩形断面（图9-7）。

无论圆堂或是扁作厅，阶台处理完全一样。首先依据柱网、山墙位置开掘驳砌磉墩和绞脚石的沟槽，铺领夯石夯打坚实，然后予以砌筑。由于檐柱中心与阶台外缘距离不大，故塘石与磉墩同时砌筑，形成整体。塘石之内为室内地坪，需垫土夯实，以便铺砌地坪方砖。立柱位置砌以磉石，上置鼓磴。

阶台之上正间立四棵步柱，圆堂在柱顶沿进深方向直接架大梁，扁作厅则置斗，斗口内安寒梢拱、梁垫等组成的梁端牌科，上承大梁。大梁背视圆作或是扁作，或立金童柱或置梁端牌科，其上架山界梁。山界梁上也依据圆作或扁作立脊童柱或斗六升牌科。扁作在斗六升牌科的斗、升上还要斜插装饰性的木板——山雾云及抱梁云。前步柱之前与轩步柱之间架轩梁，作前轩。虽然前轩也有圆作和扁作之分，且行是众多，但无论是圆堂还是扁作厅，只要能内外协调都可使用，也就是圆堂的前轩可以用扁作的轩，反之亦然。一般轩梁上也有童柱或牌科承托月梁或荷包梁。由于前轩和中部的内四界均为两坡屋面，为使它们能够形成单一的整体屋顶，所以在前步柱上还要立柱、架梁，形成所谓的“草架覆水椽”梁架。轩步柱若有前廊，则在廊柱与轩步柱之间架廊川。后步柱之后与后檐柱用双步、短川联系。

次间山墙位置的梁架稍异，其不同的地方一是断面尺寸缩减，这与结构关系不大；另一是内四界脊童柱落地，于是大梁和山界梁就被前后双步和金川所替代。再有一个变化是在廊川、轩梁、双步之下还要加一条夹底，以便将各柱拉结稳固。

各间梁架在檐面方向主要于廊柱、轩步柱、前后步柱、后檐柱之间需要用枋子拉结，并在各梁端架桁条。廊桁、轩步桁、步桁及檐桁下均承以连机，连机与枋子之间填以夹堂板。脊桁、金桁及轩桁下用具有装饰性的花机。

桁条之上钉椽子，上铺望砖形成屋面基层，上铺灰砂、覆瓦以完成整个屋面。厅堂的屋脊仅用正脊，最高等级的可以用哺鸡装饰，稍次用纹头。两侧不用竖带，有时也会将山墙升高，顺提栈作跌落式封火山墙，但并不普遍。

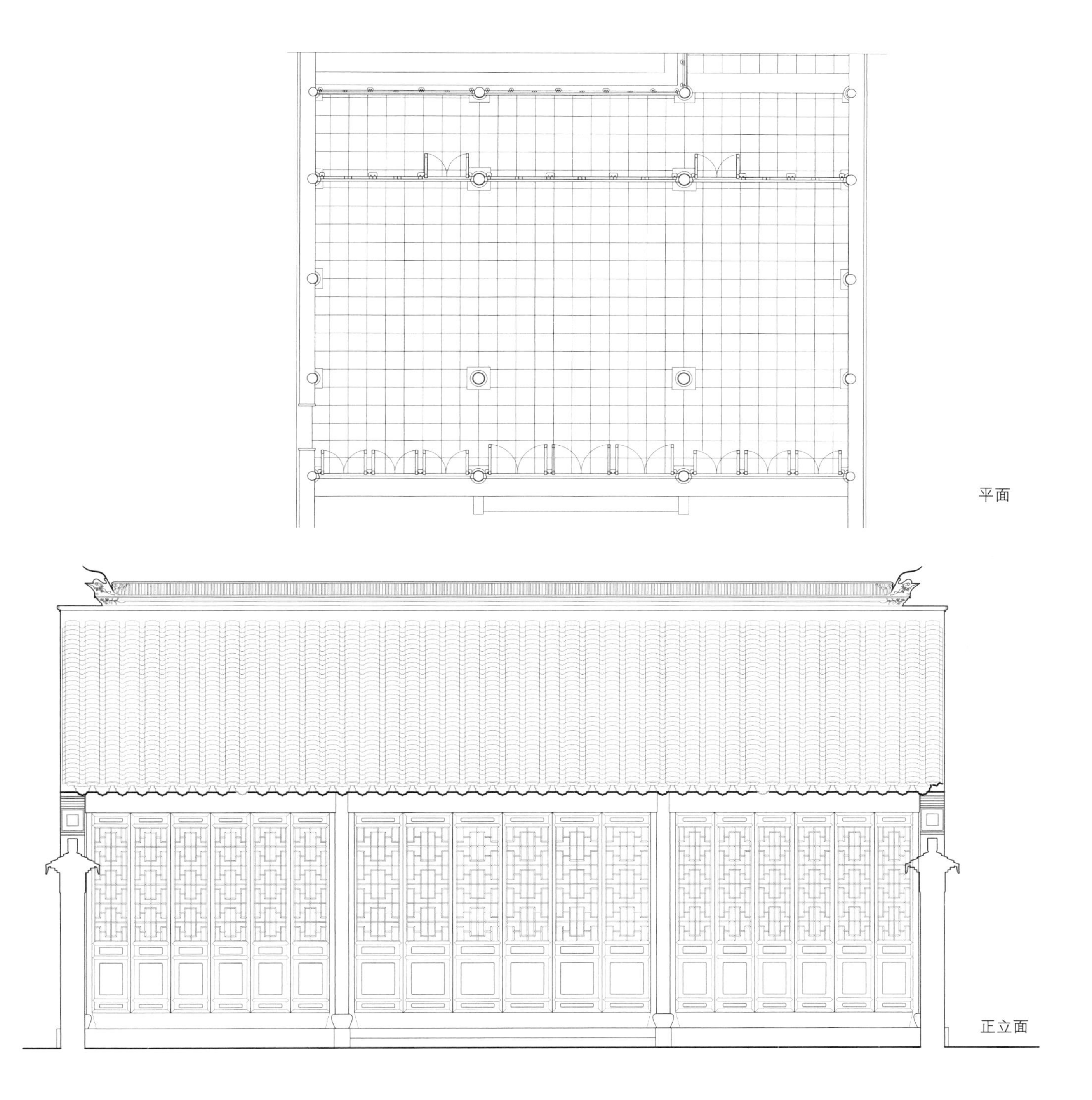

图9-6　园堂船篷轩（一）

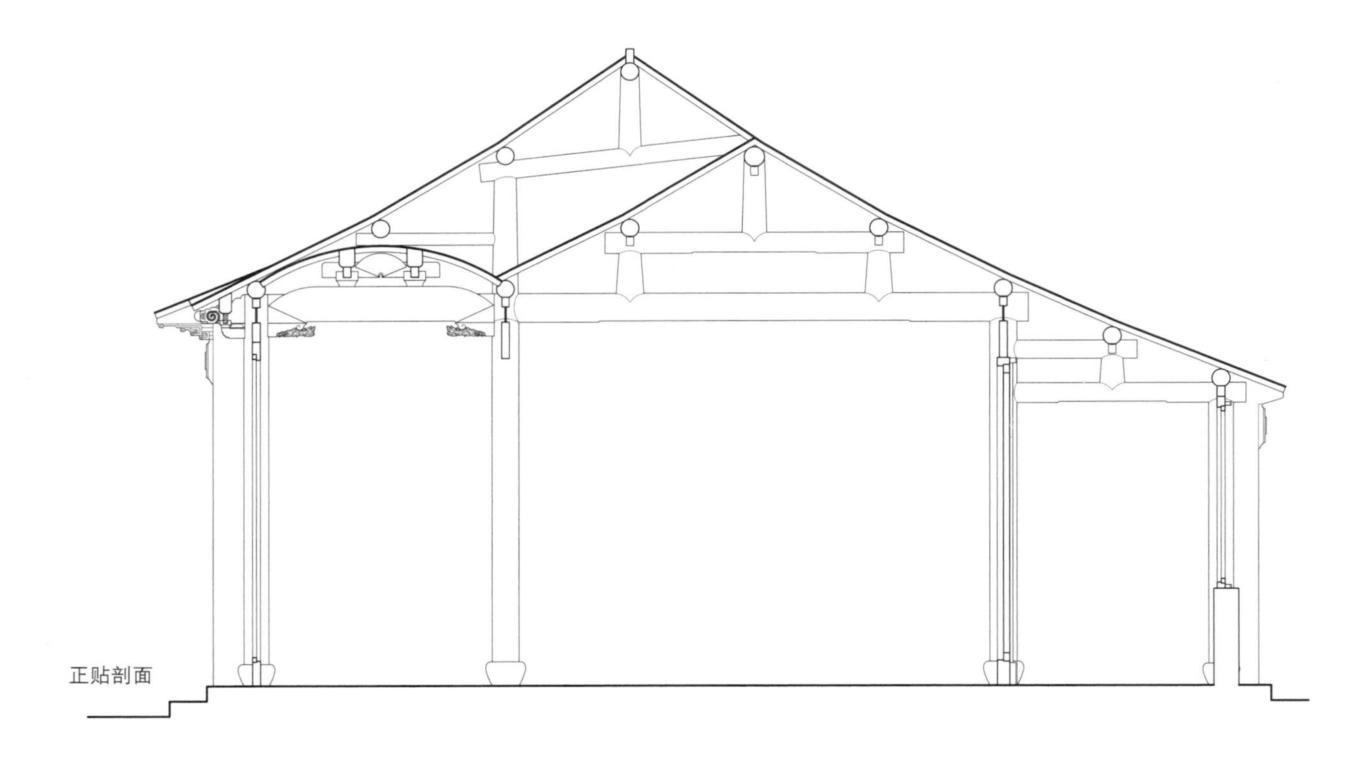

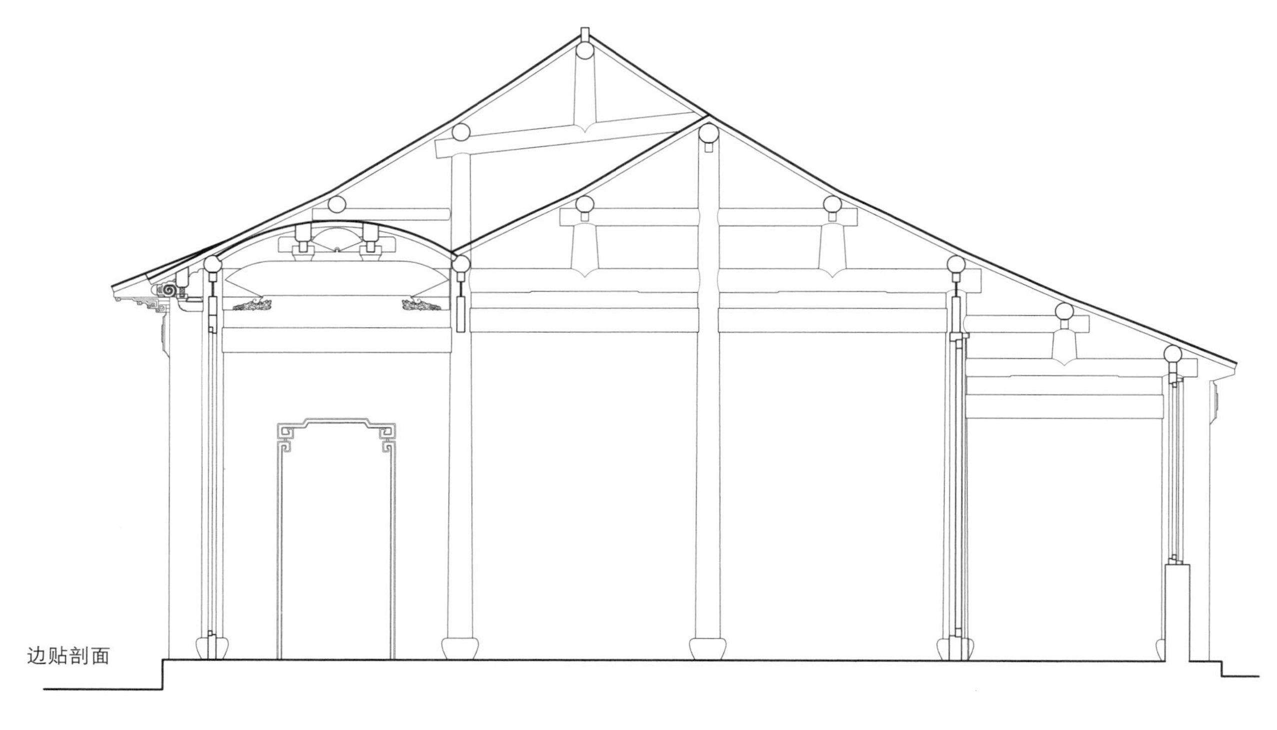

图9-6　园堂船篷轩（二）

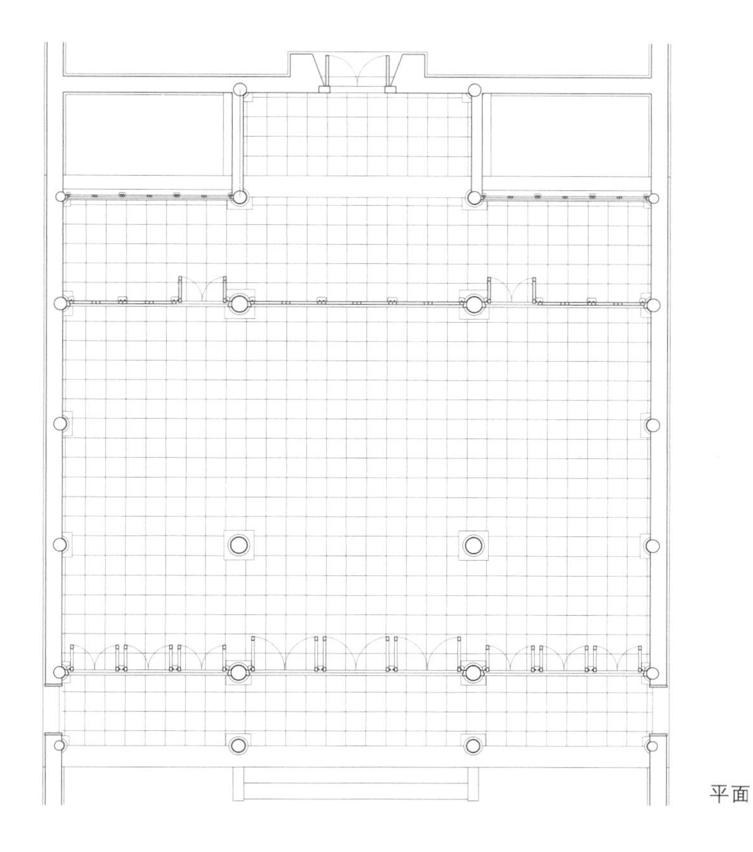

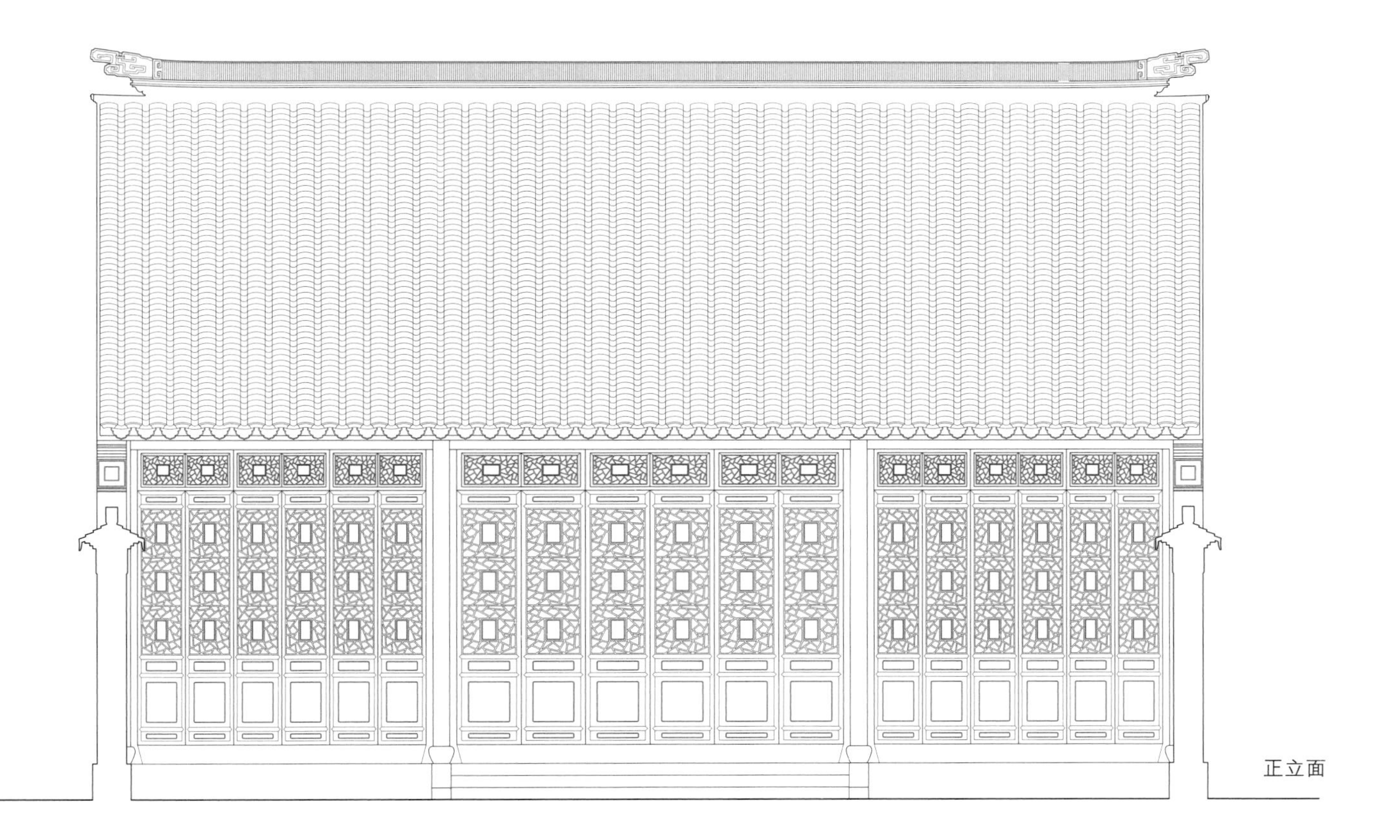

图9-7　扁作厅船篷轩（一）

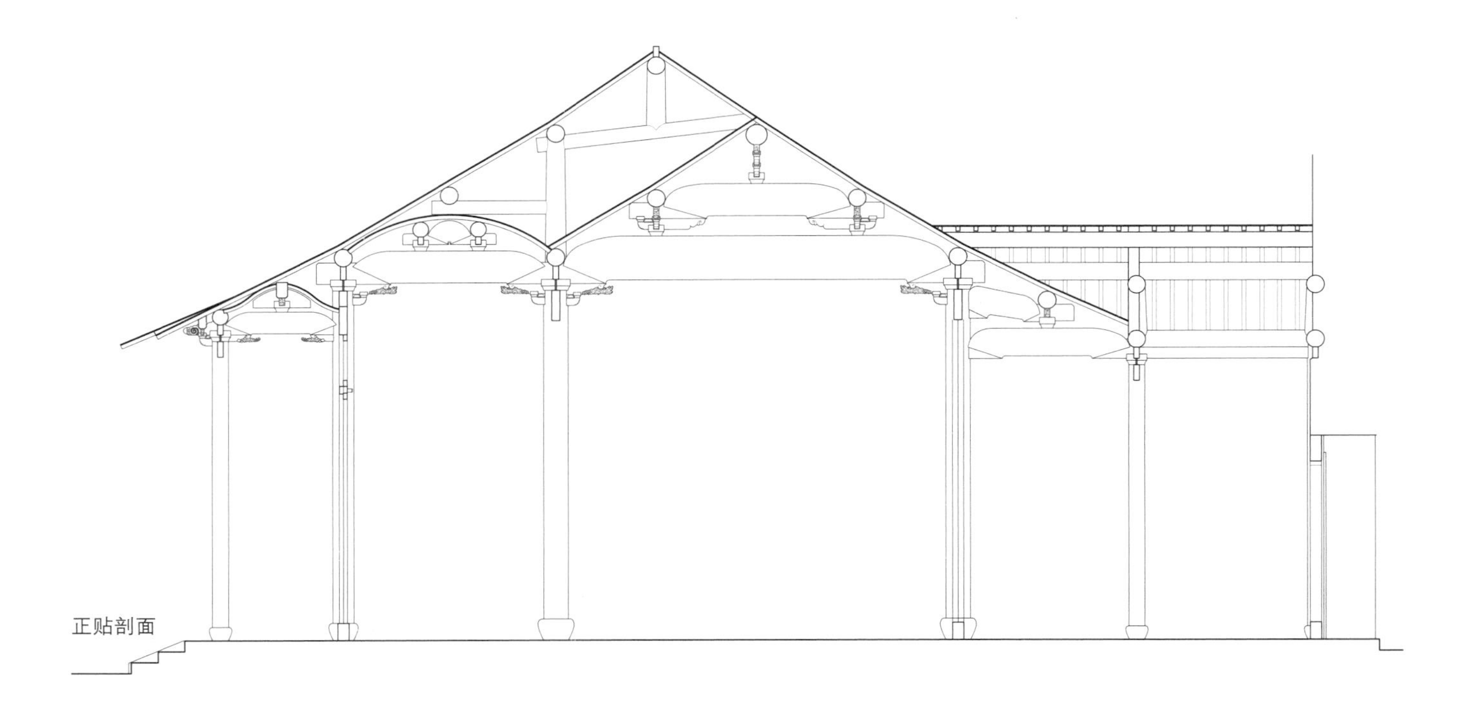

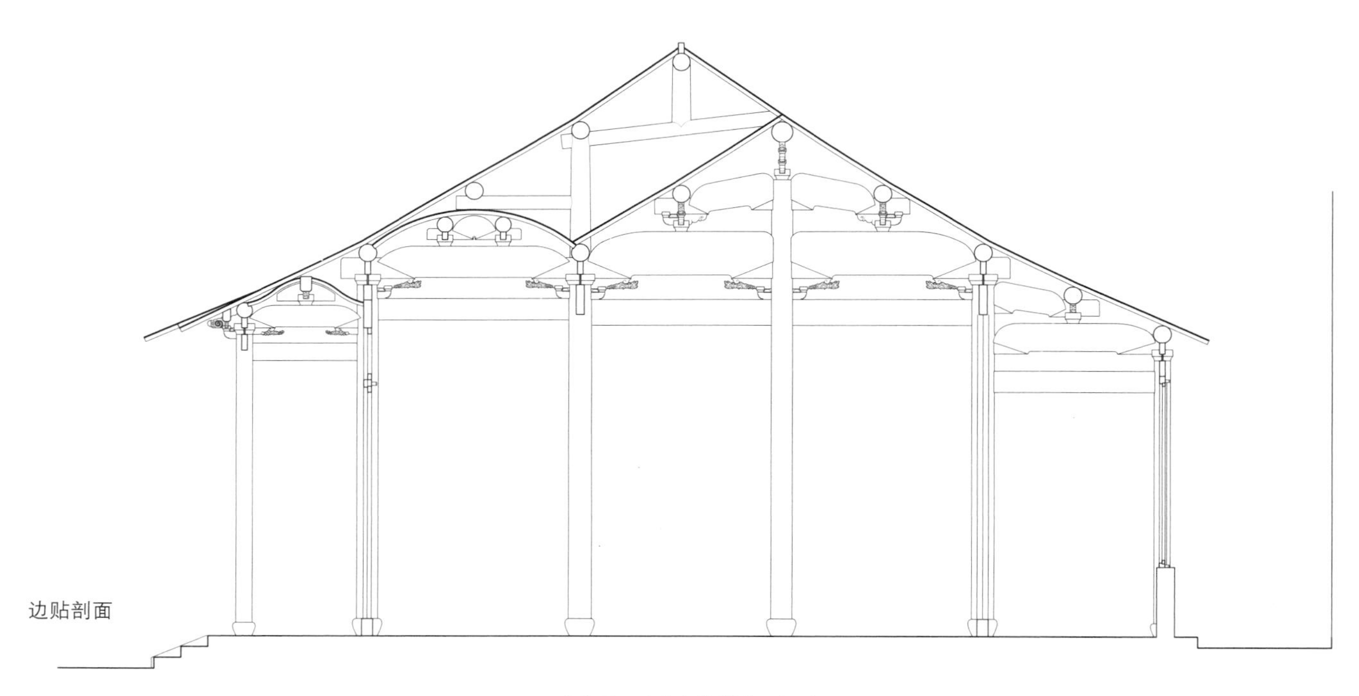

图9-7 扁作厅船篷轩（二）

二、鸳鸯厅

"鸳鸯"是苏地对于"本为一对，实则相异"物事的称谓，与那种鸟无关，更非"只羡鸳鸯不羡仙"中的鸳鸯。所以鸳鸯厅实际上是指将圆堂和扁作厅合二为一，是那种前后尺寸相同而构架相异的建筑，故进深较大，也因用于园林，不受相关建筑规定的限制，开间可达五间外加回廊（图9-8）。

阶台处理上鸳鸯厅与其他厅堂相同，在阶台的包砌上需要更注意左右对称；地面平整要求及地坪方砖的次序也需留意。

主体木构部分是在前后步柱间加立中柱，以中柱将前后分作对称的两部分，中柱与前后步柱间架大梁，为增加大梁下的空间，大梁长五界，前后分别用扁作与圆作。扁作大梁上置梁端牌科以承托三界梁，三界梁上也以牌科承托荷包梁；圆作大梁上则以童柱承托上部三界梁和月梁。步柱之外立廊柱，上不做翻轩形式，因此廊柱和步柱间所架为轩梁，上承大斗、抱梁云。为使前后两座坡顶建筑合于一个屋顶之下，中柱延伸到屋脊，前后用草双步、草川形成草架。虽然鸳鸯厅的边间柱间砌有墙垣，但五个开间的梁架所用相同，没有正贴、边贴之分。诸梁架间用枋子拉结两端架桁条已形成空间构架。

鸳鸯厅设置了回廊，其转角处采用了前面没有说过的结构方法。回廊那个转角立三廊、一步四棵柱子，三颗廊柱上端均架有轩梁，后尾共同插在步柱上部，所以三条轩梁后尾出榫形式需要有所区别，步柱的正面、侧面和45。方向所开的卯眼也有高低位置的不同，且需保证三条轩梁安装之后能处在一个平面。轩梁之上架搭角相交的叉角廊桁，其叉角口内架斜梁——老戗，老戗后尾搭在边间步柱上的步桁端，其前端上卧角飞椽，老戗和角飞椽的两侧布摔网椽和飞椽，形成水戗发戗的木构架。

鸳鸯厅的屋面处理与其他厅堂大体相似，唯建筑体量较大屋脊较高，所以不用正脊。两侧回廊贴边间墙垣而筑，回廊屋面上部于紧靠墙侧，从立面上看与"落翼"相似，或可以认为，就是一座五间两落翼的厅堂。正因如此，正身屋面两侧筑有竖带，顶部前后兜通，下端外折与水戗根相连。

鸳鸯厅的中柱间，正间用屏风门，次间装落地罩，边间施用纱槅，使前后室内既有空间上得分隔，又有视线上的通透，而且因纱槅、落地罩雕镂精致，令建筑显得十分的典雅。在廊柱之间，枋下装万川挂落，下部用万字木栏。

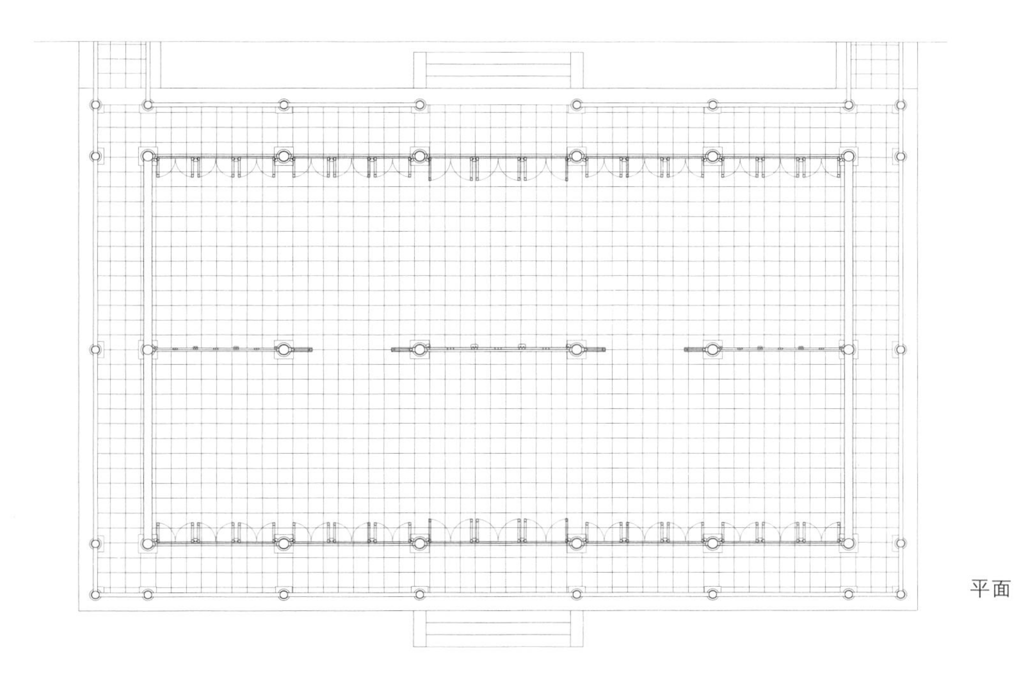

图9-8　鸳鸯厅（一）

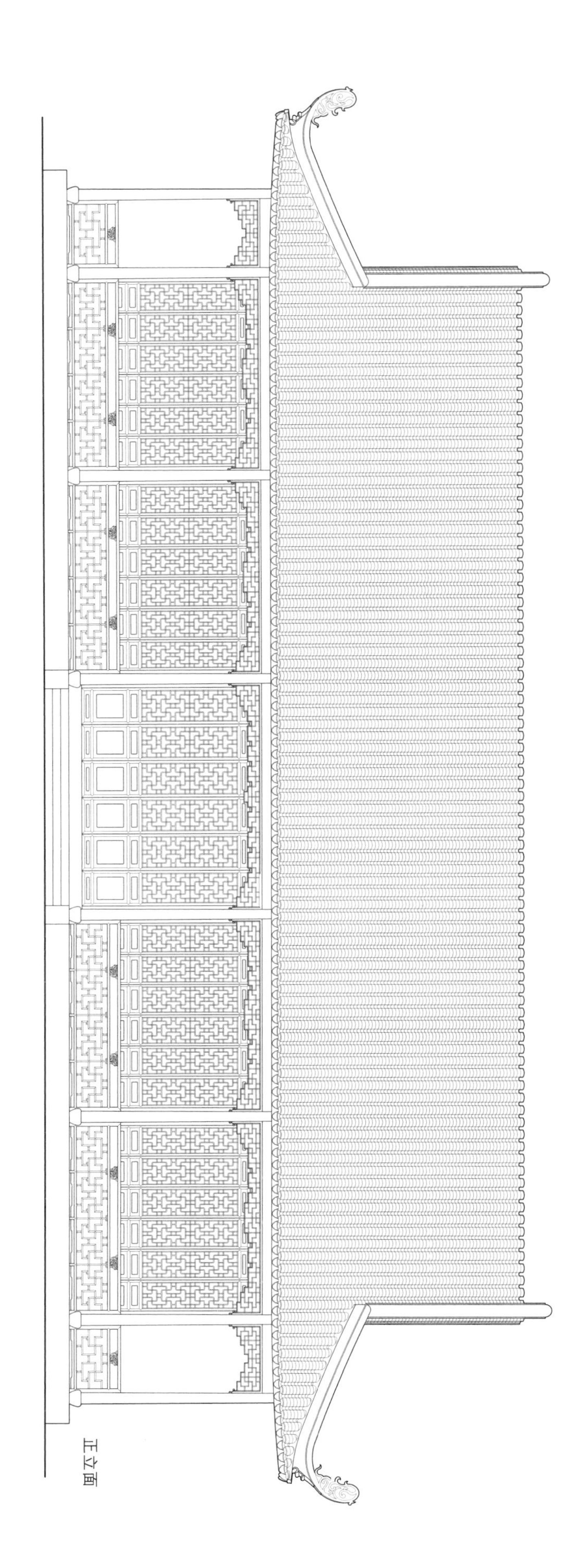

图9-8 鸳鸯厅（二）

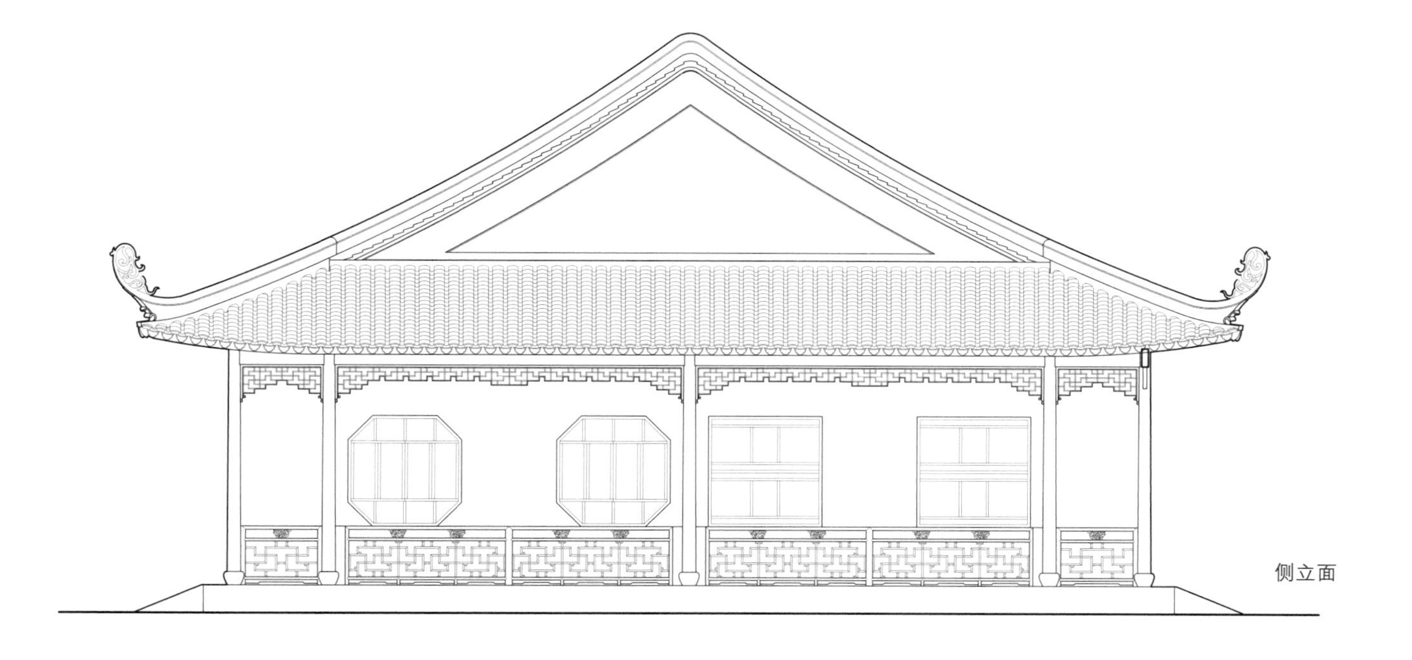

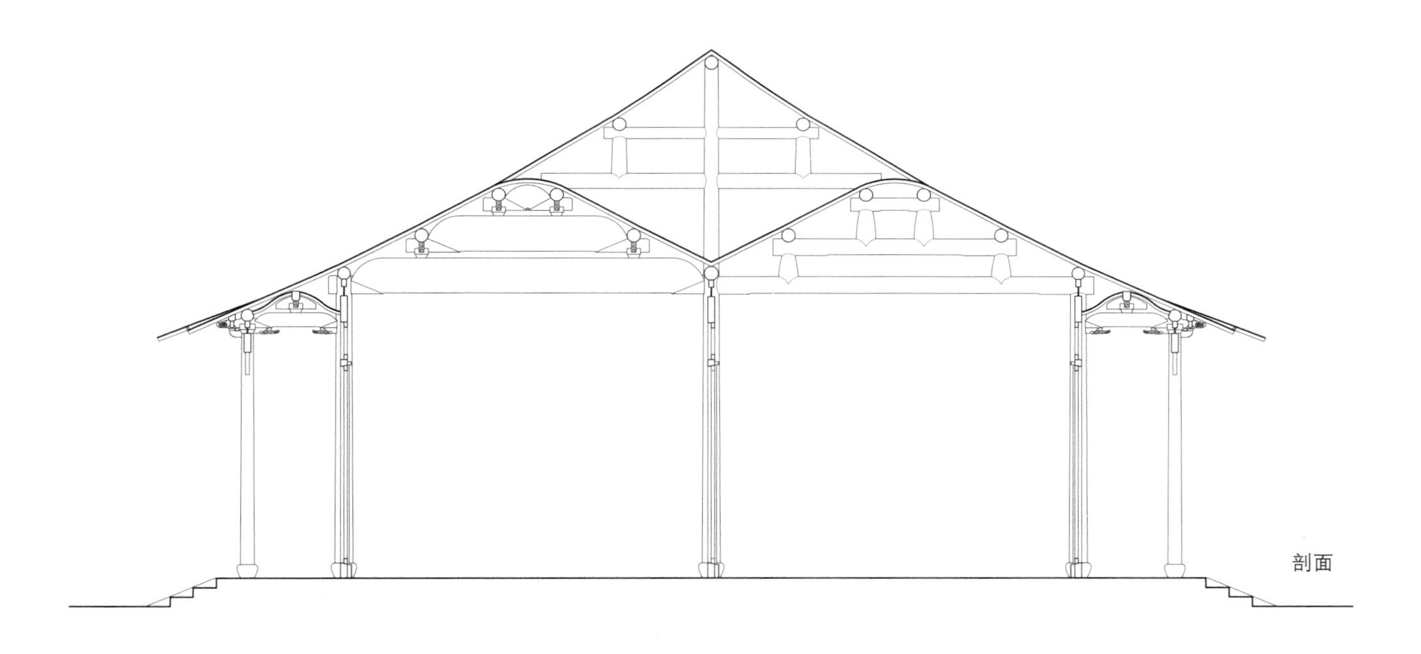

图9-8　鸳鸯厅（三）

三、四面厅

四面厅也是园林厅堂的一种，规模一般不大，面阔三间，进深六界，四周回廊。柱间不起墙垣，通面装落地长窗，因而不仅建筑显得玲珑精巧，使用时也可四面观景（图9-9）。

四面厅阶台的处理与其他厅堂相似，包砌时需注意室内铺地方砖应同时与建筑纵横轴线的重合；阶沿石的铺筑除了要注意对城外，转角处需要45。合角相拼，而角端需要平角处理。

木构部分，正面三间两廊，外侧二十棵廊柱，内部用十二棵内柱（步柱）。因不希望室内有柱落地，故使用四条搭角梁，45°斜插于正面和侧面相邻的正间内柱（步柱）柱头上。梁背置斗，承大梁、山界梁。山界梁背立童柱搁脊桁，梁端架桁条。内柱和外柱之间用川相连。为使山花更轻巧，桁条均挑出梁头，外钉博风板，落翼拔于大梁背。叉角廊桁及步桁中架老戗，其根部接由戗，戗根搁在大梁端部的桁条上。老戗头置嫩戗，作嫩戗发戗。老、嫩戗两侧布摔网椽和立脚飞椽，形成嫩戗发戗屋角。

四面厅的屋面处理与其他厅堂一样，在椽望之上铺灰砂、覆瓦。筑脊可以像鸳鸯厅中所述的，不用正脊，两侧筑有竖带，顶部前后兜通，下端连于水戗根。但也有采用殿庭的筑脊形式，即正脊高大，两端用吻兽。竖带起于吻兽下部，其前端用花篮靠背瑞兽装饰，前部外侧接水戗。山花用排山沟滴。

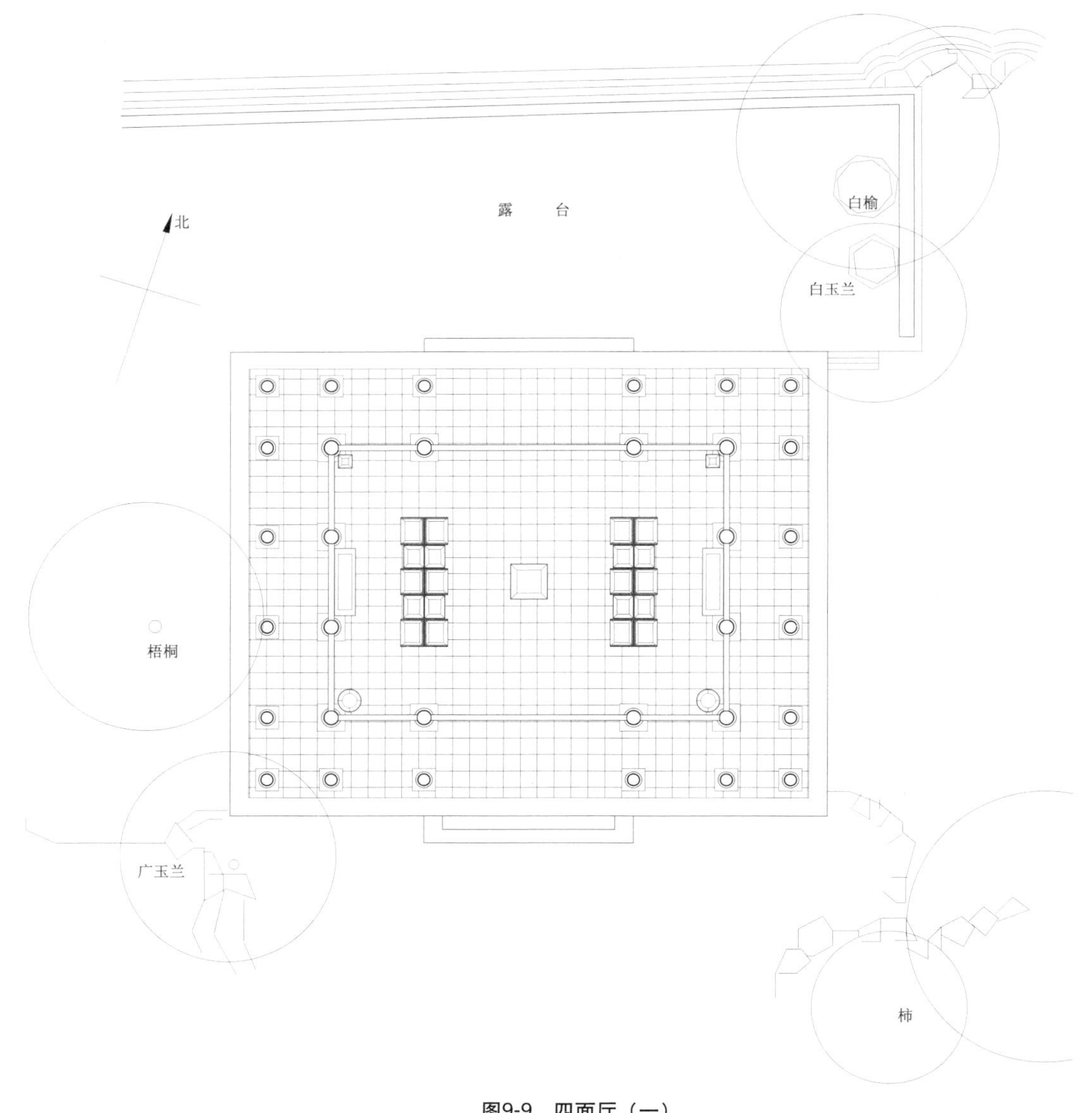

平面

图9-9　四面厅（一）

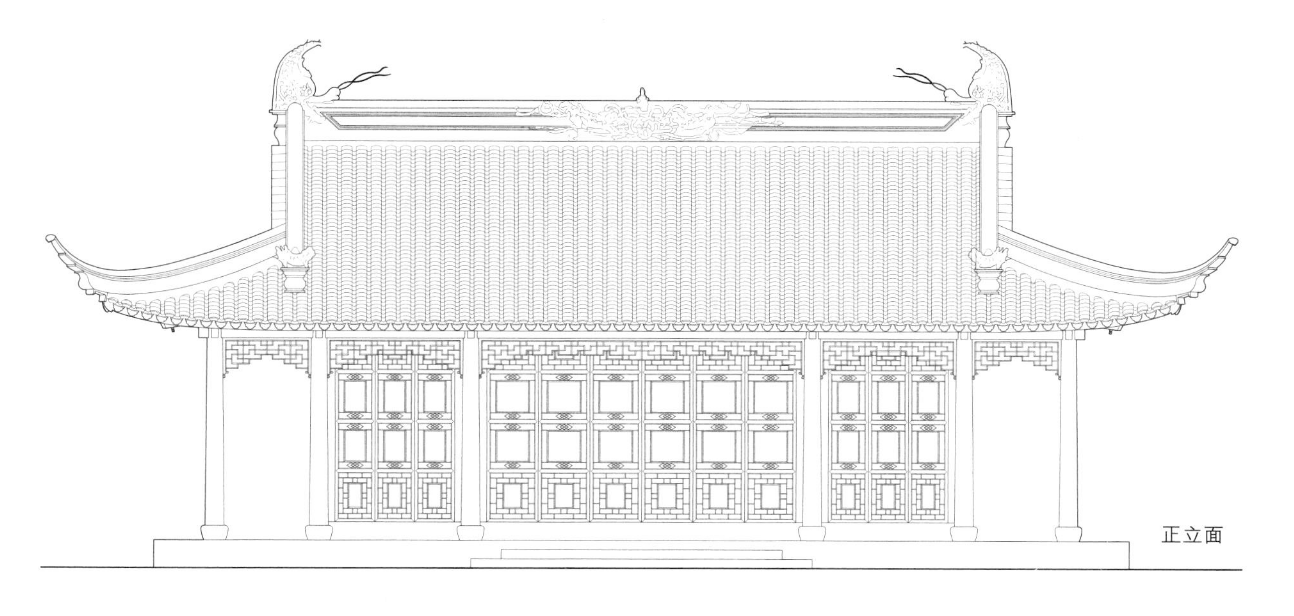

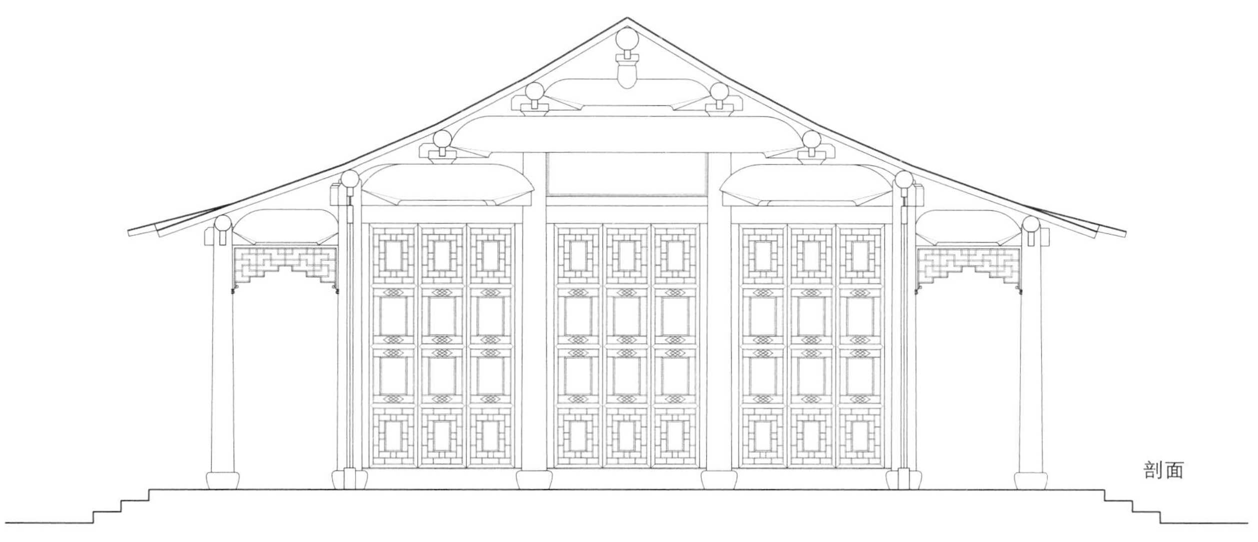

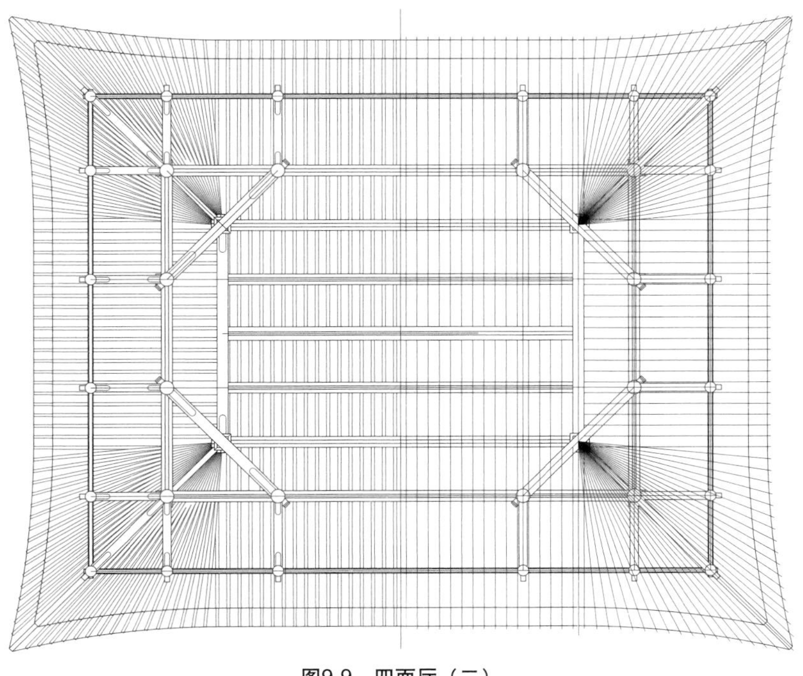

图9-9　四面厅（二）

四、堂楼

苏州地区地处水乡，民居内宅中多用楼房，称堂楼或楼厅。堂楼主体大多为面阔三间，大型的为五间。底层进深八界，分为内四界、前轩与后双步。若楼层上檐柱立于底层轩桁之上，使翻轩前部形成副檐屋面，则为七界；如果上下檐柱贯通，正面上下楼层间另用垂柱构筑副檐，那么楼层深亦为八界（图9-10）。堂楼两边通常都连有厢楼，一般厢楼被用以贮放箱笼杂物，但如果居宅中设有多进堂楼，也常将厢楼用于沟通前后的过道，即所谓的“走马楼”，原先常被置于后双步的楼梯也会改到走马楼中。厢楼宽一到两间，深三界，以使堂楼主体的边间留出一定距离开设采光的窗户。

堂楼的阶台开脚要较厅堂为深，通常以厅堂的一倍左右。其内部结构及处理方式与前述殿庭楼阁基本相同。

阶台之上正间中部立四棵贯通上下层的正步柱，前后步柱的中部置承托楼板的承重，顶端搁大梁。堂楼所用梁架常以下部承重、搁栅为矩形断面，楼层用圆料为例。故大梁上立童柱、架山界梁、立脊童柱，构成内四界梁架。前步柱与下檐柱之间架轩梁，上置斗、荷包梁，形成翻轩构架。若在翻轩的轩桁上立上檐柱，则上檐柱与步柱间置深一界的短川；如果檐柱上下贯通，檐柱顶部则与步柱间用深二界的双步，上立童柱、架短川。同时在前檐柱中部需另加副檐梁、花篮柱等构件，下用弯曲状的雕花斜撑支起，构成雀宿檐。后步柱与后檐柱之间中部连以双步承重，用以承托楼板，也可搁置楼梯；上部置双步、童柱、短川等。这就完成了正贴的构架。次间常将脊柱落地，将大梁、山界梁改作边双步和金川，并在边川、边双步、边轩梁的下面加置夹底予以拉结，以增强前后柱间的联系。若为五开间的堂楼，紧贴山墙的梁架多数与次间边贴相同，但也有不少将金童柱也落地，贯通上下。各梁架之间用枋子拉结，梁头脊童柱头上架桁条，形成空间构架。

两侧厢楼如果单独来看，它是一座深三界的楼房，但因与堂楼主体连在一起，其交接处就需特殊处理。如果厢楼采用两坡顶，与堂楼主体相连处，利用主楼边间的前檐柱充作厢楼后檐柱；若厢楼采用但坡顶，则需要将主楼边间前檐柱升高，以架厢

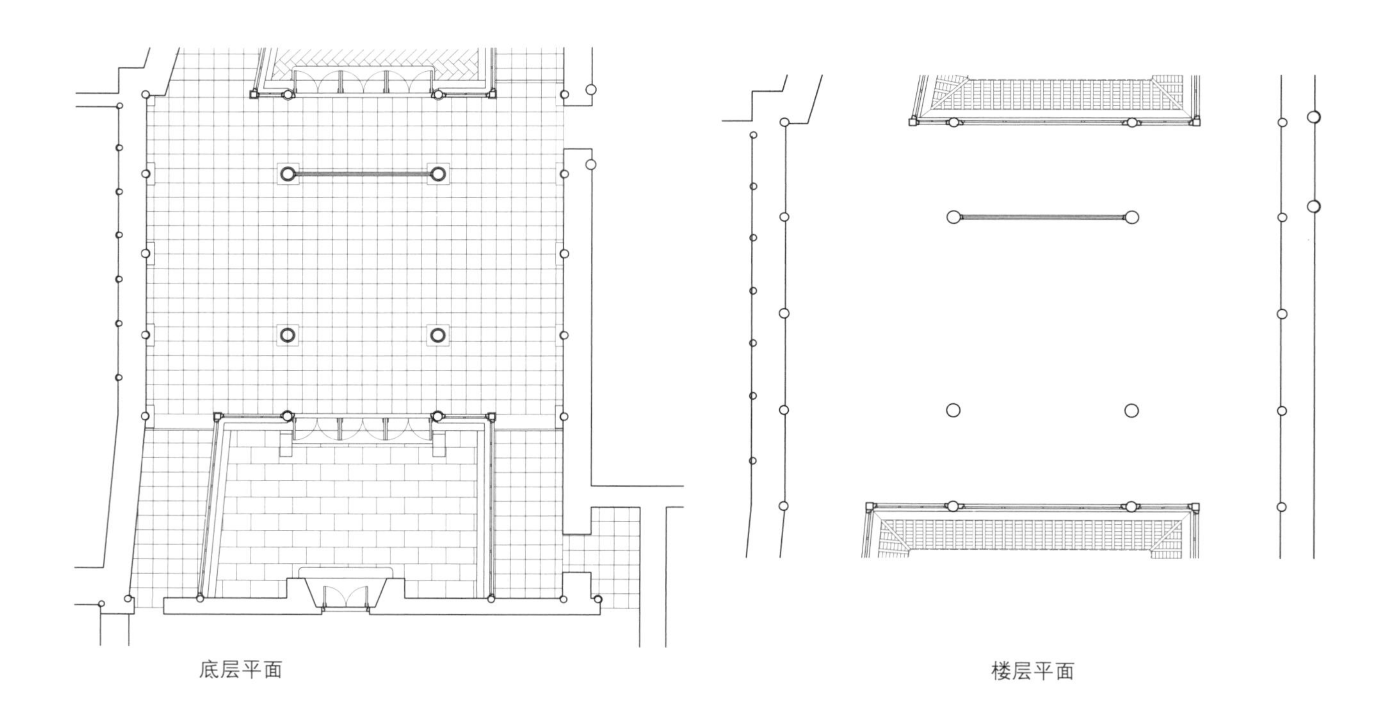

图9-10　堂楼（一）

楼的草架桁。厢楼前檐在主楼边间的桁条下需要另立一棵构造檐柱。然后在主楼边间的前檐桁上立童柱、架月梁以承托厢楼的桁条。厢楼另一边，如果与前一进的楼房有联系，即现楼用作走马楼，其梁架的处理和上面所说相同，如果仅以厢楼山墙结束，梁架就较为简单，只要在前后檐柱间按抬梁式架构就可以完成。厢楼梁端所架桁条，在正身部分与其他建筑相同，而在与主楼交接处需要将桁条延伸至主楼屋面，以便架椽望后使主楼、厢楼的屋顶连为一个整体。

堂楼的梁桁构架上，钉椽子、铺望砖、覆瓦一如其他建筑，而在主楼、厢楼屋面的交合处，需要45。斜铺一路大一号的底瓦充当落水天沟，其两侧的瓦片都要截角处理。堂楼的正脊最高只能用纹头脊饰，以示建筑等级低于厅堂，但如今不遵守传统的已经随处可见了。

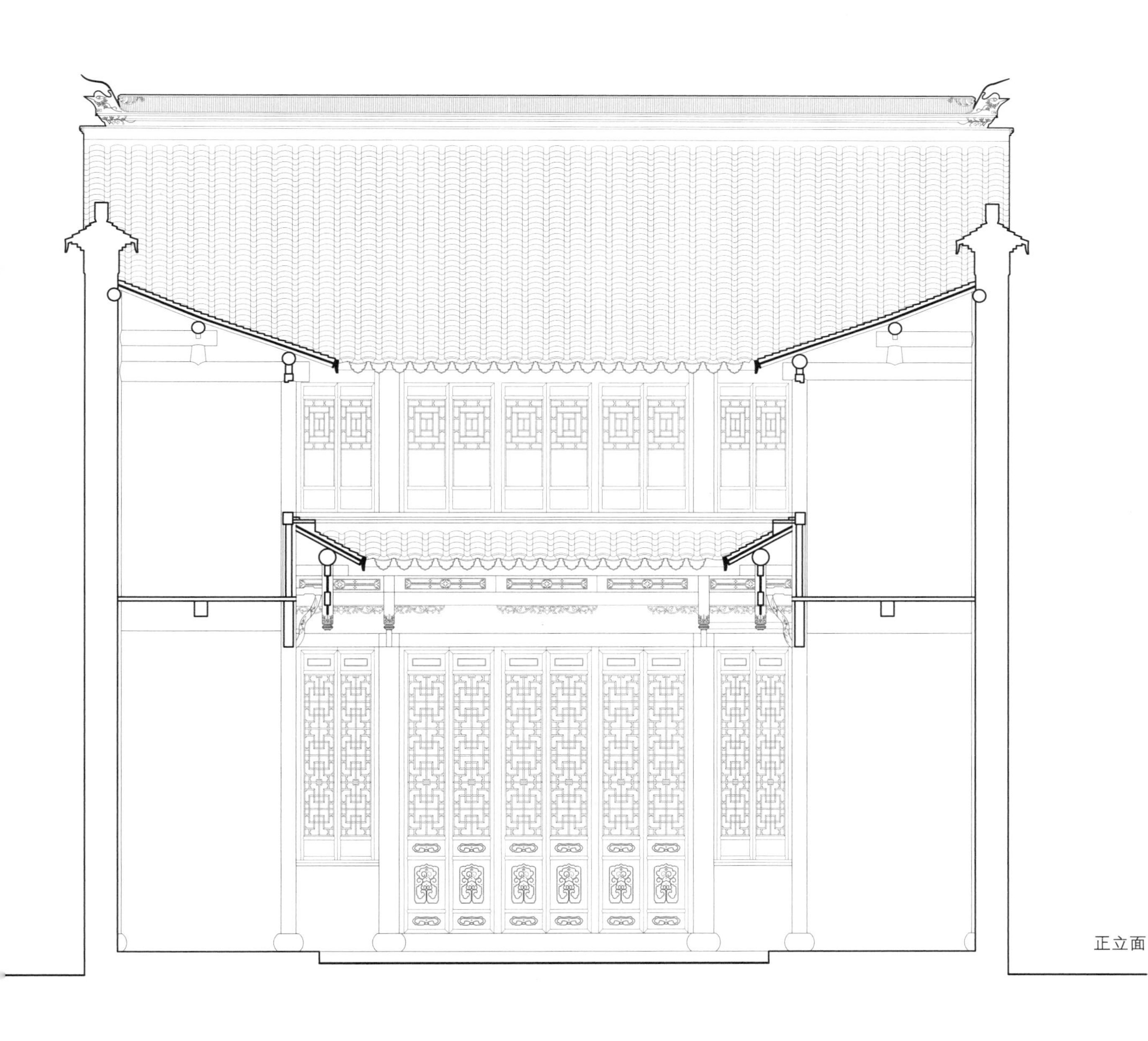

图9-10 堂楼（二）

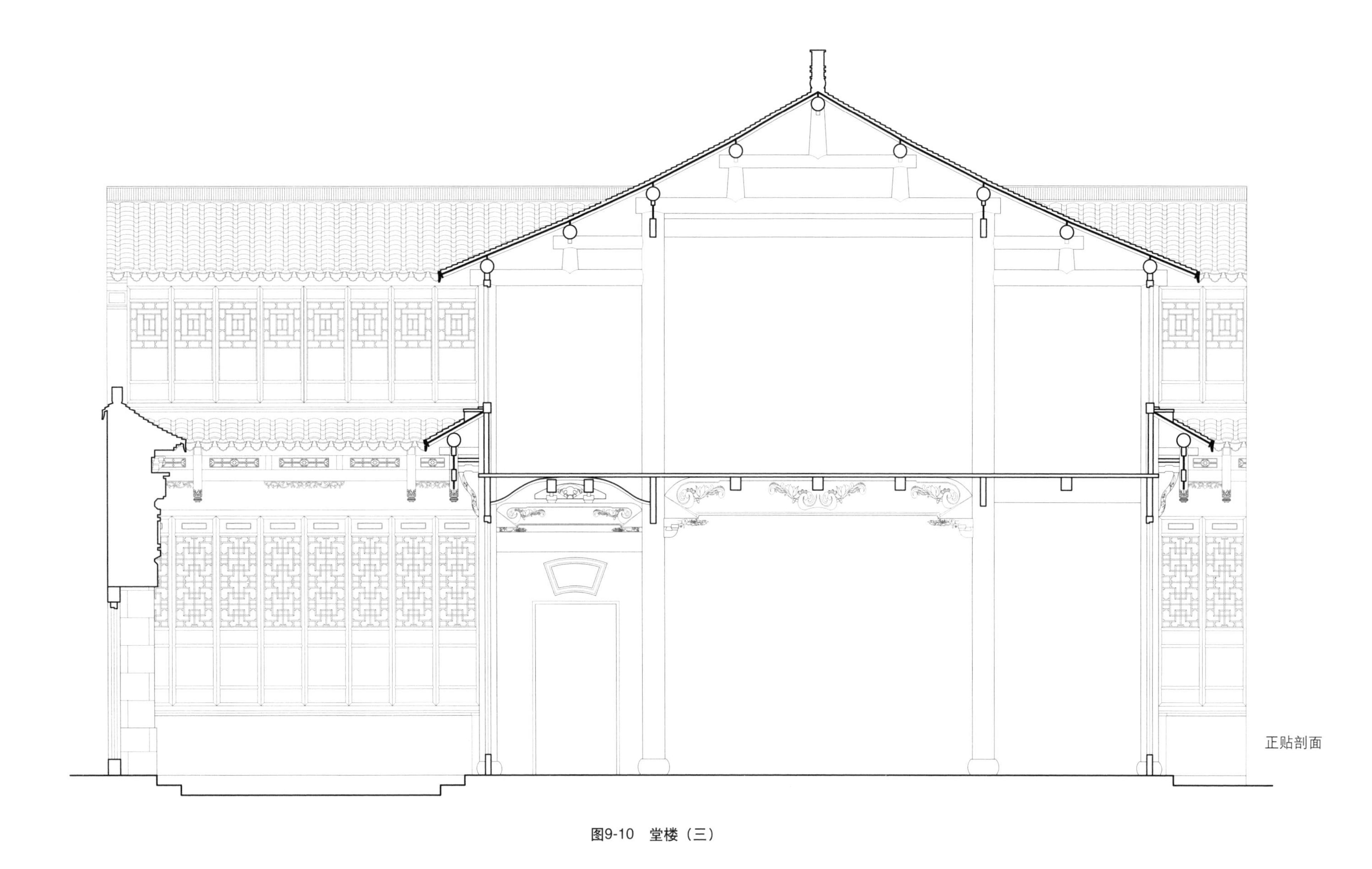

图9-10 堂楼（三）

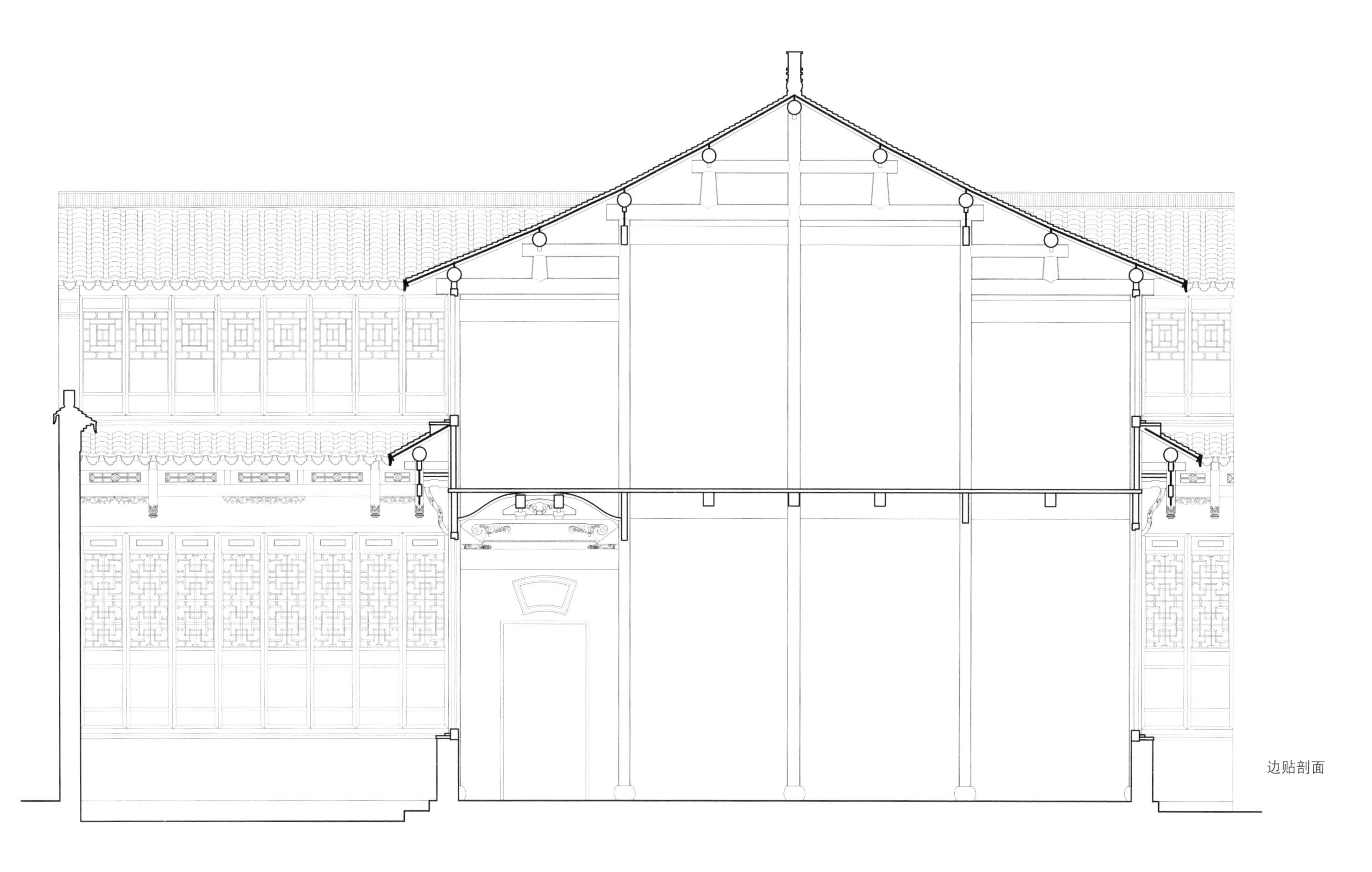

图9-10　堂楼（四）

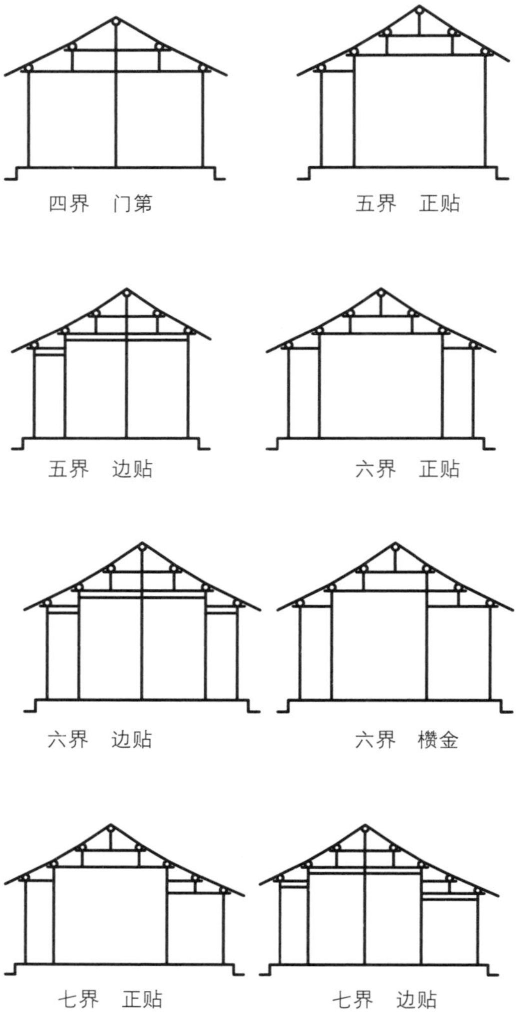

四界 门第

五界 正贴

五界 边贴

六界 正贴

六界 边贴

六界 檐金

七界 正贴

七界 边贴

图9-11 平房贴式

五、平房（临河民居）

如前所述，平房是指普通民居，因此平房有单层也有两层，只是尺度更小于厅堂，通常面阔三间，进深六到七界，构架全部使用圆料，不再有翻轩的使用（图9-11、12）。

在苏州地区各城镇临河的街市地带，用地紧张，多用两层的平房，其前面街，其后临河。因紧贴河道，故阶台需要以不同于其他建筑的方法予以处理。河道岸边一般地面的受力情况不会太好，若要在这样的地方建房，需要进行地基的加固处理。苏州传统的处理方法是，先在河中围一段水堰（驳岸完工后拆除），抽干水后去除淤泥，下层土质尚好时可以铺石钉（领夯石）予以夯打结实，不然则需打入木桩以加强地基的承载力。木桩上先铺砌一皮盖桩石，其上砌筑石驳岸。为保证建筑日后不致因结构稳定问题而出现滑移、坍塌，驳岸砌筑时须采用“一丁一顺”的方法错缝砌筑，也就是将一块条石平行于驳岸，旁边一条垂直深入驳岸内部的方法砌筑，由此形成建筑的阶台。此外过去河道是城市居民用水的来源之一，也是出行的通道，临水民居更会充分利用这一就近的便利，所以在作为屋基的驳岸上通常还会砌出埠头，以方便洗涮和上下船只。沿街一侧的屋基、阶台处理相对简单，方法与普通阶台一样。

阶台之上的构架以面阔三间为多，也有一间、两间的。进深通常为六、七界。大多数的建筑的正贴，底层采用内四界、前廊、后双步；楼层置内四界、前后廊的布置方法。但也有少数会依据需要调整结构。边贴也会依实际情况或仅将脊柱落地或将所有童柱悉数落地。一般的构造方法是，正间四步柱贯通上下楼层，前后步柱的中间置承重，柱端架大梁。上立童柱、承山界梁、置脊童柱。临街的下檐柱端与步柱间架前廊承重，承重挑出下檐柱头约一尺半（约500mm），承重头上立上檐柱。这种处理苏地称之为“荐”，目的是增加楼层实用面积，这在用地紧张的苏州地区被普遍采用。上檐柱头部与不住间架短川。面河的下檐柱与步柱间架双步承重，其上面原来应该安放金童柱的位置立上檐柱。上檐柱的上部架短川。边贴的进深方向各构件的位置尺寸与正贴相同，只是构件断面以八折缩减。且将脊童柱或所有童柱落地，该大梁、山界梁为双不和金川，下添夹底。然后用檐枋、步枋拉结各梁架，梁头搁桁条已形成空间构架。临河一侧，下檐柱上承重前端的桁条上与上檐柱窗槛下加钉的半桁间架出檐椽，形成副檐屋面。

图9-13所示则为经变化了的构架方式。因出于饭店或茶馆经营的需要，省却了步柱，仅用檟金与前后檐柱形成屋架，减少了室内立柱，也放宽了临河空间的进深。

平房屋面处理基本方法与厅堂相似，有时还可更为简洁，比如檐口可以不用花边、滴水，出檐椽上可以不钉瓦口板等等，以显出普通民居的随意性，而建筑的正脊按过去的规定能用的脊饰等级更低，只能用“雌毛”、“甘蔗”两种，甚至是更为随意的“游脊”。

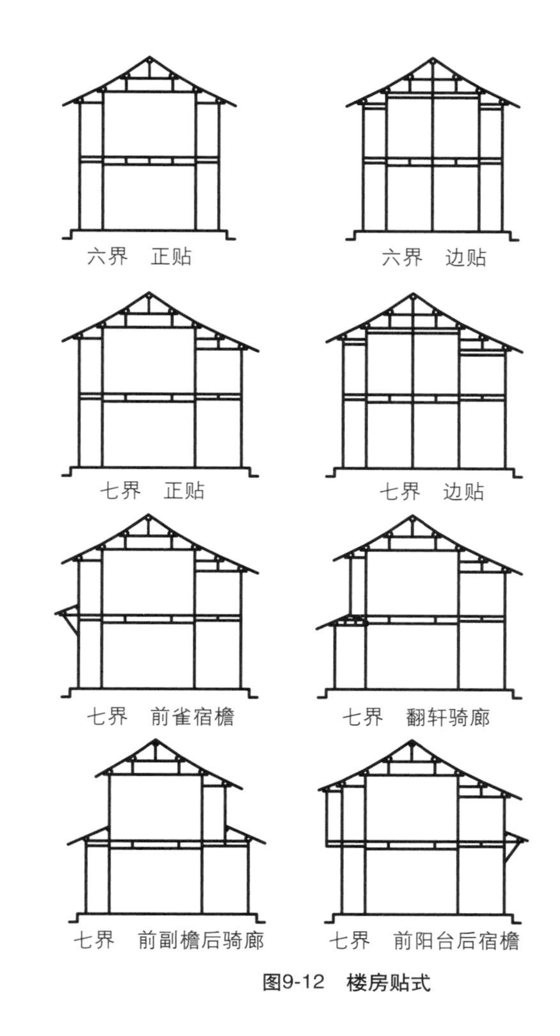

图9-12　楼房贴式

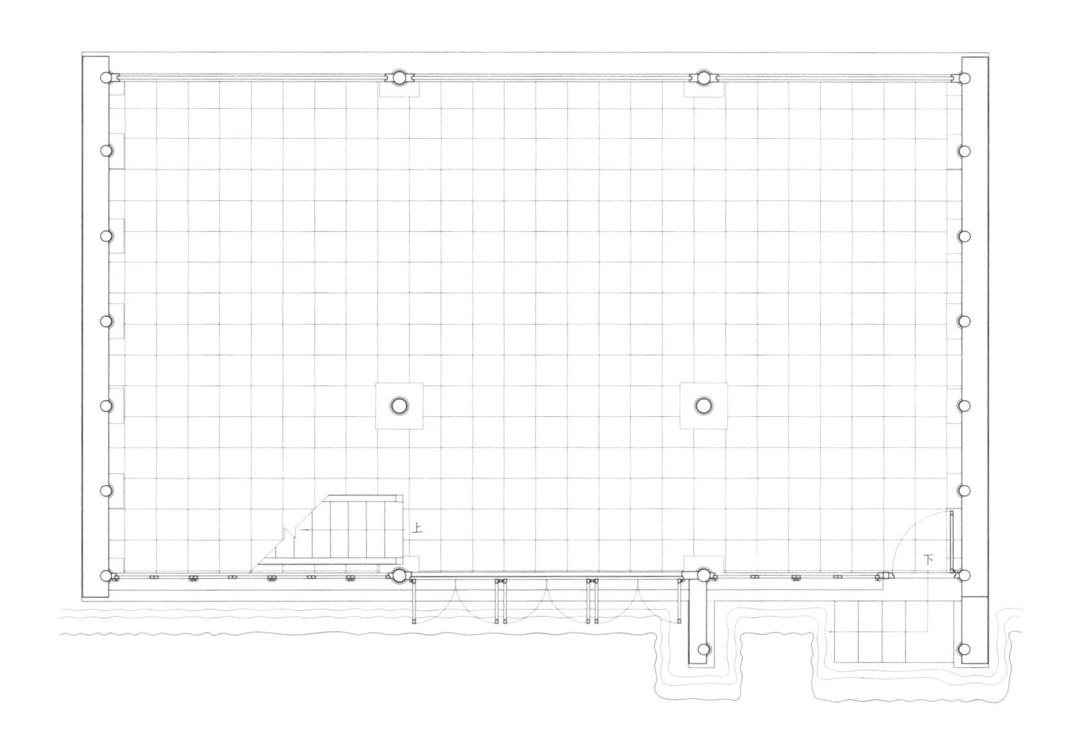

图9-13　临河民居（一）

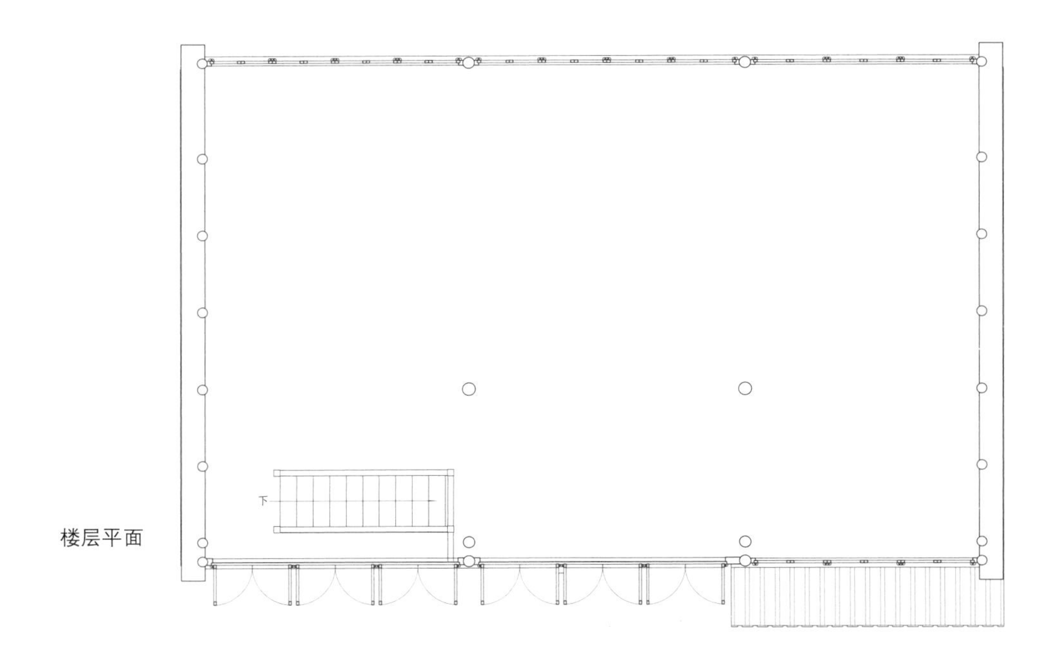

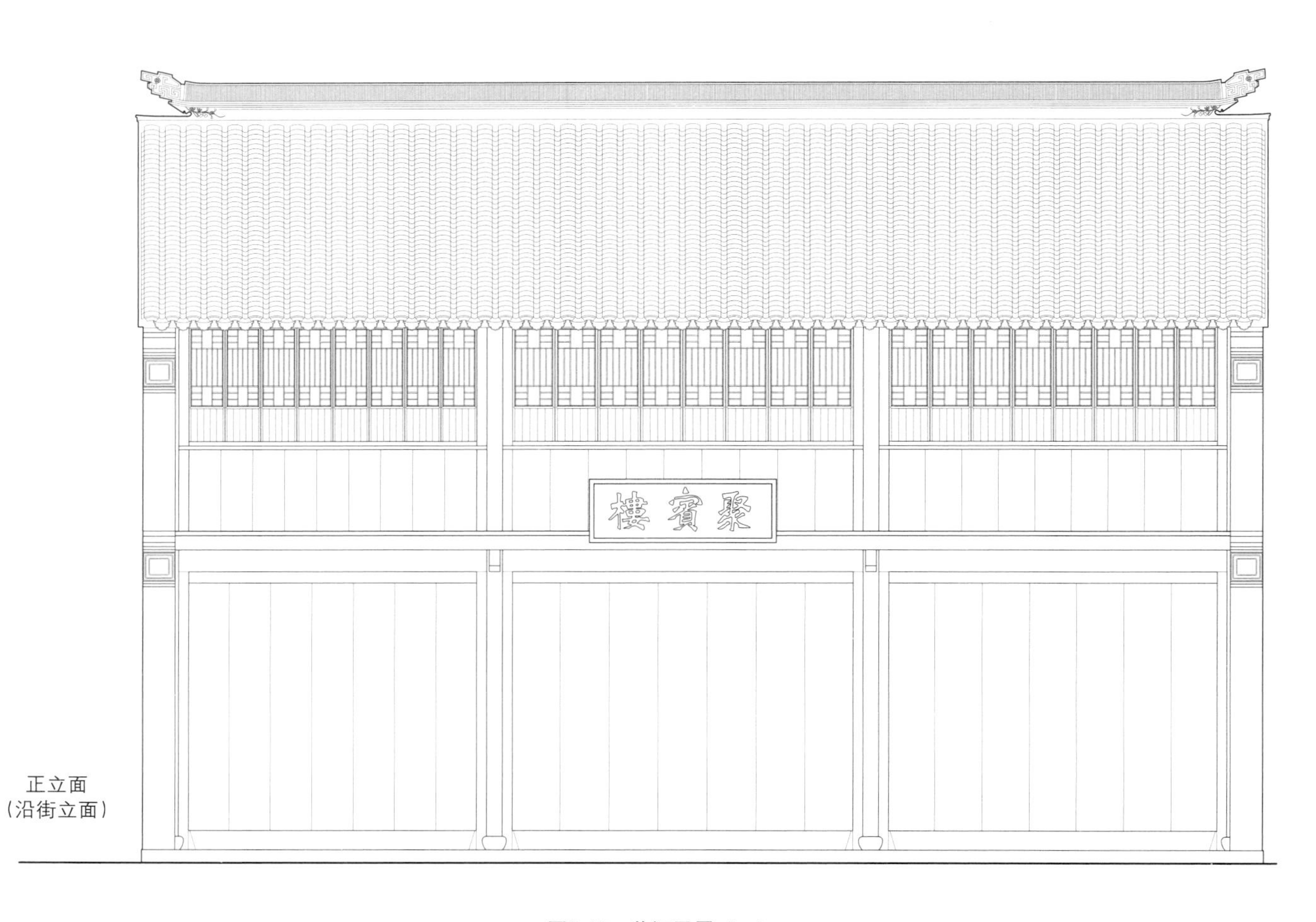

图9-13　临河民居（二）

背立面
（临河立面）

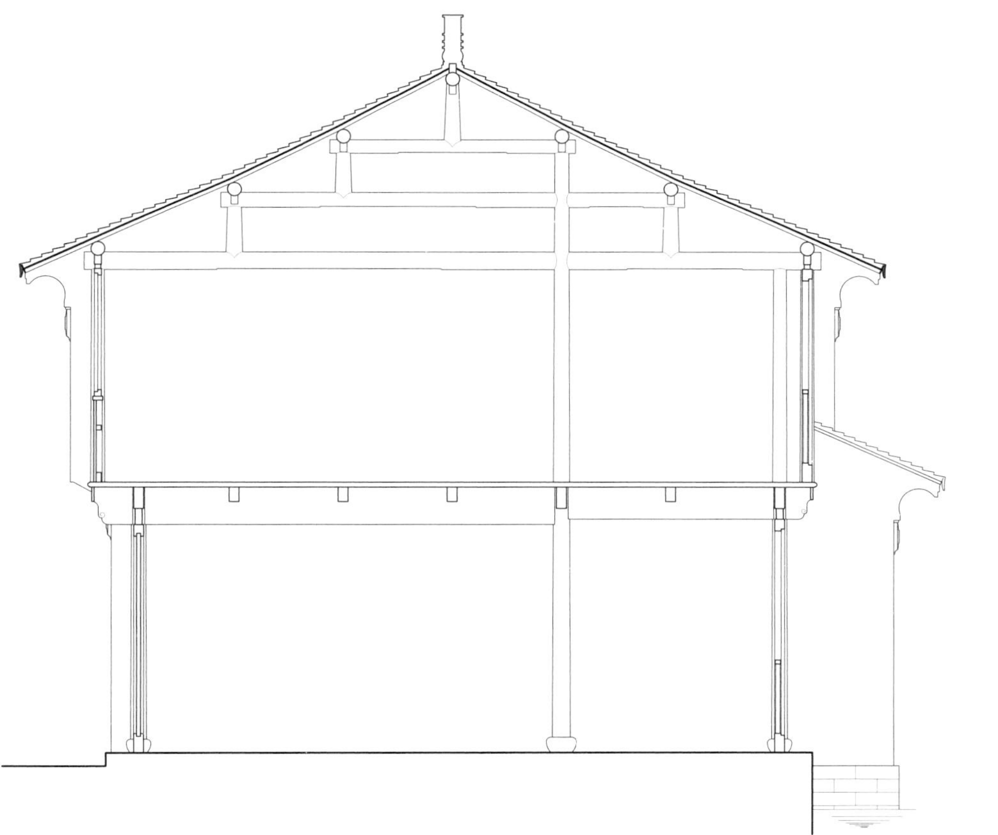

正贴剖面

图9-13　临河民居（三）

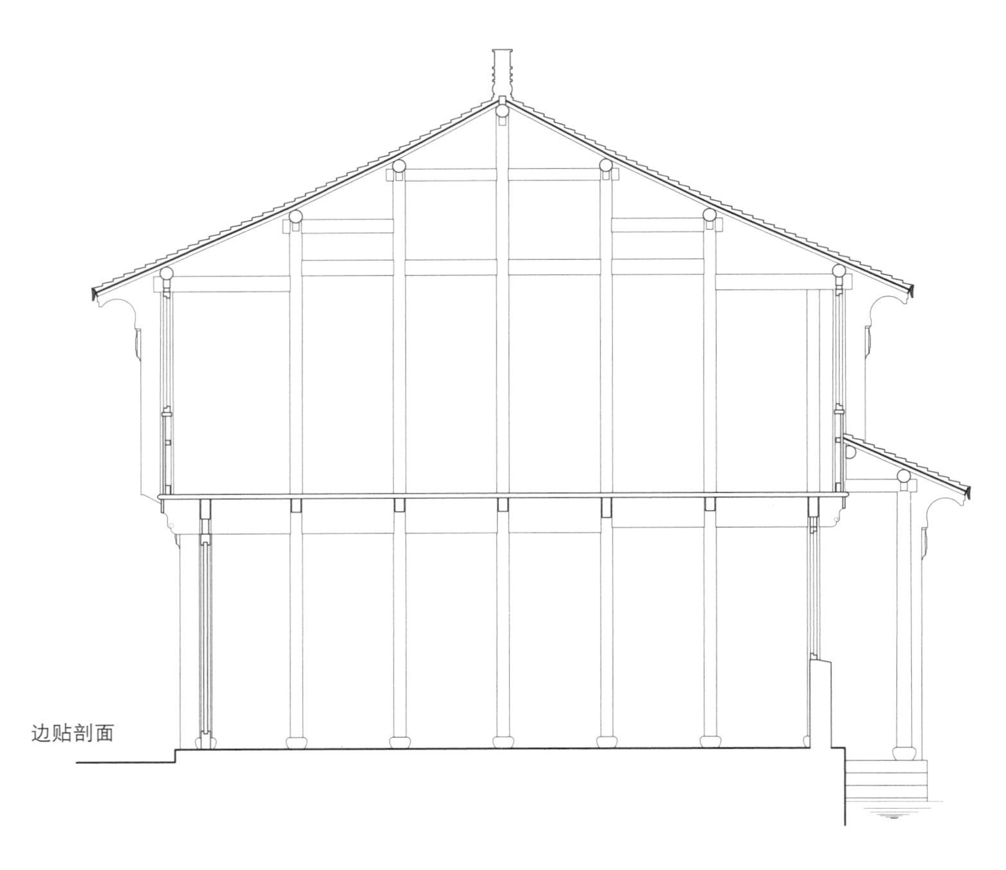

图9-13 临河民居（四）

表9-2 厅堂、平房木屋架构件尺寸权衡

梁		柱		桁、枋及其他构件	
名称	围径	名称	围径	名称	围径
大梁	按内四界深的2/10	步柱	大梁的9/10或正间开间的2/10	廊枋	高为廊柱的1/10厚为高的1/2
山界梁	大梁的8/10	边步柱	步柱的9/10	轩枋	高为轩步柱的1/10厚为高的1/2
双步	大梁的7/10	轩步柱	步柱的9/10	步枋	高为步柱的1/10厚为高的1/2
边双步	大梁的7/10	边轩柱	正轩步的9/10	桁	正间开间的1.5/10
正川	大梁的6/10	廊柱	正轩步的9/10	梓桁	圆按廊桁的8/10方按斗料的8/10
边川	大梁的6/10	边廊柱	正廊柱的9/10	机	长按开间的2/10
轩梁	轩深的2～2.5/10或大梁的7/10	脊柱	同山界梁或同廊柱	椽	界深的2/10，作荷包状
边轩梁		金童	同大梁	檐椽	界深的2/10
荷包梁	轩梁的8/10	边金童	正童的8.5/10	飞椽	出檐椽的8/10
边荷包梁	轩梁的8/10	脊童	同山界梁	弯椽	宽约3寸厚约1.8寸
双步夹底	双步的8/10（开两片）	川童	同双步	帮脊木	脊桁的6/10
川夹底	川的9/10（开两片）	边川童	同边双步		

注：1.若为厅堂的扁作梁则按表中围径的圆料结方，然后两条叠用；
2.上表所列的构件比例关系也可用于平房，但所有尺寸需酌情减小。

第三节　亭　构

亭原先只是乡野、路畔供人歇息的小型建筑，造型多变，结构简单。之后被用到园林之中，渐渐使形式趋于确定，结构也显精巧，而丰富的造型依然是亭构的重要特色，因此被当做园林最主要的点景建筑之一。

一、攒尖方亭

苏式建筑尺度普遍小于北方，而亭构又较殿庭、厅堂更小，所以其基础和阶台都较为简单。小型亭构只需按阶台尺寸刨一浅槽，夯实找平后铺设一皮糙塘石，上砌一皮经凿细的条石，使之既充当侧塘石也作为阶沿石，所以即便是在假山上也能立亭。阶台内需要经过夯打，以防地坪砖日后的翘曲。稍大的亭构则基槽适当加深，阶台加高处理，方式相同。两边阶沿石相交处截出45。斜边，合角相拼，但注意檐面阶沿石的平角处理。地面铺砌需注意地砖的轴线。副阶沿可视阶台的高低以确定取舍。也可以假山石代替。

攒尖方亭构造比较简单，平面呈正方形。小型的仅四柱，柱脚可以直接置于阶沿石上，也可安鼓磴再置于阶沿石上。柱脚大多不做榫。四柱的柱头直接承搭交檐桁。檐桁相交处做搭交榫，使之相卡围合成一个框架结构。檐桁之下视柱高而选择直接用檐枋或用檐枋、夹堂、连机的结构形式。如果单纯用檐枋，则枋端做成搭交箍头榫，四檐枋相互搭交，并卡在柱头的枋子口中；若采用檐枋、夹堂、连机结构，则连机的端部处理如同上述檐枋，而檐枋前端做大进小出榫。连机与檐枋之间加装夹堂板。檐桁之上架搭角梁或枝梁。搭角梁主要用在“露明造”中，以达到前后、左右的仰视形象一致。梁45。架在相邻的两檐桁上，其端部做阶梯榫以保证不致产生移动或翻滚。枝梁则架于相对的两檐桁之上，其段部也要做阶梯榫，因梁、桁间采用正交联系。结构较搭角梁更为合理，只是仰视造型形成明显的主次差异，所以一般其下部施用吊顶天花。搭角梁中间或枝梁上部立童柱，上架第二圈搭交金桁。童柱高度根据提栈确定，虽然亭的提栈较厅堂、殿庭更为陡峻，但也有合适的比例。两圈桁条间的交叉口内架45。斜角梁——老戗，老戗的上部安由戗。四根由戗的上端共同交于灯芯木中部，有时为使攒尖更为陡峻，每一处的由戗采用“伞骨”状结构两条叠用，这种方法也长在一些省却搭交金桁的亭构中。灯芯木的上端套装葫芦、宝瓶；下端若有吊顶则立在短枝梁上，（短枝梁架在两条长枝梁的中部），若无则雕成荷花头的形状，使之成为“荷花柱”。老戗的下部根据是嫩戗发戗还是水戗发戗安角飞椽或嫩戗，嫩戗发戗及水戗发戗的做法与厅堂基本相同又是或许只是尺寸的变化而已（图9-14）。

规模较大的方亭基本结构相差不大，有些只是放大尺寸而已，而有的则是在基本结构的基础上外加回廊（图9-15）。由于添加了回廊，其结构就需稍加调整。原先的檐柱现已转变成了步柱，其外侧另增廊柱。为强化转角部分的联系，同时也便于和游廊的联接，角部施用“一步、三廊”四棵柱子。廊柱上端用短川，短川后尾插在步柱上，川头之上架廊桁。桁下一般都有连机、夹堂和檐枋。

讲究的亭在桁、枋之间会安牌科，那么檐枋之上需要增加斗盘枋，以保证牌科放置稳固。牌科与桁条的联系与厅堂相似。

攒尖方亭屋面木做法与庑殿、歇山式建筑基本相似，檩子上面钉置椽子，其上正身部分一般用望砖，有时也会用望板，转角处都钉板。檐口处大多需要施以飞椽，转角处则用摔网椽，若用嫩戗发戗，前端置立脚飞椽。望板上面依次抹护板灰、做灰砂层、铺底瓦、盖瓦，筑脊、安宝瓶、葫芦等。

亭构的檐柱上部在柱、枋之间，装“万字”挂落，下部两柱间用坐栏，若追求简朴，可用半墙水磨砖坐面，稍讲究则用“吴王靠”。

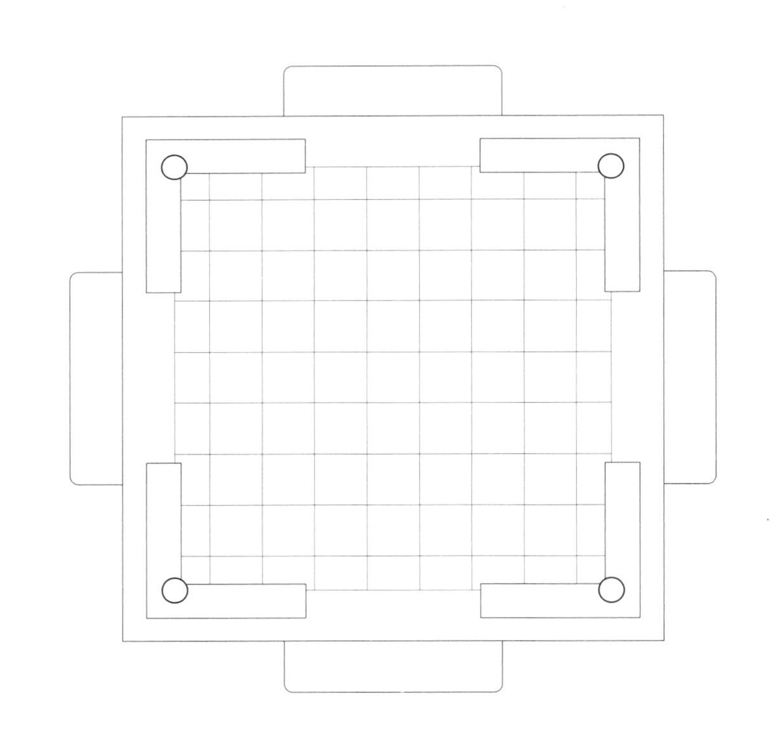

图9-14　四柱攒尖方亭（一）

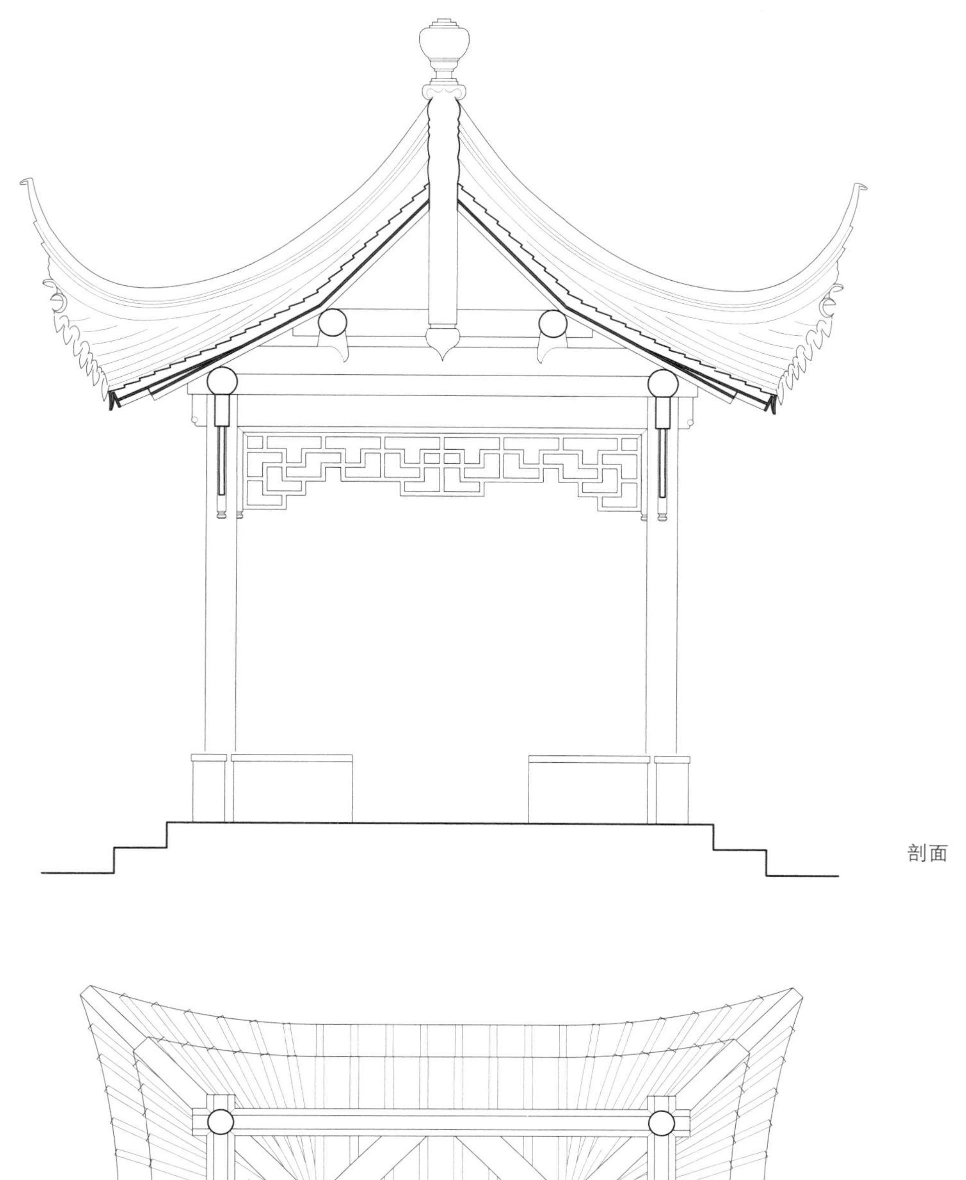

剖面

屋顶仰视平面

图9-14　四柱攒尖方亭（二）

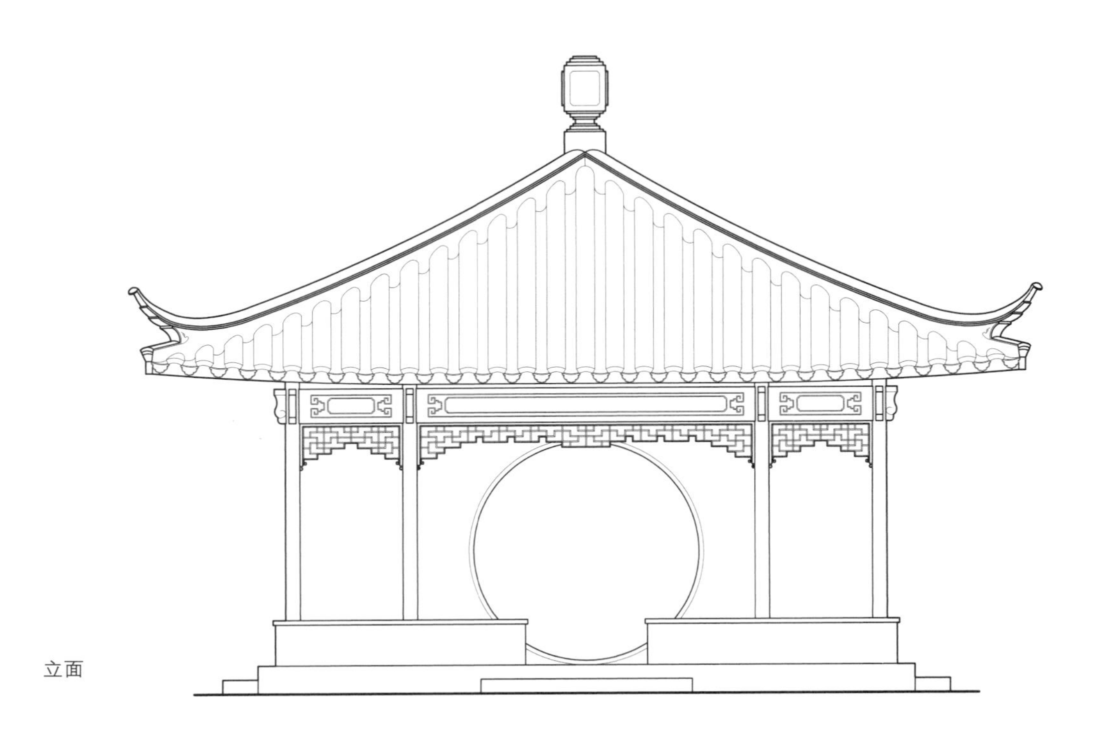

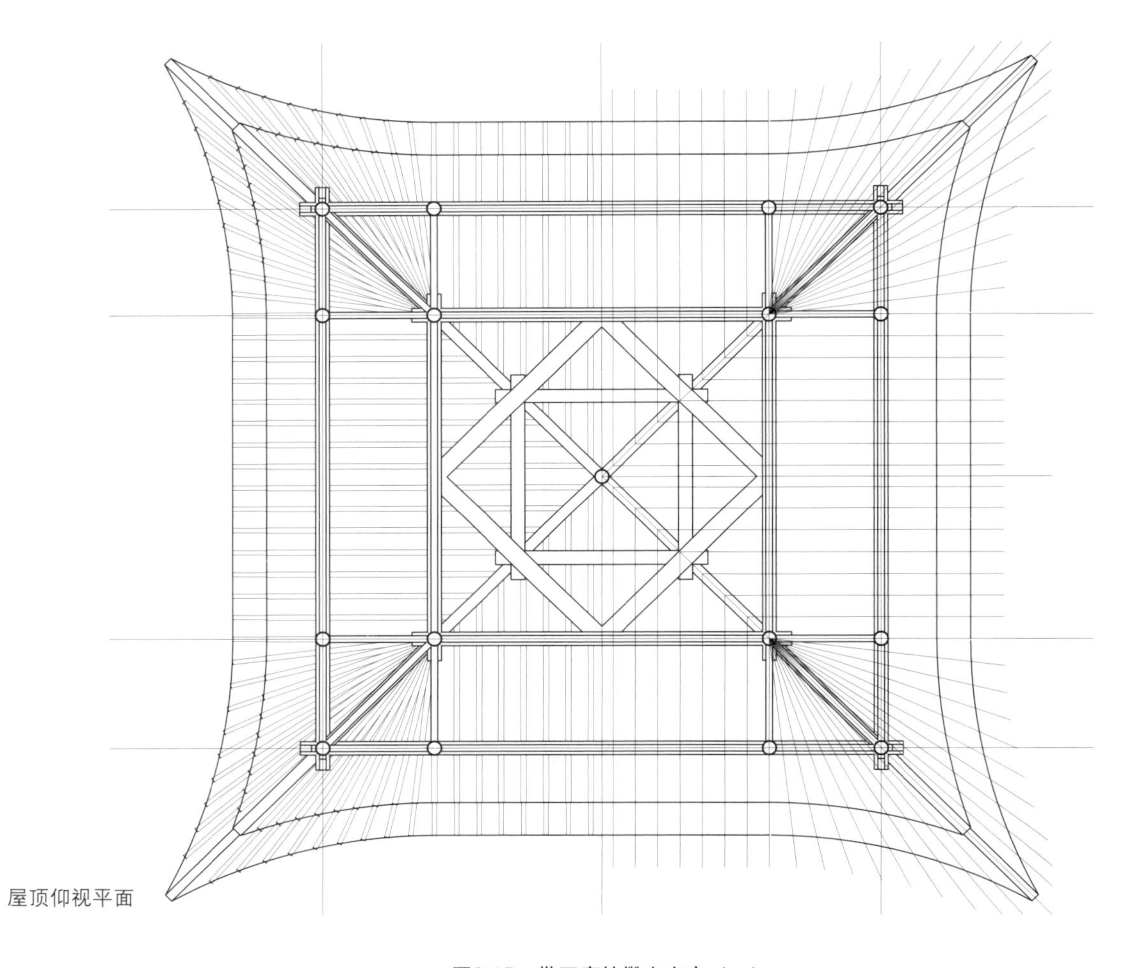

图9-15　带回廊的攒尖方亭（一）

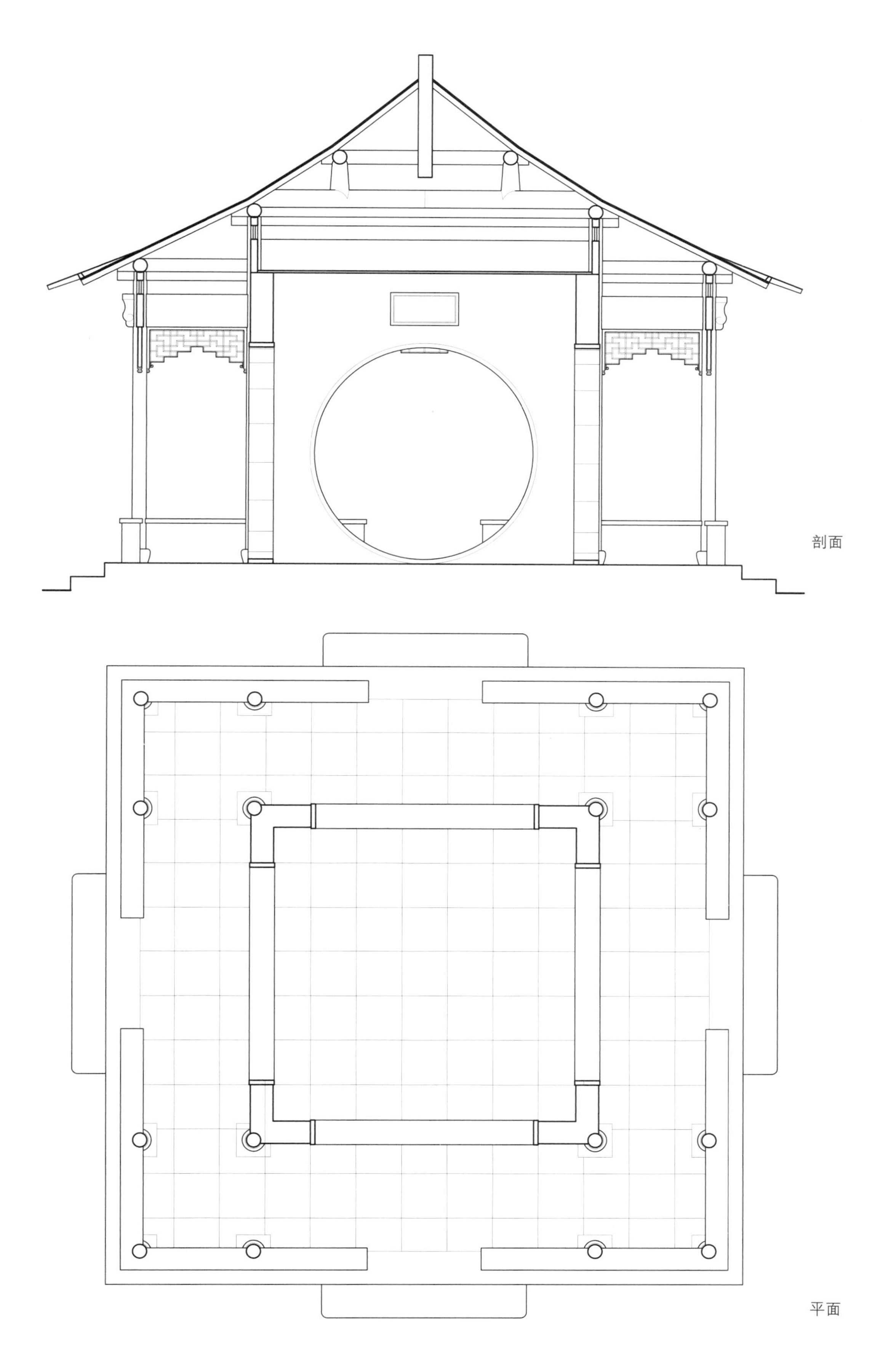

图9-15　带回廊的攒尖方亭（二）

二、六角攒尖亭

多数的六角攒尖亭平面六柱，呈正六边形分布。其阶台做法与方亭相同。只是阶沿石的合角处截去的是60°角。

六柱的柱头架由六条相互搭交围合的檐桁，使柱头以下形成框架式结构，与方亭相似，根据亭构造型和檐柱高低确定是直接在檐桁之下安檐枋还是采用连机、夹堂、檐枋的结构形式，稍不同的是桁端通常要截成60。角的端头。檐桁之上通常沿面宽方向的金桁轴线位置确定长枝梁的平面位置，再在进深方向置短枝梁于长枝梁背，形成了承接上层构架的井字形梁架。短枝梁的轴线，在平面上应通过搭交金桁轴线的交点，以保证搭交金桁的节点落在枝梁上。需注意如果长、短枝梁位置互换，整体结构不会影响，但受力会大大改变，一般不宜采用。长、短枝梁背立童柱，因为长、短枝梁的架构具有一定高差，须注意六棵童柱长短不一。童柱之上架搭交金桁，其结构方式与檐桁相同。老戗沿各角安装，其上安装由戗。由戗上端均插入灯芯木身，共同支撑灯芯木。与方亭一样灯芯木脚可以悬空，做成荷花柱，也可以立于枝梁之上，也是因有无吊顶而异。

小型的六角攒尖亭也可以用两棵上下叠用的由戗构成的“伞骨”状结构，这既保证了屋面的提栈关系，同时省却了枝梁、童柱和搭交金桁，其缺点是结构强度可能降低，不可用于尺度较大的亭构中（图9-16）。

六角攒尖亭的屋面处理与方亭相似，不同的是摔网椽数量减少。

六角亭的柱间通常也有挂落和坐栏，有时檐柱较低时，也有以花芽插角代替挂落的。

三、八角攒尖亭

将六角攒尖亭的平面改作正八边形，平面立有八棵檐柱，就成为八角攒尖亭构架的结构方式与六角攒尖亭基本相似。在进深方向的檐桁上架长枝梁，梁背沿正面架短枝梁，形成井字构架。应注意平面上长、短枝梁的轴向须与上部交圈金桁的轴线位置重合，以保证金桁完全叠落在枝梁上八角亭的。转角处安装老戗、由戗，以及戗角的其他构件。

四、圆攒尖亭

苏式圆攒尖亭通常体量都较小，平面常用五柱、六柱或八柱。阶台常以五角、六角或八角亭的方式放线，然后取圆。做法与其他亭构基本相同。

由于圆攒尖亭在平面上檐桁及檐枋都是弧形，故与五角、六角或八角亭在结构方式上有所不同。其基本构造是阶台的阶沿石上立柱，柱头部位安装弧形檐枋，其上承托檐桁，中间一般不用连机和夹堂。檐枋与柱的联系不做箍头榫，而是做燕尾榫与柱子相交。弧形的桁、枋因有下垂的倾向，所以枋下通常不用挂落，而使用插角，这可以强化柱、枋的结合。檐桁间的结合用羊胜势榫顺接。小型的圆亭为简化结构而不用枝梁，改以数根（与柱数同）由戗以“伞骨”状结构直接支架于檐柱和灯芯木之间。为增强灯芯木的结构作用，柱脚一般都立在枝梁上，不做荷花柱。亭内施用吊顶。圆亭屋面处理与其他亭构相似，上覆椽、望、瓦片，需注意的是其使用的是一种上大下小特制的瓦片（图9-17）。

若尺度较大，则檐檩之上也需置枝梁。由于圆亭桁、枋下垂会加大柱、枋结合处的扭力，为避免因过大的扭力破坏柱端榫卯，所以长枝梁必须沿进深方向安装，并搭置在柱头位置的檐檩上（稍大的圆亭不用五柱式的），短枝梁沿面宽方向安放在长枝梁背，组成井字构架。长、短枝梁须保证与每段金桁的节点重合。枝梁背立童柱，上架交圈金桁，其上在两段金桁的对接处支承由戗。数棵由戗共同支撑灯芯木。灯芯木立于枝梁之上。

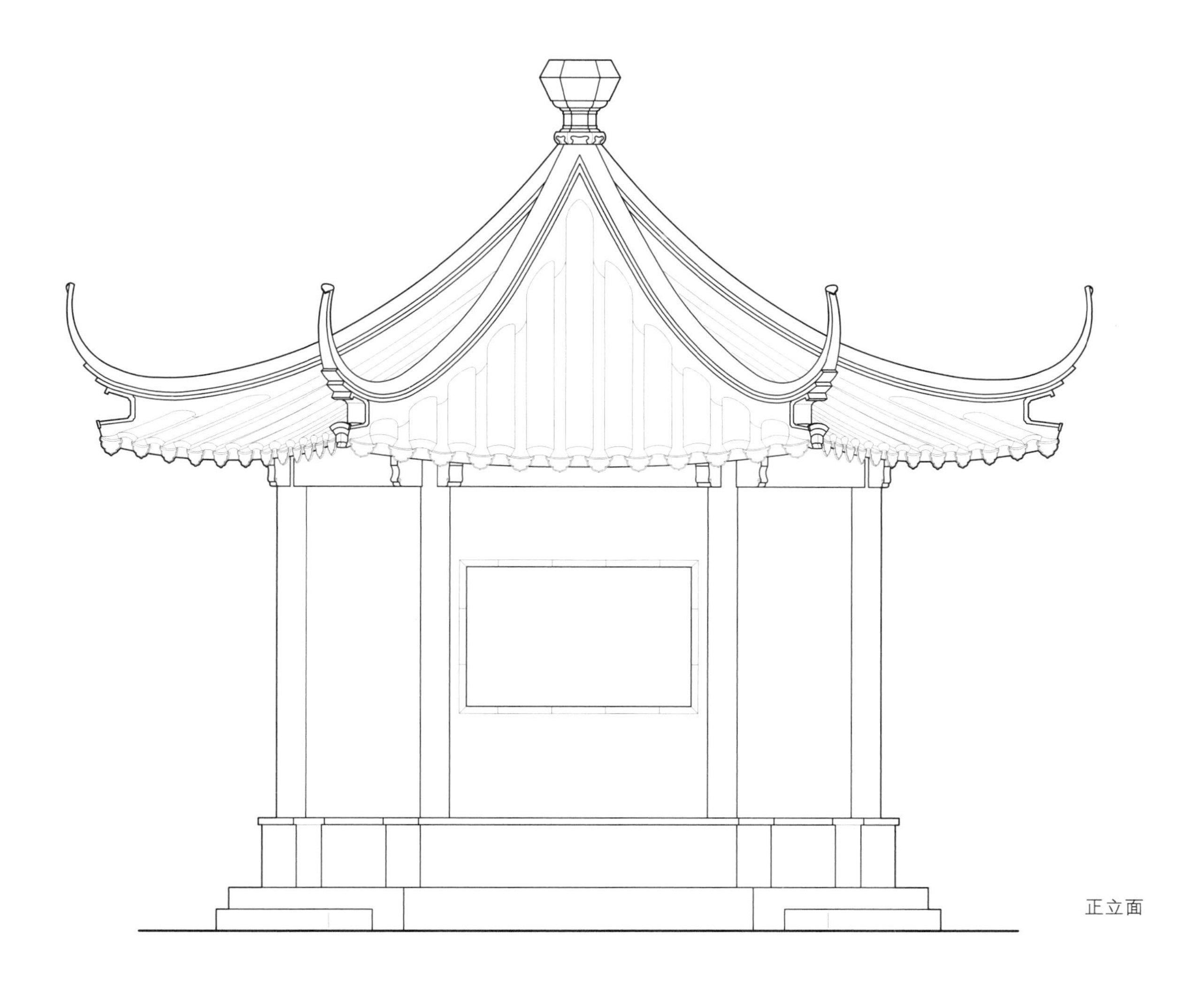

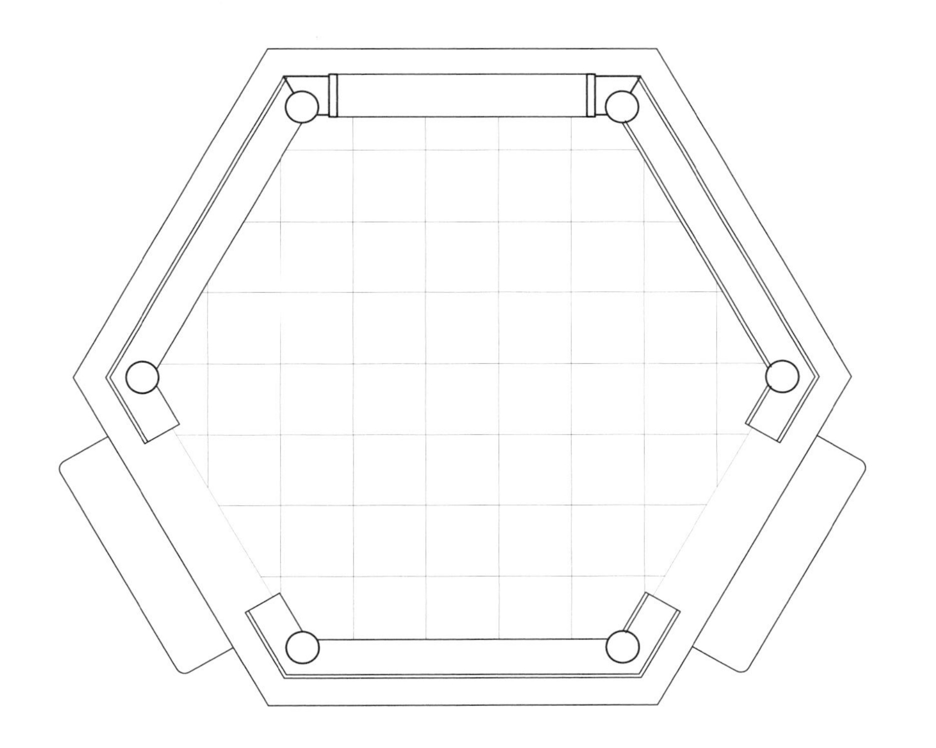

图9-16　六角攒尖亭（一）

剖面

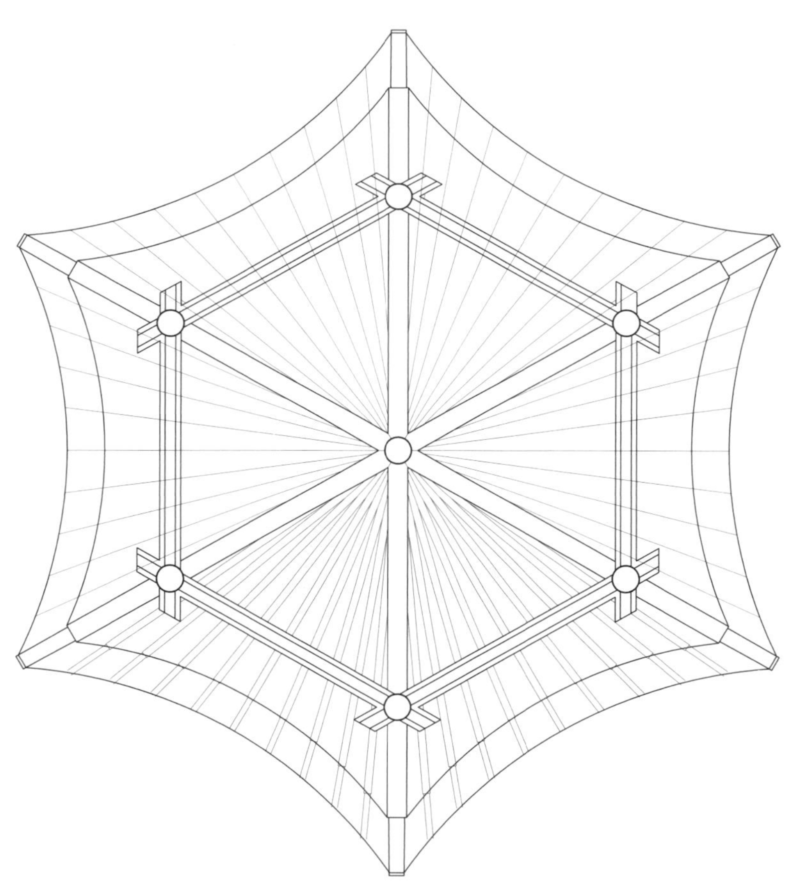

屋顶仰视平面

图9-16　六角攒尖亭（二）

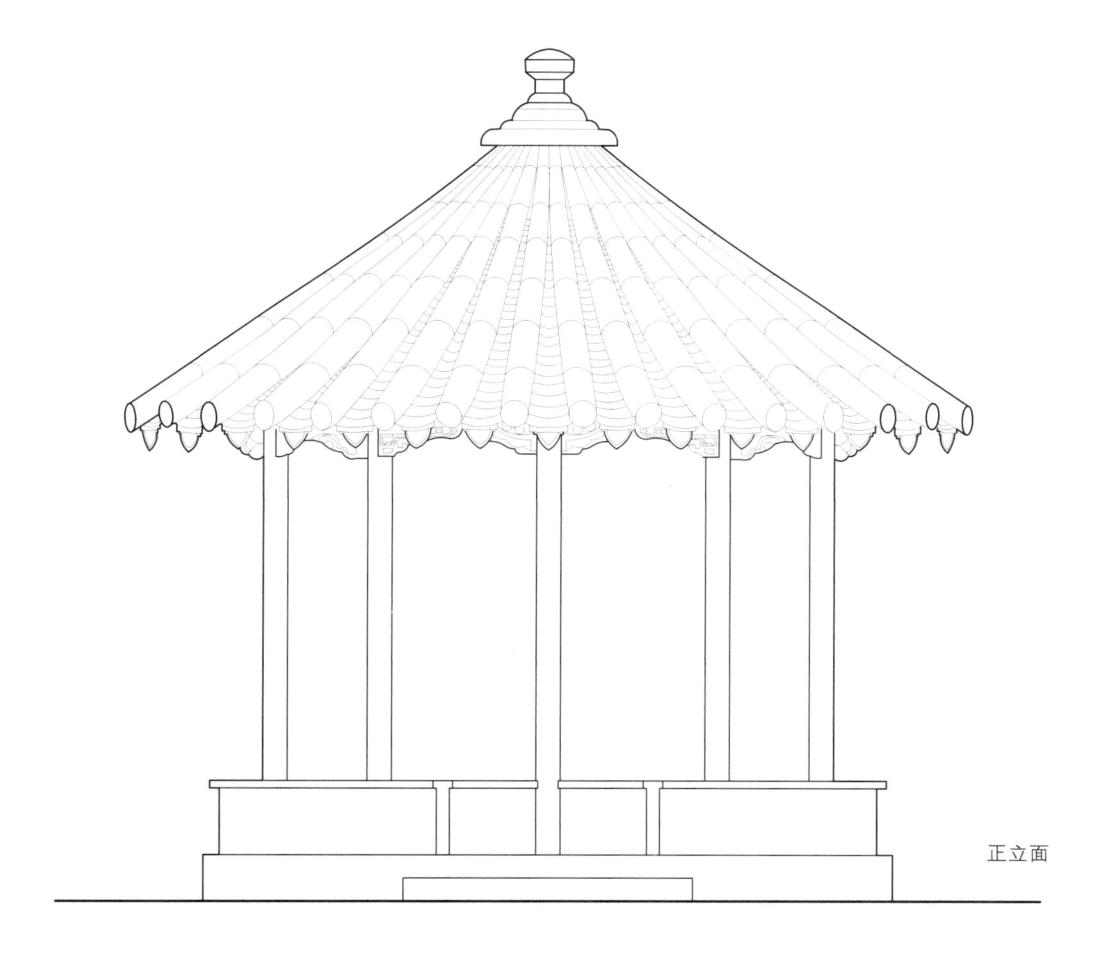

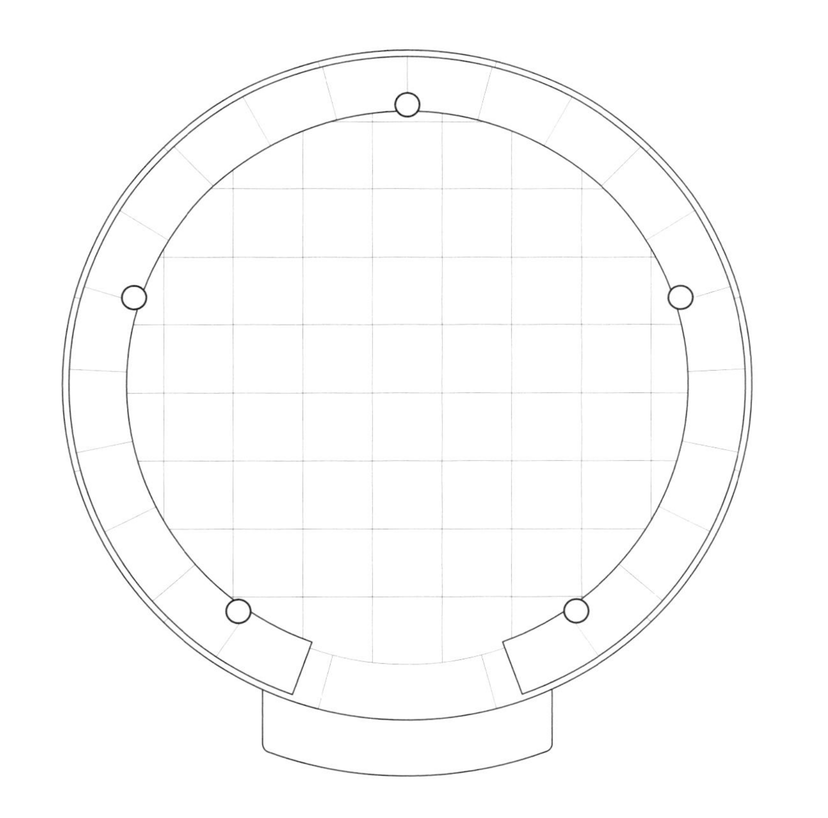

图9-17　圆攒尖亭（一）

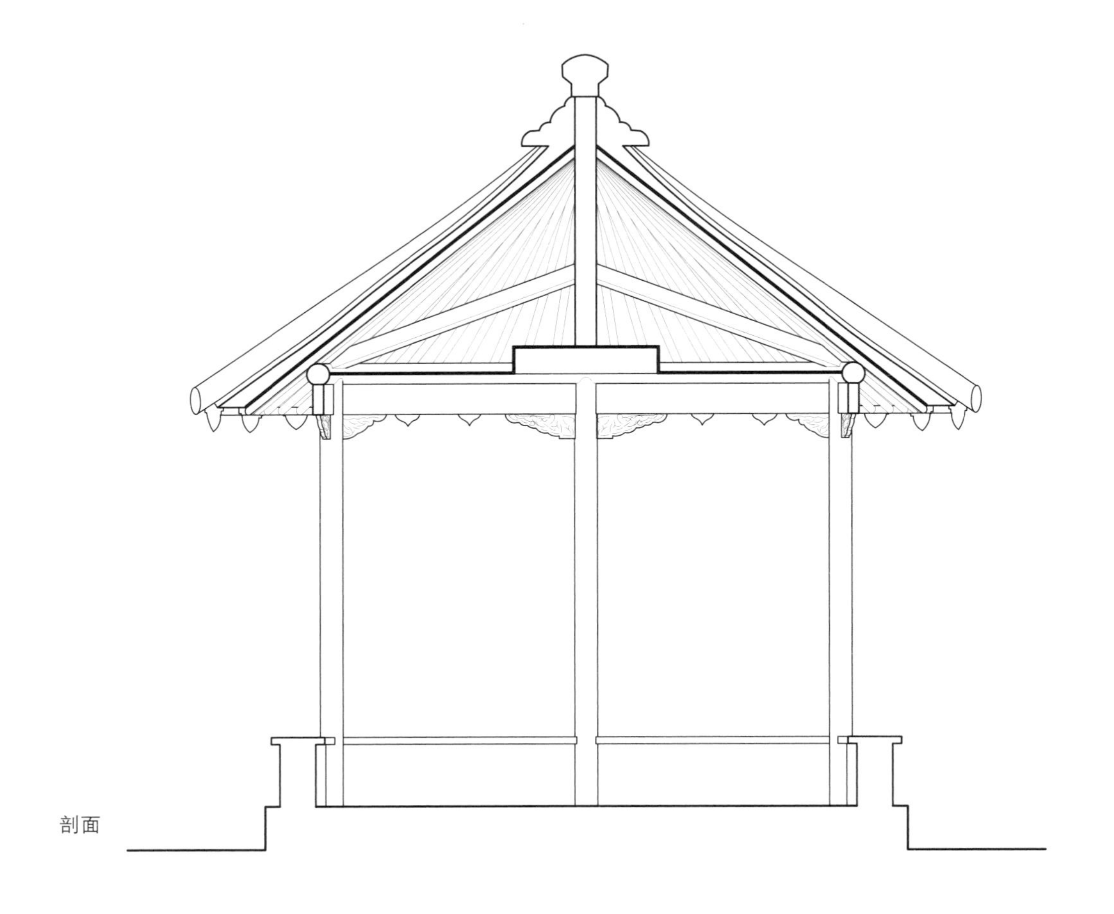
剖面

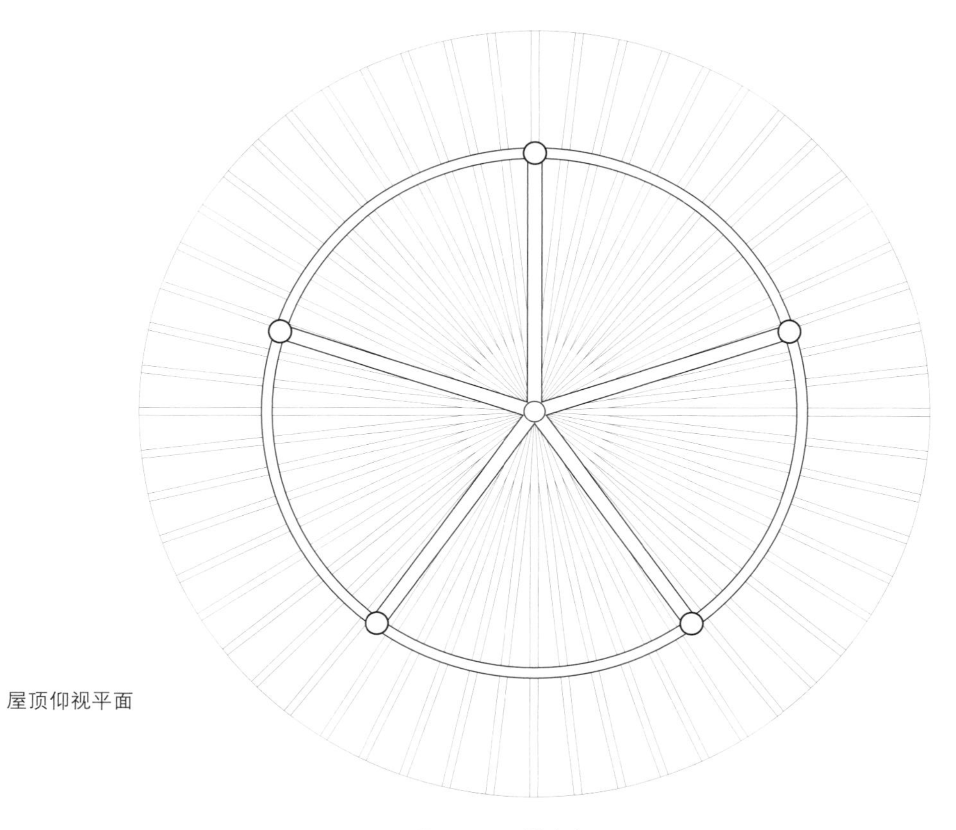
屋顶仰视平面

图9-17 圆攒尖亭（二）

五、歇山方亭

歇山方亭的阶台处理与其他亭构基本相似，地上采用“领夯石”夯实，以提高地基的承载力。其上找平后砌以不经凿平的条石——“糙塘石”。地面以上砌筑部分用凿平的条石——“侧塘石”。阶台较低的侧塘石同时也充当阶沿石作用。为保证亭内地坪在使用后不会产生洼陷、翘曲，侧塘石要用粘土、石灰、碎砖石按比例混合逐层铺垫、夯实，然后铺设地砖。

台基之上可以正面四柱，将立面分作三间，两侧视情况可以用三柱，一遍与后部游廊相连，背面因筑墙，可以径用两柱。由此可见，实际上其结构作用的仅仅是四角的柱子，其余仅起到分隔里面的作用，所以立于檐枋之下。

四角柱下置柱础，柱础可方可圆，主要决定于柱的断面形状。角柱的上部用檐枋联系拉结，檐枋与柱用大进小出榫联接。柱端架连机、檐桁，连机与檐桁都用搭角榫交圈绞结，并插入柱端连机口内。连机与檐枋间填以夹堂板，当面阔较大时，可将夹堂板分段，其间用“蜀柱”分隔。

前后檐桁之上，在左右1/4面阔处架枝梁，背梁于进深前后1/4处立金童柱，柱高由提栈确定，一般为五算（即0.5倍深）。金童柱上架山界梁，梁背立脊童柱，其高度一般为七五算（即0.75倍深）。山界梁的两端架金桁，脊童柱的上端架脊桁。从金桁的段部向檐桁叉口架45°架斜梁——老戗。老戗两侧置放射状摔网椽，上钉望板。老戗头上立嫩戗，嫩戗两侧立立脚飞椽。形成嫩戗发戗屋角。前后两面的檐桁与金桁间架正身头停椽、檐椽和飞椽，上铺望砖，形成屋面基层。椽、望之上铺灰砂，安底瓦、盖瓦，筑竖带、水戗。

屋身正面和侧面檐枋下的柱间施用“万字”挂落，下部正面的两次间与侧面中柱和前柱间，砌筑半墙，上铺水磨方砖，构成座栏（图9-18）。

如果需要，将歇山方亭檐面的桁条加长，就能构成长方歇山亭（图9-19）其结构方式与方亭基本相同，当然出于造型的需要也可将装折部分予以适当改变，就会以全新的形象出现。长方歇山亭经常被用作水榭和花谢。

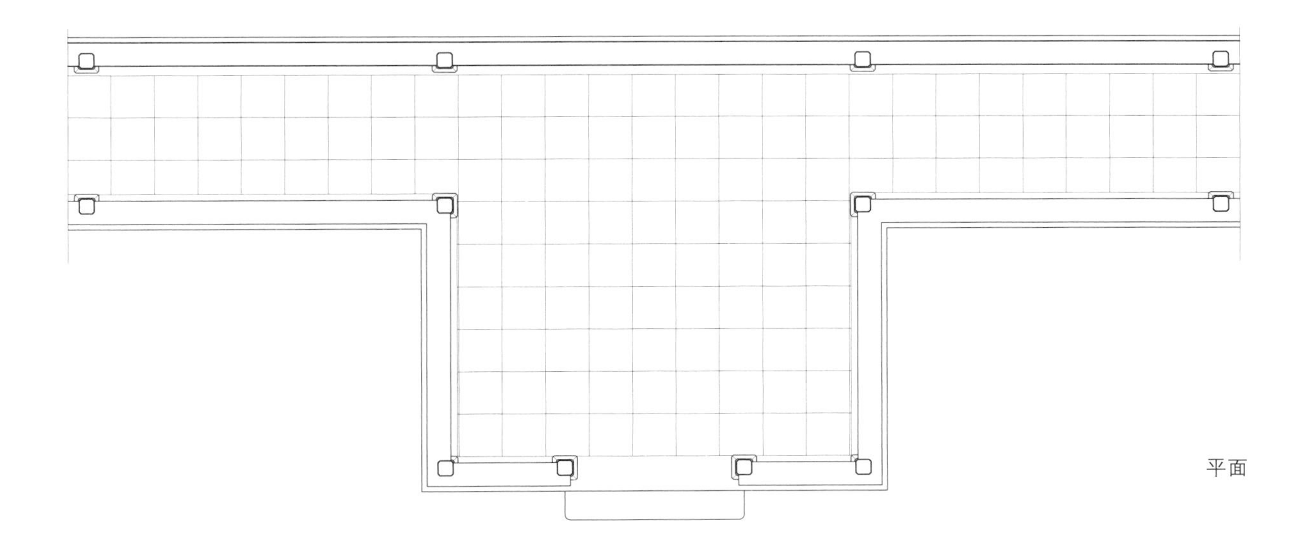

图9-18　歇山方亭（一）

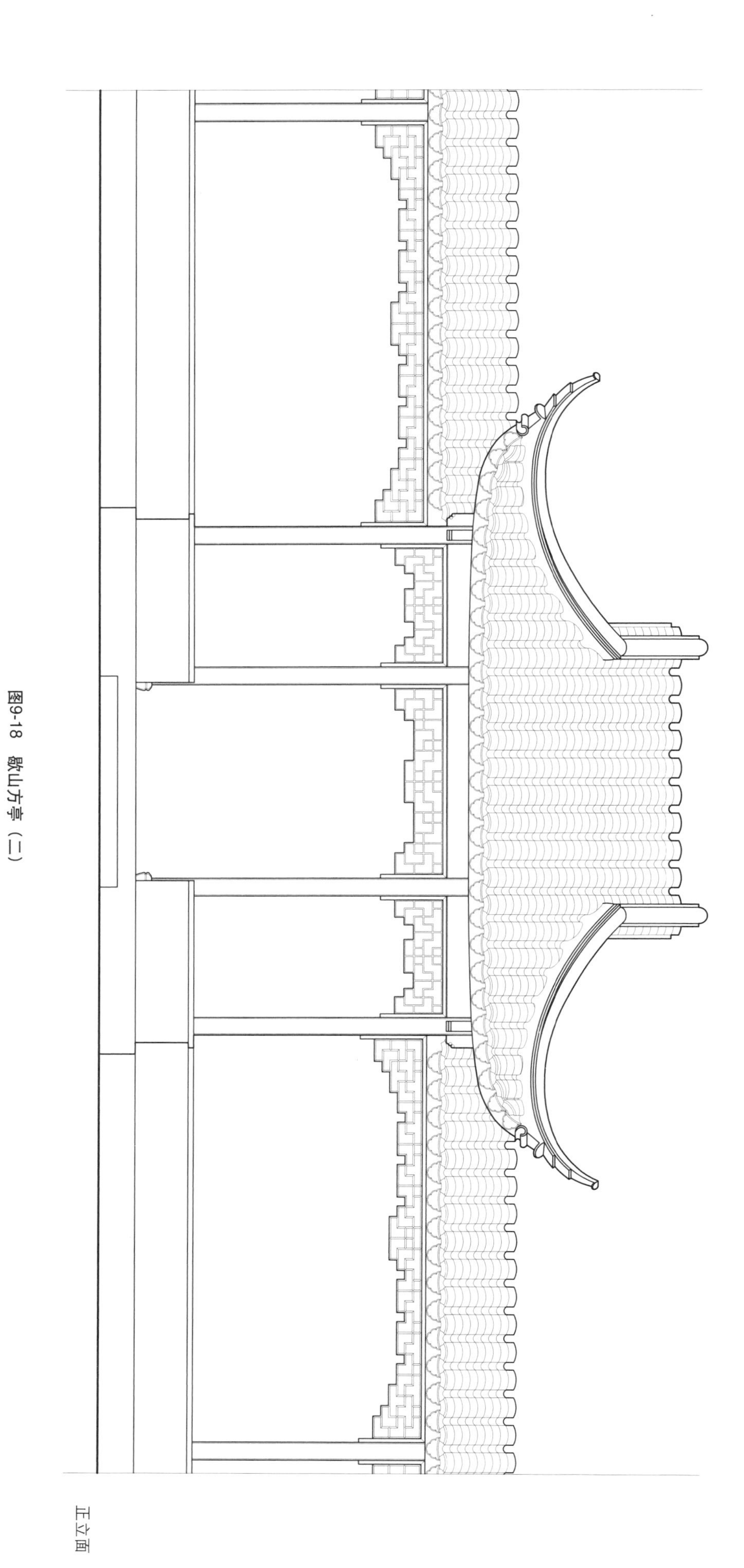

图9-18 歇山方亭（二）

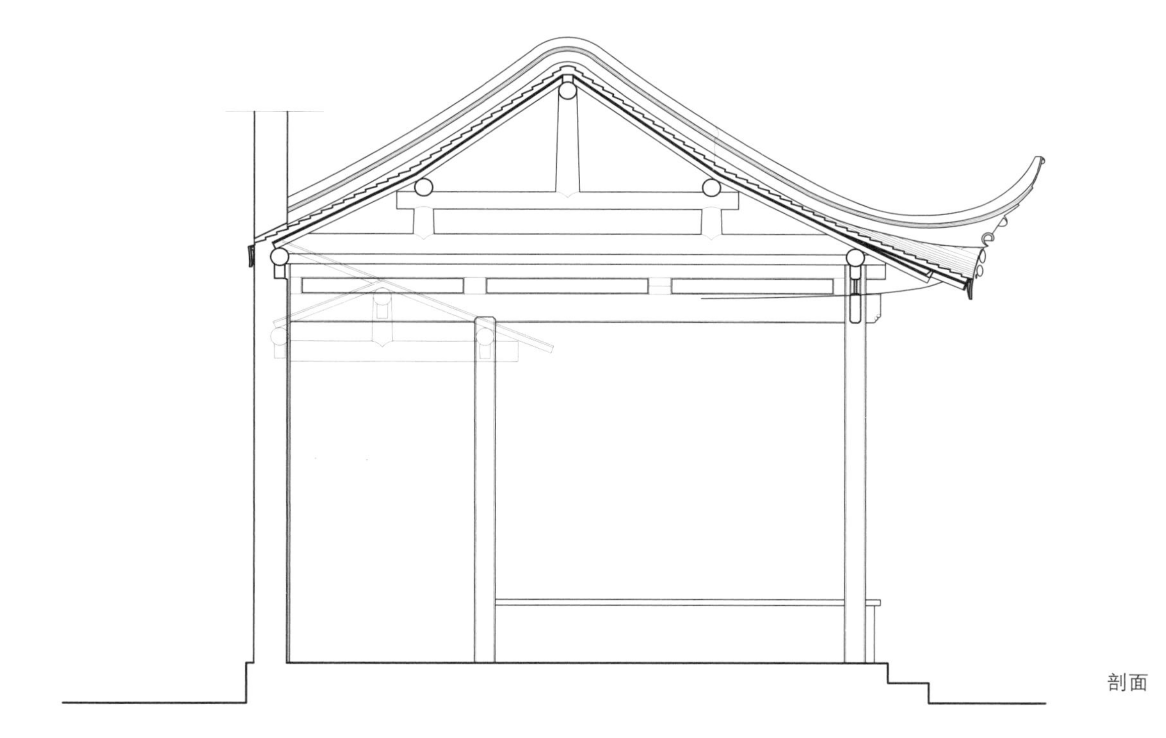

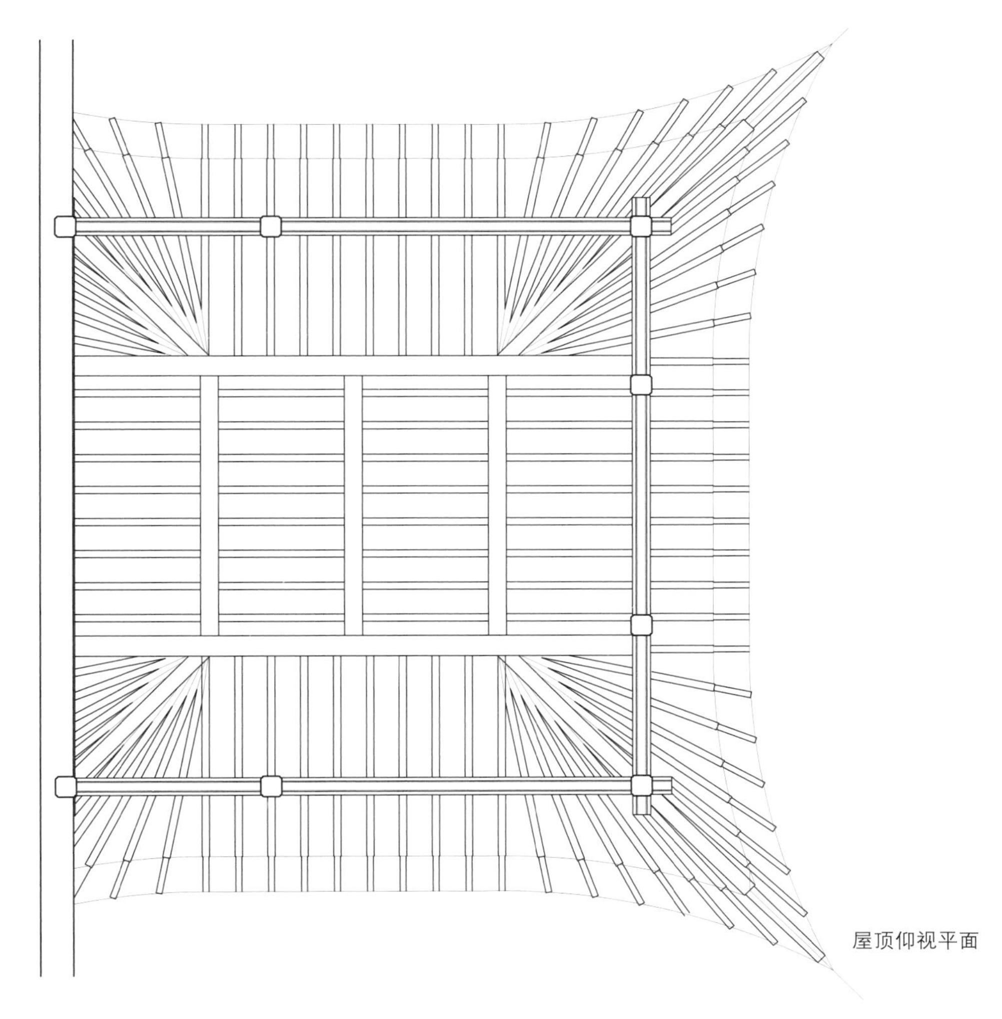

图9-18　歇山方亭（三）

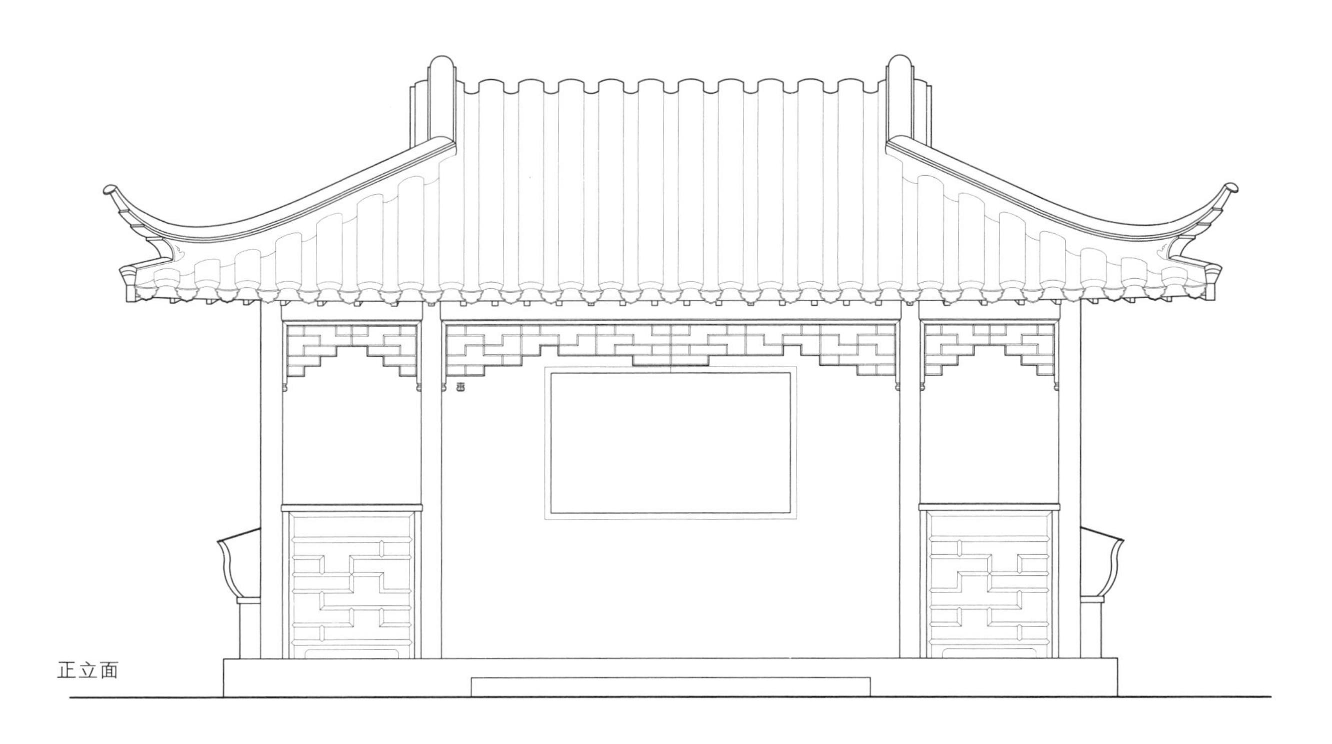

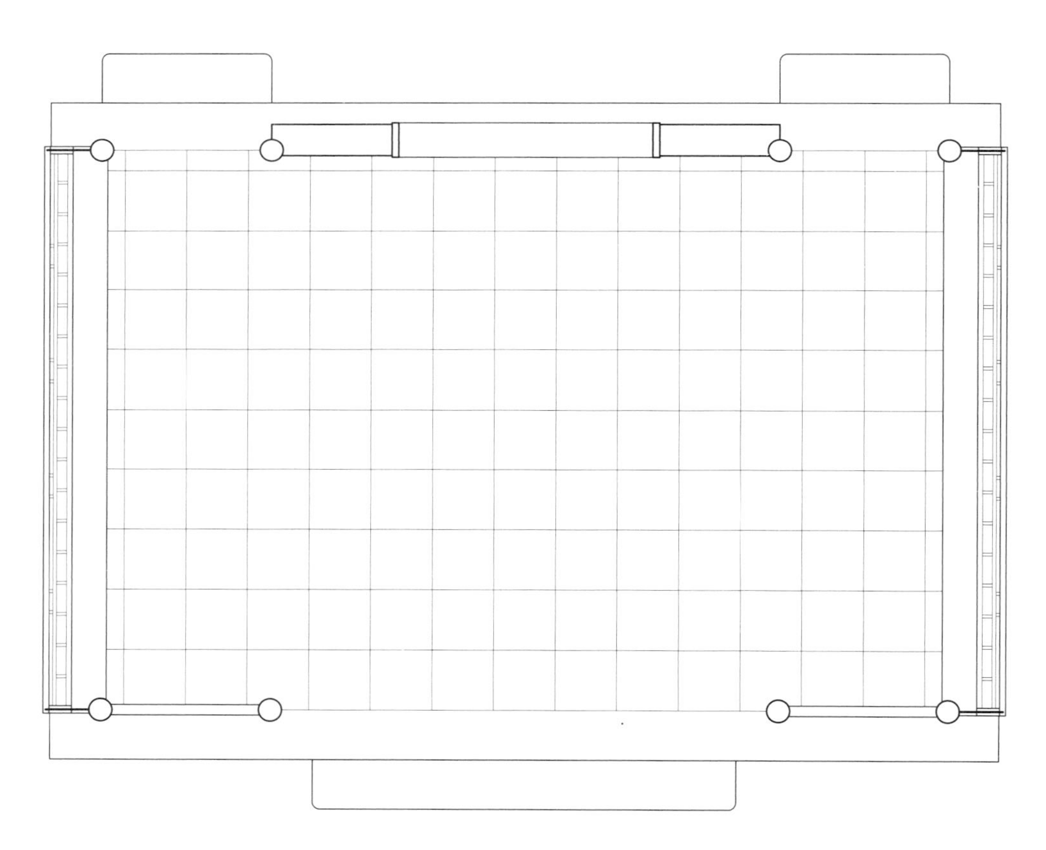

图9-19　长方歇山亭（一）

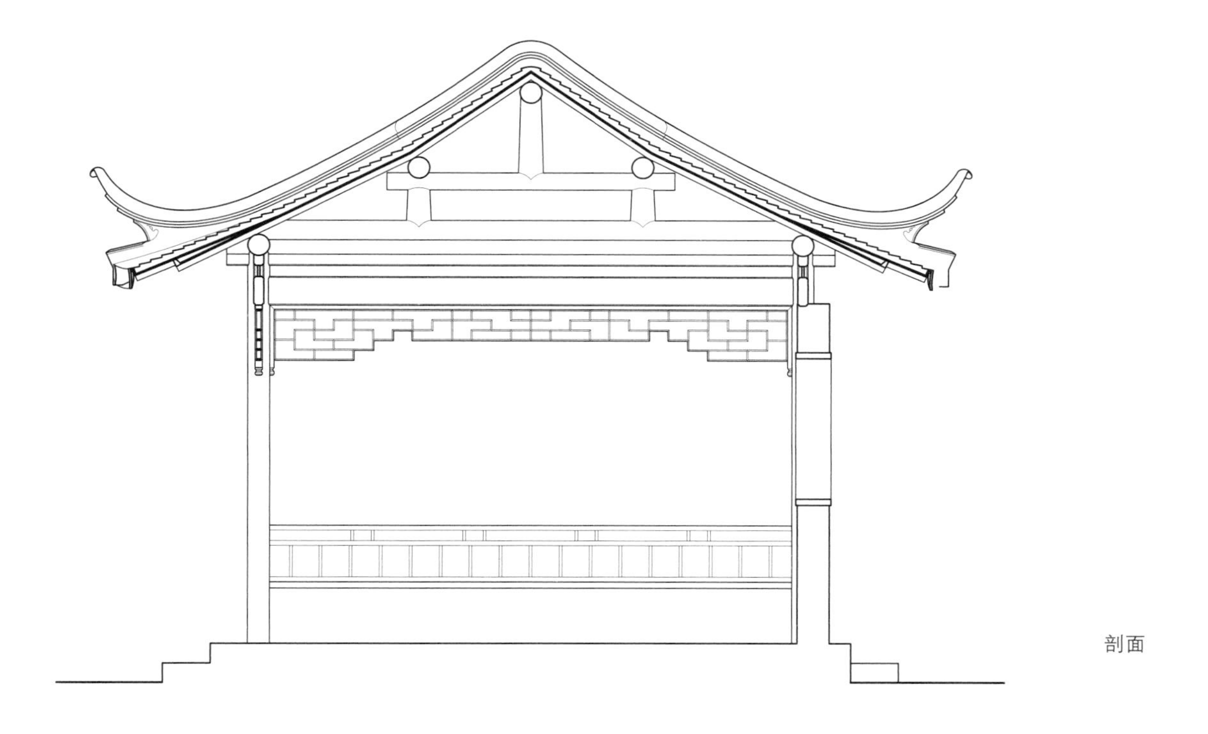

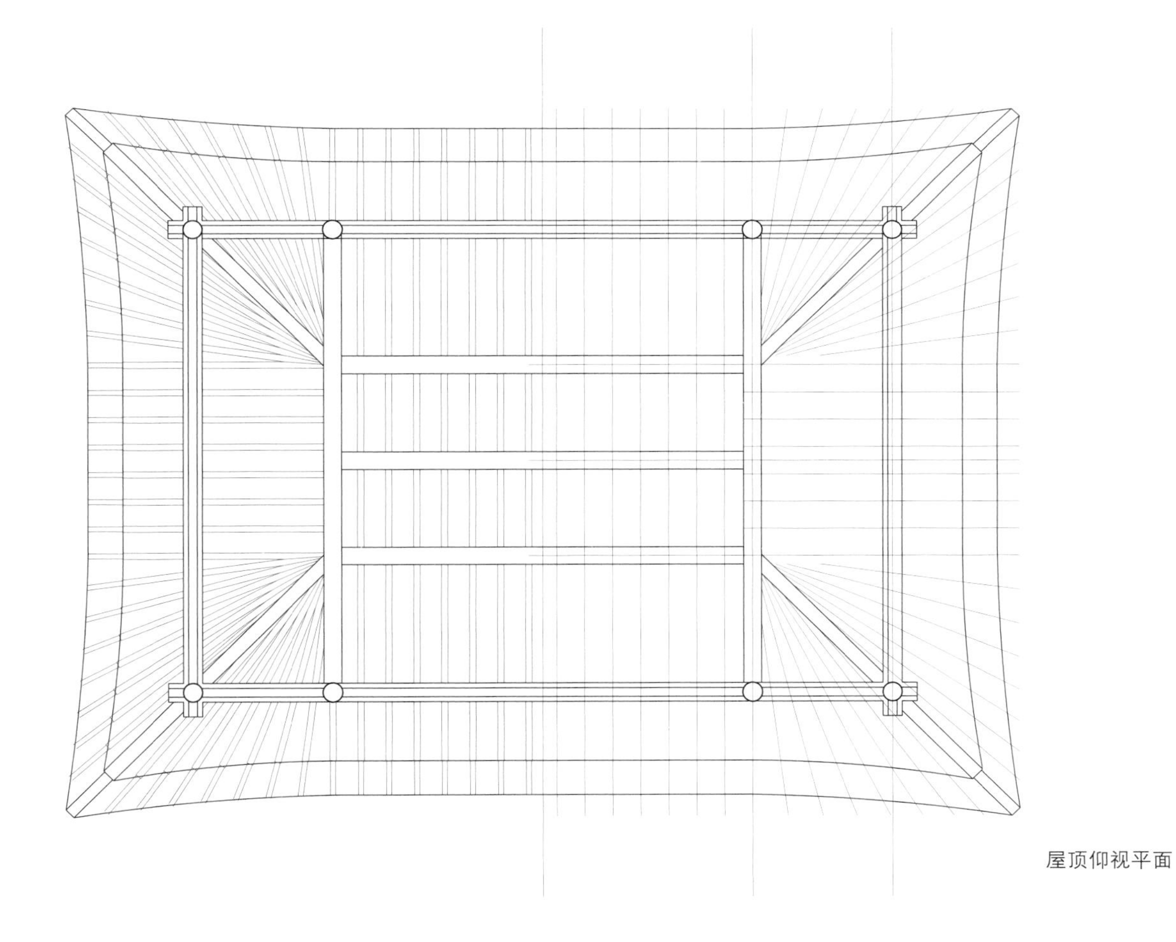

图9-19　长方歇山亭（二）

六、长六角亭

各种平面的攒尖亭、歇山方亭可以说是亭构中的基本形制，稍加变化就可以幻化出丰富多彩的亭构造型，上述歇山方亭就是歇山方亭化出，那么将六角攒尖变形，也可得到别具一格的长六角亭；将八角攒尖变形，也可得到长八角亭（图9-20）。

长六角亭的阶台与其他亭构同样处理，装折也不用做太多的变更，稍有差异的是其中的构架处理。

长六角亭的平面实际上只是依据需要，将正六角亭的前后立面在开间放向拉长而成的。其结构方法是：阶台上立檐柱，柱端架檐枋、檐桁；檐桁上架长枝梁等方法与步骤与前述正六角攒尖完全相同。由于视觉上的需要，短枝梁一端架在檐柱端的桁上另一端架于长枝梁上。枝梁背立童柱，架金桁，金桁之上增添了两条承托脊童柱的枝梁。由于长六角亭用脊童柱替代正六角亭的灯芯木，与由戗上端的连接也由原先插在一根灯芯木上改成分两组分别架在脊桁的两端。

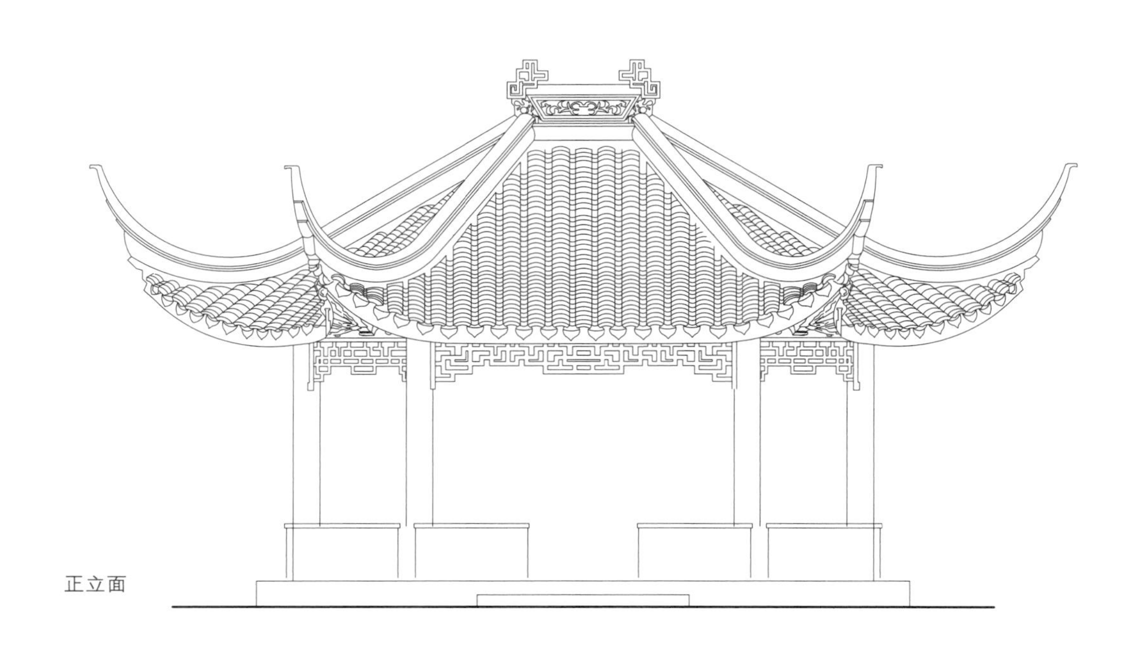

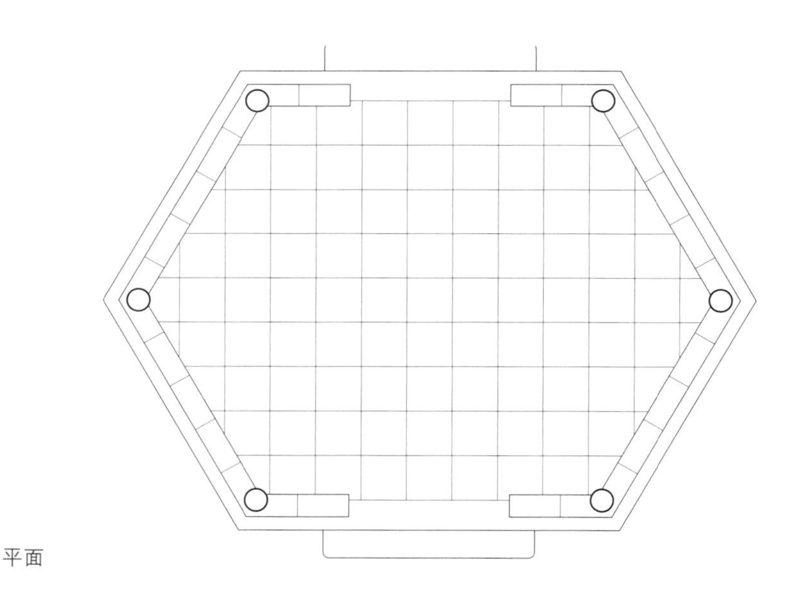

图9-20 长六角亭（一）

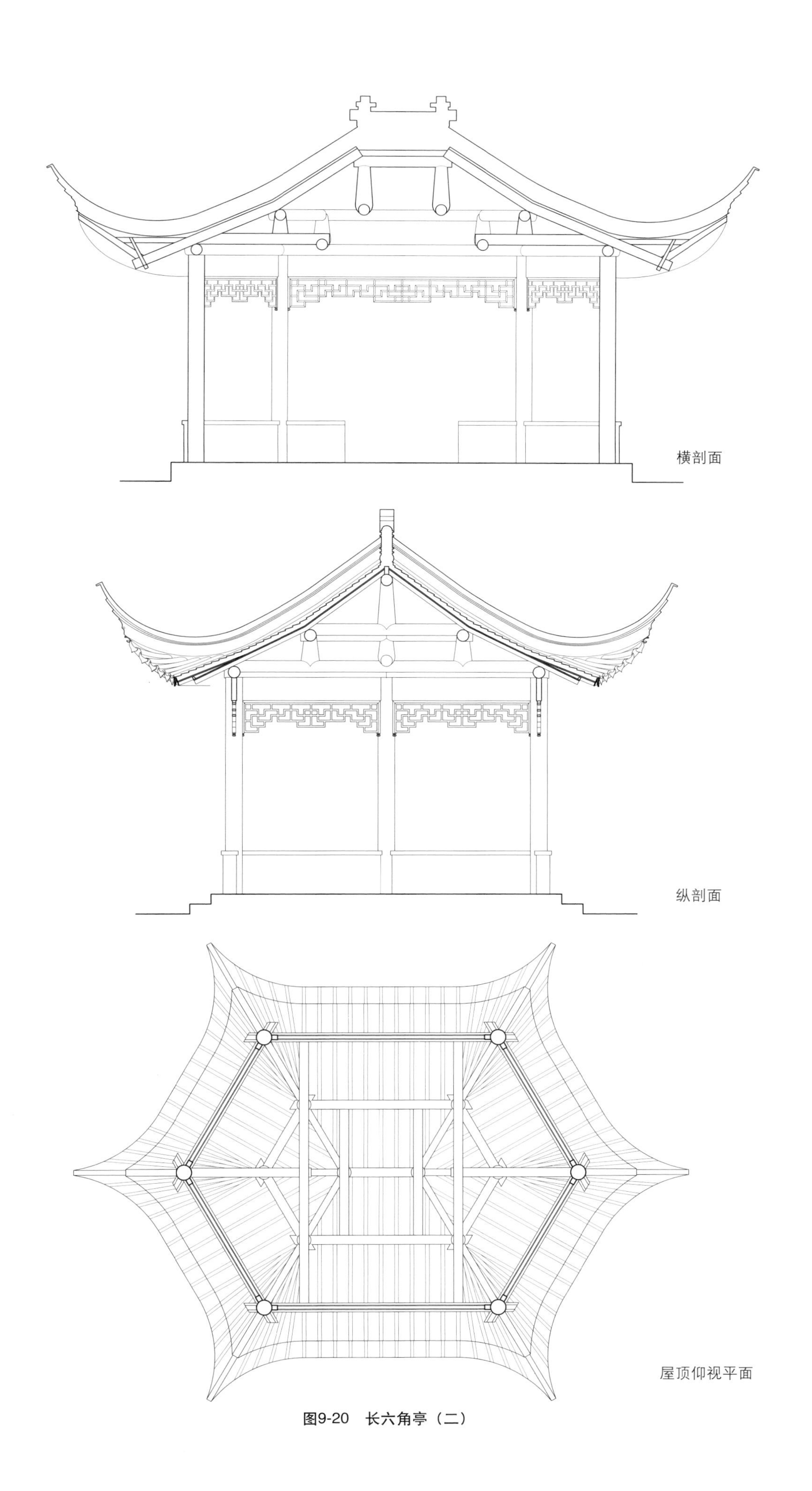

图9-20　长六角亭（二）

七、半亭

半亭大致可以分为两类，其一是在一些小型园林中因用地局促，难以构筑一座完整的亭构，故将其在平面上截去一半，贴墙建造。这样的半亭与原来完整的亭构结构方式相同，只是将一些原先架在其他木构件上构件架到后墙上而已，或可以说只是稍作改动而已。另一类半亭则是架构在园墙的洞门之前，两侧连以游廊，实际是园门的一种。为与两侧游廊协调，大多选择半个歇山亭的造型，其结构也大致相似（图9-21）。

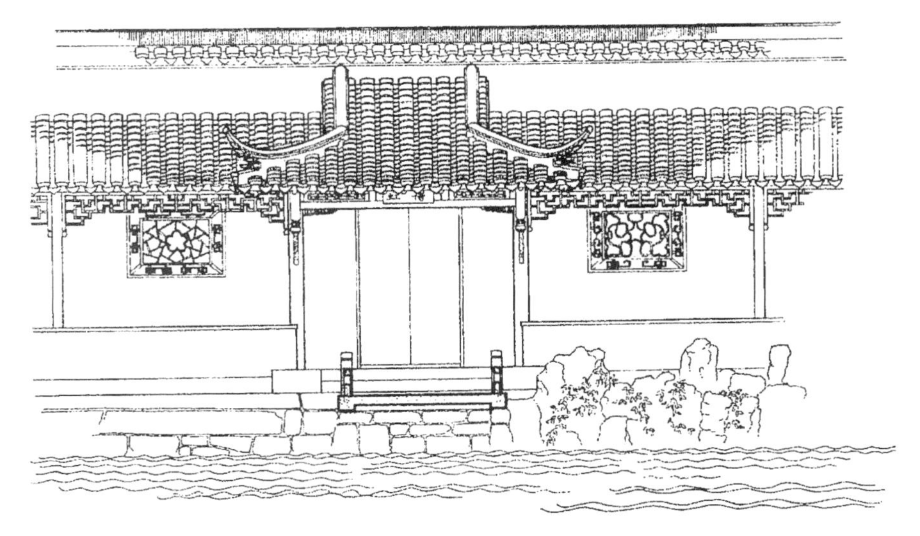

正立面

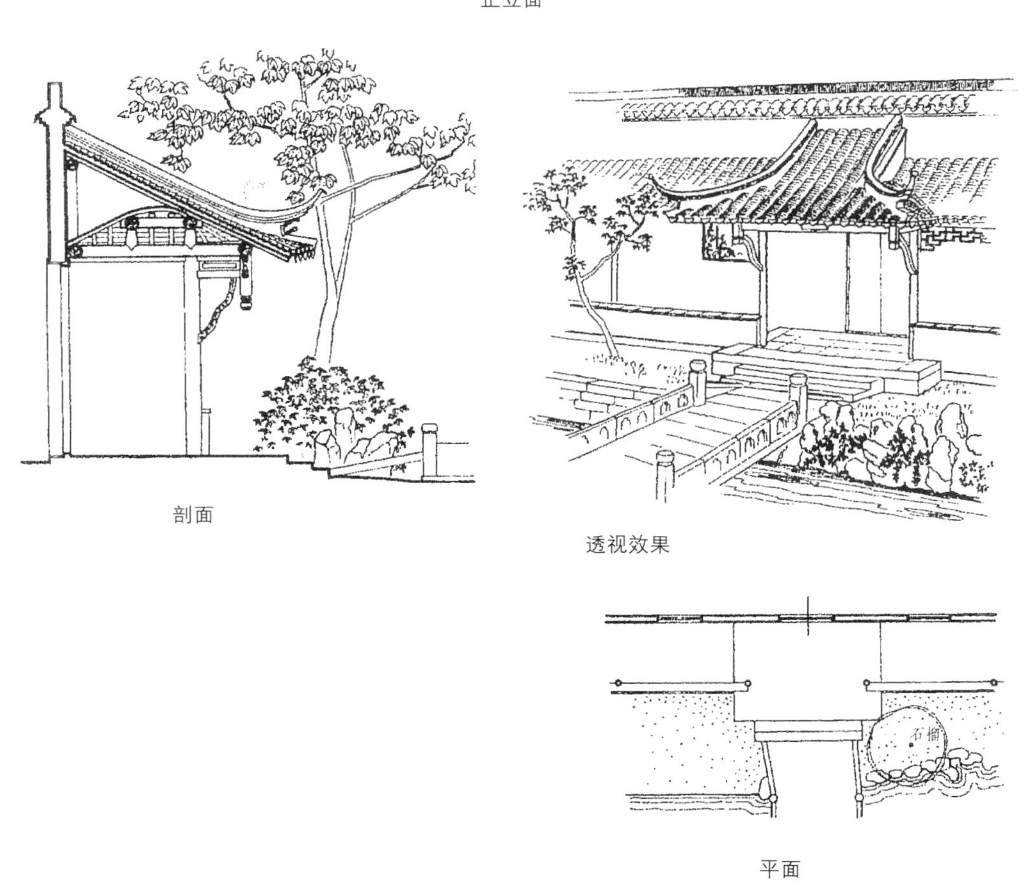

剖面

透视效果

平面

图9-21 半亭（摹自刘敦桢《苏州古典园林》）

第四节 游 廊

廊属于附属建筑，主要起联系作用，在古建筑群中具有重要地位，尤其是园林中，常常串联于厅堂、楼阁、亭榭之间，盘亘于峰峦沟壑之上，随山就势，迂回曲折，成为不可或缺的组成部分。

廊的构造比较简单，但其平面和空间组合却丰富多变，因而使其局部构造变得复杂。平面上，廊常呈现出各种不同角度的转折，有90°、120°、135°或任意角度的转折；两廊相交又有丁字形交叉、十字形交叉和三廊任意角度交接等（图9-22）。立面上，则因地形变化而形成屈曲的爬山廊或阶梯状的跌落廊。为与楼阁联系，出现了上下双层的楼廊；处于园林景观和观景的需要，采用了内外各异的复廊。

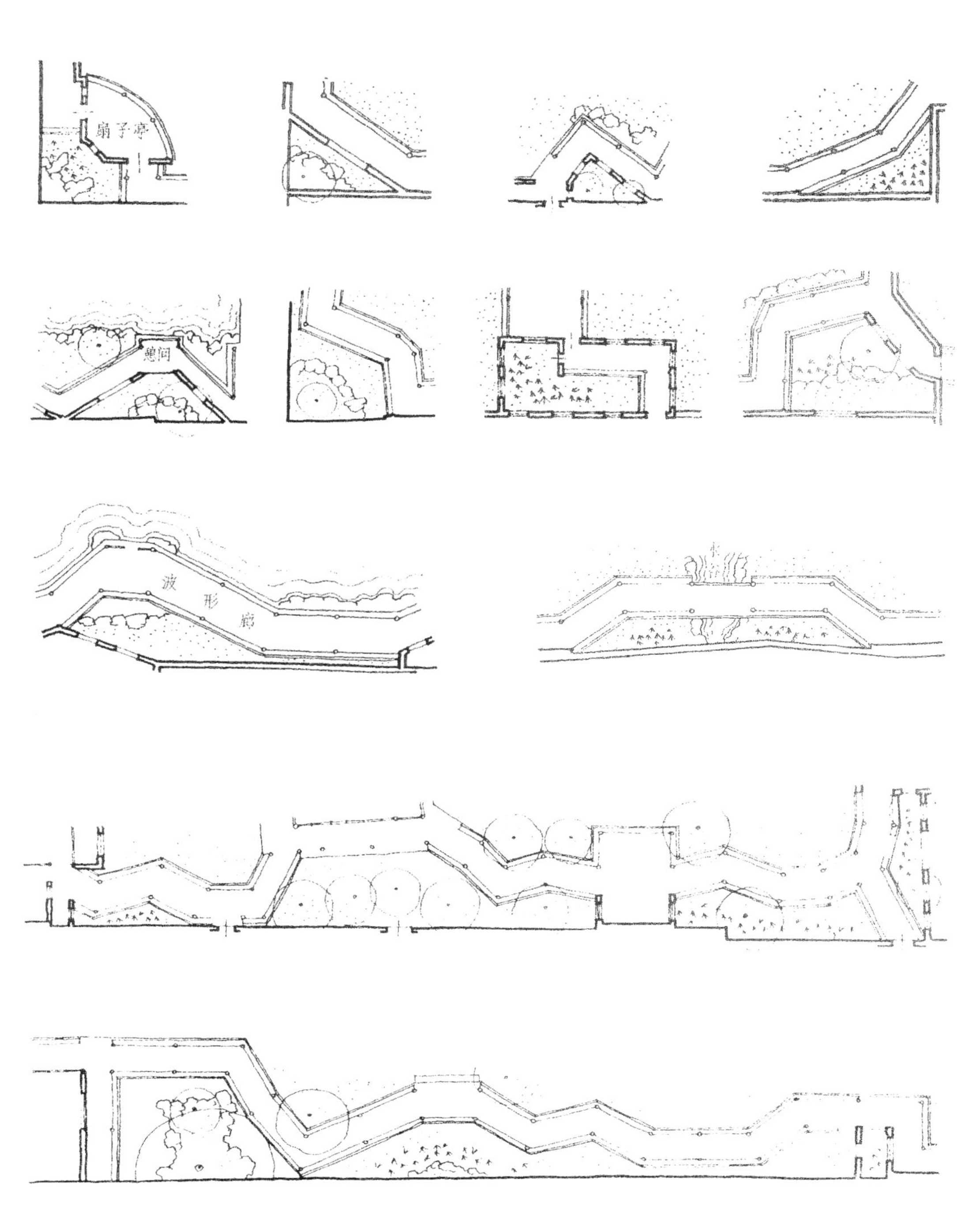

图9-22 各种游廊平面（摹自刘敦桢《苏州古典园林》）

一、廊的一般构造

传统建筑中的廊所供通行的人数一般不多，所以进深大多为仅三尺半到四尺（962.5～1100mm）即可满足要求；面阔通常与相连的建筑相仿或略小，为一丈二、一丈四或一丈六（3300、3850、4400mm）；檐口高为一丈（2750mm）左右，最高不超过一丈二（3300mm）。廊的间数并无定规，可由数间到十数间不等。

现在的仿古建筑因活动人数增多，所以廊的尺度需要适当放大，且为了设计和施工的便利，也可采用公制和通行的模数尺寸。但也需要把握一个“度”，比如进深不应超过1500 mm；开间不应超过4500mm；檐口高应控制在3300mm以下，不然就会比例失当。

由于廊的体量不大，下部阶台的处理也较简单。开脚一尺半左右（400mm）即可。用条石作“一领一叠石”基础，也可用糙砖砌筑。上砌侧塘石、阶沿石，高一尺（275mm）。廊柱下可用鼓磴，也可不用，即直接将柱立于阶沿石上。

大木部分自下而上为立柱，柱顶沿进深方向承长两界的短梁，开间方向则用枋子拉结。梁中立矮柱，矮柱上端及梁头架桁条。一般脊桁下都施以短机，檐桁下用连机。连机和檐枋间视檐高而确定是否安夹堂板。桁条之上钉椽、铺望砖、覆瓦，形成屋面。如果廊的一侧砌为院墙，那么内柱需增高，上端增加一桁条，并架设屋面，是内测形成双层屋面，而外观呈单坡形。较为讲究的，短梁作三界，立两矮柱，上承月梁（圆作）或荷包梁（扁作），以架轩梁、顶界弯椽，形成船篷轩的形状。稍简单的也有在短梁上部设“茶壶挡”或“弓形轩”的（图9-23）。其选用主要是要和相连的建筑相协调。

在左右檐柱间通常还加装栏杆和挂落，其形式非常多且富于变化。

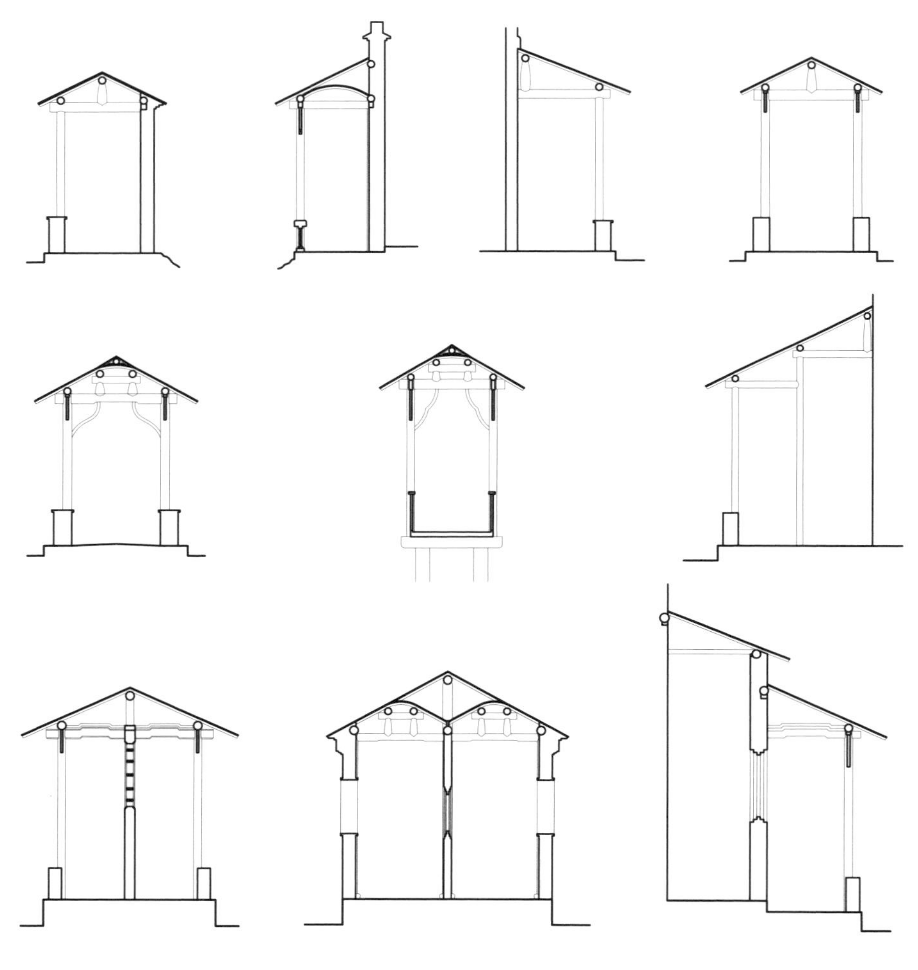

图9-23　各种游廊剖面

二、转角、丁字、十字廊的构架处理

游廊虽然主体结构十分简单，但形象变化较丰富，尤其是转角、丁字、十字交接处往往需要特殊处理（图9-24）。

1．廊在转角处的结构

廊深较大时，作90°转角，在转角处单独成为一间，平面四棵柱，45°角方向施一根，两侧各用插梁一根，角梁和插梁一端搭置在柱头上，另一端插梁做榫插入角梁。各梁上分别立矮柱、架桁条、置椽望等与一般做法相同。但在外转角置老戗，内转角架凹角梁。两侧的桁条端用搭交榫，或合角榫相交结，以使屋面平顺。如果外转角希望做出戗角，则在角部布摔网椽，也可垂直于桁条安钉。

当廊深较小，或作任意角度转折时，转角处平面径用两柱。柱顶架角梁，上立矮柱、架桁条、置椽等一如上面所述。

2．廊呈丁字交接时的结构

进深较大的廊子成丁字形交接时，衔接处单独成一间，平面立四棵柱，通常在丁字游廊主干道方向安置架梁，次道方向的檐檩，与主干道一侧的檐檩做合角榫相交。次道一侧的脊檩向前延伸与主道脊檩做插榫成丁字形相交。里转角部分安角梁，椽子垂直于桁条安钉。

园林中更多的是三廊呈任意角度交接，此时在衔接处平面立三柱，柱端置三搭交短梁，梁上立矮柱、架桁、椽，三脊桁合角交结。

3．廊呈十字交接时的结构

游廊呈十字形衔接时，相当于两个丁字廊对接在一起。可沿任意方向置梁架，接点处单独成为一间，檩木交接方式与丁字廊完全相同。

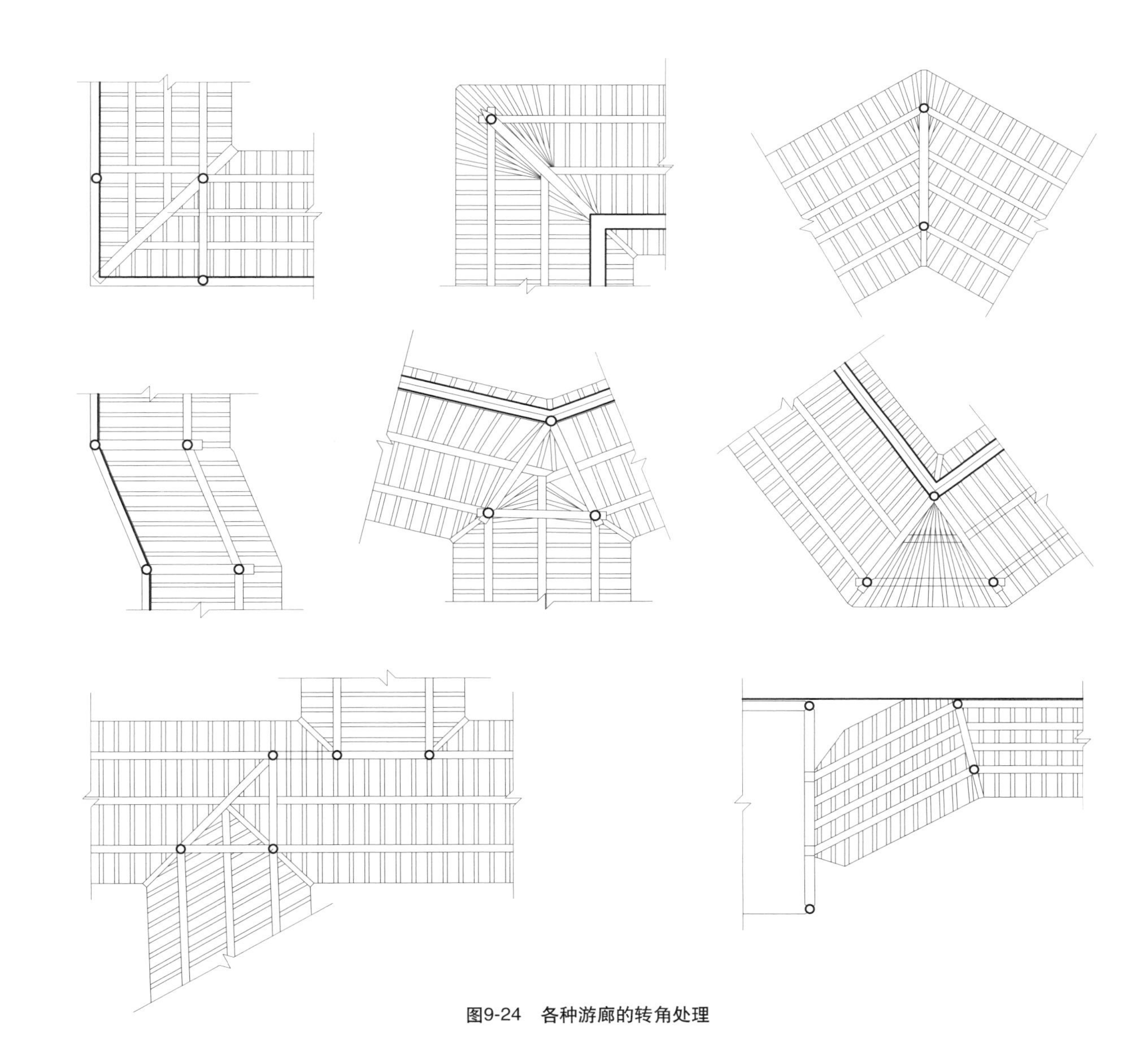

图9-24　各种游廊的转角处理

三、跌落廊与爬山廊

1．阶梯形跌落廊

跌落廊是在空间较大的起伏园林地形中常用的游廊类型，其外形是若干间游廊像阶梯一样逐层跌落（图9-25）。

由于连续水平式联系的构架转变成为错落的阶梯状连接，其构架也需要随之改变。一般的跌落廊多以间为单位，按标高变化水平错开，使相邻两间的梁、桁构架形成高差。低跨间靠近高跨一端用插梁以代顶梁，插梁上搭置脊桁，檐桁则在高跨端做榫插柱之上，在外侧钉象眼板遮档檩头和插梁。高跨间靠低跨端则搭置在柱顶梁及矮柱上并向外挑出，形成悬山式结构，外端挂博缝板。

廊内地面因地面坡度，每一间的地面都按两端高差做成斜坡，并使各间斜坡地面联成一体，或者做成连续的台阶。廊侧的柱间使用砖细坐面的坐栏，而不用木栏，从而使立面的协调统一。

2．起伏式爬山廊

起伏式爬山廊是顺地面起伏构筑的游廊，更适合于面积不大且有地形变化的园林中（图9-26）。

为方便游人，廊内地坪可依每间两端高差做成斜坡，也可做成台阶，但阶沿石要保持与地形平行。由于地面（阶沿石）与廊柱具有一定的夹角，所以阶沿石要依据地面斜度凿出柱窝，以便使廊柱安放稳固。

木构架中因屋面与地面平行，与廊柱形成角度，所以梁与柱、柱与枋、梁与桁交接处的榫卯也需要相应改变合角度，

在廊柱间下部的栏杆因有倾斜角度不宜使用坐栏，而使用木栏干。但栏杆的扶手、横枨都需要平行于地面，所以西药变形处理，是原先的矩形枨格变成平行四边形。廊柱上部的挂落也需要做同样的处理。如果还有插角、花牙等装饰构件则必须随夹角变化放制实样，以保证安装准确。

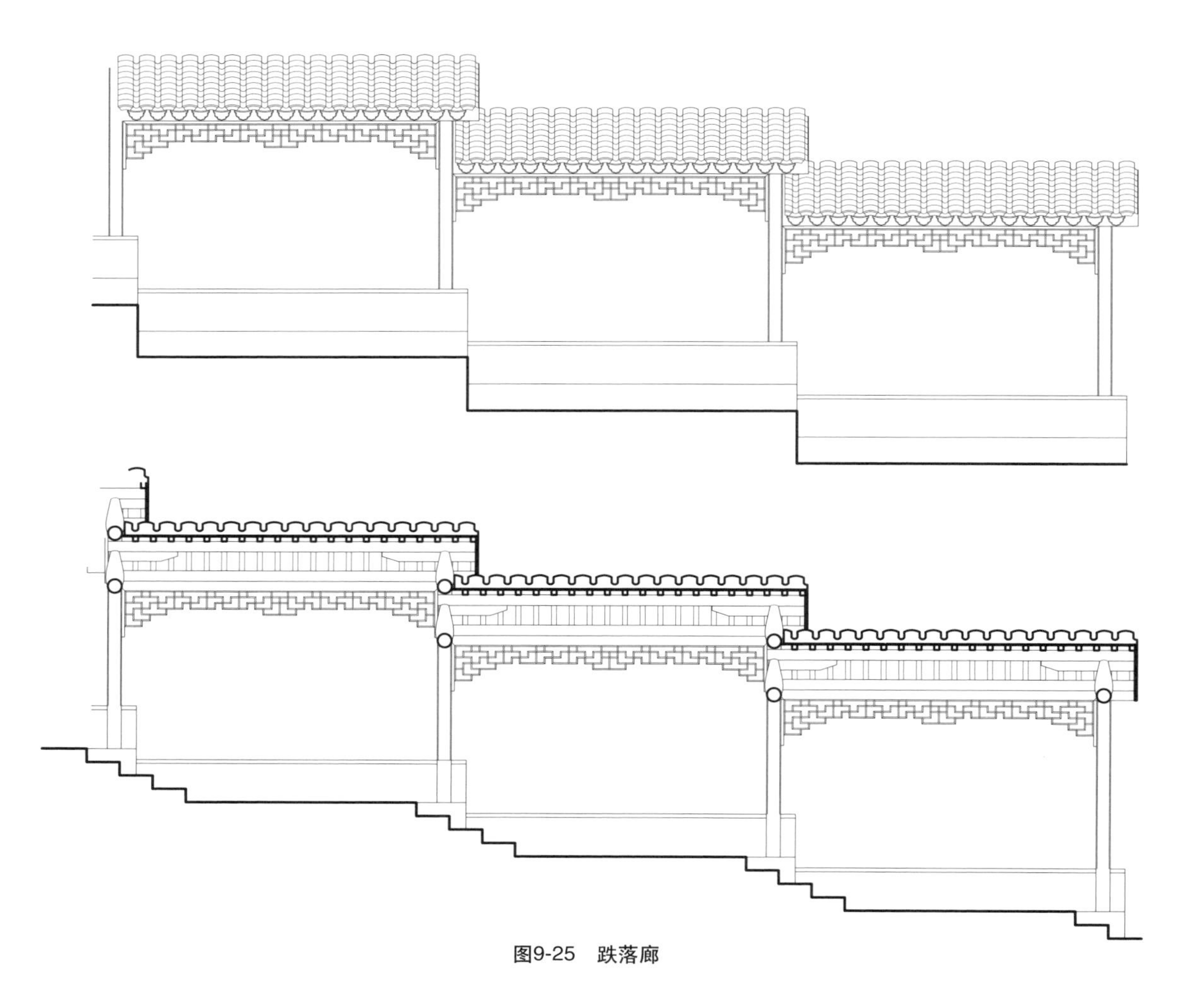

图9-25　跌落廊

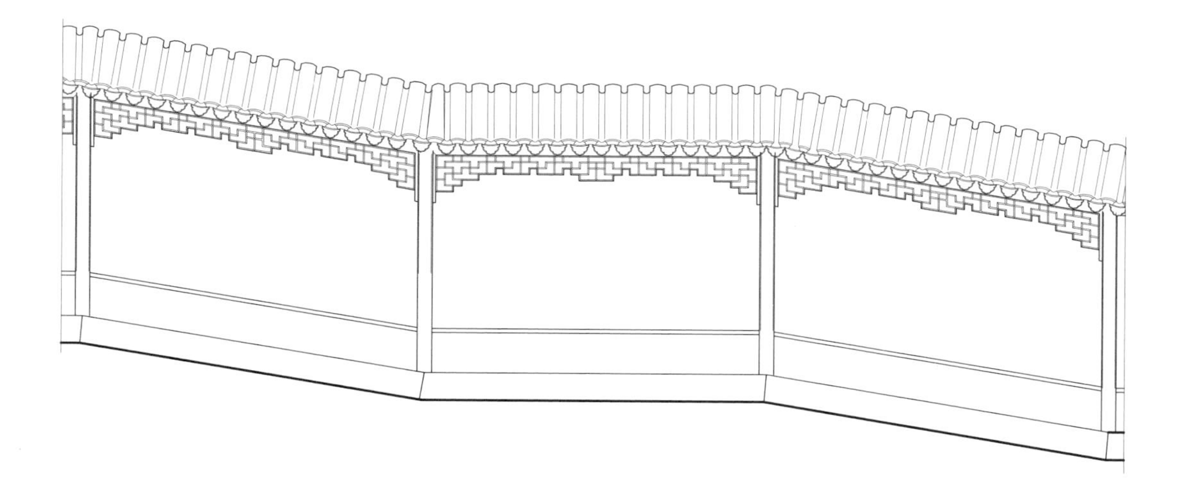

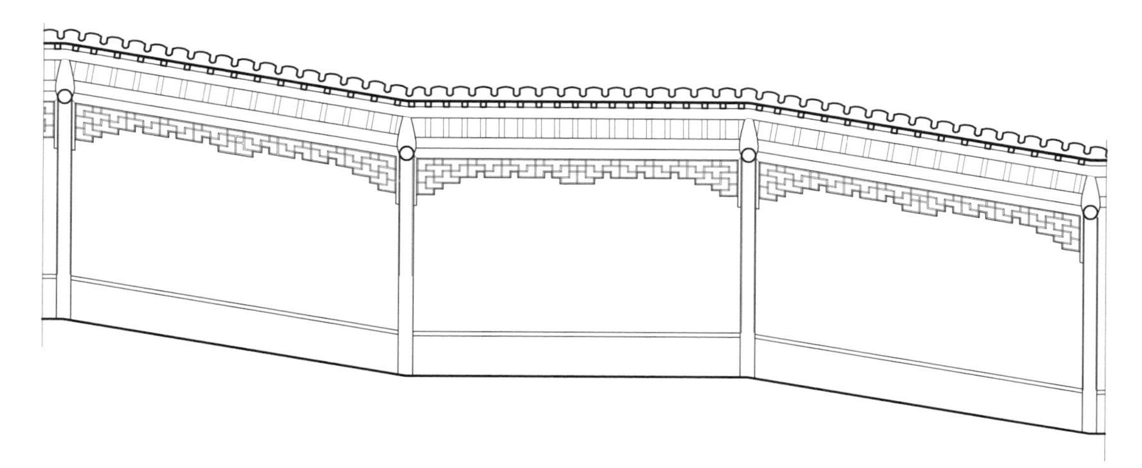

图9-26　爬山廊

3. 爬山廊的转角处理

园林的游廊在平面上常常有屈曲变化，如果再有地形起伏、高度改变就会使构架的空间关系变得复杂。概括起来平面上有爬山廊的90°、120°、135°转折以及任意角转折等；在立面上，则有平廊转折接斜廊、斜廊转折接平廊、斜廊转折接相同坡度的斜廊，以及斜廊转折接不同坡度的斜廊等各种情况。

爬山廊如果在平面上呈90°转折时，通常是将转角处做一间水平廊，成转折的过渡部分，这样就将空间联系问题简化为了线性的联系。

任意角度的转折的爬山廊不易将转角处做出一间水平廊，构架的空间关系就变得复杂。首先是阶台地坪因爬坡和转折的共同作用就会出现扭曲，其扭曲面的大小与爬坡角度及转折角度的大小成正比。其次是爬山廊的屋面平行于阶台地坪，所以也会随地面的扭曲而扭曲，这就使构架原来的的平行、垂直关系变成了扭转、错落关系。在这种情况下构件需要编号加工，对位安装。柱间的栏杆和挂落也需要对位设计和安装。

附录：苏式建筑及营造名词汇释

一、类　型

【平房】相对于楼房可解释为单层建筑。相对于殿庭、厅堂，则指规模较小、结构简单、不用或极少使用装饰的建筑类型，与清代北方的“小式建筑”相类似，被大量用于普通民居和店铺作坊等建筑中。

【厅堂】较平房构造复杂，装修精致，深约六、七界，其构造材料用扁作，称为扁作厅；用圆料则称圆堂。

【殿庭】用于衙署、大型寺观以及一些纪念先贤的祠祀的建筑，尺度较大、结构复杂。相当于宋《营造法式》中的“殿堂”或清代官式建筑中的“大式建筑”。

【悬山】将桁头伸出边贴中线之外，上架屋面的屋顶结构形式。

【硬山】山墙伸至屋面或伸出屋面的建筑。

【落翼】指四坡屋顶的殿庭左右两梢间。

【五间两落翼】类似于七开间歇山顶建筑。

【歇山】屋顶形式的一种，上部两坡，屋面挑悬于山花之外，似悬山；下部四坡，檐口四面兜通。

【四合舍】似北方的“庑殿”，殿庭式样之一种。四坡顶，有四坡五脊。

【单檐】普通建筑，仅有一重屋面。

【重檐】单层建筑有二重出檐的。

【雀宿檐】以软挑头承屋面，大多用于楼房腰檐的出挑。

【阁】平面为矩形或多边形的多层建筑，可以登临，重檐，各面皆开窗户。另有单层挑于水面的园林建筑也称“阁”，或叫做“水阁”。

【厢房】正房前后，左右相对的建筑，简称厢。

【水榭】平面为长方形的傍水建筑。

【旱船】筑于水中，仿船形的建筑物。

【堂】较厅略小，内四界构造材料用圆料。亦称圆堂。

【扁作厅】厅堂构造材料，其枕梁、双步、川等用圆木锯皮结方，并叠高，作扁方形。

【对照厅】相似且相对的厅堂，常用于庭园或天井的南北两侧。

【鸳鸯厅】 园林中，厅之较深者，脊柱前后构架对称，一边用圆材，一边用扁作，苏州称这样的厅堂为鸳鸯厅。

【贡式厅】 厅式之一，用扁方形木料。挖其底，使之屈曲呈软带形，做法于用圆堂相仿，但更为精致。

【花篮厅】 厅堂的步柱不落地，代以垂莲柱。柱悬于通长的枋子或于草架内的大梁上。柱下端常雕以花篮，故名花篮厅。

【满轩】 厅堂梁架贴式完全以轩的形式组合者。

【船厅】 厅堂作回顶、卷篷式，常用于园林。

【亭】 园林建筑之一。平面为圆，正方或正多边形，以备游憩。

【廊】 狭长形，用以通行的附属建筑，在大多数建筑中附于主体建筑的前后或四周，园林中则可以单独建造，并联系其他建筑。

【廒房】 即仓房，堆食粮之所。若堆置货物则称栈房。

二、平　　面

【间】 四柱围合称作“一间”；房屋宽、深相乘之面积，为建筑计算数量之单位。

【宽】 指建筑的通面阔，即房屋之长边。

【深】 指建筑的通进深，即房屋之短边。

【面阔】 建筑正面的宽度。亦名开间。

【开间】 即面阔，房屋之宽。间数亦称“开间”，如面阔三间的建筑也被称之为“三开间”。

【进深】 房屋的前后距离。

【界】 两桁条之间的水平投影距离。为计算进深之单位。即北方所谓“步”。

【正间】 房屋正中之一间。北方称“明间”。

【次间】 房屋正间两旁之间。

【一科印】 天井旁塞口墙，如前、后、左，右相平的称谓。

【天井】 前后两幢单体建筑间之空地。

【正落】 位于建筑组群中轴线上的房屋。

【边落】 建筑组群的次轴线。

【左腮右肩】 即三间两厢房，去其正间，次边间阔一丈二尺，除厢房八尺，所余四尺之处，名为“腮肩”。

【拉脚平房】 正房后附属的平房。

【备弄】 亦称“更道”或“过道”，即建筑内部联系前后的次要交通道。

【巷弄】 狭小的街道，类似于北方的“胡同”。

【余侧】 余地、侧地，不能横平竖直成方形的用地。

【河棚】 滨河的凉棚。

【凉棚】 户外搭架，上覆芦席，以遮阳取凉。

【船舫】 泊船之所。前面或四周开敞，上建屋顶。

三、阶　　台

【阶台】 即“台基”，是以砖、石砌成的平台，上立建筑物。

【金刚座】 露台外缘，作凹、凸形装饰线脚，也称“须弥座”。

【露台】 庙宇等殿庭建筑之前的矩形平台，较台阶低一级台阶。也有称作“平台”。

【开脚】 建造房屋基础时的掘土工作。

【拥脚土】 用作填实基础坑槽的泥土。

【领夯石】 基础最下层铺三角石．以木夯夯实，谓之领夯石。

【坝桩】 筑坝用的木桩。

【盖桩石】 砌于驳岸石桩或木桩上第一皮石料。

【驳岸】 沿河叠石砌筑，中填塘石、泥土以为河岸。

【挑筋石】 挑出于驳岸之外的石条，作河埠或其他之用。

【一领一叠石】 基础形式．于领夯石上叠石一皮。二皮者称一领二叠石。

【阶沿】 沿阶台（台基）四周包砌的条石，包括踏步。也称“阶条”。

【台口石】 殿庭建筑阶台（台基）口所包砌之石。在须弥座中即为“上枋”或“地栿”。

【拖泥】 金刚座（须弥座）下部与地面相接的枋子，也称“下枋”。

【宿腰】 金刚座（须弥座）中部，上下荷花瓣间的平面部分。

【副阶沿石】 亦名踏步或踏垛，即今天通称的台阶。主要指与建筑面阔同宽，不用垂带的台阶。

【御路】 殿庭露台之前，踏步中央，不作阶级状台阶，而雕以龙凤等花纹的部分。

【礓磋】 上下阶台所使用的坡道。其斜面用砖露棱侧砌，或将石料凿成锯齿形。

【土衬石】 基础出土处，四周所砌之石。

【侧塘石】 阶台及驳岸外侧，侧砌的条石（塘石）。北方称“陡板”。

【月台】 楼上作露天平台，称“月台”。

【垂带石】 殿庭台阶踏步两旁斜置的条石。

【菱角石】 踏步两旁，填于垂带石下部的三角石料，似北方所谓象眼。

【鼓磴】 柱脚底与磉石间的石础。主要是指状如铜鼓的柱础。也有将将其他形状的，如櫍形、复盆形等的柱础统称为鼓磴。

【磉石】 鼓磴之下的方石，高与阶沿石平。北方称“柱顶石”。

【荸底磉石】 磉石上部隆起如荸荠状，类似于“覆盆柱础”。

【边游磉石】 边贴柱下的磉石。

【柱础】 柱底的基础，包括磉石下的石基。

【地坪石】 或称“地坪”。铺于露台、石牌坊地面的石板。

【花街铺地】 以砖、瓦、石片等铺砌地面，构成各式图案。

【荷花瓣】 露台金刚座（须弥座）上圆形线脚，似北方所谓“上枭”和“下枭”，刻荷花瓣装饰的，与北方所说的“仰莲”、“覆莲”近似。

【滚场】 滚轧空场。

四、构　　架

【大木】 苏地过去曾将一切建造房屋的木作称之“大木”，包括做装修。今天仅指梁、枋、柱、桁等构架部分。

【草架】 凡轩及内四界，铺重椽，作双层屋面时，介于两重屋面间的架构。因其不被看见，故加工不需过于精细。

【提栈】 为使屋顶斜坡成曲面，将每层桁较下层比例加高的方法，类似于宋式建筑的举折或清式建筑的举架。

【贴式】 建筑的架构。梁、柱等的构造式样。

【正贴】 正间（明间）两侧的架构。

【边贴】 位于山墙之内的梁架。

【回顶】 厅堂两步柱间的界数成单数，其顶界架弯椽，有三界回顶及五界回顶。室内构架类似于北方的卷棚。

【内四界】 江南建筑，常连络四界以承大梁，下支两柱，此间的位置，即名“内四界”。

【轩】 厅堂的一部分，深一界或二界，其屋顶架重椽，作假屋面，使内部对称。

【骑廊轩】 楼厅前部，底层做深两界的前轩，楼层设深一界的前廊，上廊柱下端架于楼下轩梁上，其贴式名为骑廊轩。

【硬挑头】 以梁或承重（楼板梁）的一端挑出，承阳台或雨搭，谓之硬挑头。

【柱】 直立承受上部重量的木构件。

【童柱】 置于梁上的短柱，亦名“矮柱”，或“瓜柱”。即北方所谓“蜀柱”。

【廊柱】 位于廊下，支承屋檐的柱子。

【步柱】 廊柱后，上承大梁的柱子。北方称“金柱”或“老檐柱”。

【轩步柱】 廊柱与步柱间，增添一到两界，作翻轩，所加立的柱子。即为轩步柱。

【川童柱】 双步上所立的童柱，其上端架川，以承桁条。

【金童柱】 亦名“金矮柱”、“金瓜柱”，童柱之位于金桁下者。金童柱加多时有上童柱、下金童柱之分。

【金柱】 脊柱与步柱间之柱。

【攒金】 厅堂内四界以金柱落地，前作山界梁。后易廊川为双步，称此金柱为“攒金”。

【脊柱】 边贴中承脊桁之柱。

【脊童柱】 屋脊下的短柱，多用于园堂正贴。也称脊瓜柱。

【垂莲柱】 亦名荷花柱，即花篮厅之步柱不落地，所代之短柱，一般在其下端雕有莲花或花篮。

【梁】 梁同樑，下面有二点以上的支点，上面负有荷载之横木。

【大梁】 架于两步柱上之横木，为最长柁梁的简称。

【四界大梁】 两步柱之间，深四界，两柱上所架的柁梁。简称“大梁”。

【山界梁】 位于大梁之上，山尖处，进深二界的柁梁，北方称“三架梁”。

【荷包梁】 轩梁及回顶三界梁上之短梁，中弯起作荷包状。类似于月梁。

【承重】 承托楼板重量的大梁，或称“楼板梁”。在后双步时称双步承重。

【搁栅】 架于楼板承重（楼板梁）之上，承载楼板。类似于今天建筑中的次梁。

【千金】 塔内承托塔刹得承重横梁。

【门限梁】 用于骑廊轩，梁之架于下层廊柱、步柱之间。上立上层廊柱者。

【担檐角梁】 攒尖顶建筑的屋面转角处，老戗之上的角梁。也称“由戗”。

【梁垫】 扁作厅中，垫于梁端下部，连于柱内的木构件。

【蜂头】 梁垫的前部。上雕以花卉植物，有牡丹、金兰、佛手等；云头前端加工成尖形的合角，亦名蜂头。

【川】 长一界之柁梁，一端承桁，一端连于柱。位于廊的谓“廊川”:位于双步之上的称“短川”,或简称“川”。清代北方称之为“抱头梁”。

【短川】 川或作穿，是连系两柱的横梁，长一界，一端架于柱上，承桁，另一端插在柱内。类似于北方的抱头梁或挑尖梁。

【眉川】 扁作厅堂中的边贴短川，似眉形而弯曲。亦称“骆驼川”。

【双步】 连两界，一端架于柱端，上承桁，另一端插于柱的上部，双步中置川童（短柱）。殿庭内四界后亦称双步。

【枋】 断面为矩形，起拉接作用的构件。

【廊（檐）枋】 开间方向联系廊柱的枋木。北方称额枋。

【步枋】 步柱上起联系作用的枋子。北方称“金枋”。

【承椽枋】 两步柱之间的枋子，以承搁重檐建筑下檐椽头的上端。

【夹底】 用于川或双步之下，并与之平行的辅材，断面为长方形。有川夹底及双步夹底之别。类似于北方的“穿插枋”。

【川夹底】 北方称“穿插枋”，位于川下，断面呈长方形，拉结两柱以增强联系，仅用于边贴。

【斗盘枋】 檐枋之上，承托坐斗的枋。类似清式“平板枋”。若斗盘枋上不置斗，则称“定盘枋”。

【四平枋】 亦称“水平枋”，即步枋及随梁枋之下，再加设的枋子，四周相平。

【拍口枋】 上面直接置桁的枋子。

【随梁枋】 俗名“抬梁枋”，在大梁下，与大梁平行之枋。

【桁】 架于梁端或牌科、脊童柱之上，承椽之圆木，少数也有断面呈矩形的。北方称“檩”。

【廊桁】 架于廊柱上的桁条。似清式建筑中的正心桁。

【上廊桁】 北方称“老檐（檩）桁”，位于重檐廊柱之上的桁。

【轩步桁】 轩步拄上的桁条。

【步桁】 步柱上的桁条。北方称“金（檩）桁”。

【金桁】 金柱上承之桁条。金童柱增多时，以其前后而名为下金桁、上金桁。

【脊桁】 脊柱上的桁条。

【梓桁】 或称挑檐桁，挑出廊柱中心之外，位于牌科或云头上的桁条。

【山雾云】 屋顶山界梁上空处，插于斗六升斗栱两旁的木板。表面雕刻流云、仙鹤等装饰性高浮雕。

【抱梁云】 位于梁的两旁，架于升口，抱于桁两边的雕刻花板。

【泼水】 凡山雾云、抱梁云、嫩戗、水戗等其上部向外倾斜，所成之斜度。

【山花板】 歇山式殿庭建筑屋顶两侧的山尖内，以及厅堂边贴山尖内，所钉之板。

【垂鱼】 博风合角处的装饰物，作如意形。

【囊里】 每界之间分隔的木板。

【抬头轩】 轩与内四界结构方式的一种。即轩梁之底，与内四界大梁之底相平。

【磕头轩】 轩的一种。其结构是将轩的高度降低于四界大梁之下。

【茶壶档轩】 轩式之一种，其轩椽弯曲似茶壶档。

【弓形轩】 前轩形式的一种，其轩梁弯曲若弓，故名。

【一枝香】 轩的形式之一。深一界，其轩梁上，当中置有一轩桁。

【船蓬轩】 轩式之一种，其顶椽弯曲似船顶，故名。

【菱角轩】 轩式之一种，其弯椽弯曲如菱角形。

【鹤胫轩】 轩式之一种，轩的弯椽作鹤胫形。

【副檐轩】 楼房底层，廊柱与步柱间所作的翻轩。上复腰檐屋面。

【楼下轩】 堂楼底层所用的轩。

【遮轩板】 用于磕头轩内，四界之前，为遮挡前轩屋顶草架构造的木板。

【云头】 梁头伸出廊桁外，雕成云形纹样，以承桁条。或十字科的栱头作云头装饰。

【云头挑梓桁】 以云头承挑梓桁的结构方式。有蒲鞋头、斗三升、斗六升，上挑梓桁。

【机】 位于桁下，平行于桁条的小木枋，因表面所雕花纹式样之不同，名水浪机、蝠云机、金钱如意机、滚机等。

【滚机】 即“花机”。短机之上雕花卉者称滚机。

【连机】 位于桁下，与桁条平行通长的小木枋。倘其短者名为“机”或“短机”。

【椽】 桁条之上架设的木条，上桁承望砖或望板，断面呈圆或方形。

【头停椽】 也称“脑椽”介于脊桁与金桁间的椽子。

【顶椽】 架于回顶建筑两脊桁之上以及船蓬、菱角、鹤胫轩两轩桁上的弯椽。也称“蝼蛔椽”。

【花架椽】 金桁与步桁间的椽子。有上、中。下花架椽之分。

【出檐椽】 也称“檐椽”，架于步桁、廊桁之间的椽子，下端伸出于檐外。若为重擔则有上、下出檐椽之分。

【飞椽】 钉于出檐椽之上，椽端伸出，稍翘起．以增屋檐出挑之长度。

【椽豁】 两椽间空档。

【帮脊木】 脊桁上通长的木条，与桁平行叠合，以提高桁的承载能力。

【扶脊木】 帮脊木上直立的短木构件，一端插入帮脊木，以提高正脊的整体性。

【博风板】 悬山或歇山屋顶两山尖处，随屋顶斜坡所钉之木板。木板前后并列，下缘与屋顶斜坡平行，钉于桁端。也称博缝板。

【瓦口板】 也称“瓦口”，钉于檐口，锯成瓦楞状之木板，以安置檐口的瓦片及封护其间空隙。

【里口木】 位于出檐椽与飞椽间的木条，以补椽间之空隙者。用于立脚飞椽之下者名“高里口木”。

【闸椽】 椽与桁条的缝隙处所钉的木条。

【眠檐】 俗称面沿，钉于出檐椽或飞椽端头的扁方木条，厚同望砖，可防望砖下泻。亦称连檐。

【勒望】 钉于界椽上，以防望砖下泻的通长木条，与眠檐相似。

【椽稳板】 椽与桁之间的空隙处所钉的通长木板条。

【按椽头】 钉于头停椽上端通长的木板，厚约半寸。

【摘檐板】 也称“摘风板”，位于檐口瓦下，钉于飞椽头上的木板。

【夹堂板】 连机与枋子之间的木板，厚约半寸，中置蜀柱分隔。窗户两横头料间的木板，亦称夹堂板。北方称“垫板”、“绦环板”。

【地板】 地面所铺的木板，与地搁栅成直角。

【楼板】 楼面所铺的木板，架于搁栅与承重（即楼板梁）之上。

【楣板】 川或双步与夹底间所镶的木板，厚约半寸。

【蜀柱】 分隔夹堂板之短木柱。

【雨挞】 或称“雨搭”，墙外伸出部分，可以避雨，又地坪窗栏杆外所钉的木板。

【鳖壳】 回顶建筑山尖部分的结构。顶椽用圆弧形弯椽，上安置望板、脊桁。

【软挑头】 于檐柱上部支一斜撑，以承挑上部的檐口或楼层出挑的雨挞。

【对脊搁栅】 对脊处所用之搁栅。

【龙筋】 攀脊内横置的木料，以增坚固。

【看面】 构件正面。

【段柱】 以数块木材拼合成的柱，有二段合、三段合之称。

【段】 方木称之“段”；另外木长丈五，丈七去梢者亦称之为“段”。

【剥腮】 亦称“拔亥”，扁作梁的两端，两面较梁身锯去各五分之一，称剥腮。使梁端减薄，以便架置于坐斗或柱中。

【挖底】 梁、双步、川的底部，自腮嘴外向上挖去部分。

【机面线】 自机面至梁底的距离，此线是构件定位和确定用料的基准。

【川口仔】 或称“穿口仔”，即柱顶所开之口仔，用以架川梁。有限位的作用。

【箍柱头口仔】 或称箍头，为梁端前后凿成圆弧形，中部相连的口仔，以便架于柱头。口仔顶面锯出桁碗以承桁条。

【留胆】 梁端开刻桁碗，中留高宽约寸余的木块，称留胆。与桁端下面凿去部分相吻合。

【开刻】 梁端挖凿桁形之槽，中留高宽各寸余的木块，此槽称开刻。北方称“桁椀”。

【回椽眼】 桁及枋上所凿之眼，以承轩中的弯椽。

【聚鱼合榫】 两枋端部，在柱内呈相互交错之榫，似聚鱼状。

【鞠榫】 榫的一种。榫端略大，榫尾内收，用以相互钩搭结合。呈鸽尾状或定胜形。又称“羊胜势榫”。

【全眼与半眼】 榫眼凿通者为全眼；凿一半深度不通者为半眼。与透榫、半榫配合使用。

【阳台】 楼面挑出半界，可临空凭拦向阳。

【塔心木】 佛塔顶层正中自下至顶直立的木柱，也有贯通于佛塔上部两层甚至三层的。

五、牌　　科

【牌科】 即“斗栱”，由斗、栱、升、昂等构件组成。有装饰与传递屋顶或构架荷载的作用。

【五七寸式】 苏式斗栱以尺寸分类，其中坐斗宽七寸，高五寸的称“五七寸式”，或“五七式牌科”。

【四六寸式】 牌科（斗栱）以尺寸分类，其坐斗宽六寸，高四寸。

【双四六寸式】 牌科（斗栱）式样的一种．较四六式大一倍。

【角栱】 位于建筑转角处的栱。也称“角科”。

【桁间牌科】 两廊柱之间，架于枋上桁下的斗栱。清式建筑称“平身科”；宋式建筑称“补间铺作”。

【一斗三升】 牌科（斗拱）的一种，位于桁底与斗盘枋之间，下用坐斗一，上架拱及三升。

【一斗六升】 牌科（斗栱）之一，即于一斗三升上，再加拱及三升。

【丁字科】 牌科（斗栱）的一种，仅外面出跳。

【十字科】 牌科（斗栱）的一种，其内外均有出跳。

【网形科】 牌科（斗栱）类型之一，栱以45°斜出，相互交织如网，故名。北方称“如意斗栱”。

【步十字牌科】 位于步柱处之十字牌科（斗栱）。

【金十字牌科】 位于金柱处之十字牌科（斗栱）。

【琵琶】 科牌科的一种，后尾翘起，似斜撑。相似于北方的溜金斗栱。

【琵琶撑】 琵琶科后端，栱的延长部分，起斜撑作用。

【寒梢】 栱扁作厅梁端置梁垫，不作蜂头，另一端作栱，以承梁瑞，称寒梢栱。有一斗三升及一斗六升之分。

【三板（辧）】 拱端分为三段，相连之小直线。边缘去角三分。类似于宋代的“卷杀”。

【出参】 指牌科（斗栱）逐层挑出。即清式建筑所谓“出踊”。

【三出参】 斗拱内外出跳，在大斗中仅挑出一层拱的。清代北方称之为“三踩”。

【五出参】 斗栱挑出二层的称“五出参牌科”，类似清式“五踩斗栱”。

【蒲鞋头】 栱单侧伸出，另一端止于斗口或升口，也有叉于柱上的栱。类似于北方的“丁头栱”。

【斗】 也称“大斗”、“坐斗”或“栌斗”等。一组牌科（斗栱）中最下面的立方形木块，上承栱及昂。其形似过去量米的斗，故名。

【坐斗】 即“斗”。

【斗腰】 大斗垂直面上部平直部分，其中又分上、下斗腰两部分。

【斗口】 大斗开口处。

【斗底】 坐斗的底面。

【斗桩榫】 坐斗底面凿一寸方眼，而于斗盘枋上作榫头，使互相配合。

【升】 栱、昂端部所置的立方形小木块，似过去量米之升，故名。用以承托栱、昂及连机。

【栱】 牌科上似弓形之短木，断面作长方形，架于斗，或升口之上。

【桁向栱】 位于廊桁中心以外，而平行于桁的栱。类似清式建筑的“外拽万栱”或“瓜栱”。

【斜栱】 屋角牌科中，与其他栱成45° 斜置的栱。北方称斜翘。或网形牌科中斜置的栱。

【栱眼】 栱背转角处，挖去折角三分，使栱之形类弓形而有势。

【亮栱】 栱背与升底相平，两栱或栱与连机相叠时，中呈空隙者。

【实栱】 柱头上的斗栱，为增加其承载能力，将栱料加高，与升腰相平，在栱端锯出升位，以承升。

【昂】 斗栱中斜置的构件。或向前伸出之栱的前端下垂，作靴脚或凤头状，称“靴脚昂”或“凤头昂”。

【斜昂】 屋角牌科中与其他昂成45° 的昂；或网形牌科中斜置的昂。

【荷叶凳】 坐斗旁所垫的木构件，两头作卷荷状者，可使坐斗稳固、平衡。其作用类似于清式建筑中的“角背”。

【凤头昂】 昂的下端翘起，形如凤头，故名。

【靴脚昂】 昂头形式的一种，昂端砍削成古代朝靴状。

【牌条】 架于桁向栱或升口上的通长木条，断面与栱料相仿。相当于北方所称的外拽枋。

【垫 板】 也称栱垫板。两组牌科（斗栱）间空档处所垫的雕刻漏空花卉的木板。

【宝瓶】 转交斗拱的斜栱之上安置的瓶状木块，上承老戗。

【棹木】 架于大梁底两旁蒲鞋头升口内的雕花木板，微微向前倾斜。

【风潭】 一名枫栱，牌科（斗拱）内出第一跳的升口内，不用桁向栱，而用雕花之木板，类似“棹木”，该栱名“风潭”。

六、戗 角

【戗角】 歇山、四合舍房屋或攒尖亭构转角处形成得屋角。北方称“翼角”。

【发戗】 即屋角起翘。房屋于转角处，配设老戗、嫩戗，上置水戗，使之形成上翘的翼角。

【放叉】 翼角出檐，较正面出檐挑出，形成曲线形，向外叉出之部分称作“放叉”。

【老戗】 房屋转角处，设角梁，置于廊桁与步桁之上。北方称“老角梁”。

【嫩戗】 竖立于老戗上的角梁。相当于其他地区使用的梓角梁。

【角飞椽】 老戗上不置嫩戗，而代以飞椽，宽与老戗同。

【扁担木】 嫩戗发戗的戗角中，为使发戗曲势顺适，老戗和嫩戗间需加垫木料，下面三角形的称“菱角木”，其上钉“箴木”，最上面的即“扁担木”。

【摔网椽】 建筑的转角处布椽形式的一种。出檐及飞檐，至翼角处，其上端以步柱为中心，作放射状排布，逐根伸长，下端依次分布成曲弧，与戗端相平者，似摔网状，故名。也称“翼角翘檐椽”。

【立脚飞椽】 也称“翘飞椽”，是戗角处的飞椽，作摔网状，其上端逐根立起，逐渐升高，最后与嫩戗相平。

【捺脚木】 钉于立脚飞椽下端的短木，其加固作用。

【檐瓦槽】 嫩戗与老戗相交处，老戗面的前端所开之槽，用以承嫩戗。

【车背】 老戗、嫩戗上皮做成三角形的斜面部分。

【篾片混】 老戗底面所作的圆弧形。

【合角】 嫩戗前端，因前旁与遮檐板相交，所锯成的尖角。另，门窗料镶合相成之角。

【戗山木】 垫于摔网椽下的三角形木条，上面锯出椽椀，以承椽。也称“枕头木”。

【孩儿木】 嫩戗上端与扁担木联系的木榫，根部露出于嫩戗之外。

【猢狲面】 嫩戗头作斜面，似猴脸，故名。

七、装 折

【时样装折】 即时尚的装修形式。

【小木】 过去苏地指专做家具、器具等木制品的。

【将军门】 殿庭或大型第宅所用的大门形式，门扇一般装于门第（门厅）正间的脊桁之下，并用匾额、门簪、抱鼓石等装饰以显示身份和地位。

【库门】 装于墙门上之木门。

【矮挞】 小户人家临街大门之外用于遮挡视线的隔断门，上部流空，下作裙板的门户，阔三到四尺，高约六到七尺。

【长窗】 北方称“槅扇”，通长落地之窗，装于上槛与下槛之间。

【半窗】 装于半墙之上的窗。

【地坪窗】 短窗，装于捺槛与上槛或中槛之间，仅及长窗自顶至中夹堂下横头料为止。北方称“槛窗”。

【和合窗】 窗扇装于捺槛与上槛或中槛之间，成长方形，向上下开关。北方称“支摘窗”。

【风窗】 正间居中，照两扇窗阔配一阔窗，内有一扇狭窗，可开关者名曰“风窗”。

【横风窗】 也称“横披”。装于上槛与中槛之间，呈扁长方形。

【遮羞】 也称“遮羞窗”。是在正房次、边间与厢房的半窗内，再配装之窗，用于遮挡视线。

【栏杆】 建筑的廊柱间、阶台或露台等处的短栅，以防下坠的障碍物，有时亦用于窗下。

【半栏】 低栏干。上铺木板，可供坐息，即“坐栏”。

【坐槛】 半栏上铺木板，备坐息用。也称“坐栏”。

【纱窗】 亦名“纱槅”，与长窗相似．但内心仔不用明瓦，钉以青纱或钉书画，装于室内，作为分隔室内空间之用。

【挂落】 装于廊柱之间的枋下，木制，似网络漏空的装饰物。

【挂落飞罩】 与挂落相似，悬装于室内，图案纹样精致。

【飞罩】 用于室内两柱之间，枋子之下，两端下垂似栱门，花格纹样十分精致。与用于室外的挂落相似。

【落地罩】 罩的一种，两端下垂及地，内缘作方、圆、八角形等式。

【屏门】 装于厅堂后双步柱间，呈屏列之门。

【棋盘顶】 屋内吊顶的一种。用纵横木料在大梁底作井字形方格，上铺木板。板上有时会绘制彩画。

【板壁】 分割室内房间的木板。

【塞板】 商店步柱间所装的排束板，也称“鱼鳃板”。

【拔步】 楼梯阶级的水平面部分。即“踏步”。

【影身】 楼梯踏步的垂直面部分，相当于今天所称的“踢面”。

【直楞】 垂直之木条，以作屏藩。但仍通光线。

【抱柱】 柱旁用以安置窗户的木框。

【枕】 两和合窗（支摘窗）之间的分隔木柱。另外窗宕装于墙壁时，窗两旁的垂直框亦称“枕”。

【上槛】 安装门窗的外框中，最上面的横料。墙门石料上槛，亦称“套环”。

【中槛】 房屋较高，于窗顶加装横风窗时，横风窗下所置的横木料。

【下槛】 安装门窗的外框中最下面的横料。门或长窗的下槛俗称“门槛”或“门限”。

【窗槛】 安装窗户的木框宕下方的横木，北方称下槛。

【捺槛】 装置和合窗（支摘窗）的下槛。也称拓板。

【金刚腿】 在下槛（门槛）两端，作靴腿状斜面的木块，起凸榫以装卸下槛（门槛）。

【连楹】 相连的门楹，其外椽作连续曲线形。

【垫板】 将军门的门档、户对与抱柱之间所垫的板。也称“余塞板”。

【摇梗】 即启闭传统建筑门窗的转轴。

【门楹】 钉于门框上槛之木块。其贯通的圆孔内插摇梗上端。

【门臼】 也称门枕，钉于门框下槛的木块。上面凿圆形凹坑，安摇梗下端。

【阀阅】 将军门额枋之上，圆柱形之装饰物，前部可以搁匾额；后部固定连楹。北方称“门簪”。

【门当户对】 一说即将军门两旁，直立之木框。

【门环】 或称门钹，大门所安的金属环形附件。亦可指整个铺首。

【高垫板】 将军门之上，额枋与脊桁连机间所装之木板。也称走马板。

【高门限】 又称门档，是将军门下的门槛，较普通门槛为高。

【明瓦】 窗棂间相嵌的蚌壳（蚌壳的一种），用以采光。

【结子】 用于栏干及窗棂空档处，雕成花卉的木块。

【插角】 纱隔内心仔相邻边条间的装饰件。

【边挺】 也称“大边”，是门、窗两边垂直的木框。

【横头料】 门窗框上下两端的横木料。北方称抹头或大边。

【裙板】 嵌于长窗中夹堂及下夹堂横头料间的木板；还有装于窗下栏干内的木板。

【跌脚】 裙板内垂直的木档，用以钉裙板。

【内心仔】 窗的漏空部分，可装明瓦以采光。

【心仔】 即窗棂，内心仔边条以内，配搭出花纹的木条。

【宫环】 装修纹样的一种。用木条拼逗的花格纹样中，其合角处直角相接，无环形花纹者，谓之宫式。反之，谓之环式，亦名葵式。

【整纹、乱纹】 门窗、栏杆、挂落等装折所用装饰纹样，其木条用通长相连的为整纹；用断续转折的为乱纹。

【光子】 门框除两横料外，中间所用横料名为光子。又，板壁除上、下槛，中间所用横料，亦名光子。裙板所用横料亦同。类似于北方所谓的“穿带”。

【楹条】 门、窗等的裙板四周虚隙处，所钉的小木条。有加固的作用。

【细眉】 建筑内部装围屏、地罩等构件时，若其下端无依靠，需要在方砖或地板上做木质基座，即细眉座。

【象鼻】 木构件根部，所凿的用以穿绳的孔。

【闲游】 铁具之一，厚二分，阔寸许，狭至五、六分。其脚寸许，插入木构件内，表面透出五、六分，高起若榫。

【风圈】 钉于器具或窗户上的金属小环。

【鸡骨】 装于窗上的金属附件。长扁形，一端有孔，窗户关闭时起固定作用。

【搭钮】 钉子槛上的钉圈，以搭鸡骨。

【淹细】 墙门摇梗下端所嵌套的有底铁箍。

【香扒】 钉的一种，长约寸余，钉端呈小扒形。

【猫耳】 钉的一种，其钉端呈猫耳形。

【吊铁】 对角斜钉于门背的铁条，有固定拉结作用。

【铁袱】 钉于门背面的铁片，厚约二分，宽约二寸，上下各一道。

【虚叉】 窗中内心仔（窗棂）与边条起浑面线脚，于丁字处的镶合式样。

【平肩头】 窗之内心仔(窗棂)与边条起亚面或平面线脚，在十字处及丁字处的接合样式。

【合把肯】 窗的内心仔（窗棂）与边条，起浑面线脚，在十字处的接合样式。

【铲口】 门窗框装门窗扇处，刨低半寸之部分。

八、墙　垣

【墙】 砖石叠砌的隔断物。

【七两砖】 砖的一种，重七两，用以筑脊。较小者，有六两砖。

【五斤砖】 砖的一种。重五斤，用以砌墙。还有行五斤砖和二斤砖等。

【半黄砖】 砖的一种。用以砌墙，墙门及垛头者。尚有较小者名“小半黄砖”。

【黄道砖】 砖的一种。用以铺地、砌天井、道路及砌筑单砖墙。

【大砖】 砖之一种，用以砌墙。

【方砖】 砖的一种，呈方形，用以铺地、嵌墙。有南窑大方砖及行来大方砖等。

【正京砖】 方砖之一种。约二尺见方，厚约三寸，用铺砌殿庭地面。

【台砖】 砖之一种，尺寸甚大，用以做台面，方形。铺于琴桌上的称“琴砖”。

【夹砖】 砖名，砖胚两块相连，烧成后，可剖为二块。

【枳瓤砖】 砖之一种，似枳瓤状（带圆弧的梯形），用以砌法圈（券）。

【城砖】 砖之一种，用以砌墙。尺寸较小的有单城砖及行单城砖。

【土墼】 类似于土坯砖，比砖坯略厚而狭，性耐火；过去用于筑灶圈堂，乡间砌单壁亦用之。

【山墙】 建筑物两侧端部之墙。两坡顶建筑的山墙上部呈三角形，似山，故名。

【垛头】 山墙于廊柱以外部分，或墙门两旁之砖礅。北方称“墀头”。

【三山屏风墙】 山墙高起若屏风状，而成三级者。

【五山屏风墙】 山墙高起若屏风状而成五级者。

【观音兜】 硬山建筑中，山墙自檐口至屋脊呈曲线升起，近脊处隆起似观音背光，故名。实例中有半观音兜及全观音兜之分。

【出檐墙】 也称“露檐墙”，檐墙墙顶仅及枋底，使梁头、枋子露明，椽头挑出墙外。

【包檐墙】 也称“封檐墙”，檐墙顶叠涩出挑，将木构件封护于墙内。

【塞口墙】 厅堂天井之前或两旁的高墙，以分隔前后的房屋或左右的天井。

【照墙】 墙门对街用作屏障的单墙，下用墙基，上复短檐，较讲究的墙面用砖细。也称照壁。

【半墙】 矮墙，砌于半窗或坐槛之下。

【勒脚】 位于墙体下部，较上部墙身放出一寸，一般高距地约三尺的部分。

【收水】 墙之自下而上，渐渐向内倾斜内收的尺度。北方称“收分”。

【书卷】 垛头式样之一。

【吞金】 垛头式样的一种。

【朝式】 垛头式样之一种。

【满式】 垛头的兜肚或抛枋，四周起线，当中隆起者。

【博风砖】 硬山山墙的上部，随前后坡砌出的博风形装饰砖带，或称砖博风。

【抛枋】 外墙上部，以清水砖或水作做成形似木枋的装饰带。

【墙门】 苏式建筑通常每进屋宇之后都用塞口墙分隔，当中辟门，即为墙门。门头上做数重砖砌之枋，上或加牌科等装饰，复以屋面，其高度较两旁塞口墙略低。

【门楼】 凡门头上施数重砖砌之枋；或加斗栱等装饰。上复以屋面，而其高度一般超出两旁塞口墙。

【三飞砖墙门】 墙门上不用斗栱，而以三皮逐层挑出之砖替代。

【牌科墙门】 做细清水砖砌墙门，屋面下用牌科，顶有硬山、发戗二式。

【荷花柱】 墙门上，枋子两端作垂荷状的短柱。

【扇堂】 墙门两旁垛头内，墙面作八字形的内凹。宽与门同，用作墙门开启时依靠之所。

【字碑】 正脊或墙门上可以题写字额的部分。正脊字碑部分，亦称“过脊枋”。

【锦袱】 墙门上下枋子中央，施雕刻的部分。

【石槛】 石制之门限。

【地栿】 或作“地复”；用于墙门，铺于垛头扇堂间下槛下的石条。

【地方】 装于石门槛中的铁门臼。

【套环】 墙门石料上槛。

【三飞砖】 用砖三皮，逐皮挑出作为装饰，常用于墙门及垛头上。

【一块玉】 墙门上的装饰，砖枋四周起线，两端作纹头装饰，中间作素平长方形，即为一块玉。

【兜肚】 垛头中部呈方或长方形的部分，上雕有各种花纹。

【隐脊】 墙门上，荷花柱的上端，耳形的饰物构件。

【将板枋】 做细清水砖墙门中，斗盘枋绕于荷花柱顶处，凸出的部分。

【月兔墙】 将军门下槛之下，高门槛两端，所砌的半墙。

【顶盖】 架于墙门垛头墙上，与下槛相平的石过梁。

【地穴】 墙垣上所辟不装门的门宕。

【月洞】 墙垣上所辟不装门扇的空宕。

【门景】 用清水砖嵌砌门户框宕，砖的侧边起装饰线脚。

【挂芽】 做细清水砖墙门上，荷花柱上端，两旁的耳形饰物。

【花墙洞】 墙垣中所开空宕，以砖、瓦、木条构成各种图案，中空。以便凭眺及避外隐内之用。也称“漏墙”或“漏窗”。

【花滚砌】 墙垣砌法的一种，空斗与实滚相间砌筑。

【空斗砌】 一名“斗子砌”，墙垣砌法之一。以砖纵横相砌，中空似斗。有单丁、双丁、三丁、大镶思、小镶思、大合欢、小合欢等式。

【宕子】 门窗框宕之统称。

【实滚砌】 墙垣砌法的一种，将砖逐皮扁砌。

【罩亮】 墙上加刷煤水及上蜡，使之光亮，称之为罩亮。

【栏马】 城墙上的城垛。

【城带】 城墙土城内所砌的垂直砖墙。

【城黄】 城门左右城垛内所砌的垂直砖墙。

九、屋　　面

【出檐】 屋顶伸出墙及桁外的部分。

【脊】 两屋面相交之处。

【脊威】 正脊最高弯起部分。

【正脊】 前后屋面交界处所筑的脊。

【竖带】 歇山建筑自正脊处沿屋面下垂的脊。北方称“垂脊”。

【水戗】 四坡顶建筑两相邻屋面相交形成的斜脊。

【赶宕脊】 歇山屋顶落翼上与水戗成45。相联的脊。北方称博脊。

【通脊】 用于正脊的空心砖料，以代砖砌的五寸宕或三寸宕。

【龙吻】 正吻的一种，殿庭正脊两端，是龙头形翘起的饰物。

【鱼龙吻】 殿庭建筑的正吻，位于正脊两端，作鱼龙形的饰物。

【游脊】 最为简单的正脊，用瓦斜铺相叠而成。

【甘蔗脊】 平房正脊式样之一。筑脊两端作简单方形回纹。

【雌毛脊】 正脊的一种。正脊两端的脊饰细长上翘。又名“鸱尾脊”或“鼻子”。

【纹头脊】 正脊两端翘起，作各种复杂之花纹，称为“纹头脊”。

【哺鸡】 筑脊两端作鸟形之饰物。有此哺鸡者称哺鸡脊。

【哺龙】 筑脊两端有龙首形之饰物，称其脊为哺龙脊。

【攀脊】 正脊与前后屋面相接的部分。前后屋面相交处，先砌出高于盖瓦二至三寸的矮墙，即为攀脊。其上砌筑正脊。

【排山】 歇山顶侧面，竖带之下，博风板之上横向排列的瓦屋檐，北方称“排山钩滴”。

【滚筒】 正脊下部分成圆弧形之底座。用两个箇瓦对合筑成。

【亮花筒】 屋脊漏空部分，中以五寸筒对合砌成金钱形。

【交子缝】 砌二路瓦条时，中间距离寸余的凹进部分。

【楞】 一排屋面盖瓦称作“一楞”，也叫作“一陇”。

【豁】 指两瓦楞或椽子间的空档。

【底瓦】 屋面仰铺的瓦片，一般在两片仰瓦之间上覆盖瓦，所以称作“底瓦”。

【盖瓦】 俯置之瓦。复于两底瓦之上。

【黄瓜环】 亦称“黄瓜环瓦”，瓦的一种，弯形如黄瓜状。回顶建筑屋脊处不用正脊，于前后屋面交界处盖黄瓜环，使屋面前后兜通。

【钩头筒】 用于檐口的筒瓦，前端作圆形舌片状。

【花边】 用于檐口的盖瓦，其边缘作曲折花纹，故名。

【滴水】 檐口处的底瓦，这种底瓦前端有如意形舌片下垂者。

【望砖】 砖的一种，铺于椽上，用以堆瓦及避尘。有八六望砖。方望砖筹。

【望板】 椽上所铺的木板，以承屋瓦，代望砖之用。

【大帘】 竹帘，或芦帘，造厅堂翻轩时，铺于草架内望砖之上，再糊灰砂，使望砖固定。

【小南瓦】 瓦的一种，用以铺屋面。

【人字木】 用于底瓦间，盖瓦下的分楞木条，用短木做成人字形使之固定。

【天王】 殿庭屋顶竖带下端的人形饰件。

【坐狮】 殿庭水戗上之脊兽，用以装饰。

【走狮】 殿庭水戗上的装饰脊兽。

【檐人】 殿庭檐口处盖瓦上的小瓦人装饰。也称“帽钉”或“钉帽子”

【瓦条】 脊面以砖砌出的方形起线，厚约一寸。

【吞头】 水戗戗根的兽头形饰物，张口作吞物状。

【缩率】 屋顶水戗及竖带三寸宕下端所作的回纹形花饰。

【花篮靠背】 竖带下端及水戗间，用砖砌成靠背状．以承天王、坐狮等饰物。

【螳螂肚】 在竖带下端，花篮底下瓦楞间的饰物，形如螳螂，故名。有时也称其为“托泥当沟”。

【勾头狮】 亦作“钩头狮”。殿庭水戗尖端，连于钩头筒上的饰物。

【晴落】 即排水天沟，沿檐口安置，以汇聚屋面雨水，使之注入落水管。

【天沟】 屋面檐口前若有附屋屋顶、檐墙阻挡，排水所需设置的沟槽，称作天沟。

【合漏】 两屋面相合处的斜沟，为排水之用。

【马槽沟】 屋面排水用瓦件，作马槽形。

【注水】 垂直的落水管。其上承晴落、天沟、合漏等处的水，使水下注。

【天幔】 于天井上建屋顶。辟天窗以采光。

【膝裤通】 铁制的塔刹套柱，套于塔心木外，与相轮相连，有装饰的作用。

【天王版】 亦称“圆光”。塔顶装于第八套膝裤通，相轮外侧似力士飞仙等的装饰件。

【凤盖】 或称“宝盖”，塔顶第八套膝裤通上，第七相轮之间，为龙凤或起突宝盖的饰物。以承珠球（宝珠）。

【合缸】 塔刹下部与塔顶结合处，其形如复钵。故也称“复钵”。

【莲蓬缸】 塔顶的饰物，下为仰莲座，上套合尖之葫芦。亦可称仰莲。

【相轮】 塔顶的铁圈，有数套，串于中央刹柱上，俗称“蒸笼圈”。

【旺链】 塔顶天王版手中所拉挂的铁链。

【珠球】 塔顶凤盖上珠形装饰物。也称宝珠。

【葫芦尖】 塔尖所用的葫芦形装饰宝顶。

十、髹饰彩画

【水浪纹】 装饰纹样的一种，作水浪形。

【回文】 带状装饰纹样的一种。

【云文】 用于装饰纹样之一。

【雷文】 一种用于雕饰的纹样。

【银珠漆】 漆之一种，红色。用银珠，即朱砂调和。银珠有广珠，青兴、三兴、建朱、心红、血标、糊涂、烟红等八种。

十一、石　作

【砷石】 将军门旁所置的石鼓形装饰物，上如鼓形，下有基座。亦用于牌坊、桥栏端部及露台台阶旁。也称“门枕石”、“抱鼓石”。

【书包砷】 砷石（抱鼓石）式样的一种，矩形。

【纹头砷】 砷石（抱鼓石）之鼓形部分，作纹式图案。

【葵花砷】 砷石（抱鼓石）形式之一，鼓形部分侧面雕刻有葵花花纹。

【拉狮砷】 砷石（抱鼓石）造型的一种，石狮子背部连于砷石，又名“挨狮砷”。

【壶镇】 砷石（抱鼓石）上部的盘柁石为矩形的，称壶镇。

【锁口石】 石栏干下的石条，或驳岸顶面第一皮石抖。

【花瓶撑】 石栏干的栏版中部凿空，存留花瓶状之撑头。

【莲柱】 石栏杆两旁的石望柱，柱头常雕刻成莲花形，故名。

【莲花头】 莲柱的上部，雕刻有莲花形的部分。

【牌楼】 亦名“牌坊”，两住上架额枋及牌科、屋顶等，下可通行。主要用作纪念性建筑物。

【磊磊】 石牌坊的基座。

【花枋】 石牌坊下枋上面的一条石枋。倘在中枋上，则名“上花枋”。

【栈板】 有楼的石牌坊，其屋顶前后所架的倾斜石板。

【夹堂】 石牌坊上枋与下枋间的石板。

【角昂翼】 石牌坊角科斗口上，所架的石板，外缘作升昂形状。

【圣旨牌】 在石牌坊上所立的字牌。位于上枋中央，表示奉旨建造。

【加官牌】 石牌坊柱的上端，前，后所悬的石碑。以祈加官晋爵。

【脊筒檐板】 有楼的石牌坊，正昂上平铺作出檐屋面的石板。

【脊板】 有楼的石牌坊，用石板代替正脊，板上常作流（镂）空金钱等花纹。

【正昂板】 石牌枋牌科（斗栱）的斗口上。所架通长的石板，外缘凿升、昂形状。

【日月牌】 也称“云版”，石牌坊上枋两端，所置的刻有日月的石牌装饰物。

【火焰】 也称“火焰珠”，石牌枋上枋之上，中央所置的如火焰状的装饰物。

【云冠】 石牌坊柱顶，雕流云装饰，呈圆柱形。

【锁壳石】 石牌坊上的圣旨牌或匾额下所悬的似锁片形装饰物。

【双细】 石作工序之一。石料在采石场稍加剥凿的工作。仅凿去其棱角。

【出潭双细】 石作工序之一。开采的石料运至作坊后的第一道工序，始加以剥高去潭的工作。

【市双细】 石作工序之一。石料经第一次剥凿“双细”后，再加一次凿平，称“市双细”。

【督细】 石作工序之一。经双细或出潭双细，市双细等加工工序后，再进一步细凿加工。

【錾细】 石作工序之一，石料经双细，出潭双细，市双细等加工后，再细细錾凿，使石料表面平整，錾痕细密均匀。

十二、木雕、砖雕与石雕

【文武面】 线脚的一种，用于装饰，其断面为亚面与浑面相接。

【亚面】 内凹而带圆棱的线脚。也称“混”。

【浑面】 线脚的一种，其断面在看面凸出成半圆形。

【梱面】 装折构件上所用的装饰线脚的一种，其看面微凸，棱边作圆弧形。

【木角线】 线脚的一种，用于装饰，其断面于转角处呈相连的两个小圆线。

【合桃线】 装饰线脚的一种。其断面中部有小圆线，两旁成数圆线，似合桃壳。

【托浑】 仰置的浑面起线。北方称“上枭”。

【仰浑】 复置的圆形线脚。北方称“下枭”。

【束编细】 用于墙门的起线，面平呈带状的砖条，介于仰浑、托浑之间。

【束细】 连于托浑或仰浑，面呈方形的起线线脚，较束编细狭。

【壶细口】 砌砖逐皮出挑，断面作葫芦形之曲线，苏地称壶细口。

【勒口】 石料转角处斩出的一路光口。

【插枝】 花篮内所插花枝，亦称挂芽。

十三、材料与工具

【广木】 湖南湖北过去称“湖广”那里所产的杉木，简称广木。

【西木】 江西省所产杉木之简称。

【围篾】 竹篾所作的软尺，用以围量木料。

【滩尺】 用于量木料周长的篾尺，苏州称为“围同篾”。

【甲】 木筏名称，每甲分为二拖，每拖约四、五十根。

【正木】 无病疵的木料。

【脚木】 指有空、疤、破、烂、尖、短、曲等缺陷的木料。

【中期】 木料围径在在二尺以上的，称“中期”。

【钱木】 围径在一尺五寸以上的木料。

【分木】 过去苏州围量木料的规距。围径在一尺五寸以下的，其码子以分计算，故名。

【收星】 木料的围径尺寸在一寸及半寸以下，另数的计算方法。

【码】 木材及石料计值之单位。

【飞码】 过去木料的围径在四尺以上，其码子应特加，此所加之码，即谓“飞码”。

【点水】 木材之围量手。

【曲尺】 木工工具，划垂直线用。有长、短两边，互成直角。长边称苗，长一尺八寸，阔一寸六分，厚二分；短边阔六分，厚五分，长一尺。

【规方】 工具名，即活动之曲尺，用于衡量角度平直。

【墨斗】 木匠弹线用具，木制。前端有墨碗，储墨棉。后有小摇车，绕线，线经墨碗，染黑，以弹线。

【篾青】 指木匠画线用的笔。用竹青部分削成片，下瑞依次劈开，溅墨以画线。

【凿】 木匠工具，用以凿榫眼者。宽自二分至一寸不等。

【蛮凿】 凿石工具，长约七寸至尺余，钢铁作成。断面约八分，方形，四棱微圆，一头为尖形。又一种断面为四方形，棱角整齐，一端亦成尖形。

【修弓】 木匠及雕花匠的工具。弓形，弦用细钢丝锯。

【舞钻】 木匠用的手拉钻。钻杆横套扶手，扶手两端有绳绕杆顶，杆下端有一木盘及装钻头。上下扶手，舞动木盘钻头可以钻孔。

【灰板】 水作工具。形铲刀，宽约四寸，短柄，木制，粉刷及承灰用。

【细腻】 水作用具，俗称“缧壳匙”。粉圆面用。

【泥络】 水作工具，挑灰泥用的绳络，为一尺方的木框，四周穿绳，呈网络状。

【鹤嘴】 手锤的一种。一端作尖形，另一端作锤形，用于花街的铺筑。

【排束】 亦称排杉，以木梢排成的脚手板。

【端石】 即石锤，方一尺二寸，用金山石制，打桩用。

【飞磨石】 即“石硪”，鼓形，四周系绳．用以打实土壤。

【拔撬】 铁撬棒，起重之用。如移动石料等用此铁撬，另有作拔钉之用。

【天关】 用于起重，疑即神仙葫芦。亦即起重滑车。

【地关】 起重用，疑即滑轮，绳索经滑轮而绕于绞车。

【守关】 起重用，疑即绞车。

【盘车】 起重用，疑即滑车或绞车。

【流头】 木制的小滑车，起小重量物件用。

打印机的声响终于停歇了，望着一堆稿纸，多少有些感慨。因为这是近阶段夜以继日工作的成果，同样也是多年来积累的整理和总结。

刚到苏州时，因自己的古建筑研究方向，顺理成章地被安排《中建史》的教学，其后续课程《古建测绘实习》的指导当然也成了主要工作之一。原以为在校学习期间曾得到了导师陈从周先生以及其他老师在古建方面的悉心指导，又经过大量的走访调查、有关古建书籍的阅读以及与同门师兄弟的切磋探讨，自己对我国古建筑的理解不断深入，想来以此应付苏州传统建筑应该没有问题。然而当真正面对它们时却发现并不尽然，苏式营造技术在我国古建营造中占有重要地位，这不仅有其特殊的结构方式，就连不少名称也存在着差异。为准确地向学生阐释苏州传统建筑，最好的办法就是继续学习。于是重新找来了刘敦桢先生的《苏州古典园林》，陈从周先生的《苏州园林》、《苏州旧住宅》，以及姚承祖的《营造法原》等著作，周末假日骑着自行车转悠在大街小巷之间，观察实物，对照书籍，广泛结交古建匠师，并向他们讨教苏地建筑的特殊做法，于是真正深入研究苏州的古建筑才能说由此开始。

不久系里为了让学生更多地了解古建筑方面的知识，希望我开设《古建构造》的课程。考虑到《中建史》的第七、第八（第四版之后为第八、第九）两章已经对北方古建筑的结构做法有了扼要的介绍，而学校地处苏州，周围拥有大量的传统建筑，且苏州古建筑在我国建筑史上也占有相当重要的一席之地，征得学校同意后《古建构造》课程就确定以苏州地方传统建筑的结构方式为主要内容，于是开始构想课程的主次和详略安排，这可以说是本书编纂的最初缘起。

之后的多年里，一方面是利用指导测绘实习的机会进一步收集、整理和研究苏州传统建筑，并在与当地古建匠师、同行的交往中有意识地关注各种做法，同时又在古建构造课程的讲授中不断调整，渐渐地就形成了本书的构架。

按照惯例，一本书的《后记》大多是对为编纂提供帮助的人士示以感谢，然而因本书编纂其实已经过了相当长的时间，所获帮助实在太多。诸如读书期间的众多老师，引我入门，必须感谢；许多前辈著书立说，令我解惑，值得感谢。而在与古建匠师的聊天中某些看似不经意的话也会带来启发。比如一次谈及北方的“丈杆”，问苏地是否也有类似的工具。答曰，有，称“六尺杆”。由于无法说清具体形制，故起初有点怀疑是否真有这样的东西。直到一天在《缘缘堂随笔》中见到作者“因获稿酬，有望翻建故居，母亲兴奋得找来一根‘六尺杆’跑进跑出丈量宅基”的描述，终于证实了当年确有这样的工具。类似的例子不少，令我了解了当地很多过去的建筑俗语，故也应予以感谢。这么多的人恐怕难以在此一一罗列，只能一并致谢了吧！

当然本书得以出版，最需要感谢的应该是中国林业出版社的有关编辑，他们为本书的选题提供了支持，也为本书稿的编辑和出版耗费了大量的精力。

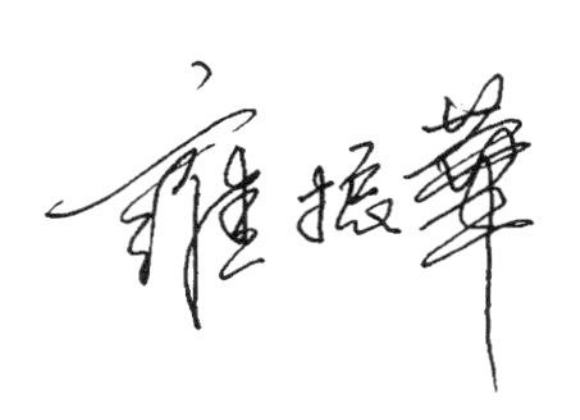

图书在版编目（CIP）数据

苏式建筑营造技术 / 雍振华著 .
-- 北京 ：中国林业出版社，2014.12
ISBN 978-7-5038-6910-5
Ⅰ．①苏… Ⅱ．①雍…
Ⅲ．①古建筑－建筑艺术－苏州市
Ⅳ．① TU-862

中国版本图书馆 CIP 数据核字
（2012）第 316726 号

中国林业出版社 · 建筑分社
责任编辑：李丝丝　李　宙
装帧设计：曹　来

出版：中国林业出版社
（100009 北京西城区刘海胡同 7 号）
E-mail：cfphz@public.gov.c
电话：（010） 83228906
印刷：北京雅昌艺术印刷有限公司
版次：2014 年 12 月第 1 版
印次：2014 年 12 月第 1 次
开本：1/8
印张：29
定价：198.00 元